环境微生物学

和文祥　洪坚平　主编

中国农业大学出版社

主　　编　和文祥　洪坚平
副 主 编　陈　强　赵秀兰
参　　编　胡文峰　来航线　张维庆　陈　宏　颜　霞
主　　审　沈德中

前　言

微生物是生态系统的重要组成部分，是自然界绝大多数物质的转化者和分解者，在物质转化分解、循环和能量代谢流动等方面，尤其在环境中有机和无机污染物的降解中发挥着十分重要的作用。

近几十年来，随着工业化程度的提高，环境污染事件不断出现，污染频率加大，造成的危害愈来愈严重。尤其是与人类生活密切相关的3大要素土、水、气污染的加剧，导致了农产品安全降低、人畜健康受到严重威胁，正如奥地利学者W. M. Stigliani(1991)指出的那样，土壤中农药的污染和残留犹如“化学定时炸弹”，如不及时进行治理，后果将会如美国作家R·卡逊女士1962年在《寂静的春天》中描述的那样悲惨，可见环境污染已经成为人类面临的最大挑战之一。为此各国政府和国际组织采取许多措施并投入了大量的人力、物力、财力开展这方面的研究工作，如美国仅在20世纪90年代中期就投入了上百亿美元进行土壤修复研究。

随着科学技术的发展，以及人类对微生物认识研究的不断深入，环境微生物学的重要性和优越性日益凸现，对其研究也日益深入、广泛。

本教材是在吸取了环境微生物学及环境工程领域的最新研究成果基础上编写而成，全书共分3篇。第1篇为微生物的基础知识，介绍环境中的微生物类群、微生物的营养、生长和遗传以及微生物生态与含碳、氮、磷、硫等物质转化的关系；第2篇为微生物在环境污染治理中的作用，该部分在阐述微生物对环境中有机污染物转化降解的基础上，系统介绍了微生物在污水、废气、固体废弃物及土壤污染的生物治理原理、方法和技术等，并简要介绍了废弃物的处理及资源化、环境污染的生物监测以及土壤污染治理及环境监测中的应用，以及微生物学新技术在环境保护中的应用等内容；第3篇为实验，包括普通微生物学和环境微生物学部分，使学生学会微生物学的基本操作和环境中微生物的监测技术。

《环境微生物学》由全国6所农林高等院校(西北农林科技大学、山西农业大学、西南农业大学、四川农业大学、华南农业大学、沈阳农业大学)从事环境微生物学教学科研的教师共同编写而成，主编和文祥、洪坚平，副主编陈强、赵秀兰。第1章由和文祥(西北农林科技大学)编写，第2章由洪坚平(山西农业大学)、赵秀兰(西南农业大学)完成，第3、4、12章由陈强(四川农业大学)编写，第5章由颜霞、来航线(西北农林科技大学)编写，第6章由洪坚平编写，第7章由陈宏(西南农业大学)编写，第8章由颜霞编写，第9章由和文祥、张维庆(沈阳农业大学)编写，第10

章由和文祥、胡文峰（华南农业大学）编写，第 11 章由来航线编写，第 13 章由赵秀兰、胡文峰编写，全书由和文祥、陈强、洪坚平定稿。

本教材适合农林高等院校、理工科大学及其他院校环境工程专业、农业资源与环境专业及相近专业（环境科学专业、给排水专业等）的教师、学生作为教材和教学参考书使用，也可作为其他从事环境保护的科技人员参考。

由于我们水平有限，经验不足，难免有缺点和错误之处，敬请专家及各位读者批评指正。

编 者

2005 年

目　　录

第1篇　微生物学基础

第2篇　微生物在环境污染治理中的作用

第 3 篇　环境微生物学实验技术

1

第1篇 微生物学基础

1 绪论

1.1 环境污染与环境微生物

1.1.1 环境及环境污染

环境是指周围的事物或状态以及影响中心事物发展变化的外部因素。这个中心一般是指人类。在过去相当长的时间里，人类和周围的环境保持着一种良好协调的发展关系。

随着18世纪工业革命的发展、人口数量剧增、资源耗竭，以及“三废”物质种类和数量急剧增加，导致了人类生存环境不断恶化，环境灾难频频发生，环境污染引起的危害也越来越大。根据污染对象不同，可将环境污染划分为如下几种类型。

1.1.1.1 大气污染

CO_2、NO_x会引起全球气候变化异常，形成全球性的温室效应和厄尔尼诺现象。据测算，全球最近200年里，大气中CO_2含量增加了40%，全球平均气温升高了1.5℃，而在其前的几千年里，全球气温仅升高了0.5℃。

1.1.1.2 水体污染

据统计，全国每年排放的污水约为584亿t，80%没有经过处理。我国5个内陆湖中，4个湖泊不同程度出现富营养化现象。1998年、1999年我国沿海海域发生大面积赤潮，受影响总面积达到5 000～6 500 km^2，约占我国海域面积的50%，近海水产养殖受到严重影响。

1.1.1.3 土壤污染

据报道，目前我国受镉、砷、铬、铅等重金属、农药等污染的耕地面积近2 000万hm^2，约占总耕地面积的1/5，其中工业“三废”污染耕地1 000万hm^2，污水灌溉的农田面积已达330多万hm^2；有些农田质量达到了严重污染程度，如沈阳张士灌区污水灌溉 20 多年后，污染耕地 2 500 多 hm^2，镉污染十分严重，稻田的含镉量达到 5～7 mg/kg。

土壤污染由于其隐蔽性（潜伏性）、不可逆性和长期性，治理和恢复的难度很大，而且通过水、植物等介质最终影响人体健康。

1.1.2 环境微生物

环境微生物是一个极为广泛的概念，从生物学的定义出发，环境微生物不是一个类群，实际上是跨界的微生物的集群。除非细胞生物病毒外，原核生物、真核生物以及一些低等的微型植物都可以是环境微生物。

微生物是一些肉眼无法看到的个体微小、形态结构简单的生物，它包括原核生物（细菌、古细菌、放线菌、立克次氏体、支原体、衣原体）、真核生物（原生动物、真菌、藻类）、非细胞生物噬菌体、病毒。

尽管环境中的微生物在形态、结构等方面具有较大的差异，但具有共性：①个体小：大多数微生物以微米（μm）或纳米（nm）来量度其大小；②种类多：据估计，细菌（含放线菌）约有 4 万种，已知种仅占总数的 12%，已发现真菌有 69 000 种，已知种占真菌总数的 5%；③繁殖快：在适宜的条件下，微生物繁殖的速度要比动、植物快上千倍或上万倍，例如大肠杆菌，适宜条件下繁殖一代所需要的时间为 20 min，经 24 h，1 个细胞的后代为 4.722×10^{21} 个，重量可达 4.722×10^{5} kg，因此环境中的微生物数量巨大；④分布广：微生物细胞由于个体较小，可以在自然界中很好地生长繁殖，除了在普通的土壤、水体、空气中有大量的微生物存在，而且在生活的动、植物体内和体外，以及一些极端环境条件下如冰川、海底、盐湖、沙漠，酸性矿水和高温这些不同的生境中都存在着一些特有的生理群；⑤易变异：由于微生物细胞较小，进化程度较低，只是一些单细胞、多细胞和非细胞微生物，没有高等生物的组织、系统等的分化，所以其更易受到外界环境的影响，而在短时间内发生变异；⑥适应能力强：微生物能够在自然界大量存在的一个主要原因是其对外界环境的适应能力极强，对营养物质和生存空间等要求可以说是十分宽松，即使在许多生物无法生活的极端环境条件下，也有相应的微生物适得其所地生活着；⑦代谢能力强：由于微生物细胞具有较高的比表面积，因而物质的吸收、废物的排出的速率要远远高于动植物；⑧利生产：容易大量生产满足需要。这些特点都为微生物在环境保护和治理中发挥更大作用奠定了基础。

许多资料研究表明，环境污染与治理都和环境中的微生物有着千丝万缕的关系，环境中的微生物对自然界物质循环、转化、污染物的降解有较大的调节作用，对环境污染治理具有不可替代的作用，对环境中微生物资源的利用，是改变环境污染状况的最佳途径之一。

1.2 环境微生物学

1.2.1 概述

环境微生物学可以简明定义为是研究保护环境的微生物学。是利用微生物多种多样的代谢活动来解决环境中出现的众多问题的一门学科。具体来讲，环境微生物学的研究对象是人类生存环境中的微生物；研究内容是微生物对人类环境所产生的有益和有害的影响，阐明微生物在人类生存环境中的活动情况与作用规律；研究防治环境污染、改善与提高环境质量的微生物学原理、途径、技术与方法，最终达到保护环境造福人类的目的。

1.2.2 环境微生物学的作用、任务

环境微生物学主要研究内容及在环境保护中的具体作用如下：

1.2.2.1 微生物在自然环境中存在的基本情况与活动规律

研究自然环境条件下的微生种群、组成、类群、数量细胞结构、功能与动态以及物质转化、能量流动等，不同生态系统（未遭受污染的水体、土壤和大气）的微生物背景和资源，了解各类微生物在生态系统中所发挥的作用，为保存和开发有益微生物和控制有害微生物提供重要依据。

1.2.2.2 污染环境的微生物学

一方面研究人类污染对微生物活动的影响，也就是污染环境中微生物的群体生长繁殖和消亡、群落结构和功能及演变规律。另一方面研究微生物由于其代谢能力较强、种类代谢类型的多样性，对污染物质能较快适应的特点，以及微生物对环境污染物的降解与转化的机理，包括对有（无）机污染物、农药、石油、塑料以及城市生活垃圾、人畜粪便、植物秸秆等农业废弃物转化方面作用的研究。

1.2.2.3 微生物对环境的污染

部分微生物的生长也会给人类和环境带来不利影响，有些微生物产生有毒物质，可致癌、致畸、致突变，这些物质积累于环境中严重地威胁着人体健康。如黄曲

霉在潮湿的条件下，会产生一种毒性极强的毒素物质——黄曲霉毒素，其毒性是氰化钾的10倍；含硫有机物质在厌氧条件下生成 H_2S 污染空气；厌氧条件下，Hg^0 甲基化后毒性更强；硝酸盐转化为致癌的亚硝胺类化合物；水体中无机氮、无机磷超标后会引起水体富营养化的发生，使水体发生赤潮、水华等严重影响水产养殖业的发展；近年来，许多新的致病微生物不断出现，禽流感(Bird Flu)、SARS冠状病毒等，既危及人类健康，也造成巨大的经济损失。

1.2.2.4 微生物与环境监测

微生物监测是利用生物对环境污染所发出的各种信息来判断环境污染状况的过程。在自然环境中长期生活的生物，不仅能够对多种污染做出综合反映，还能反映污染历史。因此，微生物监测取得的结果具有重要的参考价值。微生物因其细胞结构简单、代谢强、繁殖快、易变异等特点，对环境反应敏感因此必然成为监测中的重要手段之一。

1.3 环境微生物学的发展

环境微生物学是环境科学与微生物学交叉形成的一门学科。可以说是与微生物学一起诞生的，列文·胡克第一次看到的微生物就是污水中的微小生物，随后的200年间微生物学的发展也没有离开环境，人们乐于观察不同的环境和物品，了解其上生长的不同微生物种类，为微生物学的全面发展奠定了基础。

环境微生物学作为一门独立的学科，始于20世纪60年代末。1972年在斯德哥尔摩召开的人类环境会议上，联合国人类环境宣言的通过标志着环境微生物学成为一门独立的学科。30多年来，其研究内容和研究手段不断丰富和完善，研究结果为环境保护等做出了巨大贡献。

我国的环境微生物学研究始于20世纪70年代，最初主要是科学院一些研究所开展了些工作，主要有中国科学院微生物研究所工业废水处理；中国科学院南京土壤研究所开展的666等农药的生物降解菌的基础研究；中国科学院沈阳应用生态研究所研究了污灌区土壤微生物区系和石油污染条件下降解微生物的情况；同时一些高校如华东师范大学、同济大学等开展了生活污水的微生物处理研究，均取得较好的结果。为我国环境微生物学的发展奠定了强有力的基础。

20世纪90年代后，我国政府和学者对环境中的微生物问题越来越重视，国家也投入了大量的人力、物力开展此方面的研究工作。在大气、水和土壤污染防治和治理方面取得了长足的进步。研究队伍不断扩大、研究方向不断拓宽、创新，研究手段日臻完善。

同时，我国学者也编写出版了许多环境微生物学的教材和专著。早期如刘期松等编写的《环境污染与生物净化》、杨惠芳的“微生物与环境保护”的学术报告；20世纪80年代初，华中科技大学和同济医学院自编出版了《环境微生物学》教材。迄今为止，我国已编写出版《环境微生物学》教材10余种，对促进我国环境微生物学教学和研究起到了积极作用。

2 环境中的微生物类群

本章提要：主要介绍了在自然环境中存在的种类繁多的原核生物（细菌、放线菌、蓝细菌、古细菌）、真核生物（真菌、酵母菌、担子菌）、非细胞生物以及蓝藻、原生动物等微生物个体和群体的形态特征、细胞结构，以及在环境中常见的代表类型。

根据微生物的进化水平和各种性状的明显差别，可将其分为原核生物（真细菌和古细菌）、真核微生物和非细胞生物 3 大类群，本章将分别介绍他们的形态构造和功能。

2.1 原核微生物

原核微生物是指一大类没有典型细胞核结构的单细胞微生物。这类微生物只有核物质存在的核区，没有核膜、核孔等结构，包括真细菌和古细菌两大类群。其中除少数属古细菌外，多数的原核生物都是真细菌。原核微生物主要有细菌、放线菌、蓝细菌、古细菌、支原体、立克次氏体和衣原体。

2.1.1 细菌

细菌是一类单细胞、结构简单，主要以二等分裂繁殖的原核微生物。

2.1.1.1 细菌的形态和大小

(1)细菌的形态

细菌的形态主要分为球菌、杆菌和螺旋菌 3 类(图 2-1)。

①球菌：细胞呈球形，直径 0.5～2 μm，按其细胞排列方式可分为单球菌、双球菌、链球菌、四链球菌、八叠球菌和葡萄球菌。

典型的球菌有葡萄球菌属(*Staphylococcus*)，细胞呈球状，直径 0.5～1.5 μm；G^+，单生、成对或堆集成葡萄状，不运动。菌落颜色不一。产胡萝卜类色素。其生

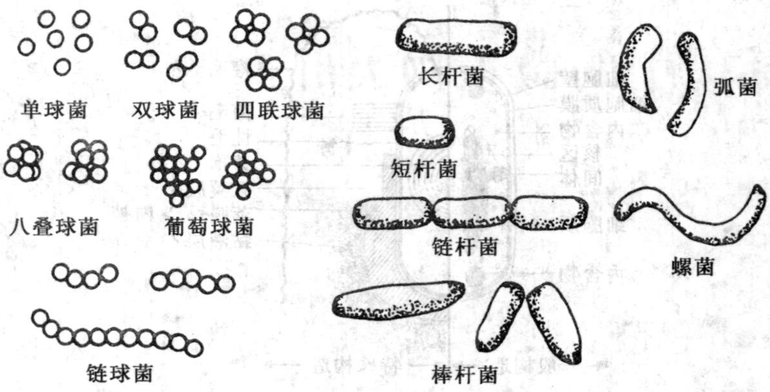

图 2-1　细菌细胞的形状

理特性主要有：兼性厌氧，厌氧发酵葡萄糖主要产生乳酸，有氧时主要产生醋酸及少量 CO_2。生长适宜温度 35～40℃，pH 7～7.5。可在 15%食盐液中生长，对一般抗生素敏感。常在动物体上寄生，有致病性，或产胞外毒素。代表种为金黄色葡萄球菌。

②杆菌：细胞呈杆状，长 1～8 μm，宽 0.5～1 μm，形状包括长杆、短杆、连杆、栅状等；典型的杆菌有大肠杆菌、枯草杆菌、肥大芽孢杆菌、变形杆菌等。

③螺旋菌：细胞螺旋形，长 5～50 μm，宽 0.5～5 μm，根据菌体的弯曲分螺菌、弧菌。典型的螺旋菌有霍乱弧菌、梅毒螺旋菌等。

自然界的细菌，杆菌最为常见，球菌次之，而螺旋状的最少。此外，还有丝状菌、三角形、方形等特殊形状。

(2)细菌的大小

细菌细胞大小单位为微米(μm)，表示方法以细菌种类不同，常采用直径表示球菌、宽×长表示杆菌的大小。

2.1.1.2　原核微生物细胞结构与功能

虽然原核微生物的种类繁多，但细胞结构相对较为简单，除支原体没有细胞壁外，所有的原核微生物细胞都具有基本结构(细胞壁、细胞质膜、细胞质和原核)，有些细菌还具有特殊结构(荚膜、鞭毛和芽孢等)。其典型细胞结构见图 2-2。

(1)细胞壁

细胞壁是细胞质膜外面有一定硬度和韧性的壁套，可使细胞保持一定的形状；

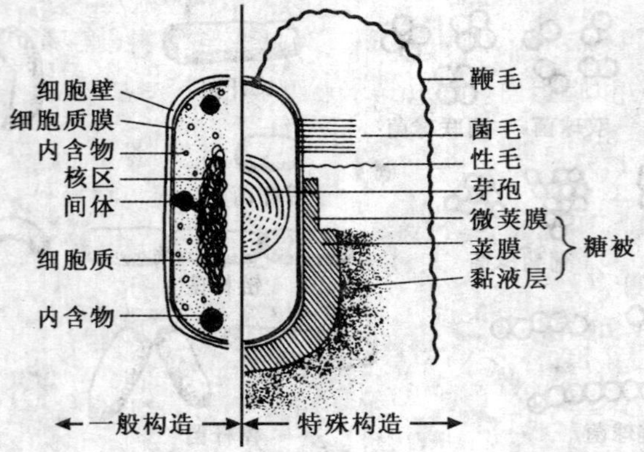

图 2-2 细菌细胞结构模式图

（引自沈萍．微生物学．高等教育出版社，2000）

保护细胞免受外力的损伤，保障其在不同的渗透压条件下，即使在不良环境中也能防止胞溶作用，阻拦有害物质进入细胞，协助鞭毛运动，细胞壁还与细菌的抗原性、致病性和对噬菌体的敏感性密切相关。细胞壁的某些成分还是微生物同高等生物发生作用的重要因素。

原核生物细胞壁的基本骨架是肽聚糖层，由氨基糖和氨基酸组成。它含有N-乙酰胞壁酸（NAM）和N-乙酰葡萄糖胺（NAG）。这两种胞壁酸和氨基糖直接连接或通过甘氨酸间桥交替相连形成长链，形成坚韧的肽聚糖层。利用革兰氏染色技术可以将细菌分为两种类型，即革兰氏阳性（G^+）细菌和革兰氏阴性（G^-）细菌。

革兰氏染色（Gram staining）是丹麦医生革兰姆（Hans Christian Gram）于1884年提出的一种经典染色方法。其采用结晶紫初染、碘液媒染、酒精脱色、蕃红复染程序对细菌染色后，最终将细菌区分为两类，菌体呈紫色或紫红色的为革兰氏阳性菌（G^+）和呈粉红色的革兰氏阴性菌（G^-）。研究表明，革兰氏染色结果与细菌细胞壁的组成和结构有关。

①革兰氏阳性细菌细胞壁：革兰氏阳性细菌细胞壁厚20～80 nm，其主要成分为肽聚糖。此外还有磷壁酸（teichoic acid），又称磷壁质，是大多数革兰氏阳性细菌细胞壁的组分，磷壁酸携带负电荷，可与对维持细胞形状和某些酶活性所必需的阳离子（钙离子）结合，作为阳离子的储存库，可对细胞内的自溶素有调节作用，构成许多革兰氏阳性细菌C抗原。革兰氏阳性细菌细胞壁结构见图2-3 A。

②革兰氏阴性细菌细胞壁：革兰氏阴性细菌细胞壁分为内壁层和外壁层，内壁层紧贴细胞膜，厚 2～3 nm，其主要成分为肽聚糖，外壁层主要由脂多糖（lipopolysaccharide，LPS）和脂蛋白（lipoprotein）组成，厚 8～10 nm。革兰氏阴性细菌细胞壁结构见图 2-3 B。

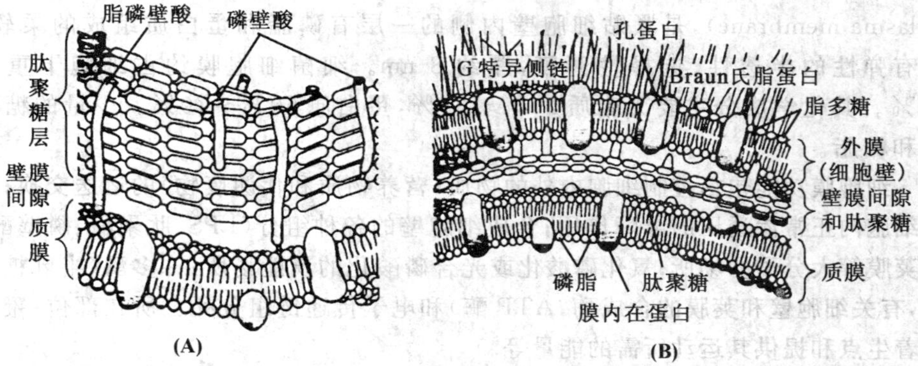

图 2-3　革兰氏阳性细菌(A)和阴性细菌(B)细胞壁结构示意图

（引自 Prescott. Microbiology. 4th ed. 1999）

脂多糖是 G^- 细胞壁所特有的成分。脂多糖由 O-侧链、核心多糖和类脂 A 3 部分组成，O-侧链由多个低糖重复单位组成，具有抗原性，称为 O 抗原或菌体抗原。核心多糖由庚糖、半乳糖和 2-酮基-3 脱氧辛酸组成，其结构在所有 G^- 细菌细胞中都相同。类脂 A 是独特的糖脂化合物，是 G^- 细菌内毒素的毒性中心。但在不同的菌种中有所差异。

周质空间（periplasmic space）：又称壁膜空间，指位于细胞壁与细胞质膜之间的狭小空间。内含质外酶。质外酶对细菌的营养吸收、核酸代谢，趋化性和抗药性等常有重要作用。

③细胞壁缺陷型菌体

原生质体（protoplast）：在革兰氏阳性细菌培养物中加入溶菌酶或青霉素阻止细胞壁的正常合成而获得完全缺壁细胞称原生质体。由于原生质体没有坚韧的细胞壁，故任何形态的菌体均称球型。在适宜的条件下原生质体同样可以生长。

原生质球（spheroplast）：指细胞壁未全部去掉的细菌细胞。可人为地通过革兰氏阴性细菌细胞而获得。该类菌的特点是细胞壁的肽聚糖被去掉，但是外壁层的脂多糖和脂蛋白仍然保留，外壁结构尚存，所以原生质体对外界具有一定的抗性。

细菌L-型(bacterial L-form):是细菌在某些环境条件下基因突变而产生的无壁类型,细胞呈多形态,有的可通过细菌滤器,又称过滤型菌。由于它最先被英国的医生 lister 医学研究院发现,故名细菌 L-型。

(2)原生质膜

①细胞膜(cell membrane):又称细胞质膜(cytoplasmic membrane)或质膜(plasma membrane),是紧贴细胞壁内侧的一层有磷脂和蛋白质组成的柔软、富有弹性的半透性、选择性薄膜,厚约 8 nm。细菌细胞膜约占细胞干重的10%。其化学成分主要为脂质20%～30%,蛋白质60%～70%。少量的糖蛋白和糖脂。

细胞膜功能包括控制细胞内外的物质(营养物质和代谢废物)的运送交换;维持细胞内正常渗透压的屏障作用;合成细胞壁的各种组分(LPS、肽聚酶、磷壁酸)和荚膜等大分子的场所;氧化磷酸化或光合磷酸化的产能场所;许多酶(半乳糖苷酶,有关细胞壁和荚膜的合成酶,ATP 酶)和电子传递链组分死亡所在部位;鞭毛的着生点和提供其运动所需的能量等。

②间体(mesosome):细胞膜局部内褶形成的一种管状、层状或囊状的结构(图 2-4)。一般位于细胞分裂部位或其邻近部位。它促进细胞间隔的形成,并与遗传物质的复制及分离有关,由于间体具有类似真核细胞线粒体的功能,故称拟线粒体。

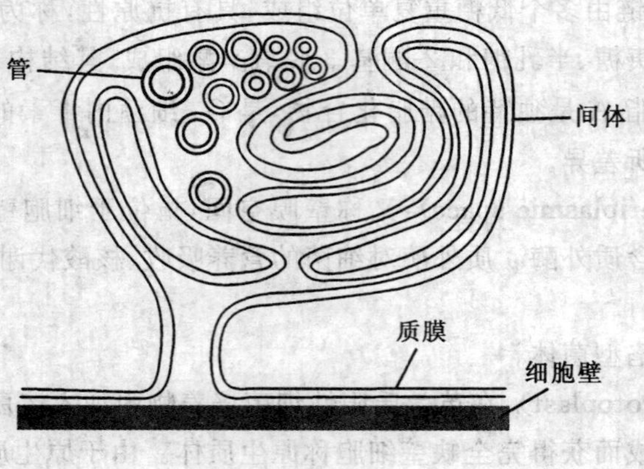

图 2-4 细胞间体

(3)细胞质(cytoplasm)及内含物

细胞内被细胞膜包围着的全部物质称为原生质体,原生质体中除核质体外的一切透明、胶状、颗粒状物质称为细胞质。其主要成分为核糖体、质粒、各种酶类、中间代谢物、伴胞晶体以及细胞内含物等。如：

①储藏物：许多微生物细胞有聚β-羟基丁酸(PHB)、糖原、多聚磷酸盐、硫滴、无机盐、载色体等储藏物，其中PHB具有储藏能量、碳源和降低细胞渗透压的作用。

②异染粒(metachromatic granule)：可储藏磷和能量，降低渗透压。

③藻青素(cyanophycin)：通常存在于蓝细菌中，它们属于内源性的氮素储藏物，同时还具有储藏能源的作用。

④羧化体(carbuxysome)：在自养细菌的CO_2固定中起关键作用。

⑤气泡(gas vacuoles)：光合细菌和水生细菌的特征，具有调节细胞比重以使其漂浮在合适水层中的作用。

(4)原核(nuclear body)和质粒(plasmid)

原核生物所特有的无核膜结构的原始细胞核区域，又称为核区、原核、拟核。它是一个大型环状的双链DNA分子不规则盘旋折叠在细胞内形成的染色体，如*E. coli*的细胞长1～3 μm，但其DNA长1 100 μm。细菌细胞内一般为1个核质体，由于DNA复制先于细胞分裂，所以一个菌体内往往有2～4个核质体。

细菌中存在的质粒(plasmid)是指一种独立于染色体外，能自我复制并稳定遗传的环状DNA分子。质粒的相对分子质量较菌体的染色体小得多，通常仅为染色体相对分子质量的1.5%～3%，但也有大质粒。不同的质粒分别含有使细菌具有某些特殊性状的基因，如抗药性、产生抗生素、降解某些化学物质等，许多复杂有机污染物皆因细菌含有特定的质粒而得以降解，成为降解性质粒。

(5)荚膜(capsule)黏液层(slime layer)和菌胶团(zoogloea)

荚膜是某些细菌分泌于细胞壁外面的一层黏液状物质(图2-5)。其化学成分主要是水和多糖，有的含有少量的多肽和蛋白质。荚膜不易着色，可用负染法(也称衬托法)染色检测。

荚膜的主要功能有保护菌体细胞免受干旱等不良条件的影响，对一些致病菌来说免遭宿主的吞噬，有利于菌体附着在物体的表面，作为分类鉴定的依据之一。储存养料和堆积的某些代谢物可再利用，如肠膜明串珠菌产生荚膜的主要成分葡聚糖常作为代血浆主要原料，甘蓝黑腐病黄单胞菌产生的黄原胶作为食品添加剂。

菌体周围无明显的边缘，疏松地附着在菌体表面的称为黏液层。有些细菌的荚膜物质可相互融合，连成一体，组成共同的荚膜，其中包含多个菌体，成为菌胶团。菌胶团的形状有球形、蘑菇形、椭圆形、分支形等。

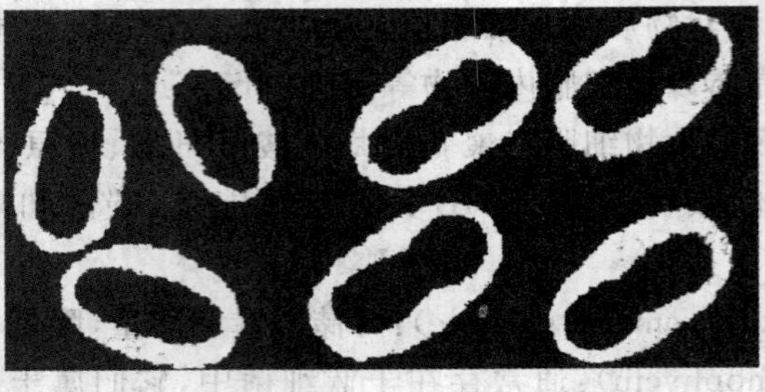

图 2-5 细菌细胞的荚膜

(6)鞭毛(flegell)、菌毛(pili or fimbria)和性菌毛(sex pili)

细菌细胞外的长丝状、波曲的特殊附属物,是菌体长度的几十倍。鞭毛非常纤细,易脱落,主要成分是蛋白质。鞭毛是细菌的运动器官,经特殊的鞭毛染色法后在光学显微镜下可见。鞭毛的数目为一根至数根,不同的鞭毛着生的部位不一,一端单毛菌、一端丛生菌、两端鞭毛菌和周毛菌等(图 2-6)。鞭毛的数目和着生的方式是细菌分类的重要依据。螺旋菌基本都产生鞭毛,杆菌有的产生,球菌几乎不形成鞭毛。

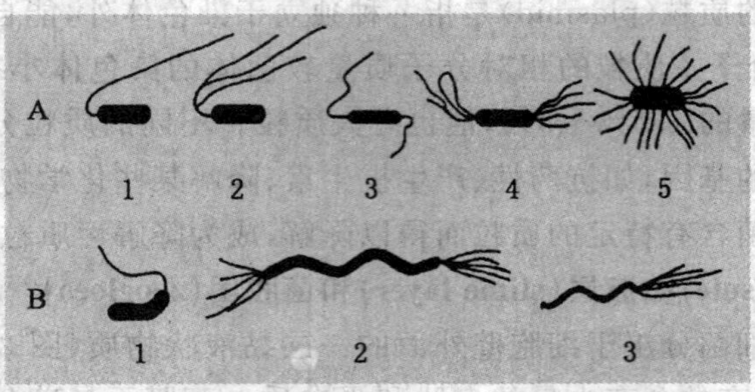

图 2-6 细菌细胞的鞭毛

A. 杆菌:1. 极端生;2. 亚极端生;3. 两极端生;4. 两束极端生;5. 周生

B. 弧菌:1. 单根极端生;2. 两束极端生;3. 单束极端生

菌毛是在菌体表面一种纤细、中空、短直、数量较多的蛋白质附着物,在革兰氏阴性菌较为常见。

性菌毛长度比鞭毛短些,比菌毛稍长,数量比菌毛少,只有一根或几根,其功能是少数细菌的有性繁殖过程中,在不同性别的菌株间传递 DNA 片段,有的性菌毛还是 RNA 噬菌体的吸附受体。

(7)芽孢(endospore)、伴胞晶体(parasporad crystal)和孢囊(cyst)

芽孢是某些细菌生长发育到一定阶段时,在细胞内形成一个壁厚、质浓、折光性强和可抵抗不良环境的休眠体,又称为内生孢子。条件适宜可萌发为营养细胞,由于一个细胞仅形成一个芽孢,故无繁殖作用。

产芽孢的细菌主要为G^+杆菌,分为好氧性的*Bacillus*(芽孢杆菌属)和厌氧性的*Clostridium*(梭菌属),阳性球菌只有尿素生胞八叠球菌;G^-只有脱硫肠状菌。芽孢具有较厚的壁和高度的折光性,在光学显微镜下为一透明的小体,电镜观察表明一个成熟的芽孢具有核心,内膜芽孢壁、外膜,外壳层和外孢子囊等多层结构(图 2-7)。

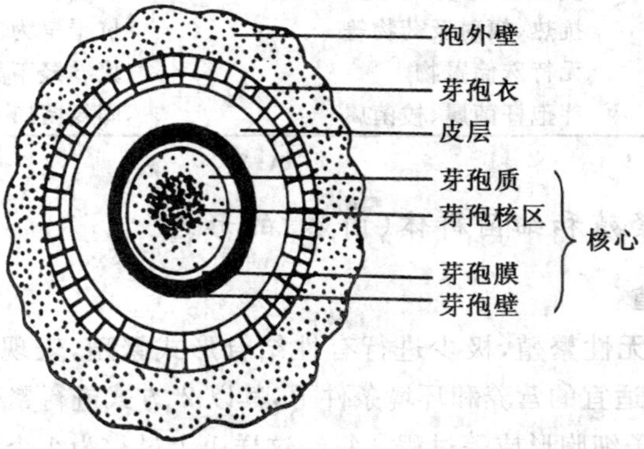

图 2-7 细菌芽孢构造图

当环境中营养缺乏及有害代谢产物累积或不良环境时,产芽孢的细菌就会形成芽孢。休眠的芽孢变成营养细菌的过程,分活化、出芽、生长 3 个阶段。

芽孢是细菌分类依据,在菌种的筛选和保藏,环保、医疗,发酵工业上有着广泛的应用。芽孢可抗热、抗辐射、抗化学药物、抗静水压力,有的芽孢休眠可以从几十到上百年。芽孢的抗逆主要是由于芽孢衣对多价阳离子和水的透性差,使皮层离子活度高,有较高的渗透压,从而夺取核心部位的水分,因而产生极强的耐热性。另外,由于芽孢内形成大量的 DPA-钙的复合物会使芽孢中的生物大分子形成一稳定耐热性的凝胶。所以可以忍受较高的温度,对辐射、化学药物、干燥等均具有极大的抗性。如肉毒梭状芽孢杆菌的芽孢可以在沸水中存活 6 h,即使在 180℃的温度下也可以存活 10 min。

伴胞晶体是指一些细菌在形成芽孢的同时,在另一侧产生菱形或双椎形的碱溶性蛋白晶体(内毒素)称为伴胞晶体。如苏云金杆菌产生的伴胞晶体可杀死鳞翅目昆虫。

孢囊是一种休眠体,如固氮菌的孢囊是在营养缺乏的条件下,有营养细胞的外壁加厚并失水而形成的一种休眠体。与芽孢一样没有繁殖功能。孢囊与芽孢的区别见表 2-1。

表 2-1 孢囊与芽孢的比较

项目	芽孢	胞囊
形成方式	细胞内浓缩并外包	细胞壁外层加厚
外壁层次	多(4～10 余层)	少(3 层左右)
外壁成分	蛋白质、肽聚糖(近 G^+ 菌)	磷脂、脂多糖(近 G^- 菌)
抗性	抗热、辐射及药物等	抗干旱为主,不抗热
储藏物	无特殊储藏物	聚 β-羟丁酸(PHB)
代表菌	芽孢杆菌属、梭菌属	固氮菌属

2.1.1.3 细菌繁殖和细菌群体(菌落)的形态

(1)细菌的繁殖

细菌主要进行无性繁殖,极少进行有性结合形式繁殖,表现为二分裂繁殖(图 2-8),称为裂殖。在适宜的营养和环境条件下,其以 2^n 方式进行繁殖。主要包括核分裂、横隔壁的形成、子细胞形成等过程。每经这样 1 个过程为 1 个世代。于适宜条件下,1 个世代需时 20～30 min。

(2)菌落(colony)

指来源于一个微生物细胞在固体平板培养基上(内)形成的肉眼可见的微生物群体。如果由单个细胞形成,它就是一个纯种的细胞群、克隆(clone)或纯培养。同种细胞在固体斜面培养基上形成的微生物群体,称为菌苔。在液体培养基表面形成的称为菌膜,中部形成的称为凝絮,底部的称为沉淀。

(3)细菌的菌落特征

颜色湿润、较黏稠、易挑起、较透明、质地均一、正反面颜色一致、突起、边缘与中央部位颜色一致。

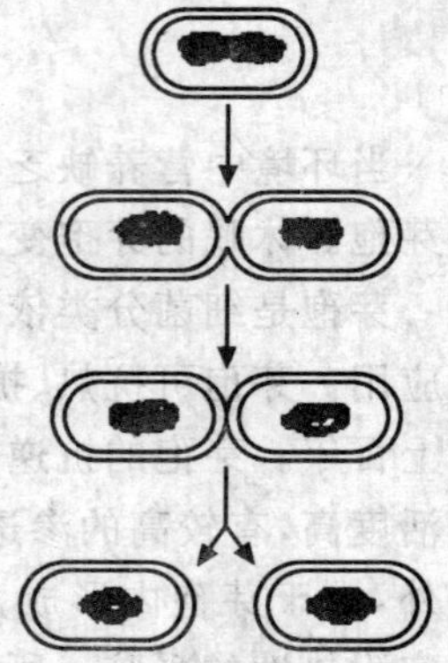

图 2-8 细菌细胞的裂殖

无鞭毛,不能运动的细菌尤其是各种球菌,其菌落较小、较厚、边缘圆整;有鞭毛的细菌,其菌落大而扁平,形状不规则和边缘多缺刻;运动能力强的细菌还会出现树根状甚至能移动的菌落;有荚膜的细菌,其菌落十分光滑,并呈透明的蛋青状,形状较大;凡产芽孢的细菌其菌落的外形不透明有干燥之感。

2.1.2 放线菌

2.1.2.1 放线菌的主要特征

放线菌(actinomycete)是一类呈菌丝状生长,主要以无性孢子繁殖的革兰氏阳性、陆生性强的单细胞原核生物,其有与细菌类似的基本结构,但无特殊结构。放线菌为化能有机营养型生物,能广泛利用各种碳水化合物作为碳源和能源,一般分布在含水量较低、有机质丰富、微碱性的土壤环境,有一种泥腥味。与人类关系密切,70%以上的放线菌可以产生抗生素,有些还可产生酶、维生素 B_{12}与非豆科植物进行共生固氮。此外,有些放线菌还可引起人类和植物的疾病。

2.1.2.2 放线菌的菌丝形态

(1)营养菌丝(基内菌丝)

放线菌孢子萌发后生长在培养基内摄取营养的菌丝。

营养菌丝一般无横膈膜,多分支,直径为 0.2~1.0 μm,有的能产生各色水溶性或脂溶性色素(黄、橙、绿、黑色等),使菌落呈现相应的颜色,或不产生色素。

(2)气生菌丝

营养菌丝从培养基表面不断伸向空间的菌丝。直径 1.0~1.4 μm,有的产生色素。其通常较营养菌丝粗而且颜色深。气生菌丝能否产生,取决于种的特征,营养条件和环境因子。

(3)孢子丝

气生菌丝分化或在其上形成的孢子的菌丝。孢子丝的形状和着生方式因种而异,形状有直形、波曲形,螺旋形。着生方式有互生、丛生、轮生等多种形态。孢子有球形、椭圆形或瓜子形,孢子呈白、黄、绿、粉红、紫、蓝、褐、灰等颜色。如链霉菌(*Streptomyces*)形态见图 2-9。

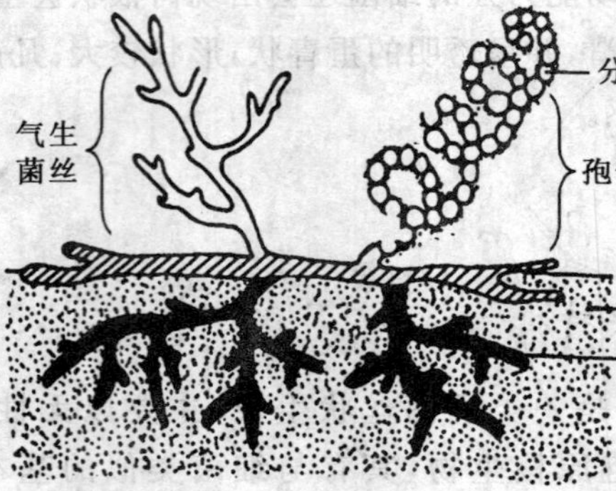

图 2-9 链霉菌的一般形态和构造图

2.1.2.3 放线菌的繁殖

放线菌主要通过孢子丝的横隔断裂法形成无性孢子的方式进行繁殖，也可靠菌丝片段进行繁殖。

2.1.2.4 放线菌的菌落特征

菌落小、干燥、粉状、表面呈紧密的丝绒状、不透明，与培养基联系紧密，难以挑取；常有各种不同的颜色。正反面常颜色不一，菌落边缘在培养基的表面有变形。

2.1.2.5 常见的放线菌

(1)链霉菌属(*Streptomyces*)

链霉菌属的孢子丝和分生孢子的形态随种类不同而异，是链霉菌属分种的主要识别性状之一。链霉菌属在放线菌目中是最大的一个属，约有千余种，链霉菌属种类繁多，很多种是重要的抗生素产生菌。链霉菌的生活史见图 2-10。

(2)诺卡氏菌属(*Nocardia*)

也称原放线菌属(*Proactinomyces*)。这个属的特点是分枝的菌丝体会猝然的全部断裂成为长短接近一致的杆菌或球菌(见图 2-11)。每个断裂体内至少有一个核，因此可以复制并形成新的多核的菌丝体。诺卡菌属的多数种类只有基内菌丝，没有气生菌丝。

(3)小单胞菌属(*Micromonospora*)

小单胞菌属的分枝无隔膜，菌丝体只生基内菌丝，不生气生菌丝。在基内菌丝

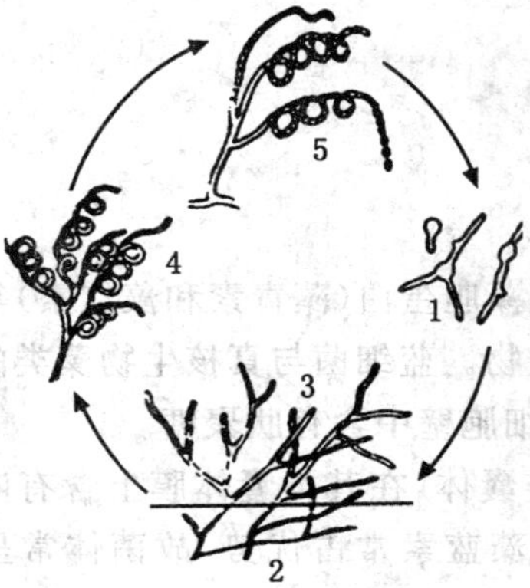

图 2-10　链霉菌的生活史简图

1. 孢子萌发；2. 基内菌丝体；3. 气生菌丝体；4. 孢子丝；5. 孢子丝分化为孢子

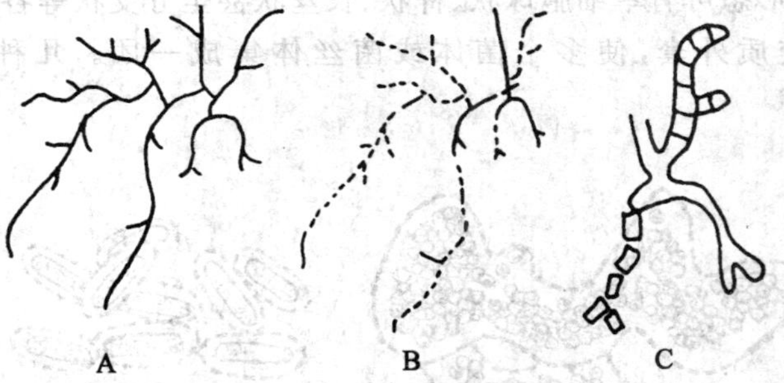

图 2-11　诺卡氏菌形态

A. 菌丝；B,C. 菌丝断裂为孢子

上生出孢子梗，梗顶端着生一个球形、椭圆形或长圆形的孢子(图 2-12)。

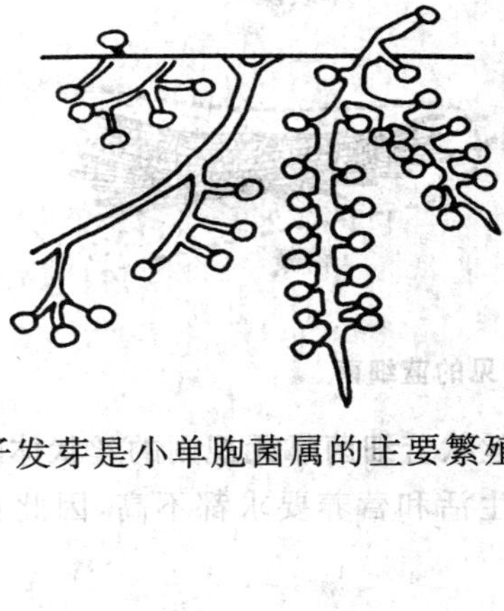

图 2-12　小单胞菌的形态

孢子发芽是小单胞菌属的主要繁殖方式。

2.1.3 蓝细菌与光合细菌

2.1.3.1 蓝细菌(*Cyanobacteria*)

蓝细菌是一类含有叶绿素 a、β-胡萝卜素及藻胆蛋白(藻青素和藻红素)等光合色素,可放氧、能进行光合作用的单细胞原核生物。蓝细菌与真核生物藻类的区别是无叶绿体、无真核,细胞内含有 70S 核糖体、细胞壁中含有肽聚糖。

蓝细菌细胞内进行光合作用的部位称为类囊体,在其类囊体膜上含有叶绿素 A、β-胡萝卜素、藻胆蛋白(藻蓝素和藻红素)。藻蓝素常占优势,故菌体常呈蓝绿色,在不同光照条件下,菌体所含色素比例改变,因而可呈现黄褐红等其他颜色。

蓝细菌的形态可有单细胞球状、杆状、长丝状甚至分支状等各种形态。蓝细菌菌体外常具胶质外套,使多个菌体或菌丝体集成一团。几种常见的蓝细菌见图 2-13。

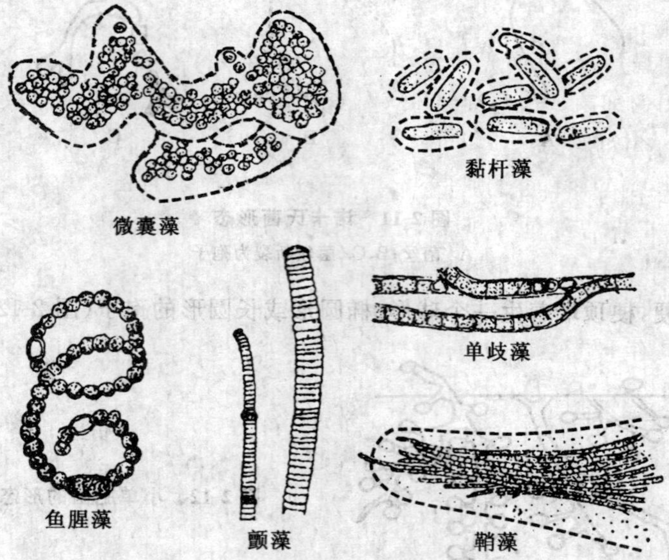

图 2-13 几种常见的蓝细菌

蓝细菌一般以类似于芽生方式繁殖。丝状蓝细菌靠无规则的丝状体断裂释放出菌体片段(称链丝段)而繁殖。蓝细菌对生活和营养要求都不高,因此在环境中广泛存在。它们在岩石分化、土壤形成、增加氮素营养、保持水体生态平衡中起着重要的作用。但是，其某些种又是水体营养化时引起“水华”与“赤潮”的主要原因。

蓝细菌的细胞几种特化形式如下。

(1)异形胞(heterocyst)

异形胞是蓝细菌特有的一种结构和功能都很独特的细胞。异形胞是适应于在有氧条件下进行固氮作用的细胞。它不含藻胆蛋白，只存在光合系统Ⅰ，因此，不会因光合作用而产生对固氮酶有严重毒害的分子氧，却能产生固氮所必需的ATP。异形胞与邻近的营养细胞间有厚壁孔道相连，这些孔道有利于“光合细胞”和“固氮细胞”间的物质交流。

(2)静息孢子(akinete)

静息孢子是一种长在蓝细菌细胞链中间或末端的特化细胞，壁厚、色深，具有抵御不良环境的作用。在适宜条件下，又可以萌发而形成新的菌丝体。

(3)链丝段(hormogonia)

链丝段是由蓝细菌的长形细胞链断裂而形成的短片段，具有繁殖的功能。

2.1.3.2　光合细菌(Photosynthetic bacteria)

光合细菌简称PSB，属光能营养型，是一类在厌氧条件下，通过含有光合色素，进行光合作用的细菌。这些细菌不含叶绿素，只含有菌绿素及类胡萝卜素，它们不能光解水，以水中的质子还原CO_2，而以有机物或水以外的无机物中取得氢，这一过程不产氧。与蓝细菌的区别是：光合细菌进行较原始的光合磷酸化作用，反应过程不放氧，为厌氧生物，而蓝细菌能进行与植物相同的光合作用，反应过程可放氧。这类细菌有球形、杆形、弧形和螺旋形。大多具有鞭毛，因菌体含有色素而呈红、紫、绿、褐等不同颜色。如着色杆菌、紫色非硫细菌、红螺菌等。光合细菌在污水的深度处理中具有重要功能。

2.1.4　古细菌

古细菌是生活在极端环境中，其细胞组成、结构、细胞膜类脂组分，核糖体的RNA碱基序列、代谢类型、呼吸进化等与真细菌有很大区别的一类原核微生物，如：产甲烷菌、极端嗜盐菌、极端嗜热菌、无细胞壁的古细菌等。古细菌细胞壁的物质极为多样，有类似肽聚糖的物质，假肽聚糖，多糖，蛋白质和糖蛋白。

古细菌与真细菌的主要区别有：

①形态学上，古细菌有扁平直角几何状的细胞，而在真细菌中从未见过。

②中间代谢上，古细菌有独特的辅酶如产甲烷菌含有F420、F430COM及B

因子，不像真细菌那样多样性。

③膜结构和成分上古细菌含有醚键而不是脂键。

④基因调节机制上，未发现过古细菌具有真细菌那样的调节机制。

⑤生境上，古细菌喜高温而绝大多数真细菌是中温型的。

⑥严格厌氧呼吸是古细菌的主要呼吸类型。

⑦在分子可塑性上古细菌比真细菌有较多的变化。

⑧在进化速率上古细菌比真细菌缓慢，保留更多较原始的特性。

⑨16S rRNA 序列，古细菌与真细菌不相似，与真核生物 16S rRNA 相近。

2.1.5 其他原核微生物

支原体、立克次氏体和衣原体为革兰氏阴性、代谢能力差，主要营细胞内寄生的小型原核生物，生活方式既有腐生又有寄生。它们是介于细菌和病毒间的原核生物。

2.1.5.1 支原体(Mycoplasma)

是一类无细胞壁、介于独立生活和细胞内寄生生活间的最小型原核生物。1989 年 E. Nocard 从患胸膜肺炎病牛上分离得到能够独立生长的最小的原核微生物。1967 年日本学者土局养二从“马铃薯”分离到植物支原体，又称为类支原体(PPLO)。

支原体细胞很小，是已知的最小细胞生物，直径 150～300 nm，细胞膜含有甾醇，其他原核生物没有。无细胞壁，革兰化染色呈阴性，菌落小，二等分裂繁殖，能在含血清、酵母膏的培养基生活。具有氧化型和发酵型代谢，不受青霉素、环丝氨酸等抗生素抑制，对四环素红霉素和破坏细胞膜的表面活性剂、制霉菌剂等敏感。腐生型支原体广泛存在于污水、土壤、堆肥中。在少量空气下生长最好。寄生型支原体最适生长温度 37℃，低于 30℃不能生长。

2.1.5.2 立克次氏体(Rickettsia)

1909 年美国医生 H. T. Ricketts，首次发现落基山斑疹伤寒的病原体并于 1910 年牺牲于此病，故这类病菌以后称为立克次氏体。1972 年在三叶草和长春花的韧皮部的细胞中发现其存在。立克次氏体有细胞壁，G^-，不能独立生活，常寄生在真核生物的细胞内，可在活组织内培养，细胞(0.3～0.6)μm×(0.8～2)μm；形态多变，分裂繁殖，对抗生素敏感，有不完整的代谢途径。对热敏感，50℃ 30 min 灭活，立克次氏体可使人患病斑疹伤寒、恙虫病、Q 热等。

2.1.5.3　衣原体(Chlamydia)

是一类在真核生物细胞内专营能量寄生的小型革兰氏阴性原核微生物。1907年在患沙眼的人的角膜细胞内发现。有细胞构造、有细胞壁、G^-。细胞内同时含有DNA和RNA。有核糖体,有不完整的酶系统,严格寄生。二等分裂繁殖,对抗生素敏感,可在活组织上培养。衣原体可不需媒介直接侵染鸟类和哺乳动物。

2.1.6　环境中常见的原核微生物

环境中的原核微生物种类繁多,数量巨大,这里仅介绍环境中与人类生活密切相关的主要原核微生物的类群。

(1)微球菌属(*Micrococcus*)

在几个平面上分裂,可形成不规则的细胞或呈包裹状的一堆细胞。需氧或兼性厌氧菌,细胞呈球形,直径0.5～3.5 μm,单生、成对或形成四联、八叠或不规则成簇。一般不运动,不生芽孢,G^+,含类胡萝卜色素,常形成有色菌落。能氧化葡萄糖等有机物为醋酸或彻底氧化为CO_2与H_2O,其生活需要维生素。生长适宜温度为25～37℃。DNA中G+C的摩尔分数为64%～75%,常存在于土壤及淡水中,亦见于皮肤。

(2)假单胞菌属(*Pseudomonas*)

包括了一大群各式各样的需氧性、一根或几根端生鞭毛、能运动,少有不运动的杆菌,有200多种菌。在自然界极为常见,对物质转化起着广泛而重要的作用。腐生或者兼性寄生,是土壤、淡水、海水、污水、动植物体表中常见的自然生存菌,又有代谢多种化合物的能力,因此在污水处理、消除土壤污染和农药石油等环境污染方面占有重要的地位。菌体直形或微呈弯杆状,为(0.1～1)μm×(1.5～4)μm的小杆菌。G^-,不产芽孢。化能有机营养型,能利用多种有机物包括一些较复杂不易为其他微生物利用的化合物。许多种能积累聚β-羟丁酸,需氧。多数种能产水溶性荧光色素,部分产不溶于水的色素或不产色素。少数为病原菌。DNA中的G+C的摩尔分数为58%～70%。

(3)节杆菌属(*Arthrobacter*)

在土壤中广泛分布,形态多变,在培养基上生长的幼龄细胞为不规则杆状,随着菌龄增加,变为球状,球状又可变为杆状,它们有广泛的耐饿性和广食性,形形色色的有机物均可作为碳源和能源,节杆菌还能通过共代谢作用降解芳香族化合物、核酸、2,4-D等除草剂、“二嗪农”等很多农药的中心分子m-苯甲酸盐等。节杆菌有些种还能溶解“喀斯特”岩石上的铝硅酸盐,有些种具有固氮能力。

(4)芽孢杆菌属(*Bacillus*)

芽孢杆菌也是土壤分布广泛，数量甚多的一类细菌，由于它们能形成比较抗热和抗旱的芽孢，因而在土壤中存活率较高，而且具有较高的分解蛋白质和复杂多糖的能力，嗜热杆菌有枯草芽孢杆菌(*B. subtilis*)、地衣芽孢杆菌(*B. licheniformis*)、嗜冷芽孢杆菌(*B. psychrophilus*)等。

(5)产碱杆菌属(*Alcaligenes*)

广泛分布于土壤、海水、淡水、污水等生境中，它们均是腐生菌，杆状或短杆状，通常 1～8 根周生鞭毛，G^-，可利用有机酸和氨基酸，但通常不利用糖。本属中的一些种或变种是重要的环保微生物。

(6)土壤杆菌属(*Agrobacterium*)

土壤杆菌习居于土壤中，多数具致病性，能在植物根上形成肿瘤或毛状根。

(7)固氮菌属(*Azotobacter*)

椭圆形或杆状细胞，不产芽孢但是有孢囊，可以利用糖有机酸、醇，存在于土壤和水中。还有蓝细菌中的胶球藻属(*Gloeocapca*)、念珠蓝细菌(*Nostoc*)、鱼腥藻属(*Anabaena*)等属中有许多种有固氮能力，也是土壤中常见的属。

(8)黏细菌

黏细菌在土壤中的数量虽说不多，但在施用有机肥的土壤中非常易见，经过分解的植物残体，牲畜粪便、特别是食草动物的粪便都是它们喜爱的生境。黏细菌是已知的最高级的原核生物，它们具有形成子实体和黏孢子的形成发生过程。最常见的属有粒球黏细菌属(*Corallacoccus*)、原囊黏细菌(*Archangium*)。

除上述常见的属外，黄杆菌属(*Flavobacterium*)、不动杆菌属(*Acinetobacter*)、葡萄菌属(*Staphylococcus*)、黄单胞菌属(*Xanthomonas*)等也普遍存在于土壤中。

(9)链霉菌属

链霉菌属在放线菌目中是最大的一属，约有千余种，其中约有 600 多种可以产生抗生素，它们普遍存在于土壤内，大多为好氧，腐生。菌落紧密，多皱，皮壳状或平滑，有各种颜色。根据气生菌丝颜色，基内菌丝颜色，可溶性色素，孢子丝形态和孢子形态，链霉菌属被分为白色，黄色，球孢，粉红孢，淡紫灰，青色，烬灰，绿色，蓝色，灰红紫，灰褐，金色，吸水和轮生 14 个类群。

(10)诺卡氏菌属(*Nocardia*)

主要分布于土壤中，大部分是好氧性腐生菌，少数厌氧寄生。菌落结构和外貌多种多样，有些菌种表面多皱，致密，干燥，接种环一触即碎。有些菌落平滑或凸起，无光或发亮呈水渍状。诺卡氏菌无气生菌丝，菌落秃裸；有的在基内菌丝体上覆盖着极簿一层气生菌丝枝——子实枝。有 30 多种产生抗生素，其中利福霉素由地中海诺卡氏菌(*N. mediterranei*)产生,有些诺卡氏菌可用于石油脱蜡,烃类发酵以及污水处理中分解脂质化合物。

(11)小单胞菌属(*Micromonospora*)

此菌属分布于土壤、湖泥、堆肥、厩肥中,一般好氧,腐生,菌落与基质紧密结合在一起,凸起在基质的表面,凸凹不平,多皱或光滑。菌落时常为黄橙色或红色,也有深褐、黑色、蓝色。菌落表面常由孢子堆积而成污褐或黑绿色薄层。有 30 多个种产生抗生素,其中庆大霉素由刺孢小单胞菌产生。

2.2 真核微生物

凡是细胞核具有核膜,核仁,能进行有丝分裂、细胞质中存在线粒体或同时存在叶绿体等多种细胞器的生物叫真核生物。真菌、藻类、原生动物等属真核微生物(eukaryotic microorganisms)。真菌的特点:①不能进行光合作用;②以产生的大量孢子繁殖;③有发达的菌丝体;④营养方式为异养吸收型;⑤陆生性较强。

2.2.1 真菌

2.2.1.1 真菌的营养体

(1)真菌的细胞结构

①细胞壁:真核微生物细胞壁的主要成分为纤维素或几丁质,或兼含有这两种成分,如许多藻类和低等真菌的细胞壁主要成分是纤维素,酵母菌以葡聚糖和甘露聚糖为主,而高等陆生真菌细胞壁则以几丁质为主。也有少数的真核微生物的细胞壁有少量的蛋白质和脂类。

②细胞膜:真核微生物细胞膜和原核生物细胞膜相同之处是,它也是双层磷脂,蛋白质镶嵌其中。显著不同点之一是真核细胞质膜含固醇(甾醇),使细胞坚韧、无呼吸或光合组分。

③细胞质与细胞器:位于细胞质膜和细胞核之间的透明黏稠不断流动并充满各种细胞器的溶胶称为细胞质。在真核细胞中除细胞器以外的基质称为细胞基质(cytomatrix)。真核生物的细胞质里有多种细胞器,如线粒体、溶酶体、高尔基体、微管系统,内质网。核糖体沉降系数一般为 80S,部分含有 70S 核糖体。

④细胞核:有核膜包被的核仁。核仁(染色体)由 DNA 与组蛋白结合组成,有有丝分裂和无丝分裂,细胞内染色体数目一般多于 1 个。每个细胞一般只含有一

个细胞核，有的有两个或多个，在真菌的菌丝顶端常常找不到细胞核。

⑤鞭毛与纤毛：真核微生物细胞表面长有或长或短的毛发状具有运动功能的细胞器，其中形态较长（150～200 μm）、数量较少者称为鞭毛，大多属于原生动物、藻类和低等水生真菌的游动孢子。形态较短（5～10 μm），数量较多称为纤毛，属于纤毛纲的原生动物。鞭毛与纤毛运动功能上基本相同。但是与原核生物的鞭毛的构造和运动机制有差异。

(2)菌丝和菌丝体

①菌丝（hyphae）：菌丝是大多数真菌营养体的基本单位，直径 3～10 μm。分为两种类型（图 2-14）：

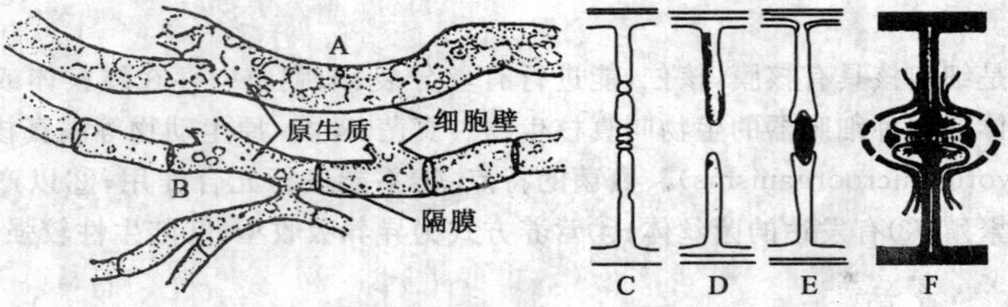

图 2-14 真菌的菌丝的类型

A. 无隔菌丝；B. 有隔菌丝；C～F. 有隔菌丝横隔膜的类型；

（引自刘锡琎等译．真菌学基础．1998）

有隔膜（单核或多核）菌丝：菌丝呈长管状，细胞质内含有多个核。为一些低等真菌所具有，如毛霉属（*Mucor*）和根霉属（*Rhizopus*）等。

无隔（单细胞多核）菌丝：菌丝被横膈膜分割成多个细胞，内含有一个或多个核。为高等真菌所具有，如曲霉属（*Aspergillus*）和青霉属（*Penicillium*）等。

②菌丝体：菌丝体是指菌丝有分枝，分枝的菌丝相互交错而成的群体，菌丝体分为两种类型：

营养菌丝（vegetative mycelium）：密布在营养基质内吸收营养物质功能的菌丝。

气生菌丝（aerial mycelium）：伸展到空气中的菌丝。

③营养菌丝体的特化形式：

假根（rhizoid）：根霉属（*Rhizopus*）等能够形成假根，其功能是固着吸收养料。

吸器（haustorium）：侵入细胞并吸收细胞内的养料。

附着胞：菌丝顶端膨大分泌黏状物质，以利侵入宿主的角质吸收养料。

附着枝:由菌丝细胞生出 1～2 个短枝,将菌丝附着与宿主上。

菌核(sclerotium):休眠的菌丝组织。

菌索:白色的根状菌丝组织。功能为促进菌体蔓延和抵御不良环境。

匍匐菌丝(stolon):延伸,吸收营养。

④气生菌丝体的特化形式:气生菌丝体的主要特化成各种形式的子实体。子实体是指在其里面或上面可产生孢子的,有一定形状的任何构造(图 2-15)。

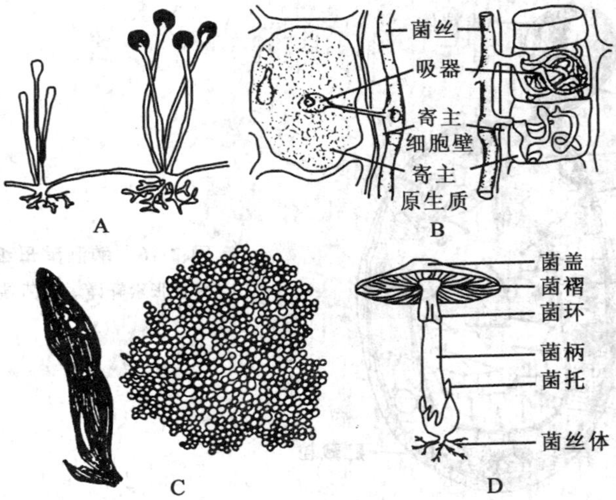

图 2-15 真菌菌丝的几种特殊形态

A. 假根;B. 吸器;C. 菌核;D. 子实体

结构简单的子实体:如曲霉属(*Aspergillus*)或青霉属(*Penicillium*)等的分生孢子头,根霉属(*Rhizopus*)毛霉属(*Mucor*)等的孢子囊。

结构复杂的子实体:分生孢子器、分生孢子座、分生孢子盘。以及产生性孢子的结构复杂的子实体为子囊果。字囊果按类型分为 3 类:闭囊壳、子囊壳、子囊盘。

(3)酵母状细胞(Saccharomyces)

酵母菌(Yeast):一般泛指能发酵糖类的各种单细胞真菌。酵母菌特点:个体一般以单细胞存在(直径比细菌粗 10 倍,长 2～5 倍);多数以出芽繁殖,也有的裂殖;能发酵糖类产能,喜在含糖量较高、偏酸的环境中生长、细胞壁含主要成分为葡聚糖和甘露聚糖。

酵母菌分布广、种类多达56属500多种。与人类关系密切，在轻工、医药、酿造等应用广泛，是最重要的单细胞蛋白资源。只有少数种对人类有害。

酵母菌的细胞形态通常有球状、卵圆状、椭圆状、柱状或香肠状等多种，当其进行芽殖后，如果长大的子细胞与母细胞并不立即分离，其间仅以极小的面积相连，这种藕节状的细胞串称假菌丝；相反细胞相连，其间的横隔面积与细胞直径一致，这种竹节状的细胞称真菌丝。酵母菌的细胞形态图2-16。

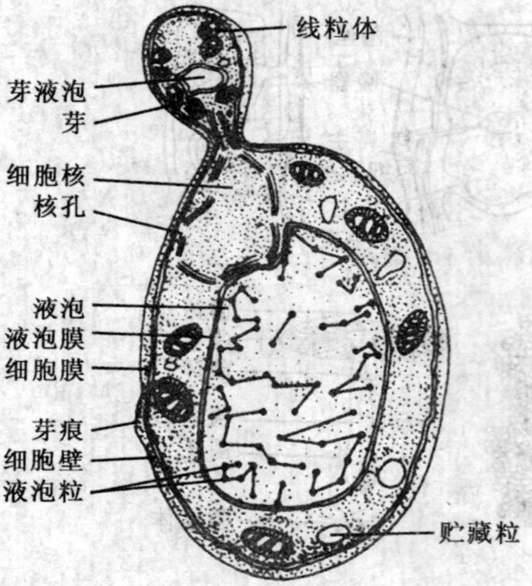

图2-16 酿酒酵母细胞构造

（引自张素轩译．真菌导论．1982）

2.2.1.2 真菌的繁殖与菌落特征

真菌的繁殖方式有无性或有性繁殖，以无性繁殖方式为主。

(1)真菌的无性繁殖

①无性繁殖类型：真菌的无性繁殖方式分为4种。

断裂繁殖：霉菌菌丝体上任一部分的菌丝碎片均能够繁殖成新的个体。

分裂繁殖：某些酵母菌如裂殖酵母能像细菌一样以二分裂的方式进行无性繁殖。

出芽繁殖：出芽繁殖是酵母菌进行无性繁殖的主要方式，见图2-17 A、B。

无性孢子：萌发后成为新个体。

②无性孢子类型：真菌的无性孢子主要有5种类型。

节孢子：由菌丝生长到一定阶段出现许多横膈膜断裂而成的孢子。

厚垣孢子：又称厚壁孢子，它是由菌丝中间（少数在顶端）的个别细胞膨大，原生质浓缩和细胞壁变厚而形成的休眠孢子。

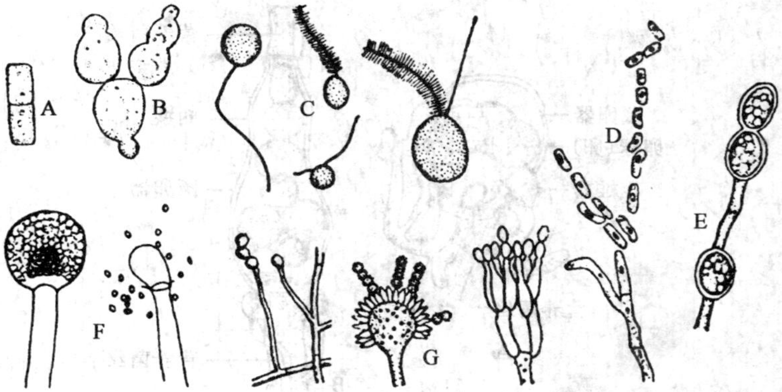

图 2-17 真菌的无性繁殖

A. 酵母菌的裂殖；B. 酵母菌的出芽繁殖；C. 游动孢子；
D. 节孢子；E. 厚垣孢子；F. 孢囊孢子；G. 分生孢子

游动孢子：由菌丝膨大而成的游动孢子囊内的孢子称为游动孢子。

孢囊孢子：生长在孢子囊内的孢子，这是一种内生孢子。

分生孢子：生于分生孢子梗上菌丝的细胞外的孢子又称外生孢子。

(2)真菌的有性繁殖

真菌的有性繁殖过程包括质配、核配、减数分裂形成有性孢子，主要有 4 种类型。

①卵孢子：由两个大小不同的配子囊结合发育而成的孢子。小配子囊成为雄器，大型的配子囊为藏卵器(图 2-18)。

②接合孢子：是由菌丝生出的形态相同或略有不同的配子囊结合，经过质配核配形成(图 2-19)。

③子囊孢子：形成于由性细胞结合并分化生成的子囊中的孢子(图 2-20)。

④担孢子：担孢子是由担子菌的双核菌丝顶端膨大产生担子中的有性孢子(图 2-21)。

(3)真菌的菌落特征

霉菌的菌落形态较大，质地疏松，外观干燥、不透明，呈现或松或紧的蛛网状、绒毛状或棉絮状；不易挑取，菌落正反面的颜色和边缘与中心的颜色常不一致等。

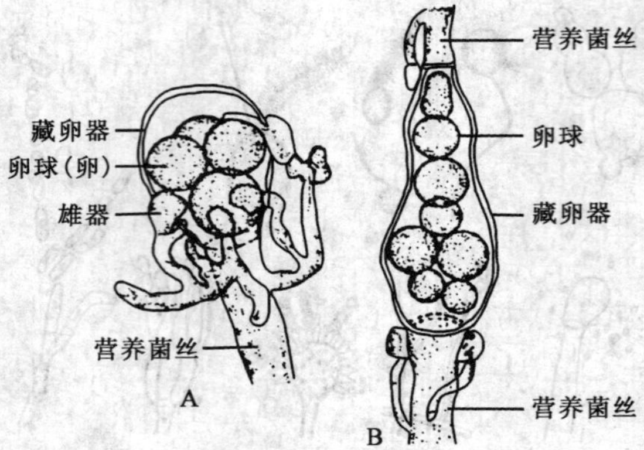

图 2-18　滨海水霉和下弯锦霉的卵孢子

A. 顶生藏卵器;B. 间生藏卵器

(引自余永年等译. 真菌学概论. 1983)

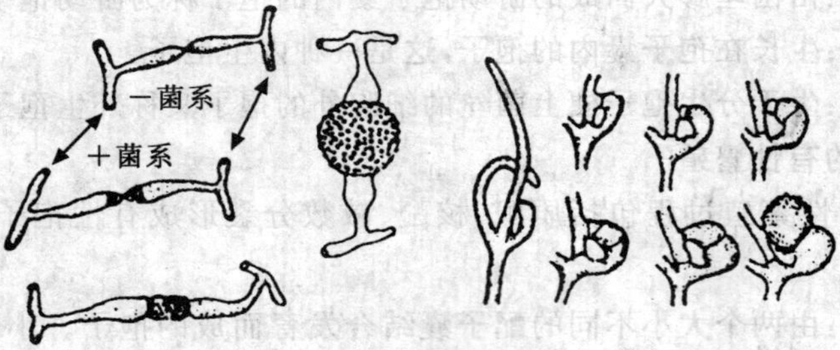

图 2-19　根霉的接合孢子

A. 异宗结合;B. 同宗结合

(引自常见与常用真菌. 1973)

酵母菌的菌落较湿润,易挑起,菌落质地均匀,正反面和边缘、中央部位的颜色均一,菌落较大、较厚、外观较稠和较不透明。颜色较单调,多数白色乳白色或矿烛色,少数红、黑色。而假丝酵母菌落则平坦,表面和边缘较粗糙。

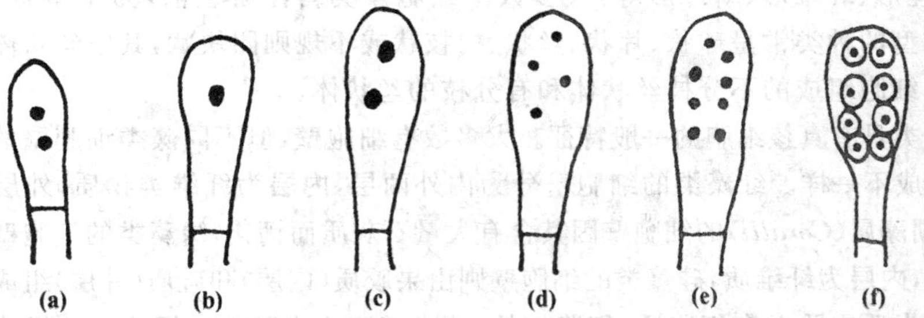

图 2-20 子囊孢子的形成

(a)两个不同细胞结合而成的双核融合细胞；

(b)核融合；(c)，(d)，(e)核分裂；(f)形成子囊孢子

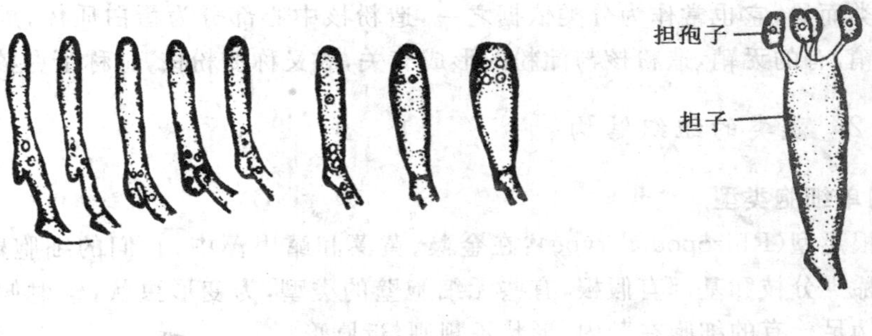

图 2-21 担子及担孢子的形成

(引自杨新美．中国食用菌栽培学．1988)

2.2.2 藻类

2.2.2.1 形态大小

藻类是没有根、茎、叶分化，含光合色素能进行自养生长的真核生物，因其生殖器官为单细胞、无胚、以孢子繁殖为主而有别于高等植物。

藻类的大小差异很大，最小的仅几微米，肉眼看不见，如小单孢藻的大小为 1×1.5 μm，小球藻为 5～8 μm，大的藻类如江河中的海藻中的红藻和褐藻，从几厘米到十几厘米，而生长在太平洋东岸寒流中的巨藻科中的藻类，可长达 100 m 以上。

藻体有单细胞、群体、多细胞体等类型。单细胞藻体常为球形、椭圆形、圆柱

形、纺锤形、纤维形、新月形等，大多数单细胞藻类营浮游生活，为小型微观藻类。群体类型的种类常呈球状、片状、丝状、树枝状或不规则团块状，其中丝状体又可分为由单细胞组成的不分枝丝状体和有分枝的丝状体。

藻类具有真核细胞的一般特征。大多数有细胞壁，但不同藻类细胞壁的结构和化学组成不一样。红藻类的细胞壁分为内外两层，内层为纤维类物质，外层为藻胶质，珊瑚藻属(*Coralli*)的细胞壁因其含有大量石灰质而钙化，绿藻类的细胞壁外层为果胶质，内层为纤维质，硅藻类的细胞壁则由果胶质(内层)和硅质(外层)组成。

原生质内除含有细胞质、细胞核外，藻类细胞中大都有叶绿体。叶绿体由两层单位膜所包围，其中充满片层结构，与高等植物叶绿体基本相似。藻类叶绿体中含有叶绿素 a，有些藻类还含有叶绿素 b、c、d、e 以及藻黄素、藻红素等，色素的不同导致了光合产物和贮藏物质的不同。另外，在许多藻类中常有一种细胞器称为造粒核(淀粉核或蛋白核)，其构造、形状、数目以及存在于色素体或细胞质中的位置等因种类而异，它也常作为分类依据之一，造粉核中心部分为蛋白质体，周围有的具淀粉鞘，有的无鞘，造粉核与淀粉的形成有关，故又称淀粉核，也称蛋白核。

2.2.2.2 藻类的组织结构

(1)单细胞类型

①根足型(Rhizopodial type)：在金藻、黄藻和鳍甲藻中，它们的细胞壁很薄，藻体有稀少分枝和基部有假根，有些无细胞壁的类型，为变形虫状，辐射伸出顶端尖锐的伪足。有的细胞在鞘内，形状不规则，近圆形。

②圆球型(Protococcoidal type)：在绿藻、金藻、红藻和甲藻中都有这种类型。其中包括最简单的圆球形，也包括长圆形、杆状、三角形和梭形等。硅藻壁上有美丽花纹。

③鞭毛型(Flagellate type)：这种藻类的营养体、游动孢子和游动配子都有鞭毛，大多数为 2 根，也有 1 根或 4 根。

(2)丝状组织型(Filamentous type)

丝状藻很普遍，在许多类藻中都有丝状型，它们呈简单的丝或管状结构，分枝茂盛或集结成束。有时丝可能很长，如丝绿藻属(*Ulthrix*)的细胞两端彼此相连成长度不定的、不分枝的丝状藻体。有些丝的基部有根状或盘状底，使其自身附着和固定在基物上。管状藻体的类型多包括在管绿(siphonales)内，它们分枝或不分枝，可以无限伸长。

(3)群落组织型(Colonial type)

这种组织是由或多或少数单细胞藻聚集生长在一起而形成的，并成为某些种的固定特点。它们可以呈链状、球状、网状或丛生。有些有一个共同的中心，各个细胞均以黏丝连接于中心部分，如辐尾藻属(*Uroglena*)。有的只由4个或不定数目细胞组成规则或不规则的排列，这种群落外面常包围以胶质的壳，或有硅质鳞片和刚毛。有些鞭毛藻细胞被包在胶质壳内，而鞭毛伸到外面，有鞭毛的群落整体可以运动。

2.2.3　原生动物

2.2.3.1　形态大小

原生动物是最原始、最低等、结构最简单的单细胞动物。它们的个体很小，长度一般为100～300 μm，在光学显微镜下观察才可见。原生动物在生理上具有完善的系统，能依靠各种细胞器，行使多细胞动物具有的营养、呼吸、排泄、生殖等机能。原生动物行使摄食、消化、营养的细胞器有胞口、胞咽、食物泡、吸管等，行使排泄的细胞器为收集管、伸缩泡、胞肛，行使运动和捕食的细胞器为鞭毛、纤毛、刚毛、伪足等，感觉细胞器为眼点。有的细胞器行使多种功能，如伪足、鞭毛和纤毛均可同时执行运动、捕食和感觉的功能。

原生动物的形态差别很大，有球状、椭球状、钟状、喇叭状、拖鞋状等，有的种如变形虫属，根本没有固定的形状。

2.2.3.2　结构

原生动物为单细胞生物，没有细胞壁，其细胞由细胞膜、细胞质和细胞核组成。

(1)细胞膜

原生动物的体表具有的一层很薄的膜，为原生动物的细胞膜。它是由细胞质的外层特化而来，其机能与多细胞动物的相同。有些原生动物的细胞膜很薄，可随原生质的流动而改变形状，如变形虫。而多数原生动物由于细胞膜内的蛋白质增厚，形成一定厚度的表膜，可保持虫体的特有形状，有些种类还能分泌特有的分泌物来加固体形，如表壳虫的几丁质外壳、鳞壳虫的硅质外壳、有孔虫的钙质外壳等。

(2)细胞质

原生动物的细胞质可分为外质和内质两部分。外质透明清晰、致密，中央部分为内质，色泽较暗，有很多内含物的颗粒，细胞核与各种分化的细胞器位于其中。

(3)细胞核

大多数为单核细胞，少数有两个或两个以上细胞核，如多核变形虫、蛙片虫。核有核膜、核质和染色质，核膜上有小孔与细胞质沟通。根据染色质的多少和分布情况，将原生动物的细胞核分为致密核和泡状核。致密核的染色质多、分布均匀，与代谢有关，而泡状核的染色质少、分布不均匀，与生殖有关。

2.2.4 环境中的真核微生物

2.2.4.1 土壤真菌

(1)霉菌

真菌是常见的土壤微生物，从数量上看，它们似乎不重要，但是从生物量上看，却占有极其重要的地位。土壤真菌的种类很多，Gilman 1957 曾记录了 170 个属，690 种真菌。我国土壤真菌种类繁多，世界各地报道的真菌种类中，绝大多数在我国土壤中都可以分离见到，其中常见的有青霉(*Penicillium*)、曲霉(*Aspergillus*)、镰刀霉(*Fusarium*)、木霉(*Trichoderma*)、单孢枝霉(*Hormodendrum*)、胶霉(*Gliocladium*)、根霉(*Rhizopus*)、毛霉(*Mucor*)等。

①毛霉(*Mucor*)与根霉属(*Rhizopus*)：这两类霉菌腐生于土壤、植物残体和动物粪便中。菌丝无横膈膜，少数例外。无性繁殖多产生不游动的孢囊孢子、分生孢子、节孢子。有性繁殖为接合孢子。

毛霉属：菌丝发达，生长迅速，气生菌丝如白色棉絮，无匍匐菌丝及假根。孢子囊呈棕色或褐色，内含无数孢囊孢子，孢子囊形成前，先由菌丝长出孢子梗，顶端膨大成孢子囊(图 2-22)。有性繁殖形成接合孢子。毛霉分解蛋白质、淀粉的能力较强。多分布在土壤、堆肥中，也常见于蔬菜水果和淀粉性食品上。

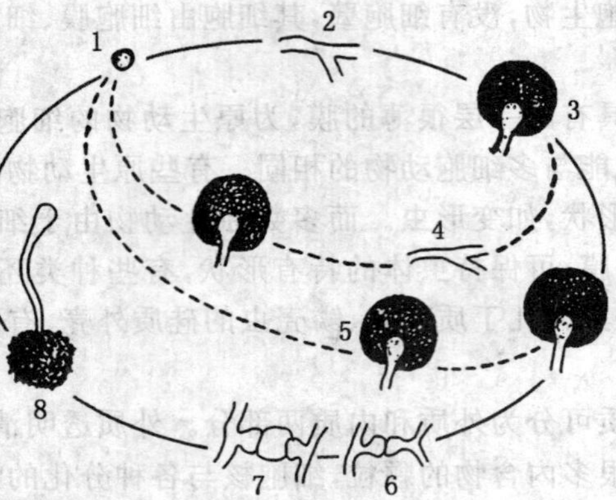

图 2-22 毛霉生活史

1. 孢子；2. 孢子萌发成菌丝；3. 形成孢子囊；4,5. 同阶段的再形成；6,7. 结合孢子的形成；8. 结合孢子的萌发

(引自常见与常用真菌．1973)

根霉属:广泛分布于自然界,分解有机质能力特别强,菌丝为无隔单细胞,生长特别迅速,在固体基质上可蔓延覆盖呈大量棉絮状菌落。在培养基表面水平生长的菌丝称为匍匐菌丝。在接触培养基处伸入培养基内呈分支状生长,称假根。假根着生处向上长出直立的孢子囊,孢子囊内产生大量的无性的孢囊孢子,有性阶段产生接合孢子。根霉的的生活史图 2-23。

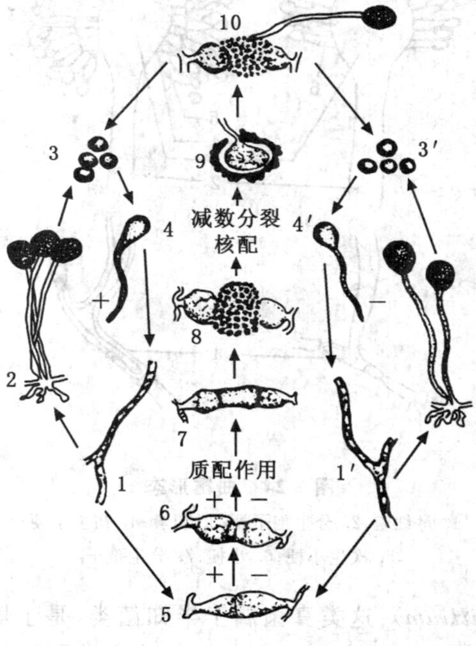

图 2-23 匍枝根霉的生活周期

1. 菌丝;2. 假根、孢囊梗和孢子囊;3. 孢囊孢子;4. 孢囊孢子萌发;5. 原配子囊;6. 配子囊结合;7. 幼结合孢子;8. 成熟结合孢子;9. 结合孢子萌发;10. 芽生孢子囊

(引自常见与常用真菌 . 1973)

②曲霉属(*Aspergillus*):这类真菌属于半知菌类,多分布在土壤、谷物、大气中,为单细胞有横膈膜菌丝的霉菌,部分气生菌丝可以分化为防分生孢子梗。分生孢子梗顶端膨大成为顶囊。顶囊一般成为球状。在顶囊表面以辐射状生出一层或两层小梗,在小梗上着生一串串分生孢子。分生孢子呈黑、褐、绿、黄、橙等颜色。分生孢子基部有一足细胞。通过它与营养菌丝连接。曲霉属大多是腐生菌,广泛分布在谷物、土壤和有机体上,是发酵工业和食品加工业方面的重要菌种。在环境

中对有机物分解也起着重要的作用。常见的菌种有黄曲霉(*A. flavus*),米曲霉(*A. oryzae*)和黑曲霉(*A. niger*)等。曲霉形态见图 2-24。

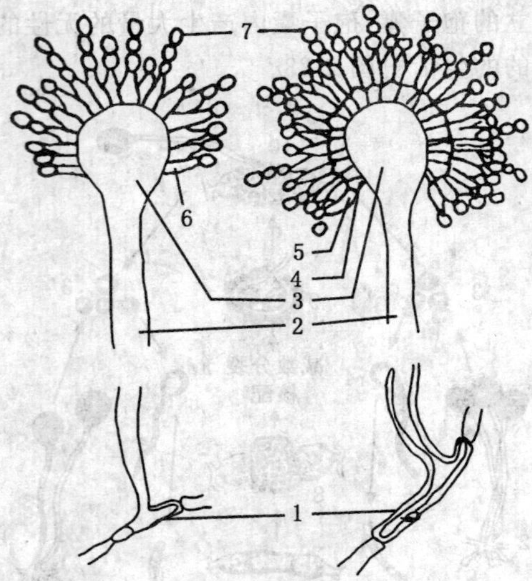

图 2-24 曲霉形态

1. 足细胞;2. 分生孢子梗;3. 顶囊;4. 初生小梗;
5. 次生小梗;6. 小梗;7. 分生孢子

③青霉属(*Penicillium*):这类真菌属于半知菌类,是土壤、空气、水果和粮食中分布较广的一种霉菌。它的分布不受地区,土类和植被的限制,在腐烂的柑橘皮上极易生长,呈青绿色。青霉菌能产生青霉素,灰黄霉素等抗生素,有机酸还可用于制造干酪。青霉的菌落有绒状、絮状、绳状和束状等不同形态。青霉的菌丝体产生长而直的分生孢子梗,上半部分产生对称或不对称的扫帚状分支,着生几轮小梗,小梗顶端着生成串的球状至卵型的分生孢子。按照分生孢子的形态可进行分类。青霉形态及其分生孢子梗着生方式图 2-25。

④木霉属(*Trichoderma*):木霉的分布也很广,腐烂的木料、种子、植物残体有机肥料土壤空气中都能分离到它们。木霉具有较强的氨化作用和分解纤维素的能力,在富含有机质并且湿度较高的土壤中数量较多,有些种能寄生于某些真菌,对大型真菌的子实体寄生力特别强,是食用菌栽培的致病菌,其形态见图 2-26。

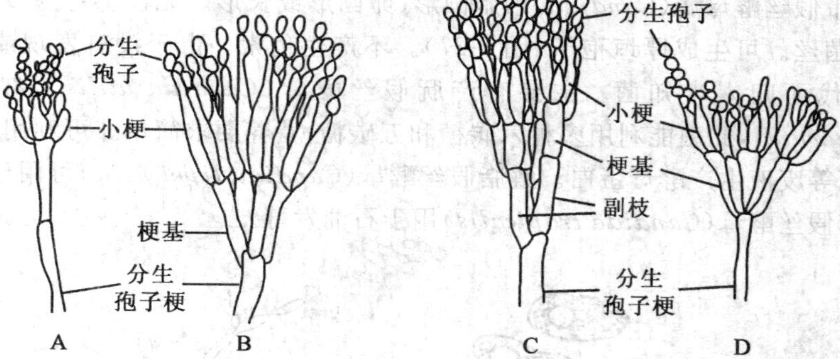

图 2-25 青霉形态及其分生孢子梗的不同着生方式

A. 单轮形；B. 对称二轮形；C 和 D. 非对称形

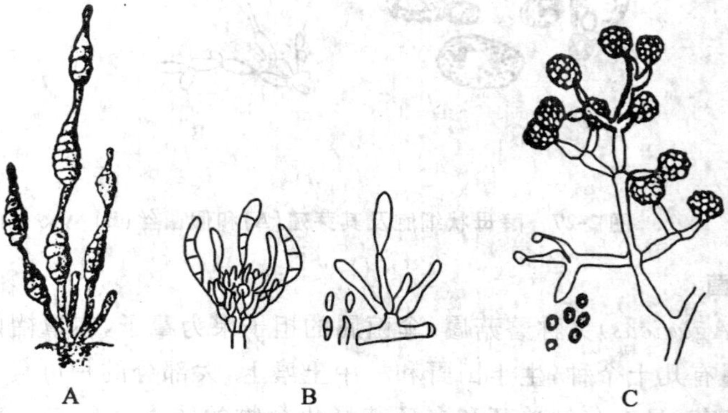

图 2-26 交链孢霉

A. 镰孢霉；B. 镰刀菌；C. 木霉

(2)酵母菌

酵母菌分布广，主要生长在偏酸的含糖环境中，在水果、蜜饯的表面和果园土壤中最为常见，由于不少酵母菌可以利用烃类物质，故在油田和炼油厂附近的土层中也可找到这种利用石油的酵母菌。酵母菌的有性繁殖是形成子囊孢子。通常一个子囊内有 4～8 个子囊孢子。

常见的酵母菌代表：酿酒酵母(*Saccharomyces cerevisiae*)，酿酒酵母除可酿造啤酒、白酒及其他饮料外，又可发面制面包，由于它的蛋白质和维生素含量较高，可做药用和饲料酵母，并从中提取核酸、细胞色素C、辅酶A、麦角固醇。

热带假丝酵母属（*Candida*）细胞圆形、卵圆形或长形。无性生殖为多边芽殖。形成假菌丝。可生成厚垣孢子（图2-27）。不产生色素。由于没有发现或不产生有性世代而归入半知菌。主要有产朊假丝酵母（*Candida utilis*）、红酵母属（*Rhodotorula*），此菌能利用多种六碳糖和五碳糖，营养要求简单。可利用生产糖、淀粉、纸等废液生产酵母蛋白。解脂假丝酵母（*Candida lipolytica*）可用于石油脱蜡，热带假丝酵母（*Candida tropicalis*）用于石油发酵。

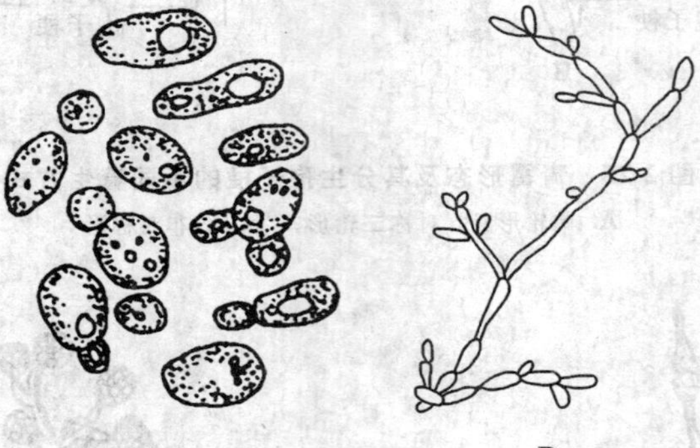

图2-27 酵母状细胞及其芽殖（A）和假菌丝（B）

(3)担子菌

伞菌属（*Agaricus*）又称蘑菇属，伞菌属的担子果为蕈子，在蕈褶内形成担子和担孢子。本属有几十个种，生于田野和林中土壤上，大部分的种可食用，少数有毒，许多是白腐真菌，具有分解单环和多环芳烃化合物的能力。目前最普遍栽培的是平菇、香菇等（图2-28）。

灵芝属（*Gaoderma*）担子果一年生或多年生，木质或木栓质，有柄或无柄。菌盖表面有坚硬的皮壳，它的柄或菌盖从下端到上端都覆盖着一层坚硬光亮的物质。菌盖腹面多管孔，管孔内生担子和担孢子。

本属真菌是分解纤维素、木质素能力较强的一类真菌。有的种类是重要药材，如灵芝（*Ganoderma lucidum*）、紫芝（*Ganoderma japonicum*）等。

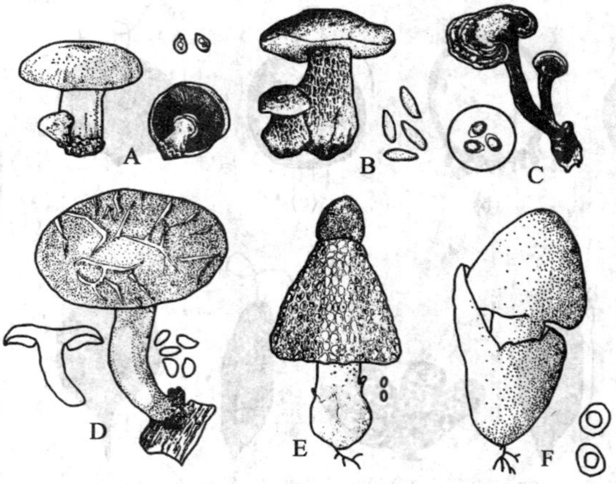

图 2-28 常见食用菌的担子果和担孢子

A. 洋蘑菇;B. 美味牛肝菌;C. 林芝;D. 香菇;E. 黄裙竹荪;F. 草菇

(引自刘波. 中国药用真菌. 1978)

2.2.4.2 藻类

全球已知的藻类约 4 万种,在自然界分布甚广,在自然生态系统中,对物质循环和氧气含量的平衡,起着极为重要的作用。根据藻类叶绿体和色素的类型、细胞壁的组成、鞭毛的有无及其特点、细胞壁组分和超微结构,将藻类分成裸藻门、绿藻门、金藻门、褐藻门、甲藻门和红藻门。

(1)裸藻门(Euglenopyta)

裸藻门的藻类因不具备细胞壁而得名。它们有 1～3 根鞭毛,能运动,有口腔,可吞食食物。由于绝大多数裸藻具有叶绿体,内含叶绿素 a,叶绿素 b,β-胡萝卜素及 3 种叶黄素,裸藻的叶绿体呈鲜绿色,但在无光处生长的裸藻色素量会减少甚至消失而表现为无色,此时难以与鞭毛虫区别。在叶绿体内有较大的蛋白质颗粒,为造粉核,其功能与裸藻淀粉的聚集有关,其储存裸藻淀粉,并形成淀粉颗粒。

裸藻的代表属有囊裸藻属(*Trachelomonas*)、扁裸藻属(*Phacus*)、柄裸藻属(*Cofocium*)及裸藻属(即眼虫藻属 *Eugleme*)。其形态见图 2-29。

裸藻主要生长在有机物丰富的静止水体或流速缓慢的水体中,对温度的适应范围广,在 25℃繁殖最快,大量繁殖时形成绿色、红色或褐色的“水华”,因而裸藻是富营养化水体的指示生物。

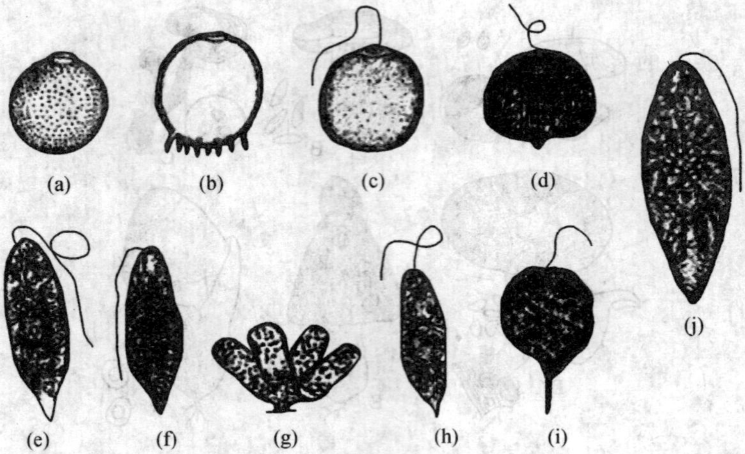

图 2-29 裸藻的各属

(a)细粒囊裸藻;(b)尾棘囊裸藻;(c)棘刺囊裸藻;(d)尖尾扁裸藻;
(e)血红裸藻;(f)曲膝裸藻;(g)柄裸藻属;
(h)三星裸藻;(i)梨形扁裸藻;(j)绿裸藻

(2)绿藻门(Chlorophyta)

绿藻的细胞呈绿色,为单细胞的或多细胞丝状的或带分枝的生物,有时可在岩石上成扇形生长。绿藻可产生游动孢子,有 2～4 根顶生的、等长的鞭毛,它们含有较多的叶绿素和叶黄素,叶绿体内含一至几个有鞘的造粉核。

绿藻大约有 6 000 种,绝大多数绿藻是淡水生的浮游生物,常分布于水域的上层,在土壤表面、岩石、树皮和某些原生动物体内也有存在。它们可改善水环境的氧气状态,净化污水或作为水质检查的指示物,其中的小球藻和栅藻富含丰富的蛋白质,可供人食用及作动物饲料。某些岩石和墙壁上都可以找到。土壤中可广泛见到的绿藻是衣藻(*Chlamydomonas*)、原球藻(*Protococcus*)、小球藻(*Chlorella*)、丝藻、双星藻等。

(3)金藻门(Chrysophyta)

金藻的形态多样,有单细胞和多细胞的,有分枝或无分枝的。金藻可产生鞭毛或带鞭毛的游动孢子,鞭毛数 1～3 根不等,与绿藻不同的是它带双鞭毛的细胞其鞭毛长度不等。金藻体内叶黄素和 β-胡萝卜素占优势,藻体呈黄绿色或金棕色。其储存物质有金藻糖和油。金藻可以是淡水生、海水生和陆生,是重要的浮游藻类。

硅藻,硅藻为单细胞藻,亦有胶柄或胶被相连成群体的,它们广泛分布于土壤。硅藻的主要的特点是它的果胶质细胞中有大量的硅胶质,形成一个由两片合成的硅藻壳体。常见的有羽纹硅藻属(*P. borealis*),舟形硅藻属(*Navicula*)。硅藻是金藻门中很重要的生物,其细胞壁由上下两个藻瓣组成,极像一个圆形或梭形的小盒子,因而硅藻极易辨认,硅藻的细胞壁由硅质和果胶物质组成,硅藻的藻瓣上有各种美丽的花纹,是鉴别硅藻种类的依据。硅藻死亡后,藻壳遗留于海中,大量堆积的硅藻壳,形成硅藻土,可用作过滤剂、绝缘剂等。作为食物链的重要组成成员,硅藻对水体的生产力起重要作用,因气候、土壤及水化学组成的影响,硅藻又表现出明显的区域性分布,因此可作为指示生物用于土壤和水体的盐度、腐殖质含量的检测中。

几种有代表性的金藻见图 2-30。

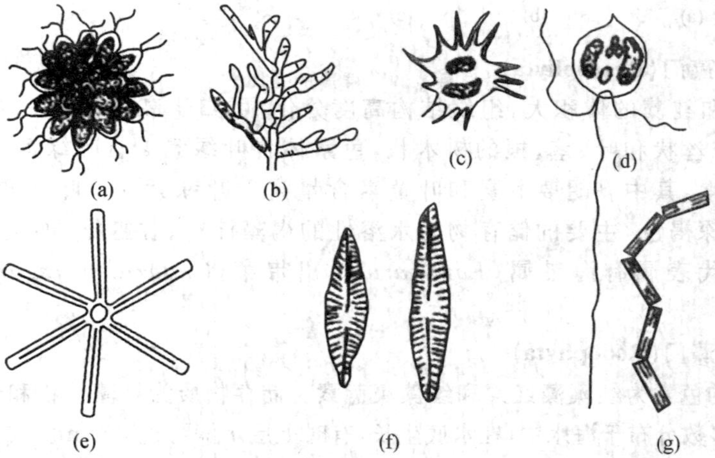

图 2-30 金藻的几个代表属

(a)黄群藻;(b)褐枝金藻;(c)变形金藻;(d)金色金藻;

(e)旋星硅藻;(f)舟形藻;(g)膈板硅藻

(4)甲藻门(Pyrrophyta)

甲藻多数为单细胞个体,呈三角形、球形、针形(图 2-31),前后或左右略扁,前、后端有突出的角,少数种为群体或具分支的丝状体。

多数甲藻的细胞有细胞壁,细胞核大,有核仁和核内体,细胞质中有大液泡,有的有眼点。色素体有一个或多个,含叶绿素 a,叶绿素 c,β-胡萝卜素、硅甲黄素、甲藻黄素等,藻体呈棕黄色或黄绿色,偶有红色。储存物质为淀粉、淀粉状物质和脂肪。甲藻多靠鞭毛游动,鞭毛的长度不同、颜色各异,可独立运动。甲藻既可进行光合作用,也可进行动物式的捕食方式,在海水中有生物荧光现象,因藻体的颜色不同,在海水中产生红、红褐或黄色浪潮,是海洋中产生“赤潮”的主要藻类(图2-31)。

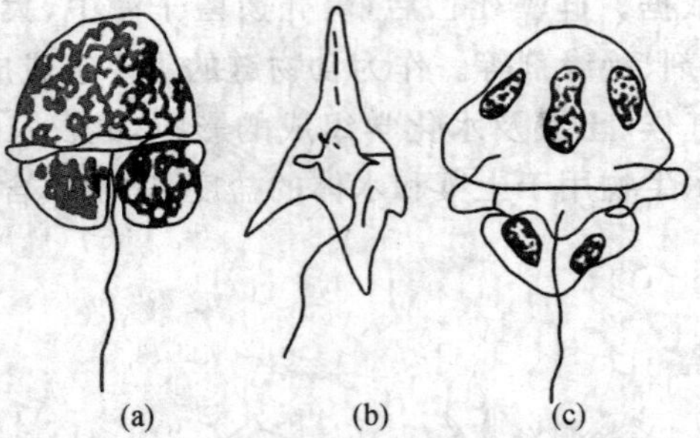

图 2-31 甲藻的几个代表属
(a)裸甲藻;(b)角藻;(c)下甲藻

(5)褐藻门(Phaeophyta)

褐藻和红藻的体积大,组织结构高度分化,可归于高级藻类。褐藻形状有单丝状、分丝状和叶、茎、根的树木状,色素体含叶绿素 a 、叶绿素 c,β-胡萝卜素和叶黄素,其中 β-胡萝卜素和叶黄素含量高于叶绿素 a 、叶绿素 c,藻体呈橄榄色和深褐色,主要的储存物为水溶性的褐藻淀粉、甘露糖、油类及还原糖。褐藻中的代表属有海带属(*Laminaria*)、裙带菜(*Undaria suringar*)等,可供食用。

(6)红藻门(Rodophyta)

红藻的色素为红藻藻红素和红藻藻蓝素。储存物质为红藻淀粉和红藻糖。它们中的大多数分布于海水中,在水底生长,有时上层水深可达 200 m。代表属有紫菜属(*Porphyta*),江篱属(*Gracilaria*)、石花菜属(*Gelidium*)及麒麟属(*Eucheuma*)。

2.2.4.3 原生动物

目前已知原生动物近 30 000 余种。根据运动器或摄食方式,可把原生动物分成 4 大类:肉足虫类(具有伪足),鞭毛虫类(具有鞭毛),纤毛虫类(具有纤毛)和孢子纲。

(1)肉足虫纲

该类原生动物只有细胞质本身形成的一层薄膜。它们形体小、无色透明,大多数无固定的形状,少数种类为球形。由体内细胞质不定方向流动而呈千姿百态,并形成伪足,作为运动和摄食的胞器。绝大部分肉足类以细胞、藻类、有机颗粒和比它本身小的原生动物为食，是动物性营养。

肉足虫纲分为两个亚纲。体形可以任意改变的肉足类为根足类（*Rhizopodea*），一般叫做变形虫，如辐射变形虫（*Amoeba*）；体形不变呈球形、伪足呈针状的肉足类为辐足亚纲（Actinpodea），如太阳虫（*Actinophrys*）等（图 2-32）。

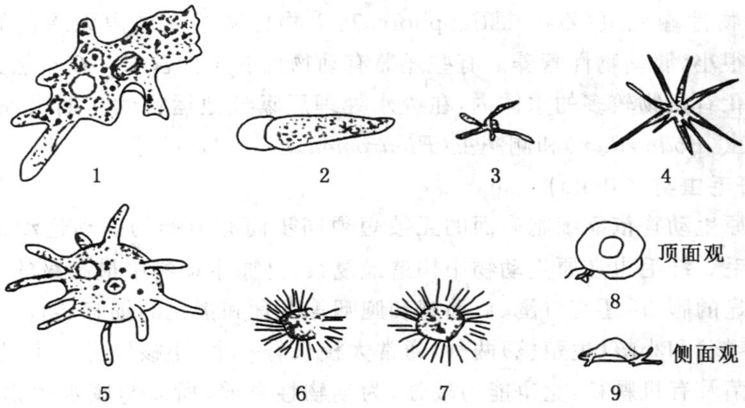

图 2-32 活性污泥中可见的肉足类原生动物

1. 变形虫；2. 蜗足变形虫；3，4. 辐射变形虫；5. 珊瑚变形虫；6. 单核太阳虫；7. 多核太阳虫；8，9. 表壳虫

肉足类广泛分布于自然界，在土壤和水体中都有，中污性水体是大多数肉足类最适宜的生活环境，在污水生物处理系统中则在活性污泥培养中期出现。就卫生方面来说，重要的水传染病阿米巴痢疾就是由于寄生的变形虫赤痢阿米巴（*Endamoeba histolytica*）引起的。

(2)鞭毛类纲(Mastigophora)

这类原生动物具有一根或一根以上的鞭毛，又称为鞭毛虫，其鞭毛长度大致与其体长相等或更长些，在光学显微镜下能看到，鞭毛虫就是靠其鞭毛在水中进行运动的。根据营养类型，可将鞭毛虫分为植物性鞭毛虫（植鞭纲，Phytomastigophorea）和动物性鞭毛虫（动鞭纲，Zoomastigophorea）两种。

①植物性鞭毛纲（Phytomastigophorea）：多数植物性鞭毛虫具有绿色色素体，是仅有的进行植物性营养的原生动物，也有少数无色的植物性鞭毛虫，它们没有绿色的色素体，但具有植物性鞭毛虫所专有的某些物质，如坚硬的表膜和副淀粉粒等，也会进行动物性营养。在自然界中绿色的植物性鞭毛虫种类较多，在活性污泥

中则无色的植物性鞭毛虫较多。

最普遍的植物性鞭毛虫为绿眼虫(*Euglena viridis*),亦称绿色裸藻,该类鞭毛虫为植物性营养型,有时候也进行植物式腐生性营养,最适宜的环境是中污性小水体,也能适应多污性水体,在寡污性的静水或流水中极少。植物鞭毛虫如眼虫藻、衣藻、袋鞭藻常出现在耗氧活性污泥中,也常做好氧生物处理的指示生物。

②动物性鞭毛虫(Zoomastigophorea):动物性鞭毛虫体内无绿色的色素体。一般体型很小,属动物性营养。有些还兼有动物性腐生性营养。在自然界中,主要生活在腐化有机物较多的水体内,在废水处理厂曝气池运行的初期出现。常见的有梨波豆虫(*Bodo edax*)和侧滴虫(*Pleuromonas jaculans*)等。

(3)纤毛虫类(Ciliata)

这类原生动物依靠细胞表面的无数短须同步而有节奏的摆动运动或捕食,其短须为纤毛。纤毛虫在原生动物中构造最复杂,是原生动物中最高级的一类,不仅有比较明显的胞口,还有口围、口前庭和胞咽等吞食和消化的细胞器官。细胞核有大核(营养核)和小核(生殖核)两种,通常大核只有一个,小核则有一个以上。纤毛虫喜吃细菌及有机颗粒,竞争能力较强,为动物性营养,所以与废水生物处理的关系密切。纤毛类可分为游泳型、固着型两种。

(4)游泳型纤毛虫

该类纤毛虫能自由游动,如周身有纤毛的草履虫。在废水生物处理中常见的游泳型纤毛虫属全毛亚纲(Holotrichia),代表种为草履虫(*Paramecium caudatum*),常见种见图 2-33。

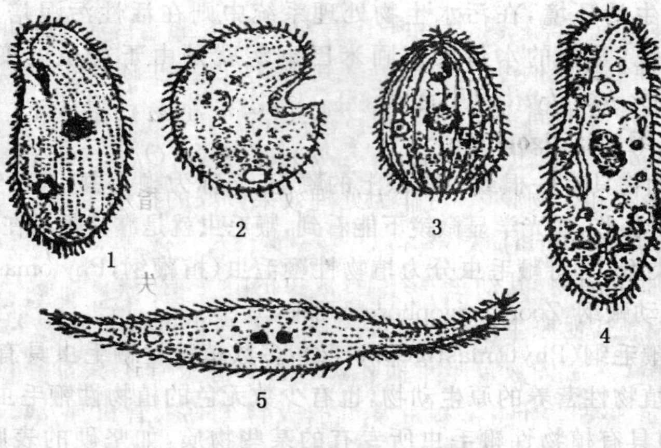

图 2-33 游泳型纤毛虫的主要代表

1. 豆形虫;2. 肾形虫;3. 梨形四膜虫;4. 草履虫;5. 漫游虫

(5)固着型纤毛虫

该类纤毛虫固着在其他物体上生活，分类学上属缘目亚纲(Peritricha)，因其外形大多似钟，又被称为钟虫类(图 2-34)。

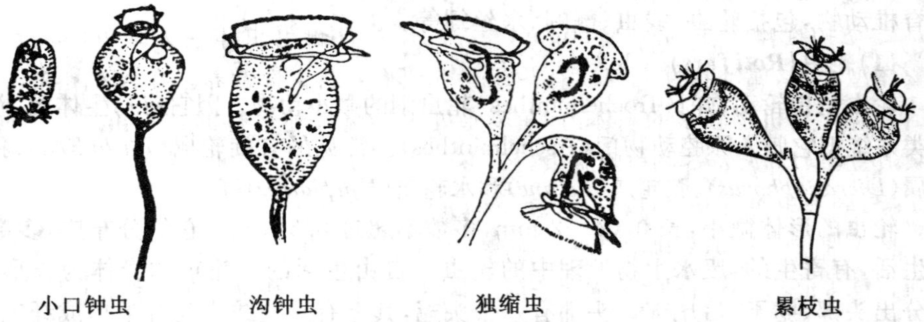

图 2-34 固着型纤毛虫的代表

钟虫前端有环形纤毛丛构成的纤毛带，形成似波动膜的构造。纤毛摆动时使水形成漩涡，把水中的细菌、有机颗粒引进胞口。大多数钟虫在后端有尾柄，它们靠尾柄附着在其他物质(如活性污泥、生物滤池的生物膜)上，少数无尾柄的钟虫，可在水中自由游动。大多数钟虫进行裂殖，有尾柄的钟虫的幼体刚从母体分裂出来，尚未形成尾柄时，靠纤毛带动而自由游动。

钟虫属为单个生长，群体生长的有累枝虫属(*Epistylis*)和盖虫属(*Opercularia*)等。常见的累枝虫有瓶累枝虫，盖虫属有集盖虫、彩盖虫等。累枝虫和盖虫的尾柄没有肌丝，不能像钟虫的尾柄可以伸缩，当受到刺激后只有虫体收缩。

环境工程中常见的固定型纤毛虫有钟虫(*Vorticella*)、累枝虫(*Epistylis*)、独缩虫(*Carchesium*)、聚缩虫(*Zoothamanium*)、盖纤虫(*Opercularia*)等属，它们经常出现于活性污泥和生物膜中，可作为处理效果较好的指示生物。

(6)吸管虫类(Suctoria)

吸管虫类原生动物，其幼虫有纤毛，成虫的纤毛消失，长出长短不同的吸管，具有捕食功能，当其他原生动物、轮虫等碰上吸管虫的吸管即被粘住，并被吸管分泌的毒素麻醉，然后体液被吸干而死。吸管虫的吸管还有固定的作用，吸管虫靠一根尾柄固定生活。环境工程上常见的吸管虫有吸管虫属(*Acineta*)、壳吸管虫属(*Tokophrya*)和足吸管虫属(*Podophrya*)等。

2.2.4.4 微型后生动物

原生动物以外的多细胞动物统称为后生动物，其中，要借助显微镜或放大镜才能看清的叫微型后生动物，它们大多生活在天然水体及废水生物处理构筑物中，属无脊椎动物，包括轮虫、线虫、颤蚓、水丝蚓等。

(1)轮虫(*Rotifers*)

轮虫是担轮动物门(Trochelminthes)轮虫纲的微小动物。因它有初生体腔，新的分类系统把它归入原腔动物门(Aschelminthes)。常见的有旋轮属(*Philodina*)、猪吻轮属(*Dicranophorus*)、腔轮属(*Lecane*)和水轮属(*Epiphanes*)等。

轮虫的形体微小，长 0.04～2 mm，多数不超过 0.5 mm。它们分布广，多数自由生活，有寄生的，废水生物处理中的轮虫为自由生活的。轮虫的身体为长形，可区分出头部、躯干、后尾部。头部有一个头冠，其上有一列或多列纤毛形成纤毛环，纤毛可有规律地摆动，使纤毛环如车轮转动，故称轮虫。纤毛是轮虫摄食和运动的工具，纤毛的运动形成涡流，将颗粒状食物引入口部，轮虫躯干呈圆筒形，背腹宽扁，被覆透明的壳，两侧对称，体后多有尾状物。尾部末端有分叉的趾，内有腺体分泌黏液，借以固着在其他物体上。雌雄异体，卵生，多为孤雌生殖。

大多数轮虫以细菌、霉菌、酵母菌、藻类、原生动物及有机颗粒为食，在动物学中叫杂食性，在废水的生物处理中有净化作用，可作为指示生物，当活性污泥中出现轮虫时，往往表明处理效果良好，但如数量太多，则有可能破坏污泥的结构，使污泥松散而上浮，若在水源水中大量繁殖时，有可能阻塞水厂的砂滤池。活性污泥中常见的轮虫见图 2-35。

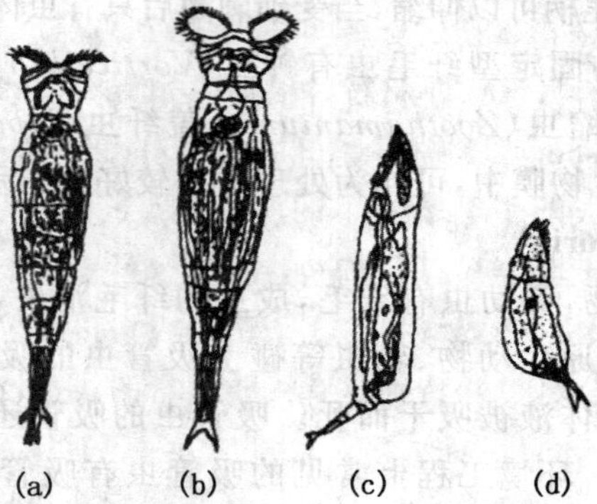

图 2-35 活性污泥中常见的轮虫

(a)转轮虫；(b)红眼旋轮虫；(c)腔轮虫；(d)猪吻轮虫

(2)线虫(*Nematoda*)

线虫隶属线形动物门的线虫纲(Class Nematoda),是无脊椎动物中一个很大的类群,种类多,数目极大,估计全球有1万余种。大多数线虫营自生生活,广泛分布在淡水、海水、沙漠和土壤等自然环境中。营寄生生活的只是其中很少的种类,常见的寄生于人体并能导致严重疾患的线虫有10余种,重要的有蛔虫、钩虫、丝虫、旋毛虫等。

线虫为长线性,形体微小,多在1 mm以下,在显微镜下清晰可见。自由生活的线虫体两侧的纵肌作交替状的收缩,作蛇形状的拱曲运动。线虫的前端口上有感觉器官,体内有神经系统,消化道为一直管,食道由辐射肌组成,雌雄异体,卵生。营养型有3种:腐食性(以动植物的残体及细菌等为食)、植食性(以绿藻和蓝藻为食)和肉食性(以轮虫和其他线虫为食)。线虫可同化其他微生物不易降解的固体有机物,在废水生物处理的活性污泥和生物膜中可发现线虫。线虫有好氧和兼性厌氧的,兼性厌氧的在缺氧时大量繁殖,是水净化程度差的指示生物。

(3)寡毛类动物

寡毛类包括瓢体虫、颤蚓及水丝蚓等动物,属环境动物门的寡毛纲。它们的共同特征是身体分节但不分区,疣足退化,体表具刚毛,但刚毛的数目远远少于多毛类,因此称寡毛类。

寡毛类体型大小差别很大,最小的个体不足1 mm,如原口虫科(Aeolosomatidae),最大的蚯蚓体长达1～3 m,身体通常圆柱形,有时略扁,体表分节明显。陆生的体型较大,体节数较多,如蚯蚓一般在100～200节之间,最多的可达600节;水生的种类不仅体型小,体节数也少,一般具6～7节或十几节不等。

全球寡毛类动物有3 000种左右。根据生殖腺、环带及刚毛等结构将寡毛类分为带丝蚓目(Lumbriculida)、颤蚓目(Tubificida)和颗体虫类目(Aeolosomatidae)3个目。从生态上可区分成陆生的及水生的两种类型,大量的种是陆生的,在陆地上穴居,除沙漠地区,任何土壤中都有分布,如各种蚯蚓,有人报道每平方米草地的土壤中可有8 000条线蚓(*Enchytraeid*)和700条正蚓(*Lumbricids*)。另一类寡毛类是水生的,主要分布在各种淡水水域,特别是有机质丰富的浅水,在水域中的植物表面爬行,取食沉渣,有的种类在水底软泥或沉积物中穴居,还有少数种类在河口处生活,水域中寡毛类数量的多少标志着水质污染的程度。

污水生物处理中出现的多为红斑颗体虫(*Aeoloosma hemprichii*),其分布很广,夏秋两季在水体中生长,主要以污泥中的有机碎片和细菌为食,为河流、湖泊底泥污染的指示生物。

2.3 非细胞生物——病毒

非细胞生物——病毒(virus)是一类由核酸和蛋白质组成的超显微的非细胞生物。病毒分为真病毒和亚病毒两大类,真病毒至少含有核酸和蛋白质两种组分;亚病毒(subvirus)包含类病毒(viroid)(只含有独立侵染性的 RNA)、拟病毒(virusoid)(只含有不具独立侵染性的 RNA)、朊病毒(virino or prion)。

2.3.1 病毒的特征与形态大小

①形态极其微小,一般都可通过细菌滤器;用纳米量度(10^{-9} m、nm),必须在电子显微镜下才能观察。

②没有细胞构造,是种非细胞微生物。

③主要成分仅是核酸和蛋白质两种。

④每一种病毒只含有一种核酸,不是 DNA,就是 RNA。

⑤无产能酶系和无蛋白质合成系统,是严格寄生微生物。

⑥在宿主细胞协助下,通过核酸的复制和核酸蛋白装配的形式进行增值。

⑦专性寄生。

⑧在离体条件下,能以无生命的化学大分子状态存在,并可形成结晶。

⑨对一般抗生素、干燥、低温等不敏感,但对干扰素、氧化剂等敏感。至今,从人类、脊椎动物、昆虫和其他脊椎动物、植物甚至真菌、细菌、放线菌和蓝细菌等各种生物中都发现有各种相应的病毒存在。病毒的大小见图 2-36。

病毒的形态多样,有球状、杆状、蝌蚪状、丝状等,以近球形的多面体和杆状为多。如杆形病毒见图 2-37,球形病毒腺病毒见图 2-38,人和动物的病毒大多为球形,侵染细菌的病毒大多为蝌蚪形,见图 2-39。多数病毒的直径在 100 nm 以下,最大可达300 nm,小的为 10～20 nm。

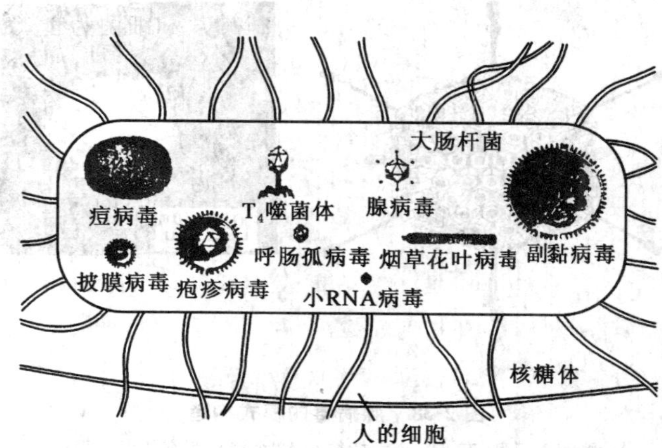

图 2-36　几种病毒的相对大小和形态

（引自 J. G Black, Micyobiology, 1999 ）

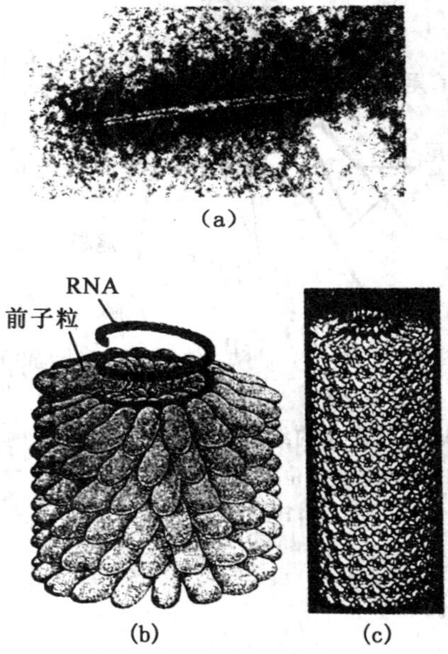

图 2-37　烟草花叶病毒的形态构造

(a)负染色螺旋形壳体的电镜图像；

(b)TMV 的结构；(c)TMV 的模型

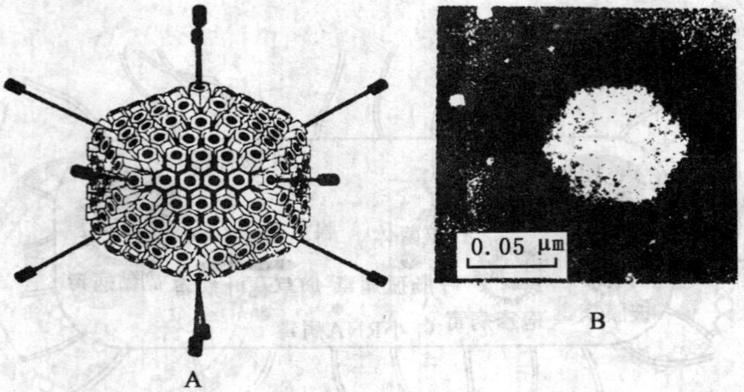

图 2-38　腺病毒的模式构造

A. 腺病毒模型，有 240 个六棱粒和 12 个突出刺突的五棱壳粒；

B. 腺病毒的电镜图像

（引自 R. F. Boyed General Microbiology，1998）

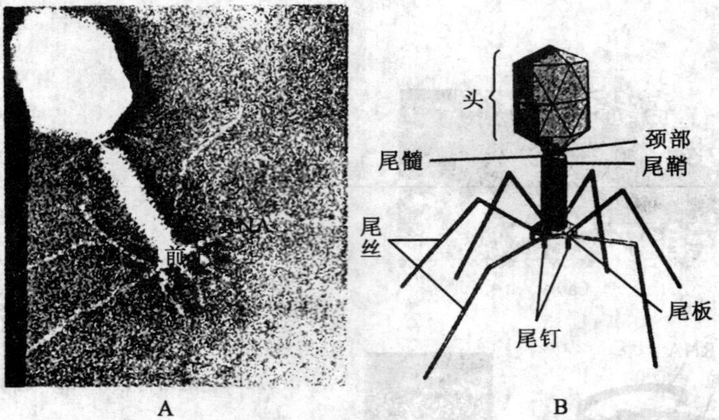

图 2-39　大肠杆菌（*E. coli*）T_4 噬菌体的结构示意图

A. T_4 噬菌体电镜图像；B. 噬菌体各部位的名称

（引自 L. M. Prescott Micorobiology，1999）

2.3.2　病毒的化学组成与结构

病毒粒子的主要成分是核酸和蛋白质。核酸位于病毒粒子的中心，构成了它的核心或基因组，称为核髓，蛋白质组成病毒粒子的壳体包围在核心周围。壳体由称为壳粒组成，壳粒由一种或几种肽链折叠而成。壳体和核髓合称为核壳。有些病毒在核壳外还有一层外套称包膜，由脂肪和蛋白质组成，有的包膜上还有刺突。病毒的化学组成结构见图 2-40。

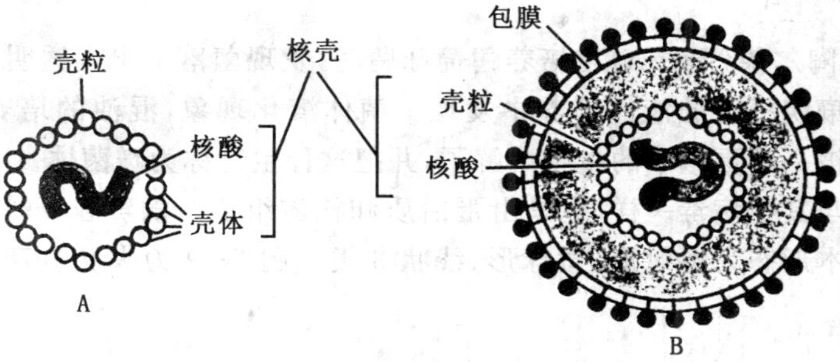

图 2-40　病毒的基本结构

A. 裸露病毒；B. 包膜病毒

（引自 M. T. 马迪根等著，杨文博等择．布氏微生物生物学．1997）

2.3.3　病毒主要类型

根据病毒侵染寄主的不同，将病毒分为动物病毒、植物病毒和微生物病毒（又称噬菌体）。其类型见表 2-2。

表 2-2　病毒主要类型

核酸类型			病毒种类		
			动物病毒	植物病毒	微生物病毒
DNA	ss DNA	线状	细小 DNA 病毒如鼠细小病毒	玉米条纹病毒	待发现
		环状	待发现	待发现	*E. coli* φ174
	ds DNA	线状	各种腺病毒疱疹病毒、痘病毒	待发现	*E. coli* 的 T 系和 λ(48 514 bp)噬菌体等
		环状	猿猴病毒 40(SV40 5 224 bp)	花椰菜花叶病毒（大丽菊花叶病毒）	*E. coli* 的 λ 铜绿假单胞菌的 PM2 噬菌体等
RNA	ss RNA	线状	细小 RNA 病毒如：脊髓灰质炎病毒、牛口蹄疫病毒	烟草花叶病毒；马铃薯 X、Y、S 病毒	*E. coli* 的 MS2 噬菌体
	ds RNA	线状	呼肠孤病毒，质型多角体病毒	伤瘤病毒（玉米矮缩病毒）	各种真菌病毒，假单胞菌的 φ6 噬菌体

2.3.4 噬菌体(bacteriophage,phage)

2.3.4.1 概述

1915年陶尔德(Twort)在培养葡萄球菌时,发现菌落上出现透明斑。1917年第赫兰尔在痢疾杆菌的液体培养中发现了菌体溶化现象,混浊的培养液澄清了。他断定细菌被一种更微小的生物溶解了,并把这种生物称为噬菌体。

噬菌体与其他病毒一样,也是由蛋白质和核酸组成。病毒粒子外壳有不同形状和大小基本形态为蝌蚪形、微球形、线状3类。图2-39为大肠杆菌噬菌体的结构示意图。

2.3.4.2 噬菌体的繁殖

(1)毒性(烈性)噬菌体

通常把噬菌体侵入寄主细胞并使寄主细胞发生裂解的噬菌体称作毒性噬菌体。

①繁殖过程:病毒侵入寄主细胞后,是寄主细胞按照病毒的遗传特性合成病毒的核酸和蛋白质,然后装配成大量新的病毒。这一繁殖一般可分为5个阶段,即在短时间内能连续完成吸附→侵入→增殖(复制与生物合成)→成熟(装配)→裂解(释放)。现以T_4偶数噬菌体为代表加以说明:

吸附(adsorption):噬菌体与敏感的寄主细胞接触,在寄主细胞的特异性受点上结合。T_4偶数噬菌体是以尾部末端和寄主的受点吸附。一种细菌可以被多种噬菌体感染,不同感染噬菌体在同一寄主细菌的不同受点上吸附。因此一个寄主细胞(大肠杆菌)与噬菌体T_4饱和吸附后,并不妨碍和另一种噬菌体T_6再吸附。

侵入(penetration):噬菌体吸附在敏感细胞壁的受点后,噬菌体尾板从尾丝中获得一个构型刺激,使尾鞘缩短至原长的一半,并把尾管插入寄主细胞壁和膜内,将核酸注入宿主细胞,而将蛋白质衣壳留在细胞壁外(仅约数秒钟)。

增殖(replication):噬菌体核酸进入敏感细胞后,操纵寄主的代谢系统,为噬菌体合成核酸和蛋白质原料,形成不带壳体的噬菌体粒子。

成熟(maturity):寄主细胞合成噬菌体壳体(T_4噬菌体头部和尾部),组装成完整的噬菌体粒子。

裂解(release):噬菌体粒子的成熟,引起寄主细胞的裂解。一个寄主细胞可释放成熟的噬菌体粒子100～10 000。

② 噬菌体生长的测定:测定噬菌体生长常采用一步生长曲线(图2-41),它是

定量描述烈性噬菌体生长规律的实验曲线，可以反映噬菌体生长的3个重要特性参数：潜伏期、裂解期、裂解量。

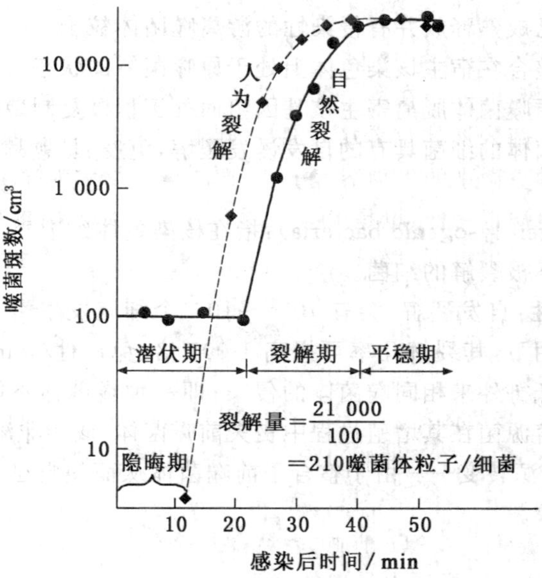

图 2-41　T_4噬菌体的一步生长曲线

（引自周德庆．微生物学教程．1993）

潜伏期：噬菌体核酸侵入寄主后至第一个噬菌体粒子装配前的一段时间。它又分为两个阶段，隐晦期和胞内潜伏期，又叫潜伏后期。前期细胞内无侵染，后期在电镜下可见初步装配好的噬菌体粒子。

裂解期：宿主细胞继续裂解，溶液中噬菌体粒子急剧增多的时期。在该时期，用裂解量反映释放的噬菌体个数。裂解量是指被感染的宿主释放新的噬菌体的平均数称为裂解量。

平稳期：当寄主全部裂解，溶液中的噬菌体的效价达到最高点时成为平稳期。

（2）温和噬菌体（temperate phage）

噬菌体侵入寄主细胞后，其核酸整合在寄主细胞的核酸上，并与寄主细胞DNA同步复制，不增殖、暂时不引起寄主细胞裂解的噬菌体为温和噬菌体。

①温和噬菌体的特点：

ⓐ核酸的类型是dsDNA。

ⓑ具有整合能力，处于整合态的噬菌体核酸称为原噬菌体。

ⓒ具有同步复制能力。

②温和噬菌体的形式：

ⓐ游离态指已成熟释放并有侵染性的游离噬菌体粒子。

ⓑ整合态指整合在宿主核染色体上处于原噬菌体的状态。

ⓒ营养态指原噬菌体脱离寄主核基因组而处于积极复制装配状态。

含有温和噬菌体的细菌具有的自发诱发裂解，免疫、复愈和溶源转变的性能称为溶源性。

溶源菌(lysogen lysogenic bacteria)：指在核染色体组上整合有前噬菌体并能正常生长繁殖而不被裂解的细菌。

溶源菌的特性：自发裂解，会有 10^{-2}～10^{-5}个细胞发生裂解；诱发裂解，在物理化学因素的作用下，其裂解几率可提高 1 000 倍；免疫性(immunity)，含有温和噬菌体的细菌可抵御外来相同噬菌体的侵染；即一种噬菌体不能再次侵染同一寄主细胞；复愈性：溶源菌在其增殖过程中丧失前噬菌体，成为非溶源性细菌的现象，其几率为 10^{-5}；溶源转变——由于整合了前噬菌体从而使自己产生了除免疫性以外的新表型的现象。

复习思考题

1. 原核生物的基本结构和附属结构有哪些？各有何特点？
2. 革兰氏阳性菌和革兰氏阴性菌的细胞壁结构有何不同，革兰氏染色的结果一定不变吗？为什么？
3. 什么是质粒？有哪几种类型，在环境污染物降解中起何作用？
4. 比较光合细菌和蓝细菌的异同点？
5. 如何区别细菌、放线菌、真菌的菌落？
6. 什么是病毒？病毒的结构和化学组成有何特点？有何特性？
7. 原核生物和真核生物的细胞有何区别？
8. 原生动物在废水净化中的作用是什么？

3　微生物的营养与代谢

本章提要：本章主要介绍了微生物细胞的化学组成，微生物的营养物质及其生理功能，微生物的营养类型，营养物质进入细胞的方式，微生物的能量代谢以及生长繁殖，并简要介绍了环境因素对微生物生长的影响。

微生物细胞在其生命过程中，不断地从外部环境中吸收所需要的各种营养成分，通过新陈代谢，为细胞的生理活动提供能量（图 3-1），同时也合成自身的细胞物质，以保证微生物细胞正常生长与繁殖，并将代谢活动产生的废弃物排出体外。

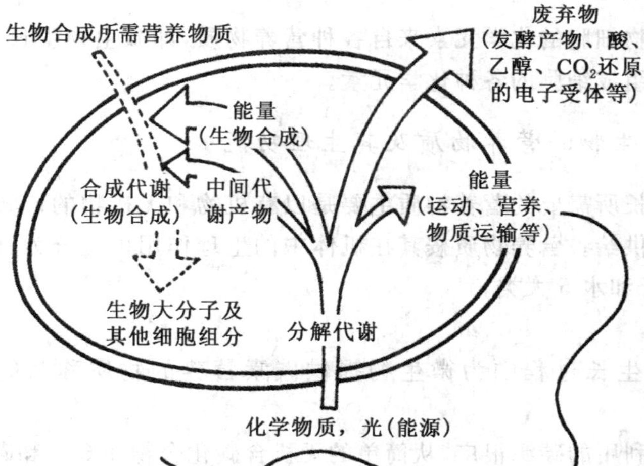

图 3-1　能量与代谢关系图

（引自沈萍．微生物学．高等教育出版社，2002）

凡是能够满足微生物机体生长、繁殖和完成各种生理活动所需的物质称为营养物质（nutrient）。微生物获得并利用营养物质的过程称为营养（nutrition）。

3.1 微生物的营养

3.1.1 微生物的营养物质

3.1.1.1 微生物细胞的化学组成

微生物细胞的化学成分包括有机物和无机物两种。有机物包含各种生物大分子,如蛋白质、核酸、类脂和糖类等,占细胞干重的99%。无机成分包括小分子无机物和各种离子,占细胞干重的1%。

微生物细胞的构成元素有C、H、O、N、P、S、K、Na、Mg、Ca、Fe、Mn、Cu、Co、Zn、Mo等。其中C、H、O、N、P、S为主要元素,占微生物细胞干重的97%;其他元素仅占3%左右。微生物细胞的化学元素组成的比例常因微生物种类的不同而各异。

组成微生物细胞的化学元素来自各种营养物质,即微生物生长所需的营养物质应该包含有组成细胞的各种化学元素。

3.1.1.2 微生物的营养物质及其生理功能

微生物生长所需要的营养物质主要是以有机物和无机物的形式提供的,小部分由气体物质供给。营养物质按其在机体中的生理作用可区分为:碳源、氮源、无机盐、生长因子和水5大类。

(1)碳源

在微生物生长过程中为微生物提供碳素营养的物质称为碳源(source of carbon)。

微生物能利用的碳源很广,从简单的无机含碳化合物如CO_2和碳酸盐,到各种各样的天然有机化合物如纤维素和木质素,都可作为微生物的碳源,但不同的微生物对碳源物质的选择性不同,利用能力也有差异。能够以芳香族化合物、氰化物和石油等为碳源物质的微生物具有重要的环境保护意义。

碳源的生理作用主要有:作为微生物细胞自身的构成物质、转化为代谢产物;通过各种生化反应为细胞提供生命活动的能量。

(2)氮源

凡是可为微生物细胞提供氮素营养的物质称为氮源物质(source of nitrogen)。

微生物的氮源很广泛,从分子态氮(N_2)、简单的无机物如 NH_3 和 NO_3^-,到复杂的有机物,微生物细胞都能够利用。

氮源物质常被微生物用来合成细胞的含氮物质,少数情况下可作能源物质,如某些厌氧微生物在厌氧条件下利用某些氨基酸作为能源。

(3)无机盐

无机盐是微生物生长必需的一类矿质营养,其生理功能主要是作为酶活性中心的组成部分;维持生物大分子和细胞结构的稳定性;调节并维持细胞的渗透压平衡;控制细胞的氧化还原电位和作为某些微生物生长的能源物质等。微生物生长所需的无机盐一般有磷酸盐、硫酸盐、氯化物以及含有钠、钾、钙、镁、铁等金属元素的化合物。

微生物的生长还需要一些微量元素,微量元素是指那些在微生物生长过程中必不可少,而需要量又极微的元素,如 Mn、Cu、Mo、Zn 等。微量元素一般参与酶的组成或作为酶的激活剂。天然有机营养物、无机化学试剂、自来水、蒸馏水、普通玻璃器皿中常含有微量元素,因此,除特殊情况外,培养基中一般不需要再添加微量元素。

(4)生长因子(growth factor)

生长因子指微生物生长必需、且需要量很小,但微生物自身不能合成或合成量不足以满足机体生长需要的有机化合物。包括维生素、氨基酸、嘌呤与嘧啶 3 大类。

维生素的作用主要是作为酶的辅基或辅酶参与新陈代谢。有些微生物自身缺乏合成某些氨基酸的能力,因此必须在培养基中补充这些氨基酸或含有这类氨基酸的肽类物质,微生物才能正常生长;嘌呤与嘧啶作为生长因子在微生物机体内的作用主要是作为酶的辅酶或辅基,以及用来合成核苷、核苷酸和核酸。

某些微生物野生型菌株发生突变(自然突变或人工诱变)后,失去合成某些生长因子的能力,突变株必须从外界环境获取这类生长因子才能正常地生长繁殖,这种突变型菌株称为营养缺陷型(auxotroph),相应的野生型菌株称为原养型(prototroph)。营养缺陷型菌株常被用来进行微生物遗传学方面的研究。

(5)水

水是微生物生长所必不可少的物质。其生理功能有:作为溶剂和运输介质;参与细胞内的生化反应;维持蛋白质、核酸等生物大分子稳定的天然构象;维持细胞正常形态;控制细胞内温度变化。

环境中水的有效性常用水活度值(water activity, α_w)表示,水活度是指在一定的温度和压力条件下,溶液的蒸气压力与同样条件下纯水蒸气压力之比,

$\alpha_w = P_w / P_w^0$，式中 P_w 代表溶液蒸气压力，P_w^0 代表纯水蒸气压力。纯水 α_w 为 1.00，溶液中溶质越多，其 α_w 越小。

微生物细胞生长的 α_w 范围为 0.60～0.99。若 α_w 过低，微生物生长迟缓，比生长速率和总生长量降低。不同的微生物类群，生长所需的最适 α_w 范围有差异。通常，细菌生长最适 α_w 较酵母菌和霉菌高，嗜盐微生物生长最适 α_w 则较低。

3.1.2 微生物的营养类型(nutritional types)

微生物种类繁多，其营养类型也呈现多样化，根据微生物细胞对碳源、能源及电子供体性质需求的不同，将绝大部分微生物分为光能无机营养型(photolithoautotrophy)、光能有机营养型(photoorganoheterophy)、化能无机营养型(chemolithoautotrophy)及化能有机营养型(chemoorganoheterotrophy)等 4 种营养类型(表 3-1)。

表 3-1 微生物的营养类型

营养类型	电子供体	碳源	能源	举例
光能无机自养型	H_2、H_2S、S、或 H_2O	CO_2	光能	着色细菌、蓝细菌、藻类
光能有机异养型	有机物	有机物	光能	红螺细菌
化能无机自养型	H_2、H_2S、Fe^{2+}、NH_3 或 NO_2^-	CO_2	化学能(无机物氧化)	氢细菌、硫杆菌、亚硝化单胞菌属、硝化杆菌属、甲烷杆菌属、醋酸杆菌属
化能有机异养型	有机物	有机物	化学能(有机物氧化)	假单胞菌属、芽孢杆菌属、乳酸菌属、真菌、原生动物

3.1.2.1 光能无机营养型(photolithoautotrophy)

也称光能自养型，是一类能以光为能源、CO_2 为唯一碳源或主要碳源的微生物营养类型，该种营养类型的微生物能利用无机物如水、硫化氢、硫代硫酸钠或其他无机化合物还原 CO_2 为细胞物质，并且伴随 O_2(S)的释放。

藻类、蓝细菌和光合细菌属于这一类营养类型。但在光合作用反应式方面，藻类、蓝细菌与光合细菌存在差异，如绿硫细菌的光合作用反应式为：

$$CO_2 + 2H_2S \xrightarrow[\text{菌绿素}]{\text{光能}} [CH_2O] + 2S + H_2O$$

3.1.2.2 化能无机营养型(chemolithoautotrophy)

也称化能自养型，该类微生物生长所需的能量来自无机物氧化释放的化学能，以 CO_2 或碳酸盐作为唯一或主要碳源，利用电子供体如氢气、硫化氢、二价铁离子或亚硝酸盐等使 CO_2 还原成细胞物质。

硫化细菌、硝化细菌、氢细菌及铁细菌属于这类营养类型。以氢细菌为例，其反应式为：

$$H_2+\frac{1}{2}O_2 \longrightarrow H_2O$$

3.1.2.3 光能有机营养型(photoorganoheterophy)

又称光能异养型微生物，这类微生物以光为能源，以简单有机物(如有机酸、醇)为供氢体，将 CO_2 还原为细胞物质。CO_2 不能作为该类微生物的唯一碳源或主要碳源。光能有机营养型细菌在生长时通常需要外源的生长因子。在有光无氧的条件下，红螺属的一些细菌就是这一营养类型的代表，其反应式为：

$$2(CH_3)_2CHOH+CO_2 \xrightarrow[\text{光合色素}]{\text{光能}} 2CH_3COCH_3+[CH_2O]+H_2O$$

3.1.2.4 化能有机营养型(chemoorganoheterotrophy)

或称化能异养营养型，这类微生物生长所需的能量来自有机物氧化所释放的化学能，生长所需要的碳源主要是一些有机化合物，如淀粉、糖类、纤维素、有机酸等。有机物既是该类微生物生长的碳源物质又是能源物质。已知的微生物类群中，绝大多数的细菌、全部真菌、原生动物以及病毒，多属于化能有机营养型。

3.1.3 培养基(culture medium)

培养基是人工配制的，适合微生物生长繁殖或产生代谢产物的营养基质。无论研究还是生产微生物产品，都必须配制适合微生物生长的培养基，培养基是微生物学研究和微生物发酵生产的基础。

培养基应包括满足微生物生长所需的水分、碳源、氮源、生长因子，以及无机盐离子包括各种微量元素等。此外，还应保持培养基适宜的 pH 值、一定的缓冲能力、适宜的氧化还原电位和渗透压。

3.1.3.1 配制培养基的原则

(1)选择适宜的营养物质

由于微生物的营养类型复杂，不同微生物对营养物质的需求存在差异，因此应根据不同微生物的营养需求配制培养基。

自养型微生物能够利用简单的无机物合成自身的有机物质，因此自养型微生物的培养基可以只含简单的无机物组分。如氧化硫硫杆菌（*Thiobacillus thiooxdans*）属于化能自养型微生物，可以利用空气或水中溶解的 CO_2，因此培养氧化硫硫杆菌的培养基中，不必额外添加碳源物质，其组分为：

S	10 g	$(NH_4)_2SO_4$	0.2 g
$MgSO_4 \cdot 7H_2O$	0.5 g	$FeSO_4$	0.01 g
$CaCl_2$	3.0 g	H_2O	1 000 mL

不同微生物所需的培养基是不相同的。实验室中，化能异养细菌常用牛肉膏蛋白胨培养基培养；高氏一号合成培养基用于培养放线菌；培养酵母菌、霉菌则常用麦芽汁培养基或查氏合成培养基。

(2)适宜的营养物质浓度及配比

培养基中各种营养物质的浓度直接影响微生物的正常生长，营养物质浓度过低，微生物生长不良，过高则抑制微生物生长。例如高浓度的糖、无机盐、重金属离子会抑菌甚至杀菌。

培养基中各营养物质之间的浓度配比也直接影响微生物的生长繁殖，或代谢产物的形成和积累，其中碳氮比（C/N）的影响较大。土壤混合微生物群体要求的 C/N 约为 25∶1；发酵堆肥的 C/N 约为 30∶1。不同微生物要求的 C/N 也有差异，通常，酵母菌、霉菌要求的 C/N 较高些，细菌要求的 C/N 较低些。此外，培养目的不同，C/N 也不一样，谷氨酸发酵过程中，当培养基的 C/N＝4∶1 时，菌体大量繁殖，而谷氨酸积累少；当 C/N＝3∶1 时，菌体繁殖受到抑制，谷氨酸产量却增加。污染环境的生物修复过程中，向被石油污染的海水投加 $(NH_4)_2SO_4$，就是为了调节污染环境中物质的 C/N，以利于石油降解微生物的生长繁殖，加速污染物的消除。

(3)适宜的 pH 值条件

微生物生长有其适宜的 pH 生长范围，因此培养基的 pH 必须控制在一定的范围内，以满足不同类型微生物的生长繁殖或产生代谢产物。

通常，细菌适合于在 pH 6.5～7.5 生长，放线菌适于在 pH 7.5～8.0 生长，酵母菌和霉菌的 pH 范围为 4.5～6.0。微生物生长繁殖和代谢过程中，培养基 pH

会变化，常在培养基中加入 KH_2PO_4 和 K_2HPO_4 组成的混合物或 $CaCO_3$ 作为缓冲剂，使培养基 pH 值维持在一定范围内。

(4)适当的氧化还原电位

微生物类群不同，对环境氧化还原电位(Eh)的需求也不一样。通常，好氧性微生物当 Eh＞+0.1 V 时即可正常生长，以+0.3～+0.4 V 为宜；厌氧性微生物只有当环境 Eh＜+0.1 V 才能生长，兼性厌氧微生物在 Eh＞+0.1 V 环境进行好氧呼吸，在 Eh＜+0.1 V 的环境进行发酵作用或无氧呼吸。

Eh 与氧分压和 pH 值有关，也受某些微生物代谢产物的影响。在 pH 值相对稳定的条件下，可通过增加通气量(如振荡培养、搅拌)提高培养基的氧分压，或加入氧化剂，从而增加 Eh 值；在培养基中加入抗坏血酸、硫化氢、半胱氨酸、谷胱甘肽、二硫苏糖醇等还原性物质则可降低 Eh 值。

3.1.3.2　培养基的类型

根据组成成分的来源、物理状态和用途可将培养基分成多种类型。

(1)按成分来源不同划分

根据培养基中成分来源的差异，可将培养基分为天然培养基、合成培养基和半合成培养基 3 类。

①天然培养基(complex medium)：又称非化学限定培养基(chemically undefined medium)，这类培养基中含有化学成分还不清楚或化学成分不恒定的天然有机物。如培养细菌的牛肉膏蛋白胨培养基、分离培养酵母的麦芽汁培养基。

常用的天然有机营养物质有牛肉膏、蛋白胨、酵母粉、豆芽汁、玉米粉、土壤浸出汁等。配制天然培养基成本较低，在实验室和微生物发酵工业生产中经常应用。

②合成培养基(synthetic medium)：也称化学限定培养基(chemically defined medium)，是由化学成分完全清楚的物质配制而成的培养基。如分离培养放线菌的高氏一号培养基，分离培养真菌的查氏培养基。合成培养基的重复性好，但成本较高，实验室进行微生物生理生化试验、代谢、分类鉴定、菌种选育及遗传分析等方面的研究工作常用合成培养基。

③半合成培养基：是由一些天然物质和化学药品共同配制的培养基。由于其成本较低，在生产和研究中广泛应用。

(2)根据物理状态划分

根据培养基物理状态，可将其划分为固体培养基、半固体培养基和液体培养基 3 种类型。

①液体培养基(liquid medium)：由化学物质配制而成的水溶液，就是液体培

养基。液体培养基常用于大规模工业生产以及在实验室进行微生物的基础理论和应用方面的研究。

②固体培养基(solid medium):在液体培养基中加入一定量的凝固剂如1.5%～2.0%的琼脂后即成固体培养基。作为凝固剂必须满足两个条件:不能被微生物吸收利用和高温消毒不改变性状。常见的凝固剂有琼脂、明胶和硅胶。琼脂是从藻类(海产石花菜)中提取的一种高分子的复杂多糖,熔点(96℃)和凝固点(40℃)比较适合,对绝大多数微生物而言,琼脂是最理想和常用的凝固剂;明胶由胶原蛋白制备而成,最早被用作凝固剂,但由于其溶点(25℃)和凝固点过低(20℃),加之某些细菌和许多真菌能够液化明胶,目前已较少作为凝固剂;当加入10%～12%的明胶后液体培养基会成为固体培养基。硅胶是一种无机胶体,不含有机物,常用作配制分离与培养自养型微生物的培养基。

固体培养基常用于微生物的分离纯化、鉴定、活菌计数及菌种保藏等。

③半固体培养基(semisolid medium):在液体培养基中加入0.2%～0.7%的琼脂制成的培养基呈半固体状的培养基,称半固体培养基。多用于分类鉴定中观察微生物的运动特征及噬菌体效价滴定等。

(3)按用途划分

按用途可将培养基划分为基础培养基、加富培养基、鉴别培养基和选择性培养基。

①基础培养基(minimum medium):基础培养基是指含有普通微生物生长繁殖所需的基本营养物质的培养基。牛肉膏蛋白胨培养基是最常用的细菌基础培养基。

②加富培养基(enrichment medium):加富培养基也称营养培养基,即在基础培养基中加入某些特殊营养物质制成的一类营养丰富的培养基,这些特殊营养物质包括血液、血清、酵母粉、动植物组织液等,加富培养基可用于富集和分离某些特定的微生物。如水果汁加富培养酵母菌。

③选择培养基(selective medium):选择培养基是从混杂的微生物群体中分离培养某种或某类微生物的培养基。根据不同种类微生物的特殊营养需求或对某种化学物质的敏感性不同,在培养基中加入相应的特殊营养物质或化学物质,抑制不需要的微生物的生长,有利于所需微生物的生长。

选择培养基分两种:一种是依据微生物的特殊营养需求设计。例如,阿须贝(Ashby)无氮培养基可用来选择培养自生固氮细菌。另一种是在培养基中加入某种化学物质,可以抑制或杀死其他微生物,但对分离的微生物无害,如分离根瘤菌时,在YMA培养基中加入一定量的结晶紫,可以抑制革兰氏阳性菌的生长,以分离获得根瘤菌纯培养物。

加富培养基与选择培养基相类似，但两者有区别，前者用来增加目的微生物的数量，使其成为优势菌群，便于分离该类微生物；选择培养基则是抑制不需要的微生物的生长，使所需要的微生物增殖，从而达到分离所需微生物的目的。

④鉴别培养基(differential medium)：在培养基中加入适当的指示剂，根据微生物产生的某种代谢产物与指示剂间的颜色反应来区别微生物类群，这类培养基称为鉴别培养基。鉴别培养基主要用于微生物的快速分类鉴定，以及分离和筛选产生某种代谢产物的微生物菌种。如鉴定微生物是否产生硫化氢的醋酸铅培养基。

3.1.4　营养物质进入细胞的方式

大多数微生物没有专门的摄食器官，微生物细胞对营养物质的吸收，主要依靠原生质膜的作用。原生质膜对跨膜运输的物质具有选择性。根据营养物质进入细胞的特点，可将物质的运输方式分为单纯扩散、促进扩散、主动运输、基团转位。

3.1.4.1　单纯扩散(simple diffusion)

单纯扩散又称简单扩散或被动扩散。由于原生质膜是一种半透膜，营养物质可以通过原生质膜上的含水小孔，由高浓度的细胞膜外(内)向低浓度的细胞膜内(外)扩散。原生质膜上的含水小孔的大小和形状对扩散的营养物质分子有一定的选择性。

单纯扩散的特点：物质的扩散是一个物理学过程，不需要能量，扩散的驱动力源于被扩散的物质在细胞膜内外的浓度差；营养物质由高浓度向低浓度运输；物质在扩散过程中性状与分子结构不发生变化。如水的扩散，细胞内外的水势差为驱动力，水分从水势高的区域向水势低的区域扩散。单纯扩散的能力和速率与该物质的性质有关，一般来说，相对分子质量小、脂溶性、极性小的物质易通过扩散进出细胞。通过单纯扩散的物质有 H_2O，O_2 和 CO_2 及小分子的脂肪酸、乙醇、甘油、苯、氨基酸在一定程度上也可通过单纯扩散进出细胞。

3.1.4.2　促进扩散(facilitated diffusion)

促进扩散也是一种被动的物质跨膜运输方式。

促进扩散特点有：物质在运输过程中需要专一性的载体蛋白参加(图 3-2)，载体蛋白也称渗透酶；运输过程不消耗能量；被运输的物质本身的分子结构不发生变化；物质不能进行逆浓度运输；物质的运输速率与膜内外物质的浓度差成正比，运输速率较快。

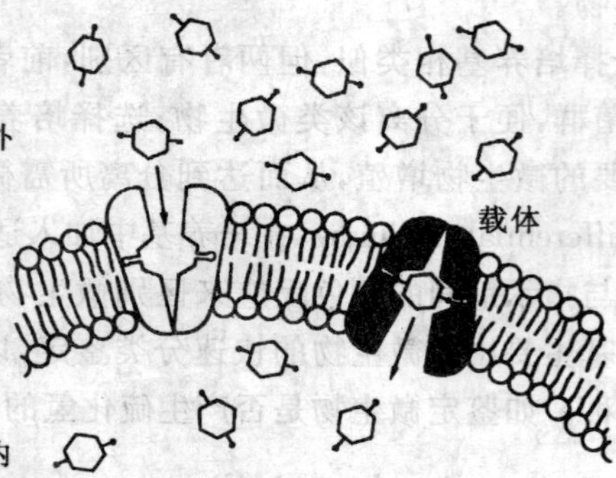

图 3-2 主动运输示意图
（引自沈萍．微生物学．高等教育出版社，2002）

通过促进扩散进入细胞的营养物质主要有氨基酸、单糖、维生素及无机盐等。

多数微生物通过专一的载体蛋白运输相应物质，但也有微生物对同一物质的运输由一种以上的载体蛋白来完成，如鼠伤寒沙门氏菌（*Salmonella typhimurium*）运输组氨酸的载体蛋白有 4 种；酿酒酵母（*Saccharomyces cerevisiae*）有 3 种类型的载体蛋白来完成葡萄糖的运输。某些细菌细胞具有一种称为同向运输蛋白的载体，物质运输过程中，可同时运输几种物质。如大肠杆菌细胞的一种同向运输蛋白可同时运输亮氨酸、异亮氨酸和酪氨酸 3 种氨基酸。

3.1.4.3 主动运输（active transport）

单纯扩散和促进扩散不消耗能量，物质从高浓度向低浓度运输，这两种运输形式又称为被动运输（passive transport）。主动运输（图 3-3）是微生物细胞的主要的物质运输方式，其特点有：物质运输过程中需要消耗能量；被运输的物质形态不发生变化；可以逆浓度运输；需要载体蛋白参加；运输速度快。

在主动运输过程中，运输物质需要的能量因微生物不同而有所差异，好氧型和兼性厌氧微生物直接利用呼吸能，厌氧型微生物利用化学能，光合微生物利用光能。主动运输与促进扩散相比，相同点是物质运输过程中都需要载体蛋白，载体蛋白通过构象变化与被运输物质的可逆性结合与分离，完成物质的跨膜运输，不同点是主动运输需要消耗能量。

主动运输的具体方式有多种，主要有初级主动运输、次级主动运输、Na^+，K^+-ATP 酶（Na^+，K^+-ATPase）系统及 ATP 偶联主动运输等。

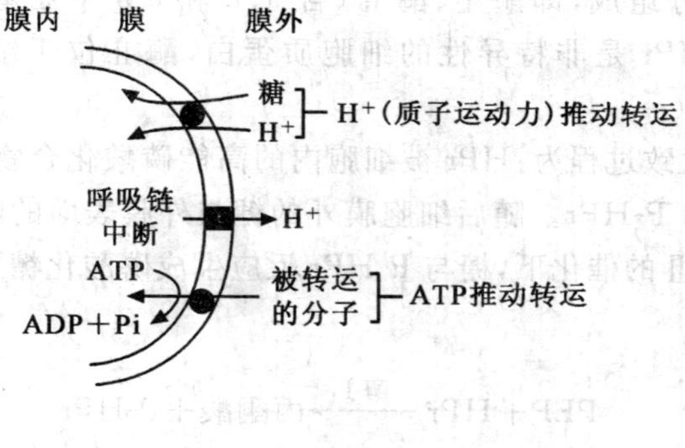

图 3-3 主动运输示意图

（引自沈德中．资源与环境微生物学．中国环境科学出版社，2003）

3.1.4.4 基团转位(group translocation)

基团转位是一种特殊的主动运输方式，但它有一个复杂的运输系统来完成物质的运输，物质在运输过程中发生了化学变化。基团转位主要存在于厌氧型和兼性厌氧型细菌中，主要用于糖的运输，脂肪酸、核苷、碱基等也可通过这种方式运输。

大肠杆菌对葡萄糖和金黄色葡萄球菌对乳糖的吸收过程中，进入细胞后的糖以磷酸糖的形式存在于细胞质中，表明这些糖在运输过程中发生了磷酸化作用，其中的磷酸基团来源于胞内的磷酸烯醇式丙酮酸(PEP)，因此也将基团转位称为磷酸烯醇式丙酮酸-磷酸糖转移酶运输系统(PTS)，简称磷酸转移酶系统(图 3-4)。

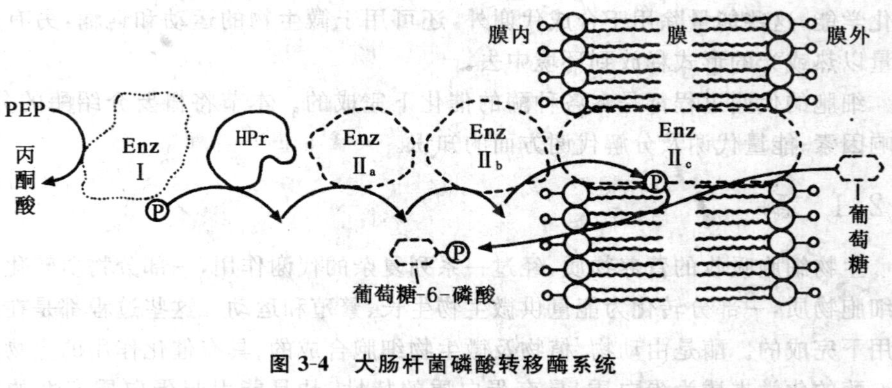

图 3-4 大肠杆菌磷酸转移酶系统

（引自沈德中．资源与环境微生物学．中国环境科学出版社，2003）

PTS由3部分组成，即酶Ⅰ、酶Ⅱ(含a、b和c 3个亚基)和热稳定蛋白质(HPr)。酶Ⅰ和HPr是非特异性的细胞质蛋白，酶Ⅱ位于细胞膜上，具有底物特异性。

基团转位的大致过程为：HPr被细胞内的高能磷酸化合物——磷酸烯醇式丙酮酸(PEP)激活为P-HPr。随后细胞膜外的糖与外膜表面的酶Ⅱ结合，再被转运至内膜表面，在酶Ⅱ的催化下，糖与P-HPr反应生成磷酸化糖，进入细胞质内。其反应式为：

$$\text{PEP}+\text{HPr}\xrightarrow{\text{酶Ⅰ}}\text{丙酮酸}+\text{P-HPr}$$

$$\text{糖}+\text{P-HPr}\xrightarrow{\text{酶Ⅱ}}\text{糖-P}+\text{HPr}$$

3.2 微生物的能量代谢

代谢(metabolism)是细胞内发生的各种化学反应的总称，包括分解代谢(catabolism)和合成代谢(anabolism)。分解代谢是细胞将生物大分子营养物质降解成小分子物质，释放出能量的过程。合成代谢是指细胞将简单的小分子物质合成复杂大分子的过程，为能量消耗过程。分解代谢与合成代谢互有区别却紧密相关，合成代谢需要的小分子物质来源于分解代谢过程中产生的中间产物或环境中的小分子营养物质。

在代谢过程中，微生物通过分解代谢产生化学能，光合微生物还可将光能转换成化学能，这些能量除用于合成代谢外，还可用于微生物的运动和运输，另有部分能量以热或光的形式释放到环境中去。

细胞的代谢过程都是在各种酶的催化下完成的。本节将概要介绍酶的分类、影响因素；能量代谢及分解代谢方面的知识。

3.2.1 酶

生物细胞吸收的营养物质，经过一系列复杂的代谢作用，一部分物质转化为自身细胞物质，一部分转化为能量供微生物生长、繁殖和运动。这些过程都是在酶的作用下完成的。酶是由动物、植物及微生物细胞合成的、具有催化作用的生物催化剂。酶的化学本质为蛋白质，具有蛋白质的特性，凡是能引起蛋白质变性的因素(如加热、高压、紫外线、酸碱、重金属、剧烈振荡和搅拌等)均可使之变性或失活。

微生物细胞的酶种类很多，根据酶蛋白分子的特点，酶分成单体酶、寡聚酶和多酶复合体；按其在细胞的部位，又分为胞内酶和胞外酶；依据酶与细胞组成的关系，又分为结构酶与诱导酶；按酶所催化的生化反应类型，可把酶分为6大类。

3.2.1.1 氧化还原酶(oxidoreductase)

指催化底物氧化还原的酶，有脱氢酶、氧化酶，如乙醇脱氢酶、酚氧化酶。其反应式为：

$$\text{脱氢}\quad A\cdot 2H+B \xrightleftharpoons{\text{脱氢酶}} A+B$$

$$\text{氧化}\quad A\cdot 2H+O_2 \xrightarrow{\text{氧化酶}} A+H_2O_2$$

3.2.1.2 转移酶(transferase)

是指将一个底物的基团或原子转移到另一物质上的酶，其反应式为：

$$A\cdot B+C \xrightleftharpoons{\text{转移酶}} A+B\cdot C$$

3.2.1.3 水解酶(hydrolase)：

指催化生物大分子水解的酶，其反应式为：

$$A\cdot B+H_2O \xrightleftharpoons{\text{水解酶}} AOH+B\cdot H$$

3.2.1.4 裂合酶(lyases)

指催化从底物移去一个基团而形成双键的反应或其逆反应酶，其反应式为：

$$A\cdot B \xrightleftharpoons{\text{裂合酶}} A+B$$

3.2.1.5 异构酶(isomerases)

指催化各种同分异构体间的相互转变，其反应式为：

$$A \xrightleftharpoons{\text{异构酶}} B$$

3.2.1.6 连接酶(ligases)

指催化有ATP参加的合成反应的酶，即参与由两种物质合成一种新物质的

酶,其反应通式为:

$$A+B+ATP(ADP)\xrightleftharpoons{\text{连接酶}}A\cdot B+ADP(AMP)+Pi(PPi)$$

3.2.2 微生物的能量代谢

3.2.2.1 微生物能量代谢的方式

微生物的营养类型多样,其能量代谢的方式也存在差异,根据氧化还原反应中电子受体的不同,主要包括有氧呼吸、无氧呼吸和发酵 3 种类型。

(1)有氧呼吸(aerobic respiration)

是指以 O_2 作为最终电子受体的生物氧化过程。其是微生物细胞能量代谢的一种最普遍、最重要的生物氧化或产能方式。呼吸作用过程中,生物氧化释放的电子首先传递给 $NAD(P)^+$、FAD 或 FMN 等电子载体,再经电子传递系统传给 O_2,进而生成水。

好氧呼吸的特点有:受氢体(最终电子受体)为 O_2,物质被完全氧化,释放的能量较多。化能异养型微生物,其呼吸作用的底物为有机物质;化能自养型微生物,呼吸作用的底物为无机物,如 NO_3^-,NO_2^-,$S_2O_3^{2-}$ 和 NH_3、S、Fe、Mn、H_2 等物质的氧化作用(表 3-2)。

表 3-2 化能自养细菌的生物氧化

细菌种类	反应式	产能(kJ)
氢细菌	$6H_2+2O_2+CO_2\rightarrow 5H_2O+CH_2O$	−237.2
亚硝化细菌	$NH_4^+ +3/2\ O_2\rightarrow NO_2^- +2H^+ +H_2O$	−274.7
硝化细菌	$NO_2^- +1/2\ O_2\rightarrow NO_3^-$	−75.8
硫杆菌	$HS^- +H^+ +1/2\ O_2\rightarrow S^0 +H_2O$	−209.4
铁细菌	$Fe^{2+} +H^+ +1/4\ O_2\rightarrow Fe^{3+} +1/2\ H_2O$	−32.9

(2)无氧呼吸(anaerobic respiration)

以无机氧化物作为最终电子受体的生物氧化过程称为无氧呼吸,也称厌氧呼吸。一些厌氧和兼性厌氧微生物在无氧条件下进行无氧呼吸。无氧呼吸的最终电子受体是 NO_3^-、NO_2^-、SO_4^{2-}、CO_2 等一类无机氧化物,而不是氧分子。如脱氮小球菌(*Micrococcus denitrificans*)引起的生物脱氮过程:

$$C_6H_{12}O_6+4NO_3^-\rightarrow 6CO_2+6H_2O+N_2+\text{能量}$$

无氧呼吸过程中电子的传递也通过细胞色素等电子传递体，并在能量分级释放过程中伴随磷酸化作用，产生的能量较多，但与有氧呼吸相比，产生的能量少些。

(3)发酵(fermentation)

发酵是指在厌氧条件下，微生物细胞将有机物生物氧化所释放的电子直接传递给某种中间产物，同时释放能量并产生各种不同的代谢产物的过程。

发酵过程中，有机化合物仅部分被氧化，释放的能量较少；由于有机物的氧化与有机物的还原相偶联，因此发酵作用不需要外界提供电子受体。发酵的类型有很多，糖类、有机酸、氨基酸等有机物均可作为发酵的底物，其中以微生物发酵葡萄糖最为重要。

呼吸和无氧呼吸与发酵作用主要区别是：呼吸作用释放的电子经过电子载体传递给电子传递系统，最后交给最终电子受体；而呼吸作用释放的电子经过电子载体直接传递给中间产物。此外，在发酵过程中，葡萄糖经过糖酵解作用产生的丙酮酸，在厌氧条件下，发酵作用将丙酮酸被转变成不同的发酵产物；而在有氧呼吸过程中，丙酮酸进入三羧酸循环(TCA 循环)，彻底氧化生成 CO_2 和水，同时释放大量能量。

3.2.2.2 能量转换方式

产能代谢过程中，化能营养型微生物通过底物水平磷酸化和氧化磷酸化将物质氧化分解释放的能量贮存于 ATP 等高能分子中；光能营养型微生物，则通过光合磷酸化将光能转变为化学能储存于 ATP 中。因此，微生物转换能量的方式有底物水平磷酸化、氧化磷酸化和光合磷酸化等 3 种形式。

(1)底物水平磷酸化(substrate level phosphorylation)

生物氧化过程，物质的分解伴随一些含高能键化合物的生成，而这些化合物可直接偶联 ATP 或 GTP 的合成，这种产生 ATP 等高能分子的方式称为底物水平磷酸化。底物水平磷酸化既存在于发酵过程中，也存在于呼吸作用过程中。例如，在 EMP 途径中，1,3-二磷酸甘油酸转变为 3-磷酸甘油酸以及磷酸烯醇式丙酮酸转变为丙酮酸的过程中都分别偶联着一分子 ATP 的形成；在三羧酸循环过程中，琥珀酰辅酶 A 转变为琥珀酸时偶联着一分子 GTP 的形成。

$$NAD^+ H_2 + ADP + Pi \xrightarrow[hv]{chl} NADPH + H^+ + ATP + S$$

(2)氧化磷酸化(oxidative phosphorylation)

氧化磷酸化是指与生物氧化相伴而产生的磷酸化作用,是在生物氧化过程中通过呼吸链(图 3-5)产生 ATP 的过程,又称电子传递磷酸化(electron transport phosphorylation)。其特点是:生物氧化产生的 NADH 和 $FADH_2$通过一系列电子传递系统将电子传递给电子受体(氧或其他氧化型物质),在此过程中生成 ATP,即电子传递与磷酸化相偶联。经过氧化磷酸化作用,一分子 NADH 和 $FADH_2$可分别产生 3 个和 2 个 ATP。

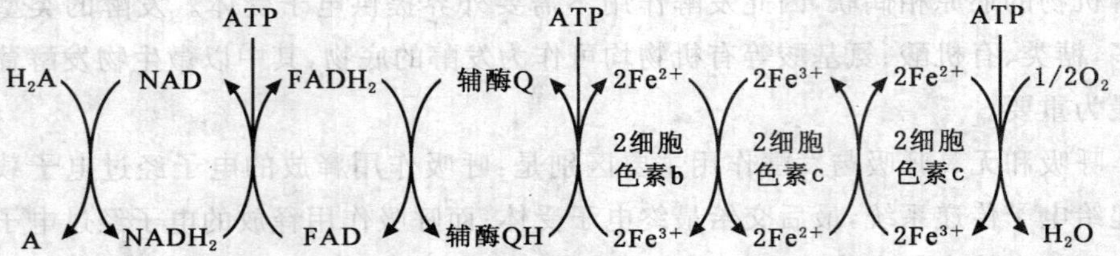

图 3-5 好氧呼吸的电子传递体

氧化磷酸化是生物体产生 ATP 的主要途径,其过程可表示如下:

$$NADH + H^+ + 3Pi + 3ADP + \frac{1}{2}O_2 \longrightarrow NAD^+ + 4H_2O + 3ATP$$

(3)光合磷酸化(photophosphorylation)

光合作用是自然界一个极其重要的生物学过程,其实质是通过光合磷酸化将光能转变成化学能,用于 CO_2合成细胞物质。除绿色植物外,光合微生物如藻类、蓝细菌和光合细菌(包括紫色细菌、绿色细菌、嗜盐菌等),也通过光合作用将光能转变为化学能。

光合磷酸化是由光照引起电子传递作用与磷酸化作用相偶联而生成 ATP 的过程,亦即光能转变为化学能的过程。包括环式光合磷酸化和非环式光合磷酸化两种,环式光合磷酸化发生于光合细菌,非环式光合磷酸化发生于蓝细菌和绿色植物。

①环式光合磷酸化:光合细菌主要通过环式光合磷酸化作用产生 ATP,这类细菌主要包括紫色硫细菌、绿色硫细菌、紫色非硫细菌和绿色非硫细菌。光合细菌吸收光量子后,一些细菌叶绿素被激活而释放出高能电子,高能电子通过铁氧还蛋白、辅酶 Q、细胞色素 b 和细胞色素 c,最后返回到带正电荷的细菌叶绿素分子。在辅酶 Q 将电子传递给细胞色素 c 的过程中,造成了质子的跨膜移动,为 ATP 的

合成提供了能量。在这个电子循环传递过程中，光能转变为化学能，故称环式光合磷酸化。

环式光合磷酸化可在厌氧条件下进行，产物只有 ATP，无 NADP(H)，也不产生 O_2。环式光合磷酸化作用常以下式表示：

$$NAD(P)+2ADP+2Pi+2H_2O\xrightarrow[hv]{Bchla}2NAD(P)H+2ATP+2H^++O_2$$

②非环式光合磷酸化：与光合细菌不同，高等植物和蓝细菌的光合作用含有两种偶联的光合系统类型，即光合系统Ⅰ(PSⅠ)和光合系统Ⅱ(PSⅡ)，进行非环式光合磷酸化。在 PSⅠ中，叶绿素分子 P700 吸收光子后被激活，释放出一个高能电子。高能电子经铁氧还蛋白(Fd)，最终将 $NADP^+$ 还原为 NADPH。PSⅡ中，叶绿素分子 P680 吸收光子后，释放出的高能电子先传递给辅酶 Q，再传给光合 PSⅠ，P700 被还原。PSⅡ释放的高能电子从辅酶 Q 到 PSⅠ的过程中，可合成 ATP。P680 失去的电子，则由水的光解产生电子来补充。非环式光合磷酸化中，有 O_2 的释放和 $NADP^+$ 还原，其总的反应式为：

$$2NADP^++2ADP+2Pi+2H_2O\longrightarrow 2NADPH+2H^++2ATP+O_2$$

有的光合细菌也以非环式光合磷酸化的方式合成 ATP，但只有一个光合系统，如绿硫细菌和绿色细菌。其光反应中心释放的高能电子经铁硫蛋白、铁氧还原蛋白、黄素蛋白等电子传递系统，最终将 NAD^+ 还原成 NADH。而外源电子供体(如 S^{2-}、$S_2O_3^{2-}$ 等)在氧化过程中放出的电子，经电子传递系统传给失去了电子的光合色素(光反应中心)，使之还原，同时偶联 ATP 的生成。这个电子传递途径也没有形成环式回路，故也称为非环式光合磷酸化，这一过程不产生 O_2，其反应式为：

$$NAD^++H_2S+ADP+Pi\xrightarrow[hv]{chl}NADPH+H^++ATP+S$$

3.2.3 微生物的分解代谢

分解代谢是物质在生物体内经过一系列连续的氧化还原反应，逐步分解并释放能量的过程，这个过程也称为生物氧化，是一个产能代谢过程。不同类型微生物生物氧化所利用的物质是不同的，异养微生物利用有机物，自养微生物则利用无机物。在异养微生物的生物氧化中，糖的分解是其重要的能量来源，其中葡萄糖的分解代谢对微生物而言极为重要。葡萄糖首先进行糖酵解。

3.2.3.1 糖酵解

糖酵解是指葡萄糖生成丙酮酸的过程，包括 EMP 途径、HMP 途径、ED 途径和磷酸解酮酶途径。

(1)EMP 途径(糖酵解途径)

EMP 途径包括两个阶段：第一阶段为不涉及氧化还原反应及能量释放的准备阶段，只是生成两分子的主要中间代谢产物——甘油醛-3-磷酸。第二阶段发生氧化还原反应，合成 ATP 并形成两分子丙酮酸。

EMP 途径可为微生物的生理活动提供 ATP 和 NADH，其中间产物又可为微生物的合成代谢提供碳骨架，并在一定条件下可逆转合成多糖。

$$\text{葡萄糖} + 2Pi + 2ADP + 2NAD^+ \longrightarrow 2\,\text{丙酮酸} + 2ATP + 2NADH + 2H^+ + 2H_2O$$

(2)HMP 途径(磷酸戊糖途径，单磷酸己糖途径)

磷酸戊糖途径可分为氧化阶段和非氧化阶段。一个 HMP 途径循环的结果为：

$$\text{葡萄糖} + Pi \longrightarrow \text{甘油醛-3-磷酸} + 3CO_2 + 6NADPH$$

一般认为 HMP 途径不是产能途径，而是为生物合成提供大量的还原力(NADPH)和中间代谢产物。

(3)ED 途径

许多微生物具有 ED 途径，一分子葡萄糖经 ED 途径最后生成两分了丙酮酸、一分子 ATP、一分子 NADH 和 NADPH。ED 途径可不依赖于 EMP 和 HMP 途径而单独存在，但对于靠底物水平磷酸化获得 ATP 的厌氧菌而言，ED 途径不如 EMP 途径经济。

(4)磷酸解酮酶途径

磷酸解酮酶途径是明串珠菌在进行异型乳酸发酵过程中分解己糖和戊糖的途径。该途径的特征性酶是磷酸解酮酶，根据解酮酶的不同，把具有磷酸戊糖解酮酶的称为 PK 途径，把具有磷酸己糖解酮酶的叫 HK 途径。

3.2.3.2 有氧呼吸中的丙酮酸代谢

在糖酵解过程中生成的丙酮酸可被进一步代谢，在好氧条件下，丙酮酸进一步氧化脱羧、脱氢生成乙酰辅酶 A，进入三羧酸循环(tricarboxylic acid cycle，TCA)彻底氧化分解为 CO_2(图 3-6)。

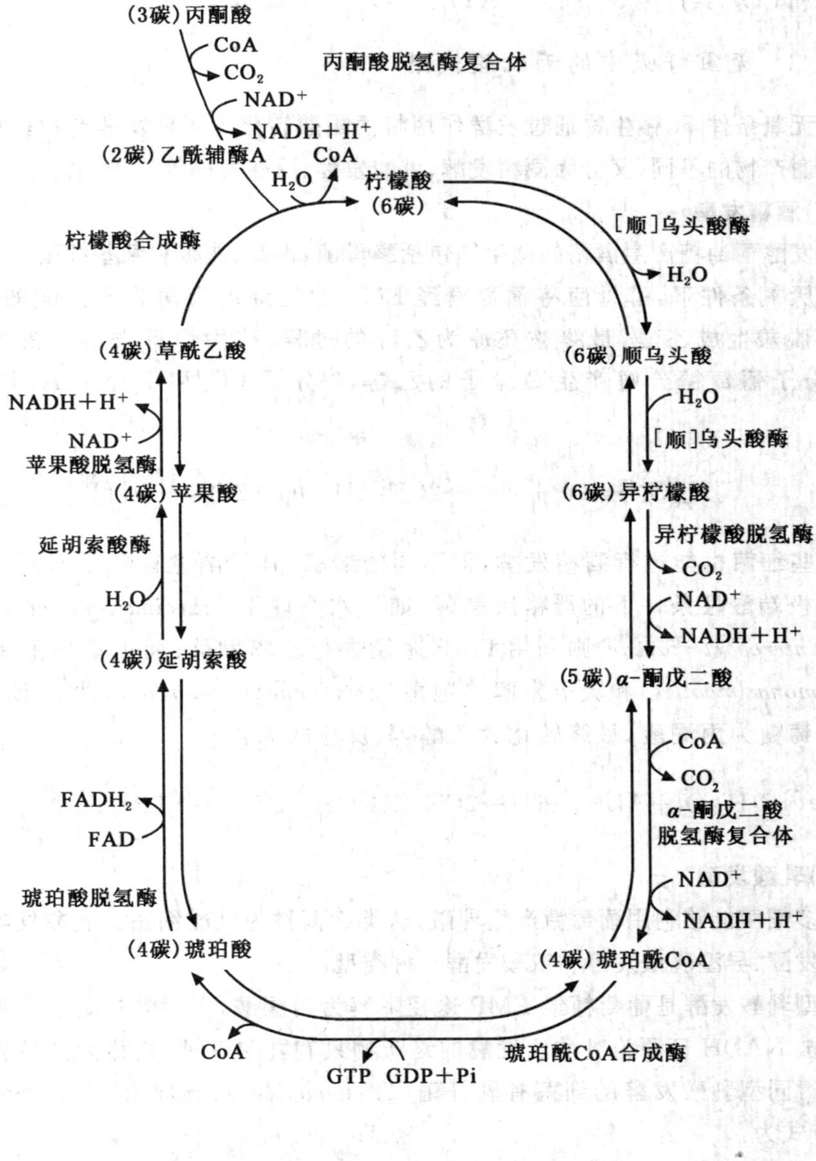

图 3-6　三羧酸循环(TCA)

(引自 J. Nicklin,林稚兰等译．微生物学．科学出版社,2000)

在有氧条件下，经过糖酵解和TCA循环，微生物细胞将1分子葡萄糖彻底氧化为水和CO_2，共产生36～38个ATP。

3.2.3.3 无氧呼吸中的丙酮酸代谢

在无氧条件下，微生物通过发酵作用将丙酮酸转化为各种发酵产物。根据积累的代谢产物的不同，又分为酒精发酵、乳酸发酵、丙酸发酵等。

(1)酒精发酵

能发酵葡萄糖产生酒精的微生物包括酵母菌、根霉、曲霉和某些细菌。

在厌氧条件下，酵母菌将葡萄糖经EMP途径降解为两分子丙酮酸，然后丙酮酸脱羧生成乙醛，最终被还原为乙醇的过程，称为酒精发酵。在此过程中，一分子葡萄糖分解产生2分子的乙醇，2分子CO_2和2分子ATP，反应式为：

$$C_6H_{12}O_6 + ADP + Pi \longrightarrow 2CH_3CH_2OH + 2CO_2 + 2ATP$$

某些细菌也能进行酒精发酵，但不同的细菌，其发酵途径各不相同。一些生长在极端酸性条件下的严格厌氧菌，如胃八叠球菌(*Sarcina ventriculi*)和肠杆菌(*Enterobacteriaceae*)则利用EMP途径进行乙醇发酵；而运动发酵单胞菌(*Zymomonas mobilis*)和厌氧发酵单胞菌(*Zymomonas anaerobia*)通过ED途径分解葡萄糖为丙酮酸，最终转化为乙醇，其反应式为：

$$C_6H_{12}O_6 + ADP + Pi \longrightarrow 2CH_3CH_2OH + 2CO_2 + ATP + H_2O$$

(2)乳酸发酵

许多细菌能够利用葡萄糖产生乳酸，这类细菌称为乳酸细菌。乳酸发酵有同型乳酸发酵、异型乳酸发酵和双歧发酵3种类型。

同型乳酸发酵是葡萄糖经EMP途径降解为丙酮酸，丙酮酸在乳酸脱氢酶的作用下被NADH还原为乳酸。发酵的终产物只有乳酸一种，故称为同型乳酸发酵。进行同型乳酸发酵的细菌有乳杆菌(*Lactobacillus*)、链球菌(*Streptococcus*)等，反应式为：

$$C_6H_{12}O_6 + ADP + Pi \longrightarrow 2CH_3CHOHCOOH + 2ATP$$

有些细菌进行异型乳酸发酵，发酵产物有乳酸、一部分乙醇或乙酸。肠膜明串珠菌(*Leuconostoc mesenteroides*)利用 HK 途径分解葡萄糖,产生甘油醛-3-磷酸和乙酰磷酸,其中甘油醛-3-磷酸进一步转化为乳酸,乙酰磷酸被还原变为乙醇,并伴有 CO_2 产生,反应式为:

$$C_6H_{12}O_6 + ADP + Pi \longrightarrow 2CH_3CHOHCOOH + CH_3CH_2OH + CO_2 + ATP$$

(3)双歧发酵

是两歧双歧杆菌(*Bifidobacteriium bifidum*)发酵葡萄糖产生乳酸的一条途径。此反应中有两种磷酸酮糖酶参加反应,即果糖-6-磷酸磷酸酮糖酶和木酮糖-5-磷酸磷酸酮糖酶分别催化果糖-6-磷酸和木酮糖-5-磷酸裂解产生乙酰磷酸和丁糖-4-磷酸及甘油醛-3-磷酸和乙酰磷酸。

此外,许多厌氧菌还可以进行丙酸发酵、丁酸发酵、丙酮-丁醇发酵及混合酸发酵。

3.2.4 微生物的合成代谢

3.2.4.1 氨基酸的生物合成

自然界中的 N_2、NO_3^-、NH_3 等无机氮素物质能够被微生物以不同方式同化为含氮有机物,合成细胞含氮物质。部分细菌、蓝细菌种群还能够将 N_2 转化为 NH_3,进一步合成其他含氮有机物。大多数细菌和放线菌,所有真菌和原生动物不能利用 N_2,只能同化 NO_3^- 或 NH_3。

(1)硝酸盐的同化

硝酸盐在微生物的作用下,以同化硝酸盐还原和异化硝酸盐还原的方式将 NO_3^- 还原为 NH_3。同化硝酸盐形成的 NH_3 进一步被转化为氨基酸等含氮有机物。其反应式为:

$$HNO_3 \xrightarrow[-H_2O]{+2[H]} HNO_2 \xrightarrow[-H_2O]{+2[H]} HNO \xrightarrow{+H_2O} NH(OH)_2 \xrightarrow[-H_2O]{+2[H]} NH_2OH \xrightarrow[-H_2O]{+2[H]} NH_3$$

(2)生物固氮作用

微生物通过固氮酶的作用将 N_2 转化的过程称为生物固氮作用。据估计，全球每年生物固氮量约为 1.75 亿 t，生物固氮作用在自然界氮素循环中起着重要的作用。生物固氮作用包括自生固氮、共生固氮和联合固氮 3 种形式，固氮反应的必要条件有 ATP 的供应、还原力[H]及其载体、固氮酶、Mg^{2+}、还原底物 N_2 和严格的厌氧环境等 6 个方面。总的反应式为：

$$N_2 + 8e + 8H^+ + 16ATP \xrightarrow{\text{固氮酶}} 2NH_3 + H_2 + 16ADP + 16Pi$$

(3)氨基酸的生物合成

氨基酸的生物合成方式有 3 种，氨基化作用；转氨基作用和以糖代谢的中间产物为前体合成氨基酸。

氨基酸的生物合成步骤可用以下反应式表示：

$$A \xrightarrow{\text{酶 I}} B \xrightarrow{\text{酶 II}} C \xrightarrow{\text{酶 III}} D \xrightarrow{\text{酶 IV}} E \xrightarrow{\text{酶 V}} F$$

式中 A 代表某种氨基酸生物合成前体物质，A、B、C、D、E、F 代表不同的中间产物，酶Ⅰ～Ⅴ代表不同的酶，F 为终产物，即某种氨基酸。

①氨基的转化：在生物氧化过程中产生的中间产物如 α-酮戊二酸、谷氨酸、丙酮酸等，在合成反应中与硝酸盐同化、固氮作用中形成的 NH_3 结合形成相应的氨基酸。如谷氨酸脱氢酶催化合成谷氨酸过程为：

$$NH_4^+ + \alpha\text{-酮戊二酸} + NADH + H^+ \leftrightarrow L\text{-谷氨酸} + NADH$$

②转氨基作用：在转氨酶的作用下，氨基从一种氨基酸转移到酮酸形成另一种氨基酸的过程，成为转氨基作用。转氨基作用是氨基酸合成代谢中极为重要的生化反应，在各种微生物体内普遍存在。

③氨基酸的前体转化：指糖代谢的中间产物通过一系列的生化反应合成氨基酸的过程（图 3-7）。

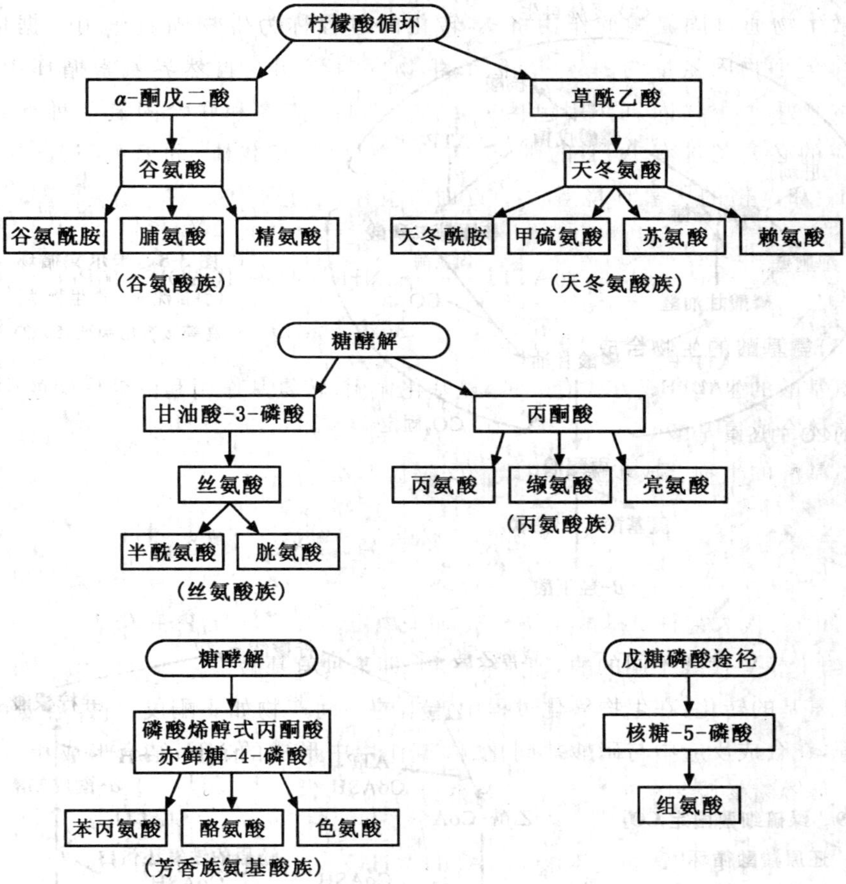

图 3-7 氨基酸生物合成分族情况

(引自王镜岩．生物化学．高等教育出版社，2002)

3.2.4.2 糖类的合成

(1) CO_2 的固定

自养微生物能够以 CO_2 为唯一或主要碳源，某些异养微生物也能以 CO_2 为辅助碳源，这两类微生物能够将 CO_2 同化为细胞物质，这一过程称为 CO_2 的固定。

(2) 自养微生物 CO_2 的固定

自养微生物通过卡尔文循环(图 3-8)、还原性三羧酸循环(图 3-9)和还原单羧

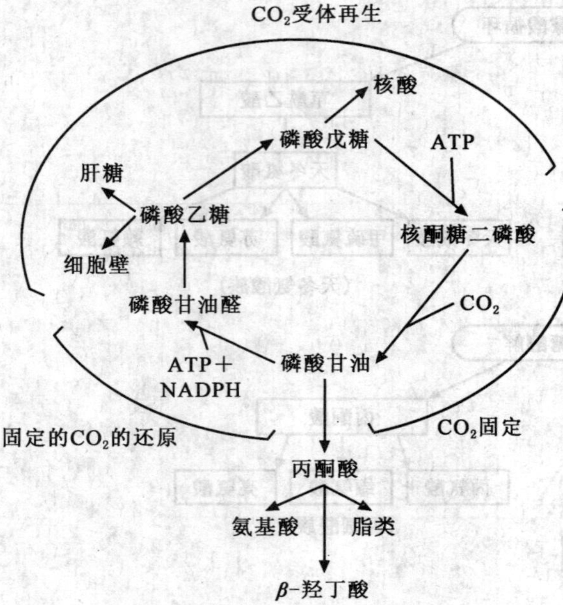

图 3-8 卡尔文循环
（引自沈萍．微生物学．高等教育出版社，2002）

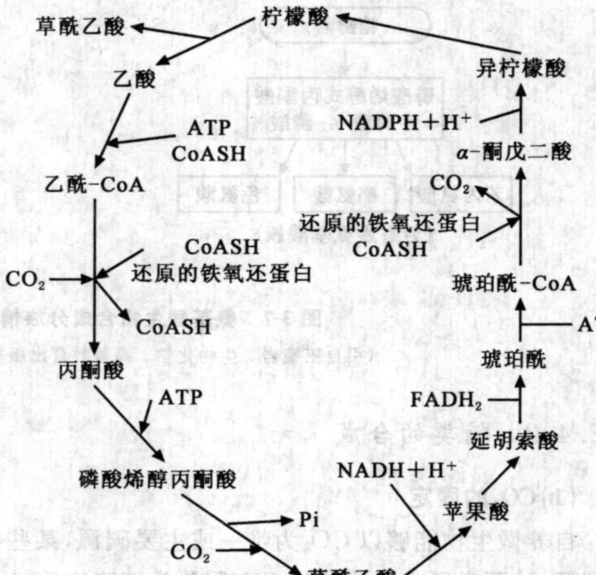

图 3-9 绿硫细菌固定 CO_2 还原羧酸循环
（引自沈萍．微生物学．高等教育出版社，2002）

酸循环固定 CO_2，如氧化亚铁硫杆菌及锈铁嘉翁菌通过卡尔文循环固定 CO_2，绿硫细菌以还原性三羧酸循环途径固定 CO_2。自养微生物和异养微生物以不同的方式

将 CO_2 固定，合成葡萄糖的前体物质。

(3)异养微生物 CO_2 的固定

异养微生物通过特定的生化反应（表 3-3）将 CO_2 固定到受体分子上，生成的产物比受体分子增加一个碳原子。

表 3-3　异养微生物 CO_2 同化吸收的几个主要反应

吸收 CO_2 反应	催化反应的酶
丙酮酸＋CO_2＋NAD(P)H↔苹果酸＋NAD(P)$^-$	苹果酸酶
α-酮戊二酸＋ CO_2＋NAD(P)H↔异柠檬酸＋NAD(P)$^+$	异柠檬酸酶
5-磷酸核酮糖＋ CO_2＋NAD(P)H↔6-磷酸葡萄糖酸＋NAD(P)$^+$	磷酸葡萄糖酸脱氢酶
丙酮酸＋CO_2＋ATP↔草酰乙酸＋ADP＋Pi	丙酮酸羧化酶
乙酰辅酶 A＋ CO_2＋ATP↔丙二酰辅酶 A＋ADP＋Pi	乙酰辅酶 A 羧化酶
丙酰辅酶 A＋ CO_2＋ATP↔甲基丙二酰辅酶 A＋ADP＋Pi	丙酰辅酶 A 羧化酶
磷酸烯醇式丙酮酸(PEP)＋ CO_2↔草酰乙酸＋Pi	PEP 羧化酶
磷酸烯醇式丙酮酸(PEP)＋ CO_2＋GDP(ADP)↔草酰乙酸＋GTP(ATP)	PEP 羧-化激酶

引自王家玲等．环境微生物学．2004。

(4)肽聚糖的合成

肽聚糖是绝大多数原核微生物细胞壁的独有成分，与细菌细胞的重要功能密切相关。

这里简要介绍其合成步骤，肽聚糖分子的合成部位有 3 个：细胞质内、细胞膜上、细胞膜外。其合成过程也很复杂，约有 20 步，图 3-10 显示了 3 个阶段在不同部位的主要反应。

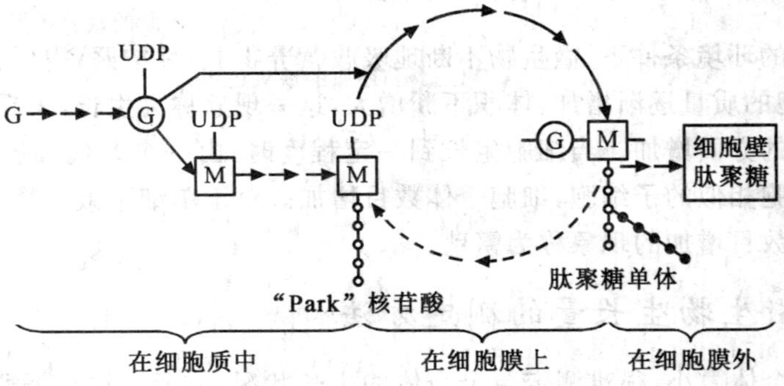

图 3-10　肽聚糖合成的 3 阶段及其主要中间代谢产物

G 为葡萄糖，Ⓖ为 N-乙酰葡糖胺，[M]为 N-乙酰胞壁酸，"Park"核苷酸为 UDP-N-乙酰胞壁酸五肽

（引自周德庆．微生物学教程．高等教育出版社，2002）

在细胞质中，葡萄糖先合成 N-乙酰葡糖胺(NAG)和 N-乙酰胞壁酸(NAM)，进而由 N-乙酰胞壁酸合成“Park”核苷酸；接着，在细胞膜上，由“Park”核苷酸合成肽聚糖单体；最后在细胞膜外，肽聚糖单体通过转糖基作用和转肽作用最终合成肽聚糖。

3.2.4.3 嘌呤和嘧啶的合成

(1)嘌呤的生物合成

嘌呤环的原子几乎全部来自由氨基酸、CO_2和甲酸(盐)等物质分子提供C、H、N元素。微生物合成嘌呤核苷酸首先从5-磷酸核糖焦磷酸开始，利用各种小分子化合物，经过一系列酶促反应，合成次黄嘌呤核苷酸(IMP)，再转化为腺嘌呤和鸟嘌呤核苷酸。有的微生物不能合成嘌呤核苷酸，则由自由碱基或核苷组成相应的嘌呤核苷酸。这是一种补救途径，以便更经济地利用已有成分。

(2)嘧啶的合成

嘧啶核苷酸的嘧啶环是由氨甲酰磷酸和天冬氨酸合成的。微生物合成嘧啶核苷酸的过程中，首先合成嘧啶环，继而与磷酸糖结合成为乳清苷酸，再生成尿嘧啶核苷酸，进一步转化为其他嘧啶核苷酸；有时也可以利用已有的嘧啶或嘧啶核苷分子，组成嘧啶核苷酸。

3.3 微生物的生长繁殖

3.3.1 微生物生长和繁殖的概念

在适宜的环境条件下，微生物不断地吸收营养物质，并按照各自的方式进行代谢活动，细胞的质量逐渐增加，体积不断增大，这一现象称为生长，表现为细胞组分与结构在量的方面增加。当细胞生长到一定程度时，由一个亲代细胞分裂形成两个与亲代细胞相似的子细胞，细胞个体数目增加。对于单细胞微生物，这种细胞分裂引起个体数目增加的现象称为繁殖。

3.3.2 微生物生长量的测定方法

微生物个体微小，很难测定单个个体的生长状况，实际工作中，通常以微生物群体数量的变化来反映微生物的生长情况。测定方法有细胞数量的测定和生长量的测定。

3.3.2.1 细胞数目的测定

微生物细胞数量的测定包括总数和活菌数的测定。

(1)细胞总数的测定

测定方法有涂片染色法、计数器法、电子自动计数法和比浊法等。最终可计算出每毫升或每克样品中的总菌数量,包括死亡的细菌和活细菌。这些计数法简便、快速,但只能测定单细胞微生物的数量,不适于多细胞微生物的计数,也无法区分出死细胞和活细胞,同时易受培养基中杂质的干扰。

(2)活菌数的测定

测定方法包括稀释平皿菌落计数法、滤膜培养法、稀释液体试管培养法,也称多管培养法和最大可能数(MPN)法。平皿菌落计数法和滤膜培养法常用每毫升或每克样品的菌落形成单位(colony formation unit,CFU)来表示样品的含菌数。该法适用于细菌和酵母菌等单细胞微生物的计数,不适用于霉菌等多细胞微生物的计数。

(3)霉菌数量的测定

包括平皿培养法和U形管培养法,但该法不能反映出霉菌菌丝总量。

3.3.2.2 生物量的测定

微生物生物量的测定方法包括:①菌体干重的测定,用清水洗净培养后的菌体,然后在80～100℃将菌体烘干或减压干燥,由菌体干重计算生物量。菌体鲜重则可由干重换算。②菌体含氮量的测定,从培养物中分离菌体,洗净(排除培养基带入的含氮物质),再用凯氏定氮法测定菌体含氮量。由菌体含氮量计算出微生物的生物量。③菌体DNA含量的测定,微生物菌体DNA的含量相对稳定,每个细菌平均DNA含量为8.4×10^{-5} ng。利用DNA与3,6-二氨基苯甲酸-盐酸溶液的特殊荧光反应,测定出菌悬液的DNA总量后,进一步算出细菌数量。

3.3.3 分批培养(batch culture)

把微生物接种于一定容积的培养基中,培养后一次收获,这种培养方式称为分批培养。

3.3.3.1 细菌生长曲线

分批培养时,将少量细菌接种到一定容积的新鲜培养液中,在培养过程中,以培养时间为横坐标,以细菌数量的对数为纵坐标作图,得到的曲线称为细菌生长曲线(growth curve)。细菌生长曲线揭示了细菌在一定的环境中从生长、繁殖到衰亡的全部动态过程。细菌的生长曲线大致可分为延滞期、对数期、稳定期和衰亡期(图3-11)。

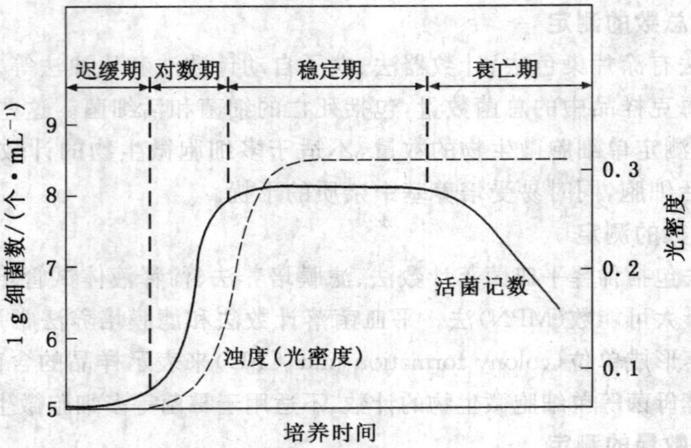

图 3-11 分批培养中细菌的典型生长曲线

(引自王家玲．环境微生物学．高等教育出版社,2003)

(1)延滞生长期(lag phase)

也称迟缓期。当细菌进入新的环境后,并不立即繁殖,而是需要一定时间的调整和适应。在初始阶段,细菌数量(或菌体重量)几乎不增加,甚至稍有减少。培养一段时间后,菌体细胞物质开始增加,细胞体积增大;细胞代谢机能活化,大量合成诱导酶、辅酶以及其他产物;核糖体合成加快,RNA 含量升高。接着,细胞开始分裂。

延滞生长期的长短与菌种特性、菌龄、接种量以及移接前后的环境条件有关。缩短延滞生长期的主要措施是:接种适当菌龄的菌种;配制接近种子培养基的发酵培养基等。

(2)对数生长期(log phase)

又称指数期(exponential phase)。经过延滞生长期后的细菌,细胞分裂速率加快,个体数量以几何级数增长(2^1,2^2,2^3,2^4,…,2^n)。细菌个体数量与时间的关系服从对数规律,因而常常将这一时期称为对数生长期。

对数生长期细菌的特征是:个体生长繁殖迅速、代时最短;细胞生理活性强、代谢活动旺盛。细菌菌体大小、个体形态、化学组成和生理特性等相对一致。

在繁殖过程中,细菌细胞每完成一次分裂所需的时间称为代时(generation time)或倍增时间,用 G 表示。假定细菌在对数生长期开始时的数量为 N_0,由于细菌进行二分裂，经过 n 次繁殖后，细胞数量为 N_t。

$$N_t = N_0 \times 2^n$$

用对数表示为：$\lg N_t = \lg N_0 + n\lg 2$

得：

$$n = \frac{\lg N_t - \lg N_0}{\lg 2} = 3.3(\lg N_t - \lg N_0)$$

设细胞分裂 n 次所需的时间为 t，则：

$$G = \frac{t}{n} = \frac{t}{3.3(\lg N_t - \lg N_0)} = \frac{0.301\, t}{\lg N_t - \lg N_0}$$

式中：n—繁殖世代数；

N_0—对数生长期开始时细菌数量；

N_t—对数生长期 t 时细菌数量；

G—世代时间。

N_0、N_t 和 t 可以通过实验测定。由此可计算出供试细菌的世代时间。细菌种类不同，代时相差很大。有的仅为 9.8 min 左右，有的长达数天。在一定培养条件（如培养基组成、培养温度、pH 值等）下，微生物的世代时间是相对稳定的。

(3)稳定生长期(stationary phase)

又称最高生长期。经过对数生长期，营养物质被大量消耗，比例失调，代谢产物开始积累，营养液 pH 值发生变化，致使生长条件恶化，环境条件逐渐不适宜于细菌生长，细菌增殖速率逐渐下降，死亡速率上升。当增殖速率与死亡速率基本持平时，培养液中活菌数保持相对稳定，这一时期称为稳定生长期。

在稳定生长期，细菌净增长速率为零，但细胞并未停止分裂；此时细菌个体增加数与死亡数相等。当培养液中的营养物质消耗殆尽后，细菌开始消耗细胞内的贮藏物质，同时菌体死亡后裂解，释放出的营养物质，也作为其他细菌的养料，称之为内源代谢(endogenous metabolism)。

稳定生长期细菌的特征是：细菌总数达到最高；细胞活性逐渐下降，内含物如肝糖粒、脂肪粒、PHB 等开始积累；芽孢细菌开始形成芽孢。

(4)衰亡生长期(decline phase)

在稳定生长期后，营养物质消耗殆尽，代谢产物积累，细菌增殖逐渐停止，死亡率不断增加，细胞死亡数超过新增数，总的活菌数明显下降，细胞进入衰亡期。在某一时段，活菌数呈几何级数下降，称为“对数死亡期”。

衰亡生长期的细菌代谢活性降低，菌体会呈现畸形或多形态，细胞内产生液泡和空泡，甚至细胞自溶而消亡。

3.3.3.2 霉菌生长曲线

与单细胞微生物不同，丝状微生物（放线菌、霉菌等）的生长曲线一般不出现典型的对数生长期。在分批培养中，若以菌丝体干重作为衡量生长的指标，霉菌的生长过程大致可分为停滞生长期、迅速生长期和衰亡生长期3个阶段（图3-12）。

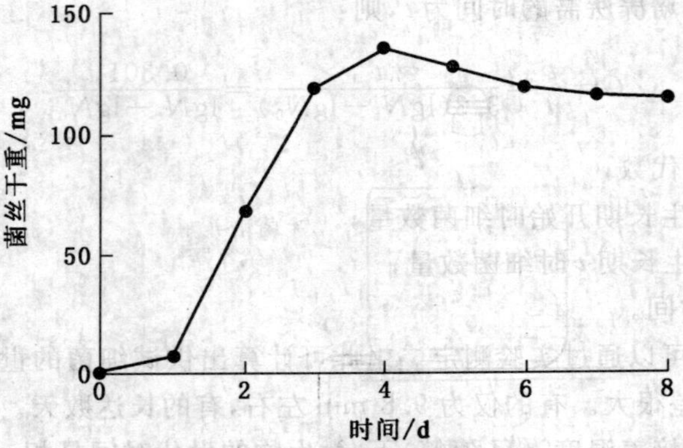

图3-12 茄病镰刀霉（*Fusarium solani*）的生长曲线

(1)停滞生长期

在新的环境中，霉菌的孢子或菌丝同样有一个适应过程，表现为生长处于停滞状态。其原因有：霉菌的孢子尚未萌发，处于停滞状态；菌丝虽然略有生长，但难以测定。

(2)迅速生长期

此阶段霉菌的菌丝体干重迅速增加。在该时期，霉菌代谢旺盛，呼吸作用强，菌丝尖端迅速伸长，培养基中的养分被迅速利用，一些可能的次生代谢产物（如酸类）开始出现。菌丝体干重的立方根与时间之间呈直线关系。由于繁殖不以几何级数倍增，因而没有对数生长期。

(3)衰亡生长期

霉菌生长进入衰亡生长期后，菌丝生长速度减缓、菌丝体干重下降。由于养料的消耗和有害代谢产物（如氨和有机酸等）的积累，霉菌生长速率减缓并最终停止生长。大多数次级代谢产物（如抗生素）在该时期合成。

3.3.4 连续培养(continuous culture)

连续培养(continuous culture)就是在一个恒定容积的流动系统中培养微生物,在微生物处于对数生长状态时,不断添加新鲜培养基,同时排出等量的培养液。这样,由于消耗的营养物质得到及时补充,有害产物得到了及时排除,微生物长时间地保持在对数生长状态,从而可获得较多的菌体或代谢产物。这种连续补料和出料的培养方法称为连续培养,包括恒浊连续培养和恒化连续培养两种方式。图3-13示意了连续培养法装置。

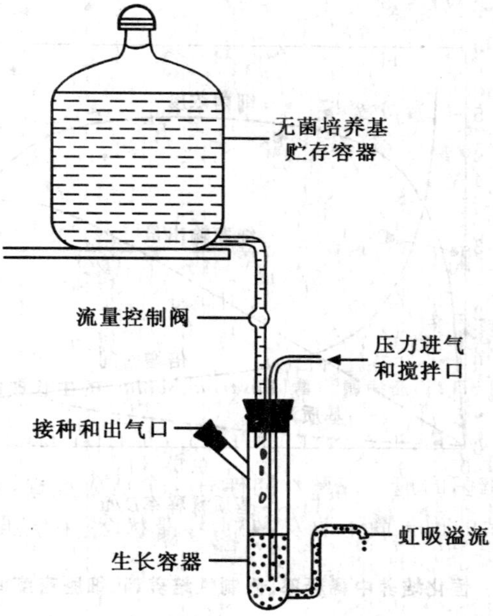

图 3-13 连续培养法装置示意图

3.3.4.1 恒浊连续培养

恒浊连续培养是指在保持培养基总体积不变的条件下,通过仪表自动调节培养料的流入和流出速率,使培养液中微生物的浓度保持恒定的培养方法。在恒浊连续培养装置中安装有浊度计,因此可以自动监测培养物的浊度并调节培养料的流出和流入速度。当培养液浊度超过设定值时,培养料添加速度加快,恒化器中浊度下降;反之,当浊度低于设定值时,培养料添加速度减慢,恒化器中浊度增加。恒浊连续培养一般采用较高浓度养料的完全培养基调节浊度,不含限制微生物生长的营养成分,因此,培养物能以较高速率增长。

3.3.4.2 恒化培养

恒化培养是通过控制培养液的添补速度来保持培养菌体的恒定生长速度,采用的培养液通常是一种低浓度限制性养料,需要控制好新鲜培养液的添补速度和老培养液的排放速度,即稀释率。图 3-14 表明了稀释率、限制性培养料、细胞代谢和密度间的关系。在一定的培养液浓度范围内,细菌的浓度可以维持相对恒定,当稀释率过高或过低时稳定状态(平衡)才被破坏。

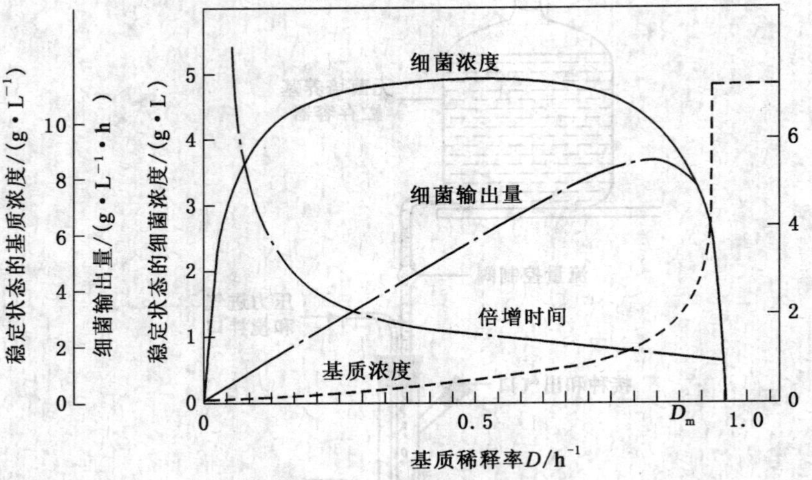

图 3-14 恒化培养中稀释率、限制性培养料、细胞密度间的关系

与分批培养相比,连续培养具有由外部系统自动测定与控制微生物生长速率、培养条件(如 pH 值、溶解氧等)以及微生物生产效率高等特点,在微生物基础研究(如微生物生理学、遗传学、生态学等)和生产实践(如工业发酵、污水生物处理)中都有广泛应用。

3.4 环境因素对微生物生长的影响

微生物的生长离不开环境,自然界中微生物的生长是不断适应环境的结果。

在一定的环境中，只有外界条件适宜时，微生物才能正常生长、繁殖，当条件发生变化后，微生物的生命活动就可能受到抑制或引起变异甚至死亡。但不同微生物对各种理化因子的敏感性不同。本节主要介绍一些常见的物理、化学因子对微生物生长的影响。

3.4.1 氧气

微生物种类繁多，对氧气的需求不尽相同，根据呼吸过程中微生物与分子态氧之间的关系，可将微生物分成不同的类群（表 3-4）。

表 3-4 O_2 与微生物生活的关系

类群	氧气（O_2）的影响
需氧性微生物：	
专性需氧性	必须有 O_2 才能生活
兼性需氧性	有 O_2 时生长得更好
微需氧性	仅需低于大气中含 O_2 量的条件
厌氧性微生物：	
微耐氧性	不需 O_2，有 O_2 时可以生活
兼性厌氧性	有 O_2 或无 O_2 均能生长
专性（严格）厌氧性	O_2 有毒害，或有致死作用

引自李阜棣．微生物学．2000。

3.4.1.1 好氧性微生物

这类微生物只能在有氧条件下生长，进行有氧呼吸。包括常见的细菌、放线菌和真菌。它们在生长时需要一定浓度的溶解氧。在环境工程中，活性污泥法、生物膜法等污水处理方法的微生物类群主要是好氧性微生物，因此常用搅拌、曝气等方式满足其对氧气的需要。

3.4.1.2 厌氧性微生物

厌氧性微生物分为两类，一类称为专性厌氧菌，只能在严格无氧的条件下生长，氧气对这类微生物有毒性，如梭状芽孢杆菌属（*Clostridium*）、拟杆菌属（*Bacteroides*）、甲烷杆菌属（*Methanobacterium*）等。另有一类耐气性厌氧微生物，其代谢作用不需要氧，但分子氧的存在对其无害，如大多数乳酸菌，无论有氧或缺氧，均能够进行典型的乳酸发酵。

3.4.1.3 兼性厌氧微生物

此类微生物在有氧及无氧条件下均生长，但不同条件下呼吸代谢方式不同。如酵母菌在有氧时可进行有氧呼吸，以氧为受氢体，使葡萄糖彻底氧化为 CO_2 与 H_2O，进行菌体的繁殖；在无氧条件下则以乙醛为受氢体，进行酒精发酵，生成乙醇和 CO_2，因此在酿酒过程中需要调节好二者之间的关系。硝酸还原菌在有氧时亦进行好氧呼吸；在缺氧环境下则以 NO_3^- 为受氢体进行无氧呼吸。

3.4.2 温度

温度是微生物生长的重要环境因子之一。微生物生长的温度范围很广，在 −5～85℃范围内均有微生物生长，少数嗜热微生物的生长温度可达 100℃以上。根据不同微生物生长的最适温度可将其分为低温型(psychrophiles)、中温型(mesophiles)和高温型(thermophiles)3 大类(表 3-5)，绝大多数微生物属中温型。

表 3-5 微生物对温度的适应范围 ℃

微生物类型		生长温度			主要分布处所
		最低	最适	最高	
低温型	兼性嗜冷	−12	5～10	15～20	两极地区
	专性嗜冷	−5～0	10～20	25～30	海水及食品冷藏箱
中温型		10～20	25～40	40～50	哺乳动物生活的环境
高温型	嗜热	30	45～60	70	堆肥和沼气发酵池等
	极端嗜热	30	70～90	100 以上	温泉和洋底火山口

引自李阜棣. 微生物学. 2000。

微生物在其最低生长温度下酶的活性降低，微生物代谢活动减弱，处于休眠状态，但仍然维持生命。故常在 −85～4℃冰箱中保存菌种。

高温可以杀死微生物，是因为高温使菌体内含有的蛋白质凝固，酶变性失活，代谢停滞而死亡。能在 10 min 内杀死某种微生物的最高温度界限称为致死温度(lethal temperature)。不同微生物的致死温度有差异，大多数细菌、病毒、酵母菌和丝状真菌营养体的致死温度为 50～65℃，放线菌和霉菌孢子则需要 70～80℃，而芽孢的致死温度是 20 min 120℃。微生物菌体内含水分愈高，所需致死温度愈低。

在实际应用中，常采用高温对培养基或器皿灭菌。干热灭菌主要针对玻璃器皿，如玻璃培养皿等，采用 160～170℃灭菌 1～2 h。对于培养基等含水分较多的物质，则采用高压湿热灭菌，灭菌条件为121～122℃、20～30 min。一些不耐热的物质如乳糖等，灭菌温度则相对较低些，灭菌条件为108～115℃、15～30 min；也可以采用间歇灭菌法。将要灭菌的培养基在80～100℃蒸煮15～60 min，以杀灭细菌的营养细胞，然后置于室温或适宜温度过夜，促使残留的芽孢萌发，第二天再同法处理，重复2～3次即可达到灭菌的目的。在相同温度下，湿热灭菌的效果比干热灭菌效果好，一方面是因为蛋白质的变性温度与含水量成反比，蛋白质含水量越高，变性温度越低；另一方面，湿热蒸汽的穿透力强，更容易使蛋白变性而致死微生物细胞；此外热蒸汽在细胞表面凝结为水时也可放出热量，从而提高灭菌的温度。例如，肉毒梭菌（*Clostridium botulinum*）的芽孢在干燥条件下，需要180℃、10 min处理才能致死；而在湿热条件下，120～121℃、10 min即可达到相同的效果。

3.4.3　水及其可供给性

3.4.3.1　水的活度

水是生物细胞的主要组成成分，也是所有生物生命活动必需的生长因子。微生物对水分需求见表3-1。环境中水的可供给性与水的活度（water activity）a_w密切相关，不同的微生物都有其最适的a_w值，大多数微生物的最适a_w范围为0.95～0.99；而嗜盐细菌属（*Helobacterium*）的细菌在a_w低于0.80的含盐培养基中的长势最好，少数霉菌和酵母菌甚至在a_w为0.65～0.7时仍能生长。当a_w<0.60时，大多数微生物生长停滞。

3.4.3.2　渗透压

通常，环境中的微生物具有比环境略高的渗透压，因而微生物能够从环境中吸收水分，维持正常的生命活动。如果环境渗透压过高，细胞就会失水出现质壁分离；而渗透压过低时，细胞可能过度吸水，微生物的生长繁殖都会受到抑制，甚至死亡；当渗透压在一定范围内逐渐改变时，对微生物的生长影响不大。因此，在培养微生物时必须注意营养物质的浓度，避免渗透压过高或过低。

自然界中存在着一些能在高渗透压环境中生活的微生物，称为耐渗性微生物（osmophiles）；某些甚至必须在高渗溶液中才能生长，如嗜盐菌与嗜糖菌。

日常生活中，人们常利用渗透压原理来保存物品，如加入食盐或蔗糖来保存蔬菜、肉类和水果等，防止食品腐败；将粮食干燥至安全水分以下再贮藏，以防止粮食陈化变质。

3.4.4 氢离子浓度(pH 值)

环境的氢离子浓度即酸碱度对微生物的生命活动有很大的影响,各种微生物生长要求的 pH 值条件有差异。大多数细菌在 pH 值中性或接近中性的环境中(pH 6.5～7.5)生长最好,少数细菌能在很低或很高 pH 值环境内生长,称为嗜酸微生物(acidophiles)或嗜碱微生物(alkalinophiles),如氧化硫硫杆菌(*Thiobacillus thiooxidans*)的最适 pH 值为 2～2.8,嗜盐碱球菌属(*Natronococcus*)和嗜盐碱杆菌属(*Natronobacterium*)的适应范围 pH 值为 9～11。放线菌生长的最适 pH 值为7.5～8.0,一般霉菌和酵母菌的适宜 pH 值为 4～6。原生动物则以中性环境中生长为好。

氢离子能够改变细胞质膜电荷性质、影响养料吸收、影响酶的活性以及改变环境中养料的可给性或有害物质的毒性,进而影响微生物的生长。

微生物在其生活过程中,由于某些代谢产物的积累常常使周围环境的 pH 值发生改变,为了维持基质 pH 值的稳定,在配制培养基时,通常加入适量的缓冲物质如磷酸盐、碳酸盐等,避免生长过程中培养基 pH 值发生大的改变。在实际应用中,如污水的生物处理过程,常采用加入石灰等物质保持污水处理系统的 pH 值处于适宜范围。

3.4.5 辐射

辐射分为电离辐射和非电离辐射,根据波长而分为各种射线和电波。

3.4.5.1 可见光

可见光波长为 380～760 nm。除少数含有光合色素的微生物能利用光能进行光合作用外,其他微生物都不需要光线。但可见光对某些非光合微生物也有较大的影响,如多数蕈菌在形成子实体和孢子时需要一定的散射光刺激。强烈的可见光直接照射可杀死微生物,主要是由于光氧化作用(photo oxidation)所致。光线被细胞内色素吸收后在有氧时引起某些酶或敏感成分失去活性。

3.4.5.2 紫外线

紫外线(波长 200～390 nm)具有杀菌作用,其作用机理较复杂,能够引起 DNA 的断裂、DNA 分子双链的交联、胞嘧啶和尿嘧啶的水合作用以及嘧啶二聚体的形成等。但最主要的效应在于紫外线照射后,引起 DNA 分子中相邻的胸腺嘧啶形成二聚体,阻碍 DNA 的复制,最终引起微生物的突变或死亡。蛋白质和核酸都有高度吸收紫外线的能力，核酸的吸收光谱在 260 nm 处，正是紫外线杀菌力最强的波长范围。研究工作中，紫外线诱变育种是一种常见的、简单有效的方法。

紫外线的穿透力很弱，常用于表面灭菌和空气灭菌。经紫外线杀菌后的物品，不应立即暴露在可见光之下，以免受损伤的细菌因光复活作用又恢复正常活力。

3.4.5.3 电离辐射

电离辐射包括 X 射线、α 射线、β 射线和 γ 射线，其特点为波长短，能量大，能使被照射的物质分子发生电离作用而产生自由基，与细胞中的敏感大分子作用并使之失活，从而使细胞受到损伤或死亡。电离辐射已广泛应用于不耐热物品（如食物、药品及塑料制品等）的灭菌。

此外，还有微波和超声波也对微生物的生长有影响，常用于杀菌。

3.4.6 化学物质

许多化学物质能抑制或杀死微生物。化学物质对微生物影响可分为灭菌、消毒、防腐作用等。灭菌（sterilization）是指杀死物品上所有微生物的过程；消毒作用（disinfection）是指杀死物品上大部分微生物的过程，特别是病原微生物，是不完全的灭菌。防腐（antisepsis）是一种抑菌而非杀灭作用。

3.4.6.1 有机化合物

常用的有酚、醇、醛、酸类及表面活性剂等有机化合物。

(1)酚及其衍生物

酚及其衍生物使细菌蛋白质变性，破坏细胞膜的通透性。常用的有苯酚和甲酚。5%的苯酚溶液俗称石炭酸，是实验室常用的消毒剂；酚的衍生物，如甲酚的肥皂乳化剂，即来苏儿，是医院常用的空气消毒剂。

(2)醇类

醇类可使细菌细胞脱水、蛋白质变性，溶解细胞膜类脂。70%～75%乙醇是良好的表面消毒剂，高浓度的乙醇易使菌体表面蛋白质凝固，杀菌效果反而较差。

(3)醛类

醛类能与蛋白质中氨基酸的多种基团共价结合而使蛋白质变性，使细菌死亡。常用的有福尔马林（37%的甲醛溶液）、戊二醛。

(4)表面活性剂

表面活性剂能吸附于细胞表面，改变细胞膜的稳定性和通透性，使细胞内含物外溢。常用的有新洁尔灭（季铵盐表面活性剂）、杜灭芬等。

3.4.6.2 无机化合物

包括卤族元素及其化合物、重金属离子、氧化剂等。

(1)卤族元素及其化合物

卤族元素具有较强的氧化作用，对微生物具有杀灭作用，其杀菌力强弱排序为：F＞Cl＞Br＞I，其中以Cl（如液氯、次氯酸钙）和I（如碘酊）最常用。液氯、次氯酸钙与水结合产生次氯酸和新生态氧[O]，其反应式为：

$$Cl_2 + H_2O \longrightarrow HCl + HClO \longrightarrow HCl + [O]$$

新生态氧[O]为强氧化剂，破坏细胞膜结构而杀死微生物，日常生活中液氯、次氯酸钙常用于自来水的消毒灭菌；碘与菌体蛋白和酶中的酪氨酸不可逆结合而杀菌，医疗上多用于皮肤消毒。

(2)重金属离子

重金属离子中 Hg^{+}、Ag^{+}、Cu^{2+} 的杀菌作用最强。它们使细胞蛋白失活或与酶的巯基（—SH）结合使之变性。常用的有 $HgCl_2$、$AgNO_3$ 和 $CuSO_4$。

(3)氧化剂

氧化剂通过氧化细胞成分使之失活而产生灭菌效果。常用的有 $KMnO_4$、H_2O_2 和 O_3。

3.4.6.3 染料

碱性染料如孔雀绿、结晶紫、吖啶黄等带有阳离子基团，可与蛋白质氨基酸的羧基和核酸上的磷酸基结合，阻断细胞正常的代谢过程，从而抑制细菌生长。不同微生物对染料的敏感程度不同。G^{+} 细菌对碱性染料更为敏感，如1：1 000 000的孔雀绿即可抑制金黄色葡萄球菌的生长，但若要抑制大肠杆菌则必须提高到1：3 000的浓度才有效果。染色剂具有选择性抑菌作用。例如实验室内，1：100 000的结晶紫常用于抑制 G^{+} 芽孢杆菌的生长，分离 G^{-} 细菌时常用结晶紫作抑制剂。

3.4.6.4 其他

常见的化学治疗剂也能影响微生物生长。化学治疗剂是一类选择性地杀死或抑制人、畜和家禽体内病原微生物的特殊化学药品，已广泛用于临床治疗中。化学治疗剂分为抗代谢药物和抗生素两类，它与消毒剂的差别在于，消毒剂对于宿主和微生物具有同等毒性，而化学治疗剂对宿主和病原微生物的细胞具有选择作用，主要作用于病原微生物，抑制其生长或致死。

(1)抗代谢药物

一类结构上与生物体内的必须代谢物相似并能以竞争方式取代它以干扰病原菌正常代谢过程的化学药物。抗代谢药物种类很多,如磺胺类(叶酸对抗物)、6-巯基嘌呤(嘌呤对抗物)、5-甲基色氨酸(色氨酸对抗物)和异烟肼(吡哆醇对抗物)等。

(2)抗生素类

抗生素的作用包括抑制细胞壁合成(如青霉素、多氧霉素、杆菌肽等);破坏微生物细胞膜(如多黏菌素、短杆菌素等);干扰蛋白质合成(如卡那霉素、链霉素、红霉素等);干扰核酸合成(如博来霉素、丝裂霉素、放线菌素D等)。表3-6为常见的杀菌剂、抑菌剂种类与用途。

表3-6 常见的化学杀菌剂、抑菌剂种类与用途

类别	实例	用法	主要用途
酚类	苯酚	3%～5%	地面、家具、器皿表面消毒
	甲酚	3%～5%	
醇类	乙醇	70%～75%	皮肤、器皿消毒
醛类	甲醛(福尔马林)	10%	浸泡器皿、熏蒸房间
	戊二醛	2%	医疗用品消毒
季铵盐类表面活性剂	新洁尔灭	0.05%～0.1%	皮肤消毒、手术器械浸泡
	杜灭芬(消毒宁)	0.05%～0.1%	创伤冲洗,金属、棉织品、塑料消毒
重金属盐类	升汞($HgCl_2$)	0.055%～0.1%	非金属器皿
	红汞	2%	皮肤、小创伤消毒
	硫酸铜	1 mg/L	杀藻、杀真菌
	硝酸银	1%	新生儿滴眼、预防淋球菌感染
	蛋白银	1%～5%	植物杀虫剂、防腐剂
氧化剂	高锰酸钾	0.1%	皮肤、蔬菜、水果消毒
	过氧化氢	3%	口腔黏膜消毒
	臭氧	曝气法	饮水消毒
卤素及其化合物	氯气	0.2～0.5 mg/L	饮水、游泳池水消毒
	漂白粉精	0.5%～1.5%	地面、家具、饮水消毒
	碘酒	2.5%碘酒(酊)	皮肤消毒染料
染料	结晶紫(龙胆紫)	2%～4%	浅表创伤消毒碱类
碱类	生石灰	1∶4或1∶8糊状	动物排泄物及地面消毒

引自李阜棣.微生物学.2000。

复习思考题

1. 微生物的营养类型有哪些？试举例说明。
2. 微生物吸收营养的方式有哪些？并简述它们的特点。
3. 简述微生物能量代谢的方式。
4. 何谓培养基？
5. 什么是天然培养基、合成培养基、半合成培养基？它们各有哪些用途？
6. 固体培养基的凝固剂有哪些？列举它们的优缺点？
7. 简述测定微生物生长的各种方法。
8. 什么叫细菌生长曲线？可分哪几个生长阶段？各有什么特点？
9. 什么叫霉菌生长曲线？可分哪几个生长阶段？
10. 什么叫恒浊连续培养和恒化连续培养？
11. 环境对微生物生长的影响因素有哪些？

4 微生物遗传与变异

本章提要：本章主要介绍了微生物遗传的物质基础，遗传和变异的概念，变异的原因和类型，微生物基因重组的方式，并简要介绍了基因工程技术的操作步骤。

与其他任何生物一样，微生物也具有遗传性(inheritance)和变异性(variation)。遗传性是指生物亲代的遗传物质传递给子代的特性；变异性是指生物体的遗传物质结构上的变化引起的生物体某些特性改变的现象。遗传型(genotype)是生物体所携带全部基因的总称；表型(phenotype)是指具有一定遗传型的个体，在特定的外界环境中，通过生长和发育所表现出的各种形态和生理特征的总称。

4.1 微生物的遗传

4.1.1 微生物遗传的物质基础

4.1.1.1 遗传物质的成分和结构

绝大多数微生物的遗传物质是 DNA，少数微生物(如病毒)的遗传物质则为 RNA。生物体的遗传信息通常以密码子的形式编码在 DNA 分子上，表现为特定的核苷酸序列，并通过 DNA 的复制由亲代传给子代。

DNA 分子由脱氧核糖、磷酸以及腺嘌呤(adenine，A)、鸟嘌呤(guanine，G)、胸腺嘧啶(thymine，T)、胞嘧啶(cytosine，C)4 种碱基组成的脱氧核糖核苷酸构成，不同生物体的 DNA 的 G+C/A+T 含量不同。多个脱氧核糖核苷酸经 $3'\rightarrow5'$ 磷酸二酯键聚合成为 DNA 链。DNA 的分子结构可分为一级、二级和三级结构。

DNA 的一级结构是指核酸分子中 4 种核苷酸的排列顺序及其连接方式，即碱基顺序；Watson 和 Crick 于 1953 年提出了著名的 DNA 双螺旋结构模型，即为 DNA 的二级结构模型。该模型的要点是：脱氧核糖与磷酸以 3,5-磷酸二酯键交互连接，形成

DNA的主链并作为DNA的骨架；两条主链再以反向平行的方式组成双螺旋；主链位于螺旋的外侧，碱基位于螺旋的内侧；螺旋具有固定且一致的直径。相邻的碱基对之间的距离为0.34 nm，每个双螺旋含10个碱基对，螺距为3.4 nm，直径为2 nm。DNA的二级结构除了双螺旋外，还有三螺旋结构存在。

在细胞中，双螺旋进一步盘曲形成更加复杂的结构，称为DNA的三级结构，具有多种形式，其中以超螺旋（supercoil）最常见。原核生物和真核生物的染色体DNA都是以超螺旋状态存在。

4.1.1.2　遗传物质在微生物中的存在形式

（1）染色体（chromosome）

染色体是所有生物遗传物质的主要存在形式，原核生物没有真正的细胞核，DNA以裸露的形式存在，有时相对聚集在细胞质中，周围无核膜包围；真核生物的染色体DNA存在于细胞核内，它与组蛋白构成核小体，再构成染色体。染色体的数量因生物种类而异，少的几条，多的几十条或更多。此外，还存在染色体外的遗传物质如质粒。

（2）质粒（plasmid）

质粒是位于染色体外或附加于染色体上的携带某种特异性遗传信息的DNA片段，在原核微生物和真核微生物的酵母、丝状真菌中都有发现（图4-1）。

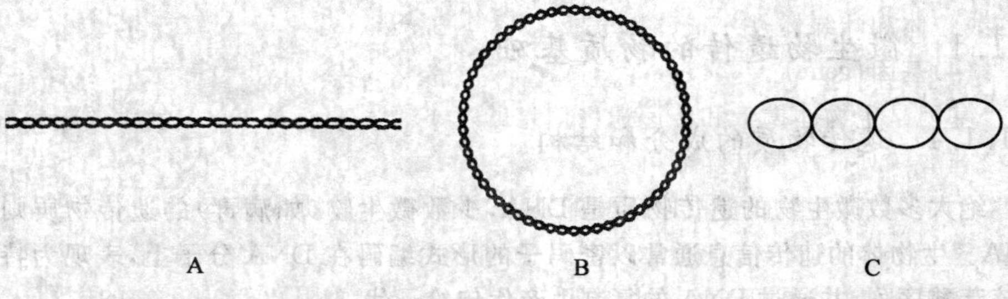

图4-1　质粒的3种存在形式

A. 线性；B. 环状；C. 超螺旋

一般情况下，质粒对宿主细胞是非必需的，但在某些条件下，质粒DNA编码的特殊基因性状，可以使宿主细胞具有特殊的生长优势。如某些细菌携带的抗性质粒可以使宿主细胞在有相应的化学毒物或抗生素的环境中生存。

质粒的主要类型有：

①致育因子(fertility factor，F 因子)又称 F 质粒，是最早发现的一种与大肠杆菌的有性生殖现象(接合作用)有关的质粒，携带 F 质粒的菌株称为 F^+ 菌株(相当于雄性)，无 F 质粒的菌株称为 F^- 菌株(相当于雌性)。

②抗性质粒(resistance factor，R 因子)主要包括抗药性(对青霉素、链霉素、氯霉素等抗生素具有抗性)和抗重金属(对 Hg^{2+}、Cd^{2+}、Pb^{2+} 等重金属离子具有抗性)二大类，简称 R 质粒。

③毒性质粒(virulence plasmid)许多致病菌的致病性是由毒性质粒 DNA 编码的。如根癌土壤杆菌(*Agrobacterium tumefaciens*)的 Ti 质粒可导致植物冠瘿病的形成。

④代谢质粒(metabolic plasmid)亦称降解质粒，其上携带有能降解某些基质，尤其是降解有毒化合物质如芳香族化合物(苯酚)、农药(2,4-D)的酶的基因。

⑤Col 质粒(colicinogenic factor)为产大肠杆菌素因子。大肠杆菌素(colicin)是一种由大肠杆菌的某些菌株所分泌的细菌蛋白，只杀死近缘但不含 Col 质粒的菌株，而自身不受伤害。许多细菌都能产生使其他细菌致死的蛋白质类细菌毒素(bacteriocin)，如一种乳酸细菌产生的细菌素 NisinA 能强烈地抑制某些 G^+ 细菌的生长，现已被用于食品保藏。

(3)细胞器 DNA

细胞器 DNA 是真核微生物染色体外的遗传物质。真核生物染色体外 DNA 不含组蛋白，这类 DNA 含量不到染色体 DNA 的 1%，常呈环状，大多存在于细胞器(线粒体和叶绿体)中。

(4)基因(gene)

基因是生物体携带和传递遗传信息的基本单位。它是 DNA 分子上一段特定的核苷酸序列。按照其功能可分为：

①结构基因：编码蛋白质或酶的基因，控制着蛋白质或酶的合成。这些基因可以转录为 mRNA、tRNA 和 rRNA，其中，mRNA 编码蛋白质(包括酶)。

②操纵基因：是可与有活性的阻遏蛋白结合从而阻止转录起始的一段 DNA 序列，操纵着结构基因的表达。

③调节基因：是编码调节蛋白、控制结构基因表达的基因。

4.1.2　DNA 的复制(replication)

自我增殖是生物的重要功能之一。在细胞分裂过程中，亲代细胞所含的遗传信息会精确地传递给两个子细胞，使子细胞与母细胞的遗传信息完全相同。为此，亲代 DNA 需要准确复制成两个拷贝，并均匀地分配到两个子细胞中去。DNA 的复制和遗传信息传递遵循的基本规则,称为中心法则。生物体中,子细胞从亲代细胞获得 DNA 后,根据中心法则,DNA 中的遗传信息必须传递给 RNA(即转录),再由 RNA 指导合成蛋白质(即翻译),最终由蛋白质来体现遗传信息的功能(图 4-2)。

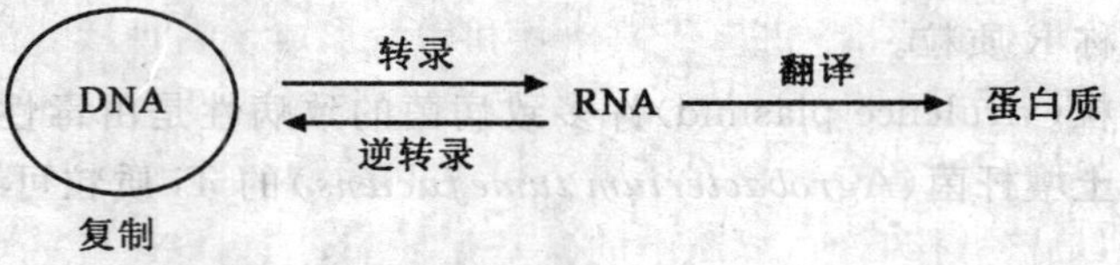

图 4-2 遗传信息的传递方向

DNA 的复制是从 DNA 分子的特定部位开始的,该特定部位称为复制起点,原核生物的染色体 DNA 一般只有一个复制起点;真核生物染色体的复制在几个特定部位上进行,具有多个复制起点,如酿酒酵母基因组中约有 400 个复制起点。每一个复制起点及其复制区为一个复制单位,称为复制子(replicon)。原核生物染色体只有一个复制子,而真核生物染色体含有多个复制子。

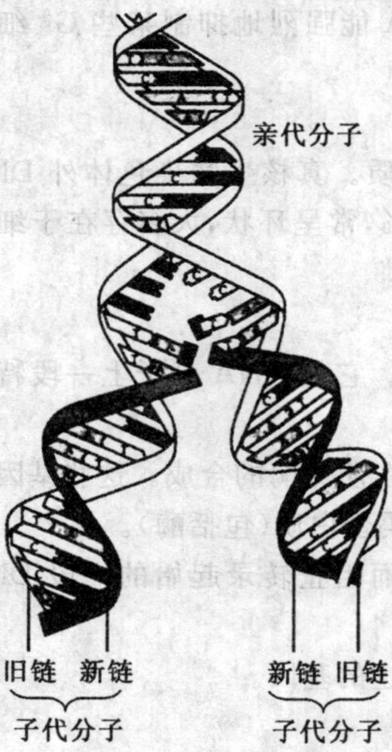

图 4-3 DNA 半保留复制

(引自王家玲. 环境微生物学. 高等教育出版社,2003)

实验证明,双螺旋 DNA 是通过半保留机制复制的。在复制过程中,在酶的作用下,双螺旋 DNA 分子中的两条多核苷酸之间的氢键断裂,分成两个 DNA 单链并作为模板,通过碱基互补配对合成各自的互补链;然后,一条新链与一条母链以氢键结合成新的双链 DNA,均匀地分配到两个子细胞中去。由于每个子细胞 DNA 双链中都保留了母细胞的一条 DNA 单链,这种复制方式称为半保留复制(图 4-3)。这样,亲代细胞 DNA 的遗传信息能够准确无误地复制到新的 DNA 链上,保证了亲代细胞的所有属性全部传递给子代细胞,使微生物的遗传特性保持相对稳定。

线性双链 DNA 一般为双向复制,根据复制起点的多少又可以分为双向单点复制和双向多点复制；环状双链 DNA 的复制分为 θ 型、滚环型和 D 型 3 种。

4.1.2.1 RNA 的合成(转录，transduction)

以 DNA 为模板合成 RNA 的过程称为转录。RNA 是高分子化合物，由核糖、磷酸以及碱基(腺嘌呤、鸟嘌呤、尿嘧啶和胞嘧啶)组成。合成 RNA 分子时，先由核糖和碱基缩合成核糖核苷，再由核糖核苷和磷酸形成单核糖核苷酸，最后单核苷酸通过 3,5-磷酸二酯键连接成直链分子。转录与复制过程相似，也是通过碱基互补配对合成新链的。两者的差别在于：DNA 复制的材料是脱氧核糖核苷酸，合成 RNA 的材料则是核糖核苷酸；复制中的碱基互补配对为 A-T 和 G-C，转录中的碱基互补配对为 A-U 和 G-C。

通过转录，贮存于 DNA 中的遗传信息传递给 RNA。转录的产物有 mRNA、rRNA 和 tRNA。mRNA 带有指导蛋白质合成的遗传信息，称为信使 RNA。每 3 个连续排列的核苷酸(即一个三联体)规定一种氨基酸，称为密码子。来自 DNA 的遗传信息即以密码子的形式贮存于 mRNA 中。rRNA 叫核糖体 RNA，是组成核糖体的结构成分，核糖体是蛋白质合成的场所。tRNA 叫转运 RNA，在蛋白质的生物合成中起着识别和转运氨基酸的作用。

原核生物的基因在 DNA 上的分布是连续的，转录产生的 mRNA 可直接翻译成蛋白质。真核细胞的基因在 DNA 上的分布则是不连续的，往往在编码蛋白质的序列(外显子，extron)之间含有不编码蛋白质的序列(内含子，intron)。转录产生的 mRNA 需要通过剪切和拼接加工，包括 5′末端加帽、3′末端加尾、切除内含子和拼接外显子，形成成熟的 mRNA 后，才能翻译成蛋白质。

4.1.2.2 蛋白质的合成(翻译，translation)

蛋白质是生命活动的物质基础，也是遗传信息的体现者。以 mRNA 为模板合成蛋白质的过程称为翻译。由于在 DNA 转录成 mRNA 的过程中，已将亲本细胞的遗传信息传给 mRNA；tRNA 又根据 mRNA 上密码子的要求识别和转运氨基酸，最终使 DNA 上的核苷酸序列转变为蛋白质上的氨基酸序列，合成各种蛋白质。

蛋白质的合成主要在核糖核蛋白体上进行，大致可以分为 4 个阶段：氨酰-tRNA 的形成、肽链合成的起始、肽链的延伸和肽链合成的终止与释放。

4.2 微生物的变异

通过繁殖，子代生物从亲代获取全部遗传信息。但是，由于外界条件的差异，同种遗传型的生物会呈现出不同的表型，即表现出了变异现象，分为非遗传型变异和遗传型变异两类。

4.2.1 非遗传型变异

非遗传型变异是在遗传物质的结构没有改变的情况下发生的微生物某些性状的改变。这种表型上的变异不会遗传给子代细胞，通常是由于环境条件改变所致，一旦环境条件恢复原状，变异现象也随之消失。这种由环境引起的条件性的、暂时的，非遗传性的变化称为饰变。例如，在25℃下培养时，黏质沙雷氏菌（*Serretia marcescens*）会产生深红色的灵杆菌素，菌落成血红色；若将培养温度提高至37℃后，则不产色素，此时将培养温度降至25℃，细胞又恢复产色素的能力。根瘤菌在甘露醇酵母粉（YEM）琼脂平板上生长时，形成大量荚膜，菌落表面光滑、丰厚而凸起；但在胰蛋白胨酵母粉（TY）琼脂平板上生长则不产生荚膜，菌落小而扁平。由于细胞群体所处环境条件的改变是同等的，非遗传型变异常表现出群体性，即多个细胞同时出现饰变现象。

4.2.2 遗传型变异——基因突变

遗传型变异是指由于遗传物质的结构发生改变而导致微生物某些性状改变的现象，可自发或诱导产生。其特点是：几率极低（$10^{-6}\sim10^{-9}$）；性状变化幅度大；变化后的新性状是稳定的、可遗传的。

突变（mutation）是指核酸中的核苷酸顺序突然产生稳定且可遗传的变化。突变包括染色体畸变（chromosomal aberration）和基因突变（gene mutation，又称点突变）。狭义的突变专指基因突变（点突变），而广义的突变则包括基因突变和染色体畸变。从自然界分离到的菌株一般称野生型菌株（wild type strain），简称野生型。野生型经突变后形成的带有新性状的菌株，称突变株（mutant，或突变体、突变型）。

4.2.2.1 基因突变的类型

根据突变株所表现的不同特征，基因突变的类型可分为：形态突变型、生化突变型、致死突变型、条件致死突变型以及其他突变型。

(1)形态突变型

指发生细胞形态变化或引起菌落形态改变的突变型。如细胞大小、形状、鞭毛、纤毛、孢子、芽孢、荚膜以及菌落的大小、外形的光滑或粗糙和颜色等的变异。

(2)生化突变型

指代谢途径发生变异但没有明显形态变化的突变型,如营养缺陷型、抗性突变型和抗原突变型。

①营养缺陷型:基因突变引起代谢过程中某种酶合成能力丧失。对于这类微生物,必须在培养基中添加相应的营养成分才能正常生长。

②抗性突变型:基因突变产生抵抗有害理化因素的能力。如抗药性、抗紫外线、抗噬菌体等。

③抗原突变型:基因突变引起细胞成分,尤其是细胞表面成分(细胞壁、荚膜、鞭毛等)的细微变异而导致抗原性的变化。

(3)致死突变型

由于基因突变而导致微生物个体死亡的突变型即为致死突变型。

(4)条件致死突变型

即在某一条件下基因突变具有致死效应,而在另一条件下基因突变没有致死效应的突变型。温度敏感突变型是最典型的条件致死突变型,如有些大肠杆菌突变株可在37℃下生长,但不能在42℃生长。

4.2.2.2 基因突变的机制

基因突变可分为自发突变和诱发突变。

(1)自发突变

是指在没有人为作用的前提下,微生物所发生的基因突变。自发突变的几率很低,一般为10^{-6}~10^{-10}。导致自发突变的主要原因包括背景辐射和环境因素的诱变、微生物自身有害代谢产物的诱变、环出效应以及互变异构效应等。

自发突变的特点有:不对称性、自发性、稀有性、独立性、诱变性、稳定性和可逆性。

(2)诱发突变

诱发突变是指微生物在人为诱变剂作用下所发生的基因突变。凡能提高突变率的任何理化因子,都称为诱变剂(mutagen)。诱变剂包括碱基类似物如5′-溴尿嘧啶和2′-氨基嘧啶等在分子形态上类似于碱基对的具有3个苯环结构的扁平染料分子，亚硝酸、羟胺和烷化剂等，以及紫外线、X 射线等物质。

诱变剂的作用机制是引起碱基对置换突变、移码突变和染色体畸变。

①碱基对的置换（substitution）：指一对碱基被另一对碱基所置换，有时也称点突变（point mutation）。置换可分为转换和颠换。转换（transition）是指 DNA 分子中的一个嘌呤被另一个嘌呤，或者一个嘧啶被另一个嘧啶所置换。颠换（transversion）是指一个嘌呤被一个嘧啶，或者一个嘧啶被一个嘌呤所置换。对于某种诱变剂，既可同时引起转换和颠换，也可只引起其中一种置换。

②移码突变（frame-shift mutation 或 phase-shift mutation）：指诱变剂引起 DNA 分子中的一个或几个核苷酸的增添或缺失，从而使其后的全部遗传密码发生转录和翻译错误的一类突变。

③染色体畸变（chromosomal aberration）：是由于某些理化因子（如 X-射线、烷化剂、亚硝酸等）引起 DNA 分子的大段损伤，从而产生染色体结构上的缺失（deletion）、重复（duplication）、倒位（inversion）和易位（translocation）等变化。

4.3 原核微生物的基因重组

具有不同性状的生物个体的遗传基因从一个生物体转移至另一个生物体内，使遗传基因重新组合后形成新的遗传型个体的过程，称为基因重组（gene recombination）。提供 DNA 的细胞成为供体细胞，获得 DNA 的细胞成为受体细胞。原核微生物基因重组的主要方式有转化作用、转导作用和接合作用。

4.3.1 转化（transformation）

受体菌直接吸收来自供体菌的游离 DNA 片段，并整合到自己的基因组中，从而获得供体菌的部分遗传性状的过程，称为转化。受体菌取得的 DNA 片段可以是供体菌自溶释放的，也可以是经过人为加工的。转化作用发生在受体菌细胞处于感受态时期，转化过程可以是自发的，也可以在人为条件下进行（图 4-4）。

感受态是指细胞能从环境中吸收 DNA 片段的特殊生理状态。它与受体菌的遗传性、生理状态、菌龄和培养条件等因素有关。不同的微生物，其感受态出现的时间和持续时间是不同的，并随生长条件而有所变化，如肺炎链球菌的感受态出现在对数生长期，枯草芽孢杆菌的感受态则出现在对数生长后期。

如果把噬菌体或其他病毒的 DNA 或 RNA 抽提出来，然后让它们去感染宿主，可产生噬菌体或病毒后代。这种特殊的“转化”，称为转染。

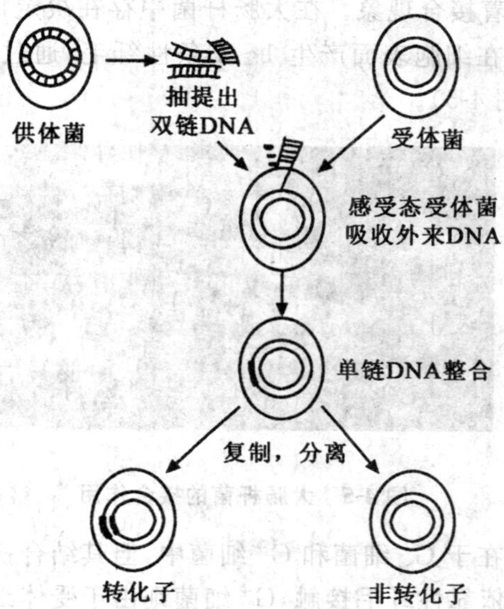

图 4-4 转化过程示意图

4.3.2 转导(transduction)

通过噬菌体的介导，将供体菌 DNA 片段带入受体菌中，从而使受体菌获得供体菌的部分遗传性状的过程，称为转导。获得新遗传性状的受体细胞称为转导子(transductant)。转导过程中噬菌体为载体，不需要供体细胞与受体细胞直接接触。

转导又分为普遍性转导(generalized transduction)和局限性转导(specialized transduction)。普遍性转导就是在噬菌体感染末期，细菌染色体被断裂成许多小片段，噬菌体“误包”了供体菌的基因片段，并转移到供体菌中的转导现象。在普遍性转导中，供体菌的任何染色体片段均可以转移到供体菌中。局限性转导指噬菌体将供体菌的一个或少数几个基因转移到受体菌的转导作用。进行局限性转导的噬菌体一般为温和噬菌体。

4.3.3 接合(conjugation)

两个完整的菌体细胞通过性纤毛直接接触，将供体菌 DNA 片段(包括质粒)带入受体菌中，从而使受体菌获得供体菌的部分遗传性状的过程，称为接合。在细菌和放线菌中都存在着接合现象。在大肠杆菌中存在决定性别的F因子(质粒),具有F因子的菌株会在细胞表面产生1～4条性纤毛,通过它们供体菌可把F因子转移至受体菌中(图4-5)。

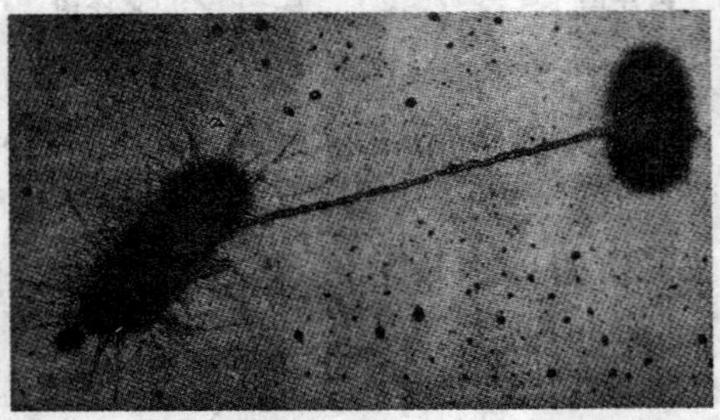

图4-5 大肠杆菌的接合作用

接合作用普遍存在于G^-细菌和G^+细菌中,但其结合机制可能有些差异。接合过程中,G^-菌细胞依靠性纤毛接触,G^+细菌则由于受体细胞分泌类似于性激素的短肽而刺激细胞结合。

4.3.4 转座重组

转座因子是指细胞中能够改变自身位置的一段DNA序列。在于原核生物和真核生物体内都已发现。原核生物中的转座因子有3种类型:插入序列(Insertion sequences,IS)、转座子(transposons,Tn)和某些特殊病毒,如Mu噬菌体。

4.4 真核微生物的基因重组

在真核微生物中,基因重组主要包括有性生殖和准性生殖等形式。

4.4.1 有性生殖

有性生殖是指通过性细胞之间的接合以及随后发生的染色体重组,产生新的遗传型后代的一种育种技术。产生有性孢子的酵母菌或霉菌,都能进行有性生殖。

4.4.2 准性生殖

准性生殖(parasexual reproduction)是类似于有性生殖,但比有性生殖原始的一种生殖方式。它可使同一生物两个不同来源的体细胞发生融合,不经过减数分裂而导致低频率的基因重组，包括拟核体的形成、二倍体的形成以及体细胞中染色体的交换和单元化。准性生殖常见于半知菌类的真菌中。

4.5 基因工程

基因工程(gene engineering)是指在基因水平上的遗传工程，是用人为方法将所需要的某一供体生物的遗传物质 DNA 提取出来，在离体条件下用适当的酶进行切割后，将目的 DNA 与载体 DNA 分子重组成新的具有自我复制能力的 DNA 分子(重组体)，重组体被导入受体细胞后，经过克隆子筛选、鉴定和对外源基因表达产物分离提纯及功能验证，最终获得新的菌株(图 4-6)。基因工程是一种崭新的分子育种新技术，既可实现近缘杂交，又能实现远缘杂交。

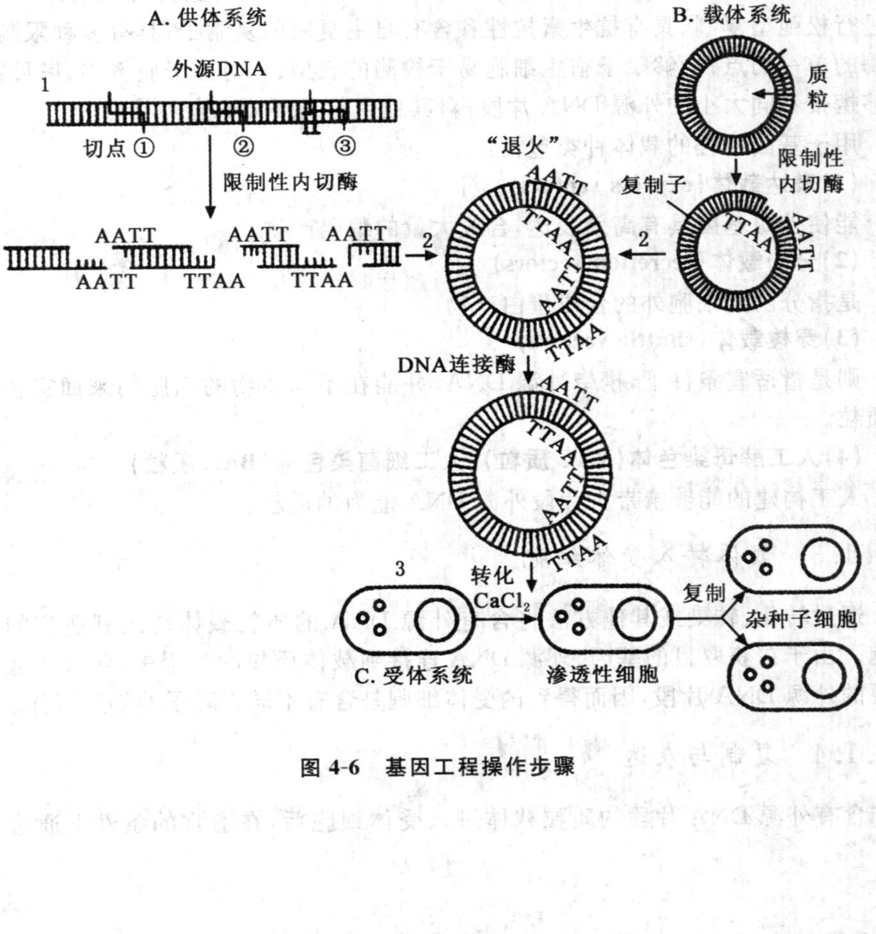

图 4-6 基因工程操作步骤

4.5.1 基因工程技术的步骤

4.5.1.1 目的基因的获取

基因工程中所需的目的基因片段，可以来自任何生物。目的 DNA 的获取方式很多，利用已知序列的功能基因，可设计特异性引物扩增出目的基因；或通过提取供体生物 mRNA 后反转录成 cDNA 片段；也可以通过编码功能蛋白质的氨基酸序列来设计特异性引物扩增出所需 DNA 片段；还可以人工合成一定长度的核苷酸序列。

4.5.1.2 外源 DNA 与克隆载体连接

用 T_4 DNA 连接酶将外源 DNA 连接到相应的质粒载体上。用作基因工程的载体通常是经过改造和加工的质粒，如 pUC18、pBR322，其遗传背景清楚，具有能够进行松弛型复制、具有抗生素抗性和含有自主复制的复制子；具有多种限制性内切酶的单一切点；能够赋予宿主细胞易于检测的表型；相对分子质量小、拷贝数多；能够携带不同大小的外源 DNA 片段；对其他生物及环境安全等特点。

用于基因工程的载体种类包括：

(1)表达载体(express vectors)

能使外源基因具有高效表达，合成大量的编码产物。

(2)分泌载体(secretion vectors)

是指分泌到细胞外的合成蛋白产物。

(3)穿梭载体(shuttle vectors)

则是指适宜条件下，携带外源 DNA，并能在不同生物的细胞间来回穿梭转移的质粒。

(4)人工酵母染色体(YAC 质粒)、人工细菌染色体(BAC 质粒)

人工构建的能够携带大片段外源 DNA 能力的质粒。

4.5.1.3 载体转入受体细胞

通过转化、转染或其他方法将含有外源 DNA 的质粒载体转入到适宜的受体细胞。由于在获取目的基因、外源 DNA 连接到载体质粒的过程中，包含了大量不需要的外源 DNA 片段，因而得到的受体细胞是含有不同克隆子的细胞群体。

4.5.1.4 复制与表达

含有外源 DNA 片段的质粒载体进入受体细胞后，在适宜的条件下通过自我复制，外源基因在克隆子细胞中扩增表达。

4.5.1.5 克隆子的筛选与繁殖

根据质粒载体能够赋予宿主细胞易于检测的表型的特性如抗生素抗性，从大量的转化子中筛选出阳性克隆，通过质粒快速检测技术，或通过基因表达产物筛选出含有目的基因片段、并正确表达的阳性克隆。

4.5.2 基因工程菌的新效能

基因工程技术能够将不同生物间的功能基因片段相互转移，使受体细胞具有新的功能特征，主要有以下几方面：

4.5.2.1 构建新的微生物

原有的微生物转入新的基因后，成为了具有降解某种有毒物质能力的新菌株，只能共降解某种物质的微生物具有了将该污染物作为唯一碳源的能力；将多种功能基因克隆至同一个受体菌，该菌株成为具有降解多种污染物的新的超级菌株。

4.5.2.2 形成新的分解代谢途径

将供体生物的特殊功能基因片段转入受体菌后，受体菌具有了新的底物范围，加速了有毒物质的降解。

4.5.2.3 增加特殊酶的数量和活性

应用基因工程将供体菌的特殊酶基因转入受体菌内，使受体菌分解污染物的酶的数量和种类增加，从而加快污染物的生物降解。

复习思考题

1. 何谓基因？何谓遗传中心法则？
2. 简述基因突变的类型和机制。
3. 简述原核微生物的基因重组方式。
4. 何谓基因工程？简述基因工程的步骤。

5 微生物生态与物质转化

本章提要：微生物在自然界分布极为广泛，主要分布在土壤、水体和空气中，其中不论数量还是类群，土壤均是微生物生活的大本营。微生物和微生物、植物等其他生物形成特定的生态系统，其间的关系多种多样，作用也不尽相同。微生物也是自然界物质碳素、氮素等元素转化循环的主要力量，由于微生物的存在，物质的生物地球化学循环才得以完成。

5.1 生态系统与微生物生态系统

生态系统是指生物群落与其周围非生物环境组成的系统，其主要结构可分为形态和营养两部分，其主要的功能有物质循环、能量流动和信息传递3大功能。根据生物群落种类生态系统可分为动物、植物和微生物3个生态系统。微生物是生态系统的重要成员，在系统中有机物的分解，生态系统及整个生物圈的能量流动、物质循环方面发挥着独特的、不可替代的作用。

微生物生态系统是指微生物与其周围非生物环境组成的具有一定结构和功能的开放系统。不同类型的微生物与不同环境组成的生态系统多种多样，如土壤微生物生态系统、空气微生物生态系统及水体微生物生态系统。在同一生态系统中，微生物之间、微生物与动物和植物之间、微生物与环境因子间均处于相互联系、依存和相互制约的对立统一之中。

5.1.1 自然环境中的微生物

微生物所具有的个体微小、代谢类型多样、适应能力强等特点，使其分布广泛，可以在其他生物不能生存，甚至极端的生境中存在。同一种细菌可见于多种生境，也可以不同形式(共生或游离)存在。微生物的分布反映了生境的特征，是生境各种物理、化学、生物因素对微生物的限制、选择的结果。在某些生境中，高度专一性的微生物存在并仅限于这种生境中，形成特定生境的标志。土壤、水、空气是微生物在自然界主要的生态环境。

5.1.1.1 土壤中的微生物

土壤是微生物栖息的良好生境，它具有微生物所必需的营养和微生物生长繁殖及生命活动所需的各种条件，而且还具有保湿性能好、缓冲性强等优点。土壤中有多种类群的微生物，它们对自然界物质的转化和循环起着极为重要的作用，对农业生产和环境保护有着不可忽视的影响。

(1)土壤的生态条件

①营养：土壤中有大量的动、植物残体，植物根系的分泌物，还有人和动物的排泄物；有丰富的无机元素：磷、硫、钾、铁、镁、钙等，且含量相当高，微量元素有：硼、钼、锌、锰、铜等，能满足微生物生长繁殖的需要。

②pH 值：土壤 pH 值范围在 3.5～8.5 之间，多数在 5.5～8.5 之间，甚至不少土壤的 pH 值接近中性，适合大多数微生物生长需要。因为偏酸适合真菌生长，中性偏碱适合细菌放线菌生长。

③渗透压：土壤的渗透压通常在 0.3～0.6 MPa 之间，对微生物是等渗或低渗环境，较有利于微生物摄取营养。

④氧气和水：土壤具有团粒结构，有无数小孔隙为土壤创造通气条件，通气良好的土壤，氧的含量高些，有利于好氧微生物生长。土壤的团粒结构中的小孔隙具有毛细管作用，其持水性为微生物提供了水分。

⑤温度：土壤温度变动幅度较空气小，一般是 10～25℃，适合多种微生物生长。

⑥保护层：几毫米厚的表土层是保护层，使土壤中的微生物免遭太阳光中紫外线辐射的直接照射致死。

(2)土壤中微生物的分布

土壤微生物主要聚集在表土层或耕作层土壤中，多以微菌落的形式分布在土壤颗粒和有机质表面及植物根际。进入土壤的人和动物的病原微生物多是外来性微生物，其中的大多数因不能适应土壤条件而消失。

土壤中微生物的数量、类群和分布与土壤类型、气候以及人类的生产活动密切相关，直接受土壤结构、层次、温度、有机质含量、水分、通气性，耕作和施肥等因素的影响，并随气候而呈现出季节性的规律变化。

在个体数量上，土壤微生物一般以细菌为最多，放线菌和真菌次之，藻类和原生动物较少，但如以生物量计算，则以真菌最多。

①细菌：细菌是土壤中数量最大、种类最多、功能多样的微生物类群。总菌数一般可达 $10^6 \sim 10^9$ CFU/g 土，生物量约占土壤微生物总量的 1/4。土壤细菌以异养型为主和无芽孢细菌占优势，大多是中温型、需氧或兼性厌氧菌，常见的细菌属及其在土壤中的相对数量见表 5-1，它们随土壤类型而有较大范围的变化。

表 5-1　土壤中常见的好氧、兼性厌氧细菌属的相对比例　%

细菌	比例
节杆菌属	5～60
芽孢杆菌属	7～67
假单胞杆菌属	3～15
土壤杆菌属	1～20
产碱菌属	2～12
黄杆菌属	2～10
微球菌属	<5
棒状杆菌属	<5
葡萄球菌属	<5
黄单胞菌属	<5
分枝杆菌属	<5

②放线菌：在个体数量上放线菌可达 $10^4 \sim 10^6$ CFU/g 土，仅次于细菌。由于放线菌的分枝丝状体较细菌大得多，因而其总生物量仍可以与细菌相当。放线菌数量和类群也随土壤类型而异，在有机质丰富的中性到微碱性土壤中较多，在贫瘠、酸性或淹水的土壤中较少。

放线菌是异养菌，它在土壤中活跃地分解有机质，能被放线菌利用的碳源包括简单和复杂的分子，从有机酸、糖类到多糖、脂类、蛋白质以及脂肪族碳氢化合物。土壤中常见的种类以链霉菌属和诺卡氏菌属较多，其次是小单孢菌属和放线菌属等。放线菌的生长使土壤带有特殊的土腥气味。

③真菌：丝状真菌都是好氧异养菌，它们主要分布在土壤表面的枯枝落叶层和表土层中，在肥沃和通气良好的土壤中数量较多，在酸性土壤中亦有一定的数量和生物量。真菌在土壤中数量可达 $10^3 \sim 10^5$ CFU/g 土。

真菌中的许多类群能分解纤维素、木质素等难分解的有机物质，因而在土壤形成和肥力提高过程中有重要作用。许多真菌在遇到不良环境条件下或缺少适宜的寄主植物时，能形成各种孢子或菌核等结构在土壤中休眠。

土壤真菌以半知菌和担子菌为主，其次是藻状菌和子囊菌。常见的主要种类有曲霉属、青霉属、地霉属、木霉属、根霉属、毛霉属、交链孢霉属、腐霉属，头孢霉属,枝孢霉属、镰刀菌属等。

酵母状真菌存在于大多数土壤中,数量较少,每克土壤中只有几个至几千个。是兼性厌氧类型。土壤是酵母属、油脂酵母属、酵母属、克鲁维酵母属、裂芽酵母属等的天然生态环境。常见类群主要是假丝酵母属、红酵母属和隐球酵母属。

④蓝细菌:蓝细菌主要分布在表土层中,酸性土壤中较少,中性到偏碱性土壤中较多。蓝细菌中的固氮类群在土壤形成初期有积累有机质和氮素的重要作用。土壤中常见的类群有鱼腥藻属、眉藻属、色球藻属、筒孢藻属、鞘丝藻属、念珠藻属等。

⑤藻类:藻类主要分布在表土层和表层积水中,数量有时可高达 10^6 CFU/g 土,但不及土壤微生物总数的 1%。温暖潮湿季节,大量繁殖而在表土层形成绿色、红色等斑点。藻类能通过光合作用增加土壤有机质并产生氧气以改善土壤的氧气条件;藻类的残体也是其他异养型土壤微生物的重要养料来源。土壤酸碱度在很大程度上能决定藻类的组成,在酸性土壤中绿藻占优势;中性到偏碱性土壤则适于硅藻生长。红藻,裸藻和金藻的数量次之。常见的主要种类有衣藻属、小球藻属、绿藻属、丝藻属,双星藻属,异球藻属等。

⑥原生动物:土壤中的原生动物总数常可达到 $10^2 \sim 10^5$ CFU/g 土,多集中在有机质和微生物丰富的表层土壤中,主要受水分、温度和通气性的影响。土壤中的原生动物在大小和类群的多样性方面不如水生环境,以鞭毛虫占优势,其次是肉足虫和纤毛虫。

原生动物以有机质碎片或溶液、藻类、细菌、真菌及其他微生物为食,对土壤中的微生物(尤其是细菌)的种类和数量起着重要的平衡和调控作用。常见的类群有波多虫属、波多滴虫属、变形虫属、钟虫属、三足虫属等。

5.1.1.2 水体中的微生物

在天然水体中含有可溶性无机盐、有机物以及具备微生物生长繁殖的其他条件,因此成为微生物栖息的又一天然场所。水中微生物主要来自土壤、空气、动物排泄物、动植物尸体、工厂和生活污水等。另外,水体中也有其固有的微生物。微生物在水中的分布是不均匀的,它们在水体中的种类和数量随其来源、水体的类型、水体中有机物的含量、微生物的拮抗作用等种种因素而异。水体环境区分为淡水和海水,其微生物类群也有差异。

(1)淡水中的微生物

淡水生境分为静水和流水两类,前者包括湖泊,沼泽,池塘和水库等,后者如河流、小溪、泉水和大气水等,两者的微生物群落分布不同。影响淡水微生物群落分布、种类和数量的因素有:水体类型、受废(污)水污染程度、有机物含量、水温、pH值及水深等。尽管水体类型不同,但水平分布的共同特点是:沿岸水域有机物较多,微生物种类和数量也多。在较深水体(如湖泊)中具有垂直层次分布的特点,浅水区(水面到水面下10 m)分布着大量光合藻类和好氧微生物,如假单胞菌、噬纤维菌、柄细菌、生丝微菌等。10～30 m为中层水体,主要分布有紫细菌和绿细菌及其他厌氧性细菌,30 m以下湖底泥为底层水体(厌氧沉积物),光线少,溶解氧低,分布着大量厌氧微生物,如脱硫弧菌,甲烷菌、芽孢杆菌、梭菌等。

(2)海水中的微生物

海水盐分高、渗透压大、温度低、海面阳光照射强烈,深海处光线极暗,静水压力大。微生物群落分布和数量受海洋环境变化、人类活动等因素的影响。海洋中的微生物有固有栖息者,也有许多是随河水、雨水及污水排入的。

海洋分沿(近)海带和外(远)海带。在沿海带,由于受人类生活和生产的影响,海水中含有大量有机物,海面阳光充足,温度适宜,海水含菌量多。而外海由于人类活动少,营养少,海水的含菌量也少。在垂直分布上,海面有阳光照射,藻类生长,溶解氧量高,有好氧的异养菌,再往下为兼性厌氧微生物。海底有兼性厌氧菌、厌氧异养菌及硫酸还原菌等。常见海洋微生物有假单胞菌属、弧菌属、黄色杆菌属、无色杆菌属及芽孢杆菌属等。

水体中的病原微生物可引起各种疾病,如呼吸道、肠道疾病、皮肤病,这些致病微生物主要有细菌、病毒和原生动物。

5.1.1.3 空气中的微生物

空气虽然不是微生物生长繁殖的良好场所,其理化因子均不适合微生物生长。但土壤、水体、各种腐烂的有机物以及人和动物、植物体上的微生物,都可随着气流的运动被携带到空气中去。

空气中的微生物分布很不均匀,室外空气中微生物数量与环境卫生状况与环境绿化程度等有关。若环境卫生条件好,环境绿化程度高,尘埃颗粒少,则微生物数量少;反之,微生物就多。室内(包括住宅、公共场所、医院、办公室、集体宿舍及教室等)空气微生物数量与人员密度和活动情况、空气流通程度关系很大,也与室内卫生状况有关。城市空气微生物数量比农村多,畜舍、公共场所、医院、宿舍、街道空气中微生物多,海洋、森林、终年积雪的山脉、高纬度地带的空气微生物少,雨、雪过后空气干净,微生物极少。不同场所上空的微生物数量见表5-2。

表 5-2 不同场所上空微生物的数量 个/m^3

场所	畜舍	宿舍	城市街道	市区公园	海洋上空	北纬 80°
微生物数量	(1～2)×10^6	2×10^4	5×10^3	200	1～2	0

引自周群英，高廷耀．环境工程微生物学．高等教育出版社，2001。

空气微生物没有固定的类群，在空气中存活时间较长的主要有芽孢杆菌、霉菌和放线菌的孢子、野生酵母菌、原生动物及微型后生动物的胞囊。从高空分离到的细菌有产碱杆菌属、芽孢杆菌属、八叠球菌属、冠氏杆菌属、小球菌属。霉菌有曲霉属、格孢菌属、枝孢属、单孢枝霉属及青霉属。室内空气中存在多种致病微生物。此外，还有白色葡萄球菌、金黄色葡萄球菌、绿脓杆菌（即铜绿色假单胞菌）、沙门氏菌、大肠杆菌、白喉杆菌、肺炎球菌及结核杆菌、病毒粒子、阿米巴（变形虫）胞囊、立克次氏体等。

空气中的微生物与动植物病害的传播、发酵工业的污染以及工农业产品的霉腐变质有很大关系。

5.1.2 微生物间的关系

微生物区系是在特定的生态环境条件下的微生物种类和数量组成及其生命活动的综合体现。在自然界中，微生物的区系除受理化环境的影响外同样也受生物环境的影响。在每一个特定的微生物区系中，都包含着不同的微生物，因而同一生态环境中的各种微生物之间存在着十分复杂的相互关系。微生物间的关系可分为 6 种类型。

5.1.2.1 互生关系（syntrophism）

指两种可以单独生活的生物共存于同一环境中，相互提供营养及其他生活条件，双方互为有利，相互受益，当两者分开时各自可单独生存。在废水生物处理过程中，石油炼油厂的废水中含有酚、硫化氢、氨等。当硫化氢浓度达到一定时对微生物有害，但是由于生物处理系统中存在有硫磺细菌，可以将 H_2S 氧化成硫或硫酸后者不仅无毒、而且是微生物的营养元素。

5.1.2.2 共生关系（symbiosis）

指两种不能单独生活的微生物共同生活于同一环境中，各自执行优势的生理功能，在营养上互为有利，在形态上形成了特殊的共生体，这两者之间的关系称共生关系。藻类或蓝细菌与真菌共生所形成的地衣也是互惠共生关系的典型代表。藻类和蓝细菌通过光合作用向真菌提供有机养料,固氮蓝细菌还可以同时供给有机氮素营养,真菌则利用菌丝的吸收作用为藻类和蓝细菌提供水、矿质养料,某些生长素和在基质上牢固附着的条件,这一互惠共生关系使地衣具有极强的适应性和生命力。

5.1.2.3 竞争关系(competition)

这种关系是两个微生物种群间因利用相同的养料、生长基质或环境条件时发生的相互竞争。竞争的结果势必会降低双方的增长率和种群密度并最终导致优势种群的胜利和劣势种群的淘汰。种内微生物和种间微生物之间都存在竞争。如在废水好氧生物处理中,当溶解氧或营养成为限制因子时,菌胶团细菌和丝状细菌表现出明显的竞争关系。

5.1.2.4 拮抗作用(antagonism)

亦称偏害作用(amensalism),这是一种微生物通过产生某种特殊的代谢产物或改变环境条件来抑制或杀死另一微生物种群的现象。拮抗作用分为特异性和非特异性两类。

非特异性拮抗作用指一种微生物通过自身的代谢活动改变环境条件,非特异性地抑制另一微生物的作用。如在腌制泡菜、酸菜或青贮饲料的过程中一方面利用厌氧条件来抑制好氧微生物生长;同时乳酸细菌产生乳酸,可以抑制腐败性微生物的生长并赋予食品特有的风味。

特异性拮抗作用是一种微生物在代谢活动中产生一些特殊的次生代谢产物,可以在低浓度下特异性地抑制或杀死另一微生物的作用。例如,青霉菌产生青霉素对革兰氏阳性菌有致死作用,多黏芽孢杆菌产生多黏菌素杀死革兰氏阴性菌。

5.1.2.5 寄生关系(parasitism)

寄生是一种微生物生活在另一种微生物表面或体内并对后者产生危害的相互关系。在这一关系中前者称为寄生物(parasite),后者称为寄主(host)。依寄生物在寄主上的位置可以区分为外寄生和内寄生两种类型。从宏观方面看,寄生关系有利于控制生态环境中不同微生物类群的相对数量和促进自然界有限的营养元素的再循环,寄生物可以认为是对寄主数量的一种负反馈控制机制。

微生物间的寄生关系有时会给工农业生产带来巨大的损失。例如,苏芸金芽孢杆菌生产中,常遇到噬菌体的危害而造成损失。但另一方面人们又能利用它们的寄生关系来杀死有害微生物,防治动植物病害。例如,应用绿脓杆菌噬菌体清除绿脓杆菌以治疗创面感染。

5.1.2.6 捕食关系(predation)

这是一种微生物直接吞食另一种微生物的关系。捕食者从被食者获得营养，在极端情况下，捕食者的吞食可能导致被食者种群的消失，进而也反过来威胁到捕食者本身的生存。但在一般情况下总有部分生活力强的被食者能逃避捕食并能在捕食者因食物减少而消减时重新繁殖起来，从而导致捕食者与被食者种群数量交替、消涨的周期性波动。绝大多数的原生动物、黏菌的变形虫阶段和某些黏细菌以捕食为营养方式。

5.2 微生物与自然界的物质转化

5.2.1 碳素循环

碳是自然界最基本和重要的元素，在土壤-生物(动、植物和微生物)生态系统中以多种形式存在，并以较快的速度转化、循环，然后进入缓慢的地球化学循环。地球表面的绿色植物和光合微生物进行光合作用，像一个巨大的碳泵，把浓度很低的 CO_2 集中起来(生物体内碳的平均重量达 24.9%)。氮素循环见图 5-1。

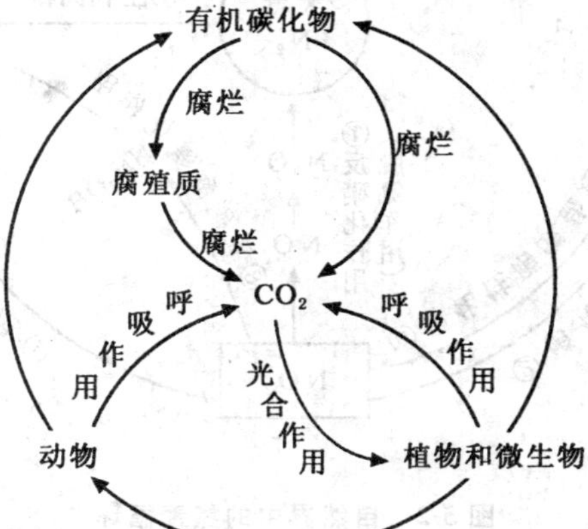

图 5-1 碳元素在自然界的循环

碳水化合物的合成主要依靠绿色植物来完成，光合微生物在其中的作用十分有限。但在有机物等的分解过程中，特别是动物残体及其分泌排泄物在进入土壤或水体环境中后，主要是经过异养型微生物的转化分解，最终形成 CO_2 和水。微生物在碳素分解过程中发挥着其他生物无法比拟的作用。

5.2.2 氮素循环

大气中的氮气经微生物与化学固定进入土壤，被植物利用转变为有机氮化物，继而进入各级食物链。动植物排泄物及分泌物、有机残体回归土壤，被微生物分解氨化，继而经硝化作用形成硝酸。铵与硝酸是植物易吸收利用的氮素养料，但是在厌气条件下，反硝化细菌却可将硝酸还原为氮气，弥散于大气中，从而完成了自然界氮素的生物循环。微生物参与自然界氮素循环的过程有氨化、硝化、反硝化和生物固氮等 4 个方面(图 5-2)。

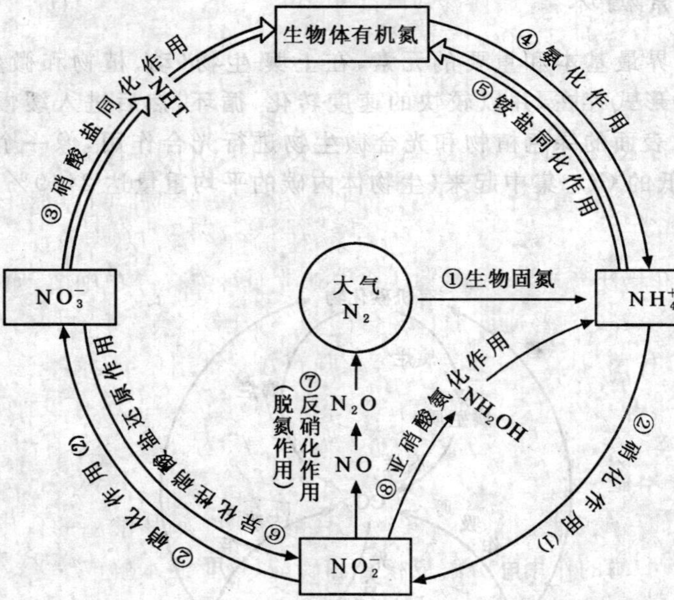

图 5-2 自然界中的氮素循环

双线表示植物与微生物共同参与的反应，单线表示仅微生物参与的反应

5.2.2.1 氨化作用(ammonification)

土壤中95%以上的氮素呈有机形态。主要的含氮有机物为腐殖质、动植物残体、微生物细胞物质及其代谢产物。有机氮化物在微生物的分解作用中释放出来氨的过程称为氨化作用,过程程如下:

(1)蛋白质的氨化

蛋白质的基本构成单位是氨基酸。当其被微生物分解时,先由蛋白酶水解为肽,再在肽酶作用下,水解为氨基酸,氨基酸被微生物继续分解产生氨和其他化合物。因环境条件与微生物种类不同,氨基酸分解产生氨的方式有以下几种:

①水解脱氨产生氨和羟基酸或醇

$$RCHNH_2COOH + H_2O \longrightarrow RCH(OH) + NH_3$$

$$RCHNH_2COOH + H_2O \longrightarrow RCHOHCOOH + NH_3$$

②氧化脱氨基产生氨、脂肪酸或酮酸

$$RCHNH_2COOH + 1/2O_2 \longrightarrow RCOCOOH + NH_3$$

③还原脱氨基产生氨、脂肪酸等

$$RCHNH_2COOH + 2H \longrightarrow RCH_2COOH + NH_3$$

厌氧条件下,含硫氨基酸、胱氨酸和半胱氨酸等,还原脱氨基时形成 H_2S,当其在土壤中积累至一定量时,毒害作物根系,使其颜色变黑,腐烂。

土壤里氨化微生物种类多,数量大。其中常见的有无芽孢细菌,如荧光假单胞杆菌(*Ps. fluoresiens*)、普通变形杆菌(*Pretus vulgars*)等;芽孢杆菌如枯草芽孢杆菌、蕈状芽孢杆菌(*Bac. mycoides*)等。既有好气性细菌,又有厌气性细菌和腐败梭菌(*Clost. putrificus*)、生孢梭菌(*Clost. sporogenes*),还有多种放线菌和霉菌(毛霉、曲霉等)。

(2)核酸的分解

细胞含有的核酸是核苷酸的缩聚物。核酸在微生物核酸酶的作用下,水解成核苷酸,在核苷酸酶的作用下分解成核苷和磷酸,核苷经水解成嘌呤、嘧啶或核糖或脱氧核糖。嘌呤或嘧啶继续分解经脱氨基产生次黄嘌呤、尿酸,而后分解为尿素和亚酒石酸,尿素再分解成氨和 CO_2。

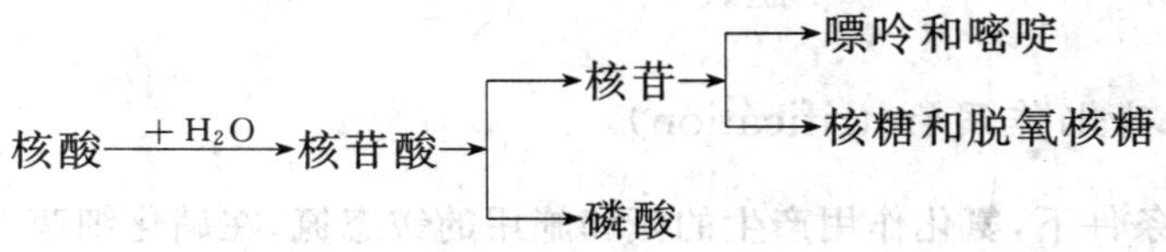

自然界中有许多微生物都具有分解核酸的能力，如细菌中的芽孢杆菌属、核菌属、分枝杆菌属、假单胞菌属、节杆菌属等，真菌中的曲霉、青霉以及放线菌中的链霉菌属都具有分解核酸的能力。

(3)其他含氮有机物的氨化

①尿素分子的分解：人、畜尿液中，尿素占含氮有机化合物的80%～90%；氮素化肥中，尿素占有相当大的比例。尿液和施用到土壤中的尿素化肥，在尿酶作用下，先水解为碳酸铵，它很不稳定，易分解为二氧化碳与氨。

$$CO(NH_2)_2 \xrightarrow[\text{水解}]{\text{尿酶}} NH_2COONH_4CO_2 + 2NH_3 \xrightarrow{\text{水解}} H_2CO_3 + 2NH_3$$

土壤里许多种微生物均能产生尿酶。产生尿酶活性强的细菌称为尿细菌，如尿八叠球菌(*Planosarcina ureae*)、汉森尿八叠球菌(*Sarcina hansenii*)、巴氏芽孢杆菌(*Bac. pasteurii*)等。这些细菌属有机营养型菌，水解尿素主要是取得氮素养料，而不是利用产生的CO_2。此外，分解尿素的还有小球菌、假单胞菌、梭状芽孢杆菌等属中的一些种类，还有不少的真菌与放线菌。

②几丁质的分解以及卵磷脂的分解：许多真菌的细胞壁中含有这种成分，昆虫的甲壳则全是几丁质，某些微生物如内克氏军菌中的一些种，产生呢感几丁质酶使几丁质水解，生成氨基葡萄糖和乙酸，氨基葡萄糖再经过脱氨基酶作用生成葡萄糖和氨。

$$\underset{\text{几丁质}}{C_{15}H_{26}N_2O_{10}} + 2H_2O \xrightarrow{\text{几丁质酶}} \underset{\text{氨基葡萄糖}}{C_6H_{11}O_5NH_2} + 3CH_3COOH$$

$$C_6H_{11}O_5NH_2 + H_2O \xrightarrow{\text{脱氨基酶}} C_6H_{12}O_6 + NH_3$$

卵磷脂是含胆碱的磷酸脂，存在于细胞原生质中，许多芽孢杆菌、假单胞菌和某些的霉菌等可产生卵磷脂酶类，使卵磷脂水解为甘油、脂肪酸、磷酸和胆碱，再进一步分解成氨、CO_2、醇及有机酸等。

$$\text{卵磷脂} \xrightarrow{\text{卵磷脂酶}} \text{甘油、脂肪酸、磷酸、胆碱}$$

$$\underset{\text{胆碱}}{(CH_3)_3NOHC_2CH_2CH} \longrightarrow NH_3 + CO_2 + \text{有机酸}$$

5.2.2.2 硝化作用(nitrification)

在好氧条件下，氨化作用产生的氨和施用的铵态氮，在硝化细菌的作用下氧化为硝酸，此过程称为硝化作用。硝化过程包括两个阶段：亚硝化作用和硝化作用。

第一阶段是氨氧化为亚硝酸，叫做亚硝酸化作用，作用的细菌是亚硝酸细菌。

$$2NH_3 + 3O_2 \xrightarrow{\text{亚硝酸细菌}} 2HNO_2 + 2H_2O + \text{能量}$$

亚硝酸细菌主要有 4 属，即亚硝酸单胞菌属（*Nitrosomonas*）、亚硝酸球菌属（*Nitrosococcus*）、亚硝酸螺菌属（*Nitrosospira*），尚有分类地位未定的一些属种。

第二阶段是亚硝酸氧化为硝酸，作用的细菌是硝酸细菌。

$$2HNO_2 + O_2 \xrightarrow{\text{硝酸细菌}} 2HNO_3 + \text{能量}$$

硝酸细菌主要有 3 个属，即硝酸杆菌属（*Nitrobacter*）、硝酸刺菌属（*Nitrospina*）和硝酸球菌属（*Nitrococcus*）。硝酸杆菌属分布广，仅有维氏硝酸杆菌（*Nitrobacter winogradskg*）一种，细胞杆状，大小为(0.6～0.8)μm×(1.0～1.2)μm，运动时具偏端生鞭毛；在液体中生长时，细胞单个存在或成堆，外围有黏质，适宜于中性或微碱性环境。

亚硝酸细菌和硝酸细菌合称为硝化细菌，都是无芽孢细菌，严格好气性，含细胞色素体系，以氧化氨或亚硝酸获取能量，属化能自养菌，G^-。亚硝酸菌与硝酸菌多相互伴生，后者的活性又强于前者，所以，当氨氧化为亚硝酸后，便不停地被氧化为硝酸，因而，在一般情况下，土壤里无亚硝酸积存。

NH_4^+ 被氧化为 NO_3^- 后，带电荷，不易被土壤黏土颗粒吸附，而硝酸易溶于水和随水移动，所以易淋失。我国旱作土壤淋失的硝态氮素，约占施肥总量的20%～25%；水田里施用硝态氮肥，损失量更大。同时，硝酸盐随水进入水井和江河湖泊，污染水域，损害人体健康，也可导致水体“营养富集”，藻类繁殖过盛，溶氧量减少，造成鱼类死亡。

5.2.2.3　反硝化作用（denitrification）

硝酸盐在氧气不足的情况下经微生物还原为 N_2O 或 N_2 的过程称为反硝化作用。因还原产物 N_2O 或 N_2 向空中弥散，引起土壤氮素损失，又称之为脱氮作用。

$$\begin{array}{c} C_6H_{12}O_6 + 6H_2O = 6CO_2 + 24H^+ \\ 24H^+ + 4NO_3^- = 12H_2O + 2N_2 \\ \hline C_6H_{12}O_6 + 4NO_3^- = 6H_2O + 6CO_2 + 2N_2 + \text{能量} \end{array}$$

反硝化途径：$NO_3^- \longrightarrow 4NO_2^- \longrightarrow NO^- \longrightarrow N_2O \longrightarrow N_2$

能直接引起硝酸还原为 N_2 的细菌，称为反硝化细菌，其种类较多，重要的有反硝化微球菌(*Micrococcus denitrificans*)、反硝化假单胞杆菌(*Pseudomonas denitrificans*),荧光假单孢杆菌、反硝化色杆菌(*Chromobacterium denitrificans*)等;真菌与放线菌无此作用。

反硝化细菌为有机营养型的兼性厌氧菌。在通气情况下,行正常的有氧呼吸;在厌气情况下,以硝酸中的氧为受氢体,将硝酸还原为 N_2 等。

反硝化细菌也有自养型的,如脱氮硫杆菌利用硝酸盐中的氧将硫氧化成硫酸盐,从这个氧化过程中取得化学能来同化 CO_2。

$$6KNO_3 + 5S + 2CaCO_3 \longrightarrow 3K_2SO_4 + 2CaSO_4 + 2CO_2 + 3N_2 + \text{能量}$$

反硝化常常发生在中性和微碱性土壤环境,有足够的有机物质,厌气条件,土壤含水量高及适宜温度为25℃左右。反硝化作用引起土壤氮素损失,是氮素化肥利用率不高的一个重要原因。反硝化作用形成的温室气体也是人们关注的问题之一。

5.2.2.4 固氮作用(biological nitrogen fixation)

将空气中氮气转变为氮素化合物的过程,称为固氮,包括生物固氮与化学固氮两种方法。化学固氮是在高温、高压条件下把氮气转变为氨;生物固氮是利用有固氮功能的微生物,在常温、常压下把氮气转变为 NH_4^+ 的过程。

$$N_2 + 8e + 8H + 16ATP \longrightarrow 2NH_3 + H_2 + 16ADP + 16Pi$$

自1888年第一次分离出固氮微生物——根瘤细菌以来,相继发现的固氮微生物种类愈来愈多,特别乙炔还原法检测固氮酶活性方法的应用,发现的固氮微生物种类日益增多。现已知有固氮作用的微生物近50个属,但均属原核微生物。生物固氮主要有3种固氮形式:自生固氮、共生固氮和联合固氮。

(1)自生固氮

此类固氮微生物种类很多,主要有:

①固氮菌属(*Azotobacter*)中褐球固氮菌是此类中重要的一属自生固氮细菌,在土壤里分布很广。此外还有拜叶林克氏菌属(*Beijerinckia*)和梭菌属(*Clostridium*)。

②光合固氮微生物行光合作用,以光合产物为能源进行固氮。主要类别有:红硫菌属(*Chromatium*)、绿硫细菌(*Chlorobium*)、红螺菌属(*Rhodospirilum*)等主要属类。它们都是厌气性的,主要分布于湖泊和水库较深的部位。

③固氮蓝细菌(或固氮蓝藻)有鱼腥藻、念珠藻、眉藻(*Calothrix*)等属类,主要分布在水田里或湿润土壤上。

(2)共生固氮

共生固氮体系是自然界固氮效率最高的,主要分为3类。

①豆科植物与根瘤菌的共生固氮:根瘤中共生能固氮的根瘤细菌,固氮效能高,能供给植物氮素养料和提高土壤氮素含量。

②红萍-鱼腥藻共生固氮:红萍是蕨类植物,布满水面。鱼腥藻进入蕨类幼叶腹腔,叶长成后,腹腔孔封闭。鱼腥藻在腹腔内生活、繁殖,异形胞增多,固氮功能变强。

③弗兰克菌(Frankia)——非豆科植物共生固氮:现知有如木麻黄、杨梅、赤杨、胡秃子、桤木、马桑、沙棘、银水牛果等7个科15个属160多种非豆科植物根上有根瘤,瘤中共生着能固氮的放线菌——弗兰克氏菌。

(3)联合固氮

联合固氮又叫共栖固氮,是自生固氮与共生固氮体系间的过度类型。在此体系内,固氮细菌与共栖生物(主要为植物)均能独自生活,相互影响,但不形成特异的共生组织。诸如各种农作物玉米、高粱、水稻,以及热带、亚热带牧草腐仰马唐(*Digitaria clecumbens*)等植物根上,都有联合固氮微生物。主要的种类有雀稗固氮菌(*Az. paspali*)、固氮螺菌(*Azospirillum*)、拜氏固氮菌和阴沟肠杆菌(*Enterobacter cloacae*)等许多种类。

5.2.3 其他矿质元素循环

磷、硫、铁等营养元素的化合物在土壤微生物的作用下,或变为植物可利用的有效养料,或变为无效养料,或变为有害物质。所以,它们的转化对土壤有效肥力和植物营养也很重要。

5.2.3.1 磷的转化

磷主要有无机和有机磷状态存在,在自然界中,绝大部分磷呈不溶性的化合物存在。这些无效形态的磷化物在微生物作用下能转变为有效的形态。

(1)有机磷化物的分解(解磷作用)

有机磷化物主要有核酸、植酸、卵磷脂以及各种磷酸脂等。有机磷化物中的磷酸以酯键同有机化合物相连,释放磷需要磷酸酯酶参与作用。土壤微生物和根际均有磷酸酯酶,分解有机磷化物产生磷酸。

土壤中约有半数的微生物都能分解有机磷化物,其中有多种芽孢细菌如巨大芽孢杆菌、枯草芽孢杆菌、多粘芽孢杆菌、短芽孢杆菌(*Bac. brevis*)、蜡状芽孢杆菌和蕈状芽孢杆菌,无芽孢细菌假单胞菌属,重要的种类有解磷巨大芽孢杆菌(*Bac.*

megatherium var. *phosphaticum*)。

(2)无机磷化物的转化(溶磷作用)

使不溶性无机磷变为有效磷能力强的微生物叫溶磷微生物，其溶磷能力大小决定于产酸量和产酸种类。

$$Ca_3(PO_4)_2 + 4H_2CO_3 + H_2O \longrightarrow Ca(H_2PO_4)_2 \cdot H_2O + 2Ca_3(HCO_3)_2$$

$$Ca_3(PO_4)_2 + 2CH_3CHOHCOOH \longrightarrow CaHPO_4 + Ca(CH_3CHOHCOO)_2$$

$$Ca_3(PO_4)_2 + 2H_2SO_3 \longrightarrow Ca(H_2PO_4)_2 + 2CaSO_3$$

(3)有效磷的微生物固定

微生物解磷、溶磷产生的有效磷和使用的磷肥，在一定条件下，它能被微生物吸收同化为细胞物质，这就是有效磷的微生物固定。被固定的磷素在微生物死亡和被分解之后，又以有效形态释放出来。磷的生物循环如图 5-3 所示。

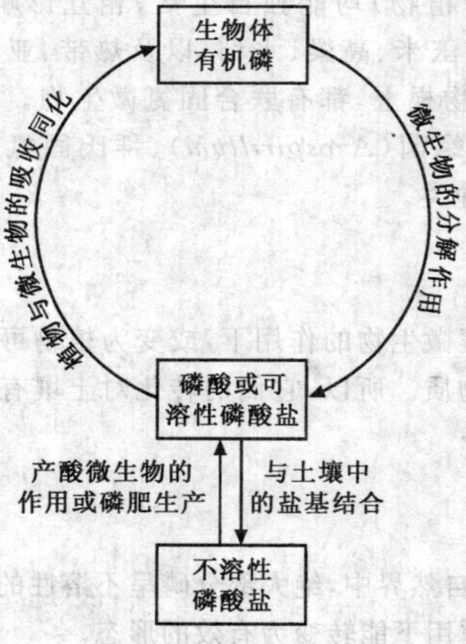

图 5-3 磷的生物循环

5.2.3.2 硫的转化

硫也是生物的一种必需营养元素。植物的需硫量一般较磷少些，豆科作物的需硫量约与磷同，并高于禾本科作物。土壤里的硫化物包括有机硫化物，约占土壤总硫量的半数以上，其余是无机硫化物，主要是硫酸盐类和其他不完全氧化态的硫化物。

(1)硫的生物同化

在硫的几种价态中 S^{2-} 对细胞具有较大的毒性，绝大部分微生物不能直接吸收 S^{2-}。微生物不能吸收 SO，而 SO_4^{2-} 可以被微生物利用，进入细胞内的 SO_4^{2-}，通过同化型硫酸盐还原作用还原为有机态硫；

$$SO_4^{2-} + ATP \longrightarrow APS(\text{腺嘌呤-5}'\text{-磷酸硫酸}) + PPi$$

$$ATP + APS \longrightarrow PAPS\ (3'\text{-磷酸腺嘌呤-5}'\text{-磷酸硫酸}) + ADP$$

PAPS 中的 S 为活性形式，可以用来合成各种含硫有机物。

(2)有机硫化物的分解

有机硫化物主要以腐殖质和蛋白质形式存在于土壤中。有机硫化物中的硫多以 —SH 基结合在有机化合物上，主要的物质是蛋白质中的胱氨酸、半胱氨酸和蛋氨酸，硫胺素和生物素里也含有 —SH 基，还有以硫酸酯形式存在的有机硫化物如硫辛酸和牛磺酸等。

土壤中有多种细菌、放线菌和真菌等均能水解蛋白质产生含硫氨基酸。若在厌气条件下，含硫氨基酸再分解形成 H_2S 和硫醇，并伴随氨的形成。

$$\text{蛋白质} \rightarrow \text{含硫氨基酸} \rightarrow \begin{cases} \xrightarrow{\text{脱氨基作用}} NH_3 \\ \xrightarrow{\text{脱硫氢基作用}} H_2S \end{cases}$$

(3)无机硫化物的氧化

在通气条件下，硫化氢、硫和不完全氧化的硫化物，经化学作用可逐步氧化为硫酸，但氧化速度比较缓慢；若遇有适宜微生物种类时，此氧化过程则能快速进行。引起硫化作用的细菌统称为硫细菌。它们的种类很多，现介绍下述 2 类。

①无色硫细菌：该类细菌包括严格的化能自养菌及化能异养菌，主要有：

贝氏硫磺菌（*Beggiatoa*）和辫硫细菌（*Thioploca*）：两者均属贝氏硫细菌科。贝氏硫细菌细胞含硫粒较多，丝状体单个分散，不附着于物体上，能匍匐运动和漂浮在水上，菌体大小随菌种不同而异，有的丝状体直径达 16～45 μm，有的只 1 μm，长度达 1 cm。辫硫细菌的丝状体多聚集一起组成丝束，外被很厚的黏性鞘膜。

硫化细菌类：此类细菌细胞外无鞘，不形成丝状体，不含光合色素，能氧化硫及硫化物获得能量，同化 CO_2 为有机物，属化能自养型菌，有些是兼性自养型的；多数是好气性菌。此类菌包括的属类较多，其中最重要的是硫杆菌属（*Thiobacillus*）。

$$H_2S+O_2 \longrightarrow H_2O+2S+\text{能量}$$
$$Na_2S_2O_3 + H_2O + 4O_2 \longrightarrow 5Na_2SO_4 + 4S + H_2SO_4 + \text{能量}$$
$$2S+3O_2+2H_2O \longrightarrow H_2SO_4 + \text{能量}$$

化能

$$CO_2 + H_2O \longrightarrow (CH_2O) + O_2$$

硫杆菌属细菌为杆状，端生单鞭毛，革兰氏阴性，细胞能氧化 H_2S、S、SO_2 为硫酸，取得能量同化 CO_2，分化能自养型和兼性异养型；除个别种类外，本属细菌都是严格好气性菌，生长适温为 20～30℃，多数菌都适宜于在酸性环境里发育，有的能在强酸性条件下生活。在土壤里分布广泛，矿泉及污水中尤为常见。重要的细菌种类有氧化硫硫杆菌（*Thiobacillus thiooxidans*），氧化亚铁硫杆菌（*Thiobacillus ferrooxidans*）、排硫硫杆菌（*Thiobacillus thioparus*）和反硝化硫杆菌（*Thiobacillus denitrificans*）等。

②有色硫细菌：该类细菌主要代表是光能营养的硫细菌，该类细菌细胞含非叶绿素光合色素，能进行光合作用，以 H_2S 中的氢还原 CO_2 为有机物，故不放氧，光合作用在厌气条件下进行。此类细菌包括的属类很多，重要的有两个属。

紫硫菌属（*Chromatium*）属紫硫菌科。细胞卵形到杆状，端生单鞭毛，含菌绿素 a 及菌绿素 b 和多种胡萝卜素，细胞呈红色。有硫化氢存在时，能同化 CO_2，属光能自养型菌。细胞内含硫粒，氧化终产物为硫酸，严格厌气。

绿硫细菌属（*Chlorobium*）属绿硫菌科。细胞卵圆到杆状，无鞭毛，不运动，菌绿素 c 及菌绿素 d 为主要成分，菌绿素 a 含量少，含胡萝卜素，细胞呈绿色。有硫化氢存在时同化 CO_2，属光能自养菌。氧化硫化氢产生硫粒不存在于细胞内，常积存于细胞外，严格厌气性。

土壤里硫化细菌进行硫化作用产生的硫酸，释放到环境中成为硫酸盐，其 SO_4^{2-} 是植物可吸收利用的硫素养分；硫酸还作用于矿物和难溶性的无机化合物，增加可溶性磷、钾、钙、铝、镁等养料物质。因有硫酸产生，通过施用硫磺及氧化硫硫杆菌，可提高土壤酸度，改良碱性土壤，抑制一些对酸敏感的病原菌的生长发育，减轻植物病害。把磷矿粉与硫磺混合堆置，经硫杆菌的硫化作用，酸溶磷矿粉，提高有效磷含量，制作磷肥。

(4)反硫化作用

在厌气条件下，硫酸盐还原为 H_2S 的过程叫反硫化作用。同反硝化作用相类似，引起反硫化作用的微生物是一些兼厌气性或厌气性的化能异养型细菌。它们分解有机物质，以活化硫酸中的氧为活化硫酸受氢体，逐步使硫酸还原，直至形成硫化氢。重要的细菌有脱硫弧菌属(*Desulfovibrio*)和脱硫弯杆菌属(*Desulfofomaculum*)。后者是产芽孢的厌气性化能异养菌，前者是不产芽孢的弧菌，革兰氏阴性，端生鞭毛。

$$C_6H_{12}O_6+3H_2SO_4\longrightarrow 6H_2O+6CO_2+3H_2S+\text{能量}$$

综上所述，植物可吸收利用硫酸盐同化为含硫有机物质；在多种土壤微生物作用下，含硫有机物质分解形成硫化氢；多种硫细菌与硫化细菌又将硫化氢和不完全氧化的硫化物的氧化为硫酸；硫酸盐经反硫化作用又形成硫化氢。这样构成了自然界硫素的生物循环(图 5-4)。

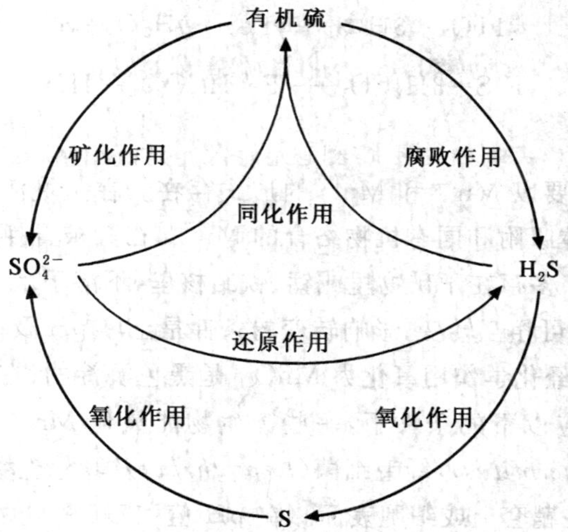

图 5-4 硫的生物循环

5.2.3.3 铁、锰的转化

铁、锰均是植物生长必需的微量元素，其作用是参与一些酶的构成。土壤铁、锰物质的转化对它们有效性有显著影响。

(1)铁的转化

自然界含铁物质有含铁有机化合物和含铁无机化合物两大类，前者含量很少，绝大多数都以赤铁矿、褐铁矿、黄铁矿、磁铁矿等无机化合物形式存在，很难溶解。

一些微生物可将土壤里的有效铁化合物转变为含铁有机化合物，如构成含铁卟啉的细胞色素和固氮酶，然后以不同方式归还土壤。有机物质分解产生的有机酸与铁作用转变为有机酸铁盐。这些有机铁被微生物分解形成无机铁化物，再转变为溶解性铁，供其他生物利用。

铁细菌是一类兼性或专性化能自养型细菌，它在溶有较多铁和 CO_2，但含氧少的水中生活时，可将吸收到细胞里面的低铁氧化为高铁，获得能量来同化 CO_2，把 $Fe(OH)_3$ 产物分泌到细胞外，并沉积在鞘套或附属物上。常见的铁细菌有下面的一些属种。多孢锈铁菌(*Grenothrix polyspora*)和赭色纤毛菌(*Leptothrix ochracea*)两者均属鞘细菌。含铁嘉氏铁柄杆菌(*Gallionella ferruginea*)。属芽生细菌，为专性化能自养型菌，只氧化低铁化合物。

$$FeO_3 + 3H_2S \longrightarrow FeS + 3H_2O + S$$

$$FeS + 3H_2CO_3 \longrightarrow Fe(HCO_3)_2 + H_2S$$

(2)锰的转化

环境中的锰主要以 Mn^{2+} 和 Mn^{4+} 的形式存在。在土壤溶液中，Mn^{2+} 是植物的有效养料；被胶体吸附和同有机物络合的 Mn^{2+}，在其被置换与分解后才成为可利用的养分。Mn^{4+} 多存在于矿物里或锰、铁结核里，不溶于水，难被植物利用。

Mn^{2+} 和 Mn^{4+} 可相互转变，影响转变的条件是土壤 pH 及氧化还原电位。pH 值在 8 以上，Mn^{2+} 经化学作用氧化为 MnO_2，是黑色沉淀物；在酸性条件下，Mn^{2+} 易积存，于中性反应以下的条件下，一些微生物能氧化 Mn^{2+}。在中性反应环境里，球衣细菌(*Sphaerotilus*)，纤毛细菌(*Leptothrix*)及其他土壤细菌能氧化 Mn^{2+} 为 MnO_2，并沉积在鞘套上或细胞表面。在 pH 值 <7.0 的土壤里，多种真菌氧化 Mn^{2+} 的作用很显著。

复习思考题

1. 什么是生态系统？生态系统有什么功能？什么是微生物生态系统？
2. 为什么说土壤是微生物的良好生境？土壤中有哪些微生物？
3. 水体中微生物主要有几方面来源？微生物在水体中的分布有什么样的规律？
4. 空气微生物有哪些来源？空气中有哪些微生物？
5. 微生物之间有哪些关系？

6. 微生物与植物之间的关系主要有哪些类型?

7. 微生物在自然界碳素转化过程中的主要作用是什么?

8. 微生物转化氮素的途径有哪些? 各过程的底物和产物分别是什么?

2

第2篇 微生物在环境污染治理中的作用

6　微生物对污染物的降解与转化

本章提要：本章对环境中的各种有机、无机污染物的生物降解的微生物种类、以及降解转化过程、途径以及相关的研究方法等作了较详细的介绍，尤其着重介绍了烃类芳香族化合物、卤代有机化合物、有机农药等几类重要的有机污染物的生物降解。

环境中的污染物已达数万种，大部分是有机污染物，如农药、酚类、氰化物、石油、稠环芳烃、多氯联苯、洗涤剂等，其次是无机污染物，如铬、镉、铅、汞、砷等重金属及氟、酸碱、放射性元素物质，以及垃圾、污泥、废渣等固体废弃物污染。环境中污染物的分解与转化，与微生物的作用密切相关。

6.1　有机污染物的生物降解

6.1.1　概述

6.1.1.1　生物降解与非生物降解

自然界中有机污染物的转化降解主要分为非生物降解和生物降解两大类，非生物降解是指有机污染物在环境中受光、热及化学因子作用引起的降解，如：具有紫外线吸收峰的化合物，能吸收短波长的太阳光而被光分解，某些烃类物质被太阳光分解为 CO_2 和 H_2O，土壤中的有机化合物因温度、pH 值、金属离子、土壤矿物质等的作用发生物理化学反应而降解或转化。生物降解是微生物酶催化降解环境中复杂有机化合物为简单物质的过程，在该过程中微生物主要通过其代谢活动，如氧化还原、脱羧基、脱氨基，水解等反应来实现物质的转化。

自然界存在有大量的微生物种类，由于不同微生物酶系统有所差异，表现出降解能力的不同(表 6-1)。通常，微生物有两种方式来降解有机物，一是微生物以某一类有机化合物作为其生长的唯一碳源和能源；二是共代谢。其实质都是酶催化反应。因此,任何有机物质,不论其结构如何复杂,都可以被环境中某种或某类特定的微生物降解转化,尽管其降解的速率有所差异。但当不同微生物类群共同代谢某种有机物时,有机物的分解速率会大大加快。

表 6-1 主要降解微生物种类及其作用基质

种类	代表种群	作用机制
细菌	好氧革兰氏阴性杆菌和球菌	
	假单胞菌(*Pseudomonas*)	石油烃、苯甲酸、PAHs、氯代脂肪烃、氯苯、DDT
	甲基球菌属(*Methylococcus*)	2,4-D、有机磷农药、甲草胺、克百威
	甲基单胞菌属(*Methylomonus*)	石油烃 卤代脂肪烃
	黄杆菌属(*Flavobacterium*)	石油烃、氯代脂肪烃、2,4-D、PCP、PAHs
	产碱菌属(*Alcaligenes*)	石油烃、2,4-D、PCBs、PAHs
	兼性厌氧革兰氏阴性杆菌	林丹
	肠杆菌属(*Enterobacter*)	DDT
	气单胞菌属(*Aeromonas*)	PAHs
	弧菌属(*Viabrio*)	石油烃
	革兰氏阳性产芽孢杆菌和球菌	
	芽孢杆菌属(*Bacillus*)	石油烃、偶氮染料
	梭菌属(*Clostridium*)	偶氮染料、氯代脂肪烃、林丹、DDT
	棒杆菌属(*Corynebacterium*)	石油烃、PCBs
	节杆菌属(*Arthobacter*)	石油烃、氯代脂肪烃、2,4-D、PCP、PCBs
放线菌	放线菌属(*Actinomyces*)	石油烃
	分枝杆菌属(*Mycobacterium*)	石油烃、烷基苯氯代脂肪烃、2,4-D、PCP
	诺卡氏菌属(*Nocardia*)	石油烃、PAHs
真菌	丝状酵母属(*Candida*)	石油烃
	酵母属(*Saccharomyces*)	石油烃、氨氯吡啶酸、克菌丹、石油烃、秀去津、扑草净、西草净 2,4-D、利谷隆 2 甲
	曲霉属(*Aspergillus*)	4-氯、氨氯吡啶酸、敌百虫
	小克银汉霉属(*Cunninghamella*)	石油烃、PAHs、甲霜灵
	白腐菌(*Phanerochaete chrysosporium*)	PAHs、TCDD
	小球藻(*Chlorella vulgaris*)	33 种偶氮染料

引自沈德中．污染环境的生物修复．化学工业出版社,2003。

有机物生物降解主要有以下特点:

(1)时间短

生物降解的实质是在酶催化作用下的一系列生化反应,有些生物作用非常迅速，也很彻底，许多有机物被彻底降解为二氧化碳和水。如 DDT 在土壤中降解 75%～100%需要 4 年，5%～10%在使用后的 10 年会仍留在土壤内，目前已经找到相当数量的菌株能够降解 DDT，一种绿色木霉可以在 3 天内降解 90%的 DDT。海上浮油污染自然降解需要 1 年时间，但是利用可以同时降解 4 种烃类的“超级细菌”却只要几个小时即可达到。

(2)范围广

微生物代谢类型多样，几乎能降解所有天然的有机化合物，迄今已知的数十万种污染物(主要为有机污染物)，绝大多数能被微生物降解。微生物能合成各种酶类，将环境中的污染物逐步降解和转化。同时，在与污染物发生作用时，微生物会做出反应和生理调节而变异，或在污染物诱导作用下发生变异成为高效的降解微生物。

微生物的产酶能力千差万别，对各种有机物的降解能力有很大的区别，如，假单胞菌属中的某些菌能降解 90 种以上的有机物，而甲烷氧化细菌却只能利用甲烷和甲醇这两种有机物，某些纤维分解菌甚至以纤维素为唯一的碳源。

(3)降解物的中间产物毒性的不确定性

微生物降解或转化污染物后形成的中间产物或终产物它们可变成更复杂的物质，或者毒性增强，比原始污染物更为有害。例如，微生物可使芳香环二聚化成为更复杂的物质(图 6-1)。

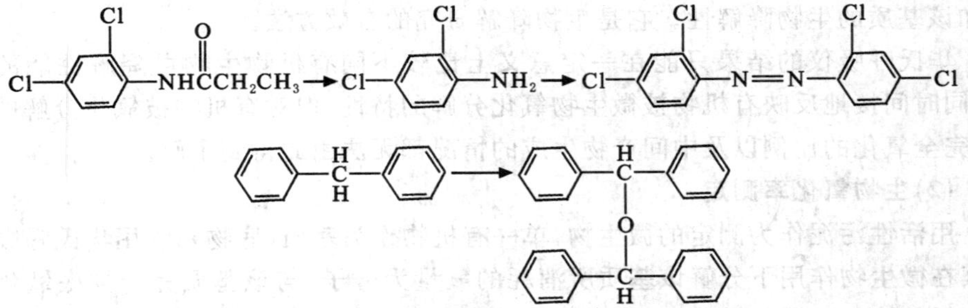

图 6-1　芳香环二聚化

6.1.1.2　有机污染物生物降解的类型

根据微生物是否能够降解有机污染物及降解速度，可将有机物分为 3 种类型：

(1)可生物降解物质

来源于动、植物残体及生物代谢过程中产生的物质和排泄物。如碳水化合物、蛋白质、脂肪、核酸等。这些物质，通过微生物所产生的酶，很容易被分解成糖、氨基酸、甘油、脂肪酸等简单的有机物，并最终分解为CO_2、H_2O、NH_3等。

(2)难生物降解的物质

主要是工农业生产中排出的有机污染物，如纤维素、农药、烃类等。微生物对它们降解的速度慢，所需时间长。这类物质是微生物降解研究的重要对象。例如DDT(二氯二苯三氯乙烷)，在土壤中降解到75%～100%所需时间要4年，有的氯化杀虫剂甚至可稳定10年。由于这类物质在土壤中的稳定性强，长期使用这类农药就会在土壤中造成大量积累，引起土壤和水体的严重污染。

(3)不可生物降解的物质

是一些高分子合成有机物，如塑料等。它们几乎不能被微生物降解，或者降解的速度极为缓慢，这类物质大量使用的后果最为严重。

6.1.1.3　生物降解性的测定

(1)华氏呼吸仪法测定

有机物的生物可降解性通常都是应用经典的华氏呼吸仪(warburg)来测定的。其原理为在定温定容下，微生物在反应瓶中作用于基质，由呼吸代谢作用而引起气体的变化，通过测压计测定生物分解底物消耗氧的量和放出二氧化碳量，从而可知该基质的生物降解性。它是生物降解研究的有效方法。

华氏呼吸仪的结果只能在一定意义上比较不同有机物生物可降解性能的强弱；同时间接地反映有机物被微生物氧化分解的特性，但对有机物被氧化分解的程度、完全氧化的比例以及中间产物生成的情况都无法由此得到了解。

(2)生物氧化率测定

用活性污泥作为测定的微生物，单一有机物作为基质(底物)，利用华氏呼吸仪测其在微生物作用下分解该基质所消耗的氧量为分子，与该基质完全彻底氧化所应消耗的(理论)需氧量分母之比值，就是该基质的氧化率见表6-2。

表6-2　一些有机化合物生物氧化率　　%

有机化合物	生物氧化率	有机化合物	生物氧化率
二甘醇	5	甲苯	53
二癸基酞酸盐	1	乙基-乙基丙烯盐	0
醋酸乙烯酯	34	乙二胺、苯	24

在污水处理中，常用 BOD_5/ COD 或 BOD_5/ TOD 进行污染物可生物降解性的初步判断。即测得各底物的生物氧化率，其值在一定程度上反映生物降解性的大小。一些有机化合物生物氧化率与生物分解速度见表 6-3。

表 6-3　BOD_5/COD 与生物分解速度

BOD_5/COD	生物分解速度	举例
>0.4	较快	甲醛、乙醛、甘醇
0.3～0.4	一般	一般城市污水、醋酸钙
0.2～0.3	较慢	丙烯醛
<0.2	微生物需要长期驯化	异戊二乙烯、丁苯

(3)基质生化呼吸曲线的测定

基质的生化呼吸曲线也称耗氧曲线或基质呼吸曲线，表示加入有机物（基质）后，微生物进行呼吸降解耗氧的情况。以耗氧量为纵坐标，时间为横坐标得到的曲线称为生化呼吸线。

当活性污泥微生物处于内源呼吸阶段时，利用的是自身结构物质，其呼吸速率恒定，为过原点的一条直线。有机物的生化呼吸线与内源呼吸线相比有如下 3 种情况：

①生化呼吸线位于内源呼吸线之上，说明该有机物可能被微生物氧化分解。两条呼吸线之间的距离越大，说明该有机物的生物降解性越好，如图 6-2(a)。

②两条线基本重合，说明该有机物不能被微生物氧化分解，但对微生物的生命活动无抑制作用，如图 6-2(b)所示。

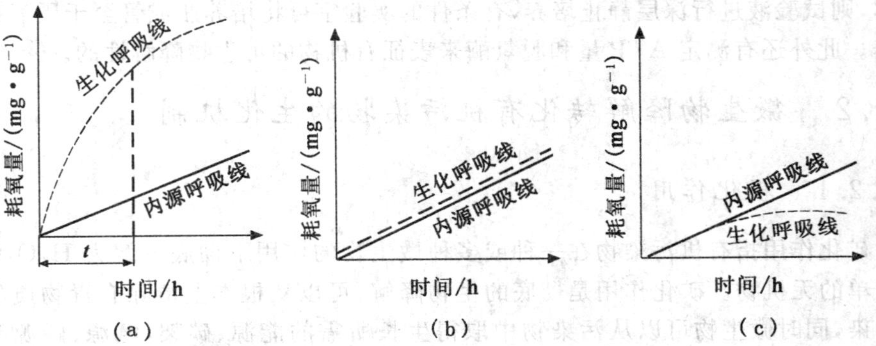

图 6-2　活性污泥生化呼吸曲线

③生化呼吸线位于内源呼吸线之下，说明该有机物对微生物产生了明显的抑制作用。生化呼吸线越接近横坐标，表明毒害越大，此时微生物已几乎停止呼吸，

濒于死亡，如图 6-2(c)所示。

(4)测定总有机碳(TOC)法

有机物所含有的总碳量叫 TOC(total organic carbon)。水中的碳除包含于有机物中，还存在于碳酸、重碳酸中，因此，由总碳量 TC(total carbon)减去无机碳 TIC(total inorganic carbon)便可求出 TOC。测定时把微量水样通过 950℃的燃烧炉、使水样中的有机碳和无机碳全部氧化，生成二氧化碳，然后用紫外线气体分析仪检测；与此同时，将另一份同样的水样置于 150℃左右的温度下，使无机碳化物氧化，生成二氧化碳并测定，二者之差即为 TOC。因为有机物的生物降解也可看作是含碳有机物质的无机化和转变为细胞物质的过程。所以检测样中总有机碳的变化值，可表示相应有机物的可生物降解的程度。

(5)室内微生物降解试验测定

实验室内研究污染物可生物降解的最直接的办法主要有两种。

①土壤降解试验：选取有代表性的土壤分为两组，一组经高温消毒杀灭土壤中的微生物，另一组不消毒，两组分别施入同样量的待测农药，在温室中培养，定期测定两组土壤中该农药消失情况，最后判定是否可生物降解及其降解速度。此法用于新开发的农药可生物降解性的评定。

②摇瓶振荡降解试验：在三角烧瓶中配制以污染物为主要碳源的培养液，另外加适当的 N、P、K 和 S 元素和其他物质，调节 pH 值，接种一种或多种微生物，或经驯化的活性污泥，在不同通气和温度等条件下培养，以不接种微生物为对照。定期测定三角瓶的物理、化学(COD、BOD、pH)、微生物(数量、生物量)指标的变化，特别是污染物的浓度变化，来判断污染物的降解性，有些污染物可能要在厌氧条件下分解，则试验液进行深层静止培养，有条件的实验室可将培养瓶或管至于厌氧罐中培养。此外还有测定 ATP 量和脱氢酶来表征有机物的可生物降解性的。

6.1.2 微生物降解转化有机污染物的生化机制

6.1.2.1 矿化作用

矿化作用指有机污染物在一种或多种微生物的作用下彻底分解为 H_2O,CO_2 和简单的无机物。矿化作用是彻底的生物降解，可以从根本上清除有毒物质的环境污染，同时微生物可以从污染物中取得生长所需的能源、碳架，氮源、磷源等物质。矿化过程包括：

(1)氧化作用

包括铁、硫等单质的氧化，氨、亚硝酸等化合物的氧化，也包括一些有机物基团的氧化：如甲基、羟基、醛等的氧化，在环境中这些氧化作用多由微生物引起的，如氧化铁硫杆菌(*Thiobacilus ferrooxidans*)对亚铁的氧化为高铁，铜绿假单胞菌(*Pseudomonas aeruginosa*)将乙醛氧化为乙酸以及亚硝酸细菌和硝化细菌将氨氧化为硝酸的作用等。例：氯代烃的氧化脱卤时，卤原子及其相邻的氢被一起脱掉，形成卤化氢和烯烃。 $RCH_2CHClR' \rightarrow RCH{=}CHR' + HCl$

(2)还原作用

还原作用在缺氧或者厌氧的环境中进行，如羟基或醇的还原、高价铁和硫酸盐的还原、硝酸盐的还原，杀虫剂对硫磷转化为氨基对硫磷(图 6-3)。

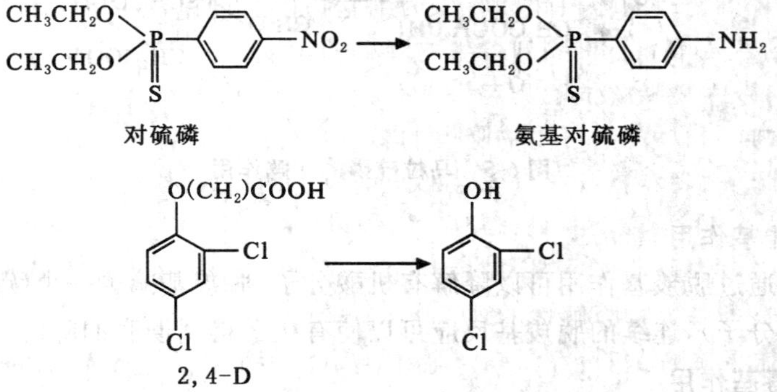

图 6-3 农药的还原作用(箭头代表作用部位)

(3)去甲基化作用

许多杀虫剂含有甲基或其他烷基，而且有时会与氮、氧和硫相连，在微生物作用下可脱去这些基团，从而使其无毒化。如敌草隆在微生物的作用下，依次脱去两个 N 甲基变为无毒化合物(图 6-4)。

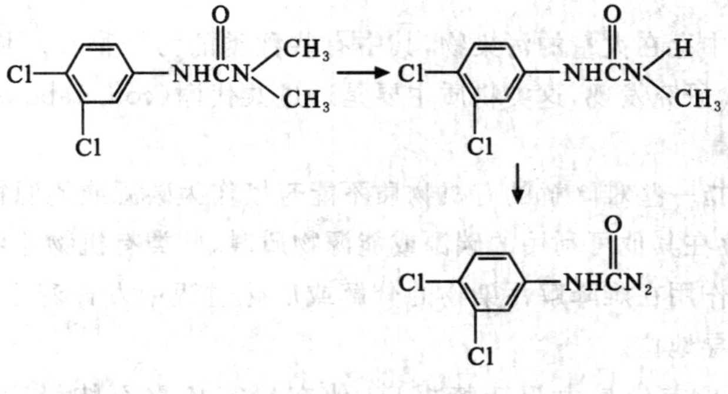

图 6-4 敌草隆的去烷基作用

(4)水解作用

水解作用是一种最常见的生物代谢作用，许多微生物可通过水解作用将有机大分子污染物降解转化为小分子化合物。如在微生物的作用下，酯键或酰胺键的水解，使得毒物脱毒。

例如，有机磷农药马拉硫磷(图 6-5)在羧酯酶的作用下，水解成一酸或二酸。

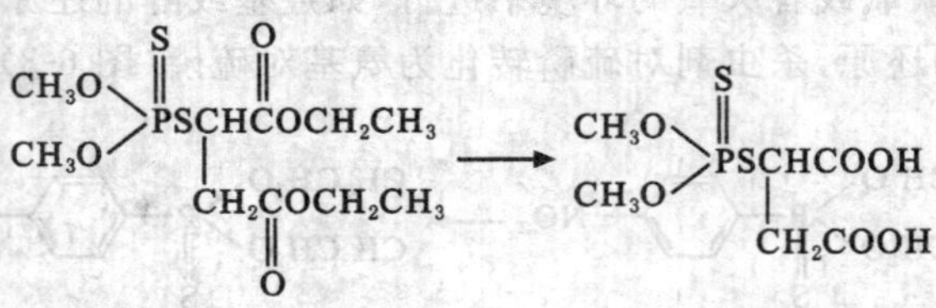

图 6-5 马拉硫磷的水解作用

(5)脱羧基作用

微生物通过脱羧基作用可以降解有机酸分子(脱羧基减少一个碳原子，形成一个二氧化碳分子)，连续的脱羧基反应可以使有机酸得到彻底的降解。

(6)脱氨基作用

带有氨基(—NH_2)的有机物质需要先脱去氨基，再进一步被降解。如微生物的脱氨基作用将除草剂醚草通降解成对植物无害的产物。

(7)腈转化为酰胺

腈类转化为酰胺可使毒性降低，例如腈类除草剂 2，6-二氯苯甲腈(敌草腈)在土壤微生物的作用下转化为 2，6-二氯苯酰胺，后者对植物无毒性。

6.1.2.2 共代谢作用

在自然界中存在大量的污染物，其中有些种类的污染物在环境中生物降解的速度异常缓慢，研究发现，这类物质主要是通过共代谢(cometabolism)机制来完成降解的。

共代谢是指一些难降解的有机物质不能直接作为碳源或能源物质被微生物利用，当环境中存在其他可利用的碳源或能源物质时，此类有机物才可被转化降解的过程。共代谢作用在难降解污染物的分解或矿化过程中发挥着十分重要的作用，有时甚至占主导地位。

共代谢现象首先是由福斯特报道，他在研究依靠石蜡烃生长的诺卡氏菌时，发现这种菌以十六烷作为唯一碳源和能源时，生长很好，但不能降解甲基萘或1,3,4-三甲基苯;但当把甲基萘或1,3,4-三甲基苯加进含十六烷培养基中时,这种菌在利用十六烷烃的同时,也可将上面两种芳香化合物分别氧化为羧酸、萘酸和对异苯丙酸。

共代谢作用中,一种有机物在微生物作用下发生转化,但不能被微生物所利用,原因是缺少进一步降解的酶系。微生物的第一个酶或酶系可以将基质转化为产物,但该产物不能被这个微生物的其他酶系进一步转化,故代谢中间产物不能供生物合成和能量代谢用。其次,存在中间产物的抑制作用,最初基质的转化产物抑制了在以后起矿化作用酶系的活性,或抑制该生物的生长,例如恶臭假单胞菌(*Ps. putida*)能共代谢氯苯形成3-氯儿茶酚,但不能使它降解,这是因为产生了抑制进一步降解的酶系,结果造成了恶臭假单胞菌不能在氯苯上生长。

另外,有些微生物需要第二基质进行特定的反应。第二种基质可以提供当前细胞反应中不能充分供应的基质,如转化所需的电子供体,有些第二基质是诱导物,如铜绿假单胞菌要经过正庚烷诱导才能产生羟化酶系,使链烷烃羟基化转化为相应的醇。

在纯培养情况下,共代谢所生成的中间产物有时会对微生物具有毒性,此时污染物难以彻底矿化,导致中间转化产物大量累积,表现为一种截止式转化。但在混合培养或自然条件下,中间产物会被其他的微生物降解或共代谢。

此外,微生物质粒也具有降解有机污染物的能力,如芳香族化合物降解质粒可将芳香族化合物降解为简单化合物或无机物。现已在假单胞菌中发现,可降解CAM樟脑、OCT(辛烷)、XYL(二甲苯)、TOL(甲苯)的质粒。

6.1.3 影响微生物对有机污染物降解与转化的因素

微生物降解有机物的难易程度首先取决于微生物的本身,同时也与有机物的结构特征有关。有机化合物的复杂程度、基团的性质与位置都可能影响微生物对它的正常酶解作用,另外环境条件(pH值、温度、水分等)、不同的碳源、营养成分、氧化还原电位,微生物种群(生物量)以及有机污染物的性质等均会对生物降解过程产生影响。

6.1.3.1 有机污染物的化学结构

有机物的理化特性中如水溶性,对其生物降解性影响很大。水溶性较小的有机物由于其在水中的扩散能力较差,且较易被其他物质捕获或吸附在其表面上,难以与微生物充分接触，故其生物降解性能一般较差。另外，其在生物膜上较低的传导性能，也影响了如胞内酶对有机物的降解。

污染物的组成和分子结构，决定其在环境中的降解行为，污染物化学结构的微小改变都会影响到它们的生物降解性，如一个取代基位置的变化都会影响到微生物代谢的敏感性。

结构简单的有机物一般先降解，结构复杂的后降解，相对分子量小的有机物比相对大分子量的易降解。不饱和脂肪族化合物易生物降解，一般是可以降解的（苯代亚乙基化合物除外），脂肪族化合物较芳香族化合物易生物降解，多环芳烃降解更难。有机物化学结构对其降解性能的影响主要表现在以下几个方面：

(1)取代基团的种类、数目、位置影响

取代基团 取代基团—Cl、—NO_2、—SO_3H、—CN、—CF_3 等（碳元素以外的元素）称为异源基团，它们在单环芳烃、脂肪酸或其他易利用的基质分子中存在时，会降低有机物的生物降解性；而羟基、羧基、酰胺、酯类或酸酐基团的存在有利于有机物的生物降解。异源基团的数目越多，有机物的生物降解性越差，如有机物含两个异源基团数目时，其好氧生物的驯化期增加，含 3 个异源基团数目时，该分子抗生物降解性更强。有些取代基团在结构中的位置对有机物生物降解性有较大的影响。一般情况下，有机物碳支链对代谢作用有一定影响，支链越多，越难降解。

(2)甲基的影响

甲基分支高支链的烷基苯磺酸盐（ABSs）是一种持久性的有机物。ABSs 的结构是在苯环上的不同位置接有一个磺酸盐以及一个带分支的烷基侧链，烷基侧链上的分支降低其生物降解性。脂肪烃、脂肪酸、脂肪醇等化合物带有甲基分支后均不易被生物降解，如在土壤中的石油，不带分支的烷烃比多带几个或多个分支的烷烃容易分解，但是如果它们中的—CH_2—上的两个氢被甲基取代，即形成季碳原子，那么这些化合物比母体化合物难生物降解。

(3)烷基或脂肪酸基

烷基或脂肪酸基与苯环的连接位置也会影响到生物降解。例如苯氧基除草剂，如果苯氧基与脂肪酸连接在最后一个碳原子上容易降解，而在第一个碳原子上不容易降解，4-苯基丁酸易被污水微生物降解，而 2-苯基丁酸则具有抗生物降解性。不具有甲基分支的一类 ABSs，苯磺酸基与烷烃在一端比中间连接降解的更快。同样，由于苯基和苯氧基阻碍了烷基-β 氧化的缘故，这些基团越接近羧基或碳链末端，阻碍程度越高。苯环与烷烃或脂肪酸的生物降解见图 6-6。

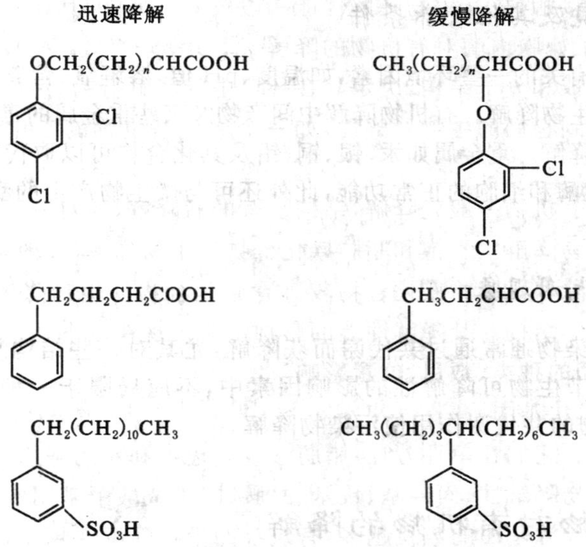

图 6-6 苯环与烷烃或脂肪酸的连接方式对生物降解作用的影响

(4)多环芳烃中稠环的数量

一般来说三环的蒽、菲、苊烯以及四环的芘在好氧条件下容易降解。其他四环和五环的 PAHs 难降解。但是好氧条件下的规律不适用于厌氧条件，在厌氧消化污泥和厌氧沉积物中，苯酚、苯甲酸和苯氧基烷酸盐 SBR 同样有差异。多环芳烃在土壤中相对降解速率见图 6-7。

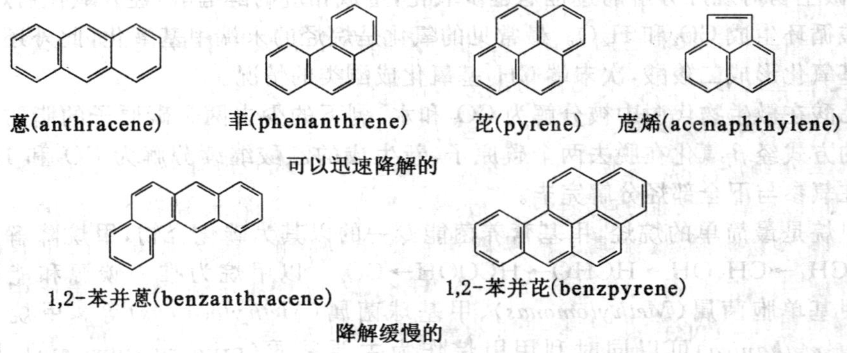

图 6-7 多环芳烃在土壤中的相对降解速率

6.1.3.2 环境及其他营养条件

与生物生长有关的一些环境因素，如温度、pH 值、溶解氧、营养、有毒物质等，都将影响有机物的生物降解。有机物降解中间产物及某些重金属的毒性也将显著地影响有机物的生物降解。重金属如汞、银、铜、铅及其化合物可以取代微生物酶中的一些元素，从而干扰酶和细胞的正常功能，此外还可与微生物产生的酶中的—SH相结合，使酶失去活性。

6.1.3.3 共代谢现象

环境中的污染物通常通过共代谢而获降解，尤其对一些结构复杂化合物更是如此。因此在调节生物可降解性的影响因素中，不应局限于一种菌，而应投入多种、以发挥微生物的共代谢作用使污染物降解。

6.2 微生物对有机物的降解

6.2.1 微生物对烃类的降解

6.2.1.1 烷烃降解

烃类是石油的主要组分，在自然条件下，这些物质可被细菌、放线菌、霉菌、酵母菌等微生物降解，但是能被生物降解的程度和速度却相差较大。就一般的烃类物质，微生物对烷烃分解的过程是逐步氧化，生成相应的醇醛酸，经 β-氧化后，进入三羧酸循环生成 CO_2 和 H_2O。最常见的氧化是烷烃的末端甲基氧化，此外还有两端甲基氧化形成二羧酸，次末端 CH_2 基氧化成酮类的情况。

乙酸在微生物代谢中被分解为 CO_2 和水，剩下的少去两个碳原子的脂肪酸按同样的方式经 β-氧化在脱去两个碳原子，新生成的乙酸继续分解为 CO_2 和 H_2O，直至在氧参与下全部烃分解完毕。

甲烷是最简单的烷烃，甲基营养菌能专一的以其为碳化合物，甲烷降解的过程是：$CH_4 \rightarrow CH_3OH \rightarrow HCHO \rightarrow HCOOH \rightarrow CO_2$。以甲烷为唯一碳源和能源的还有甲基单胞菌属（*Methylomonas*）、甲基球菌属（*Methylococcus*）等。甲烷单胞菌（*Ps. methanica*）可以同时利用甲烷作为主要基质（primary substrate），以乙烷、丙烷或丁烷等作为次要基质（secondary substrate），将其氧化为对应的醇、醛和酸。但这些化合物都不能作为甲烷单胞菌的生长基质。

微生物很难降解支链烷烃，只有很少数的微生物可以利用这类烷基分支的化合物作为唯一碳源和能源。带支链烷烃的降解可以通过 α-氧化、ε-氧化或 β-碱基去除途径进行。对季碳化合物微生物则很难降解，这类化合物只能和化学方法结合使用进行生物修复。

6.2.1.2 烯烃降解

饱和直链烃较不饱和直链烃容易降解。烯烃降解时，微生物作用于甲基端或双键。甲基氧化途径是主要的降解途径(Britton，1984)。中间代谢物为不饱和醇和不饱和脂肪酸、伯醇或仲醇、甲基酮类、1，2-环氧化物和 1，2-二醇等，典型的烯烃代谢见图 6-8。

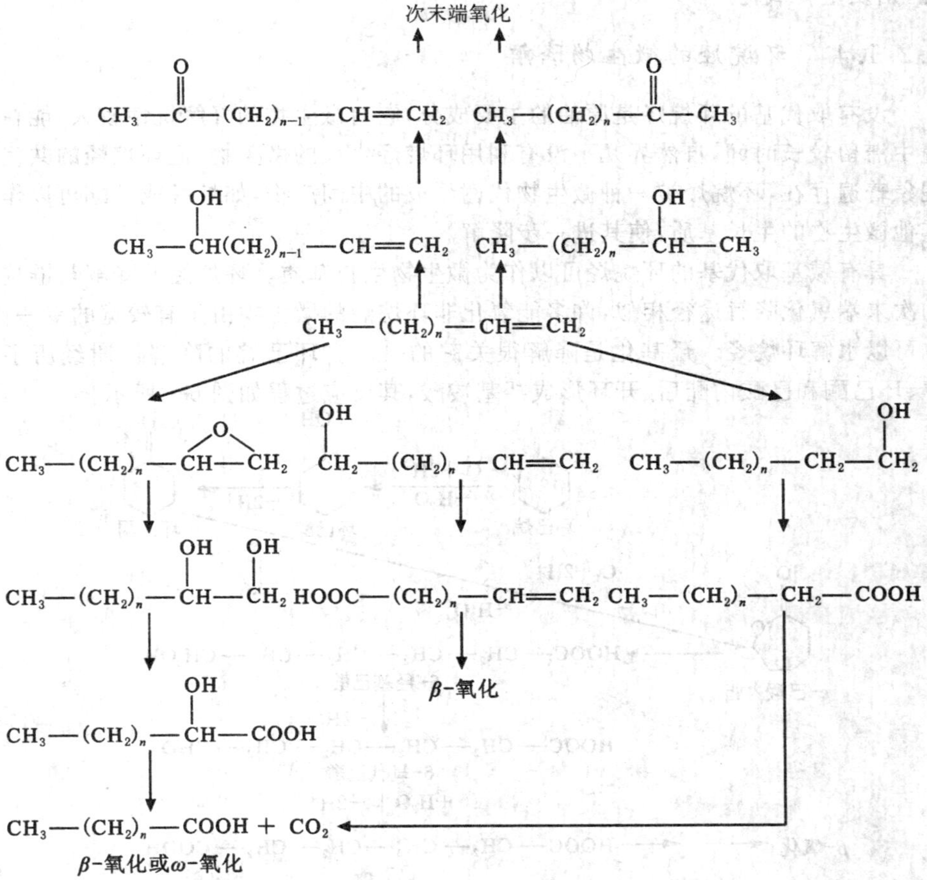

图 6-8 烯烃生物降解的可能代谢途径

6.2.1.3 脂肪烃的微生物降解

脂烃类和其他烷烃在有氧条件下，经微生物的作用可以被氧化为烷基氢过氧化物，烷基氢又被转化为脂肪酸，在经 β-氧化而被降解：

$$RCH—CH_3 \rightarrow \{R—CH_2—CH_2OOH\} \rightarrow RCH_2COOH$$

在缺氧环境中，烷烃类物质也可以被降解，降解过程是从脱氢过程开始的，烷烃脱氢变成烯烃，烯烃再羟基化形成伯醇，而后形成酸：

$$RCH_2—CH_3 \rightarrow RCH_2=CH_2 \rightarrow RCH_2—CH_2OH \rightarrow RCH_2—COOH$$

这时的脂肪酸如果继续处于缺氧环境，则发生还原脱羧作用，如果进入有氧环境，则发生 β-氧化。

6.2.1.4 环烷烃的微生物降解

没有取代基的环烷烃是原油的主要成分，它对微生物的降解抗性较大，能在环境中滞留较长时间，自然界几乎没有利用环烷烃生长的微生物，但环烷烃的共代谢现象普遍存在，环烷烃被一种微生物代谢形成的中间产物，如烷醇或烷酮可以作为其他微生物的生长基质，使其进一步降解。

具有碱基取代基的环烷烃可以作为微生物生长基质。环烷烃的降解与链烷烃的次末端氧化降解途径相似，许多能氧化非环烷烃的微生物由于有较宽的专一性，也可以水解环烷烃。羟基化是降解很关键的一步。环己烷的降解代谢经历了己醇、环己酮和己酸内酯后，开环形成羟基羧酸，其反应过程如图 6-9 所示。

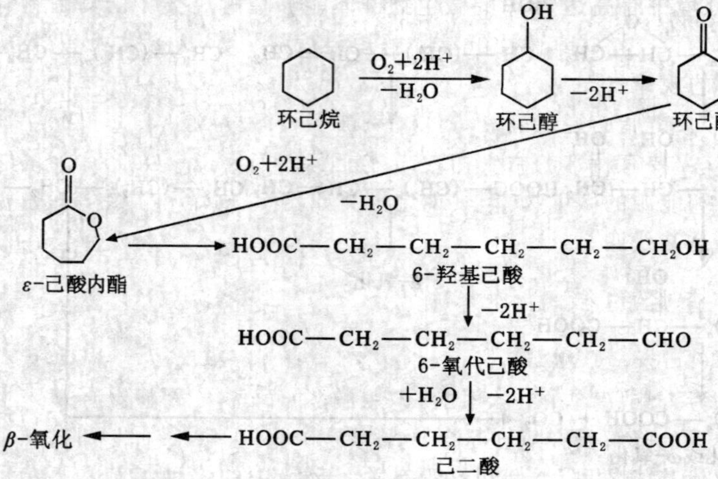

图 6-9 环己烷的生物降解过程

6.2.1.5 降解烃类的微生物类群

能够氧化烃类的微生物广泛分布于土壤及水环境中。已经发现许多细菌、酵母菌、霉菌和藻类可以降解石油污染物质，表 6-4 列出了石油类碳氢化合物降解部分菌的属名。

表 6-4 降解石油污染物的微生物

种类	属名
细菌	无色杆菌属(*Achromobacter*)、节杆菌属(*Arthrobacter*)、甲基细菌属(*Methylobacter*)不动杆菌属(*Acinetobacter*) 、贝内克氏菌属(*Beneckea*)、小单胞菌属(*Micromonospora*)放线菌属(*Actinomyces*)、短杆菌属(*Brevibacterium*)、分枝杆菌属(*Mycobacterium*)、气单胞菌属(*Aeromonas*)、棒杆菌属(*Corynebacterium*)、产碱菌属(*Alcaligenes*)、芽孢杆菌属(*Bacillus*)、黄杆菌属(*Flavobacterium*)、假单胞菌属(*Pseudomonas*)、诺卡氏菌属(*Nocardia*)
真菌	假丝酵母属(*Candida*)、隐球菌属(*Cryptococcus*)、德巴利酵母属(*Debaryomyces*)、汉逊酵母属(*Hansenula*)、毕赤酵母属(*Pichia*)、酵母属(*Saccharomyces*)、掷孢酵母属(*Sporobolomyces*)、丝孢酵母属(*Trichosporon*) 、内孢霉属(*Endomyces*)、
藻类	颤藻属(*Oscillatoria*)、鞘藻属(*Microcoleus*)、鱼腥藻(*Analaena*)、念珠藻(*Nostoc*)、隐球藻(*Aphanocapsa*)、小球藻(*Chlorella*)、杜氏藻(*Dunaliella*)、衣藻(*Chlamyclomonas*)

引自沈德中．污染环境的生物修复．化学工业出版社，2003。

据报道，环境中有高达 20%的微生物群体能够降解烃类。仅真菌就有 160 个属可在烃类中生长。丝状真菌比酵母降解短链烷烃更具多样性，但仍服从长链比短链更易降解的规律。

一般来讲，长链脂肪烃在好氧条件下易被多种微生物降解。短链烷烃则比长链烷烃难降解，需要有特殊的微生物参与才能实现。环境中虽含有大量的以烃类作为唯一碳源和能源的微生物，但其他烷烃类如乙烷、丙烷和丁烷等短链烷烃的降解重要途径仍是共代谢。

6.2.2 芳香烃的微生物降解

芳香烃苯(benzene)、甲苯(toluene)、乙苯(ethylbenzene)、二甲苯(xylene)、芳香醇、芳香醛、芳香酮、芳香酸、苯甲酸、苯甲酚、香草醛(3-氧基 4-羟基苯甲醛)、酚基醇和苯基醇等的降解是在氧充足条件下容易矿化，厌氧条件下易降解，其降解的难易程度与取代基的数目、类型和位置有关。环境中的多种细菌和真菌可降解它们。但是降解的难易程度和生成的产物有很大差别。

6.2.2.1 苯的微生物降解

(1)苯的好氧降解

具有取代烷基的芳烃化合物都有两种氧化途径：首先是苯环上的甲基或乙基氧化形成羧基——苯、甲酸、苯乙酸，接着去除羧基，然后苯在双加氧酶作用下同时引入两个羟基形成儿茶酚。微生物可以作用不同链长的烷基，通常首先氧化较短的取代基。

其他芳香族化合物如苯甲酸、水杨酸和苯酚等的降解也是先形成儿茶酚再进一步降解。

儿茶酚以两种方式裂解，一种是在两个羟基之间裂解，称为正位裂解，形成顺，顺-粘康酸，在环化异构酶的作用下形成粘康内脂，再进一步异构为烯醇化内脂，并水解为3-氧己二酸，在辅酶A转移酶的作用下，3-氧己二酸分裂为琥珀酸和乙酰辅酶A，如图6-10所示。

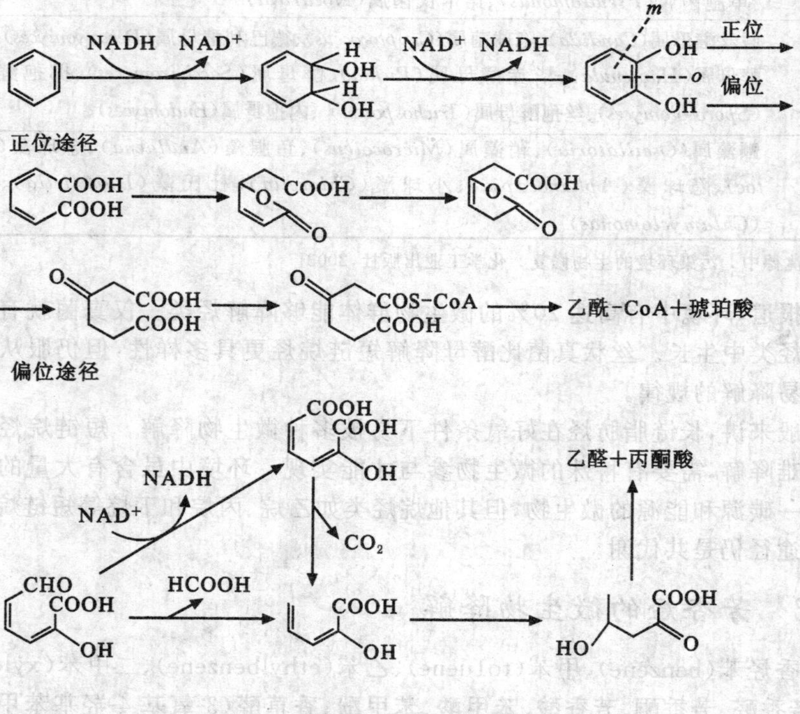

图6-10 苯的两种生物降解途径

另一种是在羟基化碳原子与非羟基化碳原子之间裂解，称为偏位裂解，形成2-羟基粘康酸半醛。也是在双加氧酶作用下有两条路线，一条是在脱氢酶的催化下氧化为 2-羟基粘康酸，然后脱羧形成 2-羟基-2，4-戊二烯酸，另一条是在水解酶的作用下，除去甲酸直接形成 2-羟基-2，4-戊二烯酸，通过加水作用形成 4-羟基-2-氧戊酸，再在醛缩酶的作用下形成丙酮酸和乙醛，见图 6-10。

(2)苯的厌氧降解

芳香化合物的厌氧降解主要在反硝化、硫酸盐还原和产甲烷条件下进行。厌氧降解首先是苯环加氢改变苯环的稳定结构。苯环开裂后形成脂肪烃，然后再进一步通过 β-氧化进入三羧酸循环。需要注意的是在厌氧降解中，水作为氧源参加代谢反应，而好氧降解是以分子氧的形式参与反应，见图 6-11 和图 6-12。

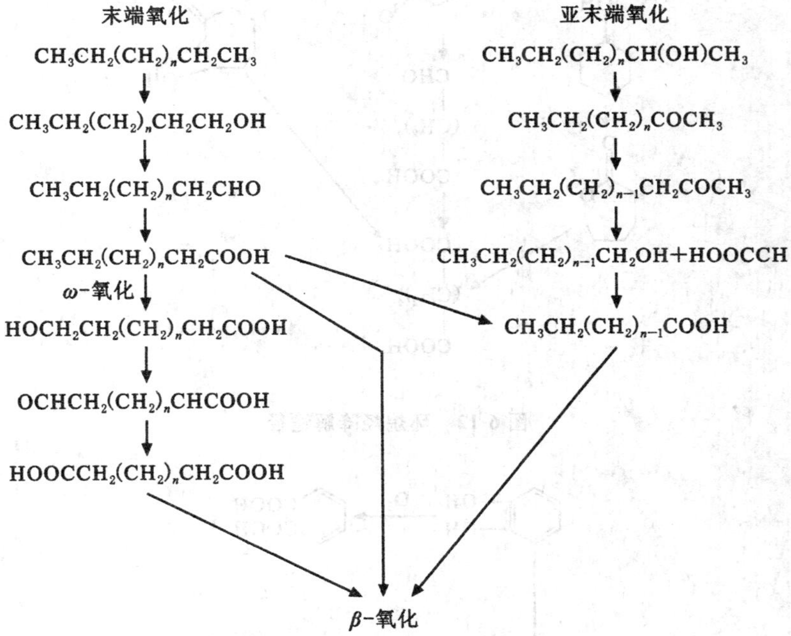

图 6-11 烷烃好氧代谢途径

(3)芳香烃生物降解

燃料油中的芳香烃化合物可能带有烷基或杂原子及包括苯、甲苯、4～5 个环的化合物等。图 6-13 描述了芳香及聚合芳香化合物在好氧微生物作用下的代谢途径。最初的氧化是在双加氧酶的作用下，结合分子氧中的两个原子氧形成顺二羟基-醇(cis-dihydrodi01)之后，失去两个氧原子形成邻苯二酚。邻苯二酚在邻位或间位开环，形成的中间代谢产物经中心代谢途径分解。

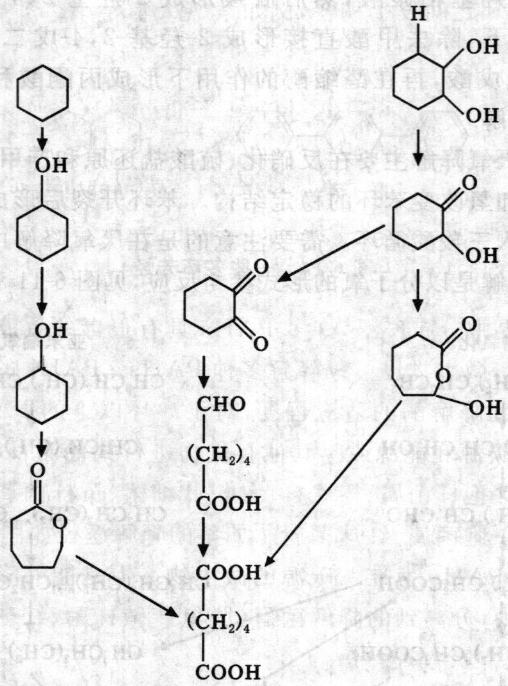

图 6-12 环烷烃降解途径

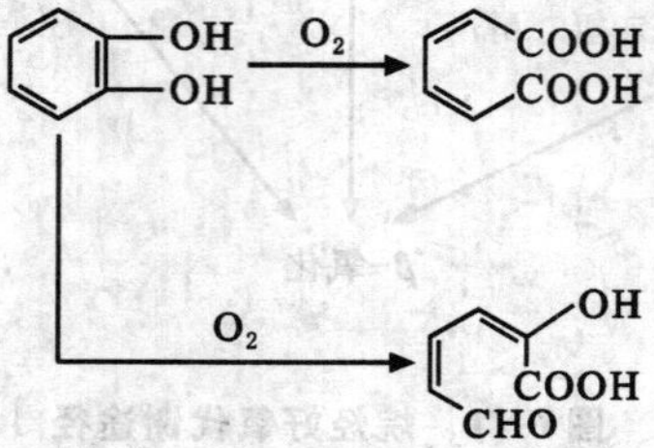

图 6-13 邻苯二酚的两种代谢途径

6.2.2.2 多环芳烃的微生物降解

多环芳烃(PAHs)是指分子中含有两个或两个以上苯环的烃类。按照苯环之间的连接方式可以分为两大类:一类是各个苯环间没有共用的环内碳原子,如联苯；另一类是各个苯环之间发生稠合，例如萘、蒽、菲等（图 6-14）。

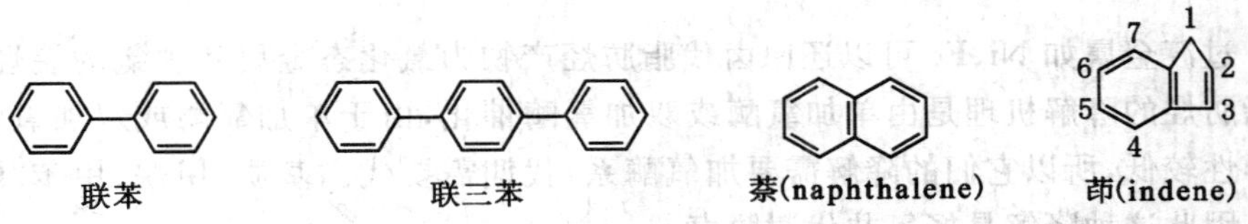

图 6-14 一些多环芳烃

PAHs 在自然界中分布广泛，许多 PAHs 具有很毒的致癌、致突变性，它们可被氧化、光解和挥化，微生物也可以降解多种 PAHs。PAHs 的生物降解取决于其化学结构的复杂性和降解酶的适应程度，对于 3 环以下的 PAHs 类化合物，微生物以 PAHs 为唯一碳源和能源或与其他有机物进行共代谢，以这种方式代谢的细菌有：气单胞菌属、芽孢杆菌属、棒状杆菌属、蓝细菌、黄杆菌属、微球菌属、分枝杆菌、诺卡式菌属、假单胞菌属、红球菌属。如萘的降解途径如图 6-15 所示。尽管已经分离到可以利用 PAHs 为唯一碳源的微生物。但是能够降解 4 环和 4 环以上 PAHs 的微生物较少，分离到的降解菌有：脱氮产碱杆菌、红球菌、白腐真菌、假单胞菌和分枝杆菌等。

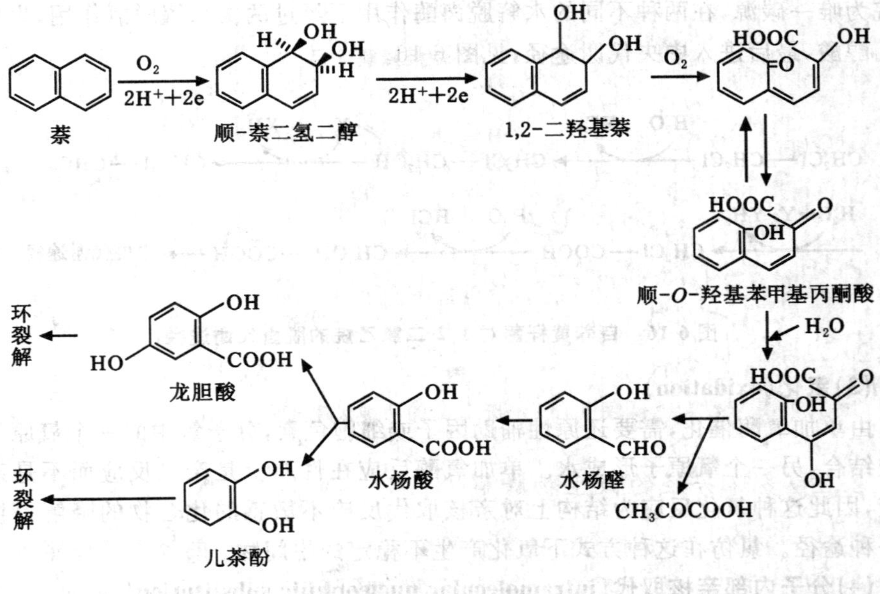

图 6-15 萘的细菌生物降解

6.2.3 卤代脂肪烃的微生物降解

过渡金属如 Ni、Fe 可以还原卤代脂肪烃产物为氯化态金属和脱氯的烷烃，卤代脂肪烃的降解机理是由单加氧酶或双加氧酶催化，由于单加氧酶或双加氧酶的特异性较低，所以它们的降解需要加氧酶系，代谢需要代谢基质（甲烷、甲苯/酚或氨），因此这种降解是好氧共代谢脱卤。

氯代脂肪烃化合物的微生物代谢关键步骤是脱卤反应。催化这一反应的酶可以直接作用于 $C-C_1$ 键，或不直接作用于 $C-C_1$ 键，而和氧结合形成不稳定的中间物。目前在好氧细菌中发现 5 种脱卤机制

(1)亲核置换(nucleophile displacement)

有谷胱甘肽转移酶(GST)参与，形成谷胱甘肽和卤代脂肪烃共价结合的中间物，最后脱卤。例如生丝微菌（*Hyphomicrobium*）在二氯甲烷基质中脱氯就是这种方式，脱氯的产物是甲醛。

(2)水解(hydrolyzation)

水解脱卤酶参与氯代脂肪烷烃的脱卤反应，其反应产物是对应的醇。这类氯代脂肪烷烃有 2-氯代羧酸、1-氯代正烷烃、α,ω-二氯正烷烃、α,ω-氯代醇以及其他相关化合物。例如，自养黄色杆菌（*Xanthobacter autotrophicus*）GJ10 以 1,2-二氯乙烷为唯一碳源，在两种不同的水解脱卤酶作用下经过两次水解脱氯作用，生成产物乙醇酸，最后进入中央代谢途径，见图 6-16。

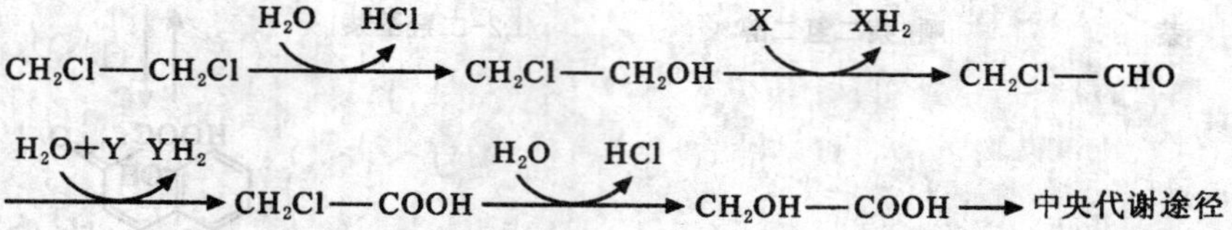

图 6-16 自养黄杆菌对 1,2-二氯乙烷的脱卤代谢途径

(3)氧化(oxidation)

由单加氧酶催化，需要还原性辅助因子或细胞色素，分子氧中的一个氧原子与基质结合，另一个氧原子形成水。单加氧酶反应在性质上是亲电反应而不是亲核反应，因此这种氧化反应为结构上对亲核取代反应不敏感的化合物的降解提供了另一种途径。氯仿在这种方式下氧化产生不稳定的中间物。

(4)分子内部亲核取代(intramolecular nucleophilic substitution)

由单加氧酶或双加氧酶催化，形成环氧化物，然后再去氯。如反-1,2-二氯乙

烯在甲基营养细菌作用下的降解(图 6-17)。

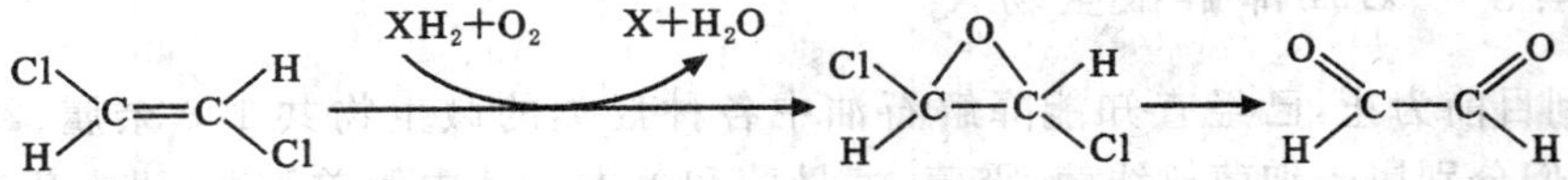

图 6-17　反-1,2-二氯乙烯在甲基营养细菌作用下的降解

(5)水合(hydration)

具有不饱和键的卤代烃水合后脱卤。例如 3-氯代丙烯酸水合脱氯形成丙醛酸。

6.2.4　石油的微生物降解

6.2.4.1　概述

一般的石油化学物质按下列方式被降解。

石油产品＋微生物＋ O_2＋ 营养元素→ CO_2＋H_2O ＋ 副产品＋微生物生物量

石油类污染物包括原油、石油产品及其他矿物油等,石油中所含有的多环芳烃类物质,如苯、甲基苯、苯并(a)芘、乙基苯、二甲基苯是最常见的污染物,其中苯并(a)芘是公认的强致癌性物质。它们在石油开采、运输、加工、使用等过程中均可能产生对环境的污染。

最常见的石油污染物是苯、甲基苯、乙基苯、二甲基苯(包括 3 种异构物),BTEX 是 4 种污染物英文名称的首字联合简称,最引人重视。

6.2.4.2　微生物对石油的降解

石油的生物降解性因其所含烃分子的类型和大小而异。烯烃最易分解,烷烃次之,芳烃难降解,多环芳烃更难,脂环烃类对微生物的作用最不敏感。至今只发现个别菌株能利用它。C_1-C_4烷烃化合物如甲烷、乙烷、丙烷的石油化学物质,只能被少数专一性微生物所降解,直链烃容易降解,支链烃抗性较强。正烷烃比异构烃易降解。碳元素在 5～6 之间的石油化学物质在低浓度时可由微生物缓慢降解,石蜡也可被微生物降解,但碳原子 30 个以上者则较难降解。部分原因是其溶解度小,表面积小的缘故。烷基芳香烃(碳 10～22)是环境毒性最低的也可生物降解的,但芳香烃常与沉积物结合形成(碳大于 22)的物质水溶性较低,生物降解较为复杂。

6.2.4.3 石油降解微生物

到目前为止,已经查知能降解石油中各种烃类的微生物共 100 余属、200 多种,他们分别属于细菌放线菌、霉菌、酵母菌和藻类。其中假单胞菌、诺卡氏菌、分枝杆菌属、假丝酵母属等在微生物降解石油中最为常见。

6.2.4.4 影响石油降解的因素

石油的生物降解除受其本身的毒性和组分限制外,其他限制因子主要是温度、营养、供氧、石油污染物的状态及降解菌的有无等。

6.2.4.5 石油降解微生物应用

利用石油降解微生物可以进行石油勘察、石油精炼、脱蜡以及利用微生物分解石油生产菌体蛋白、脂肪和核酸。如乙烷利用菌可用来指示石油储藏处所,假丝酵母属(*Candida*)诺卡氏菌可用于石油的精炼脱蜡;假丝酵母还可分解石油生产酵母蛋白质,以满足世界对蛋白质的需要。

6.2.5 农药的微生物降解

6.2.5.1 农药分类及代表品种

人工合成的农药杀虫剂、除草剂、杀菌剂等物质的出现,在提高粮食产量和品质方面发挥了十分重要的作用,在一定程度上缓解了人类吃饭的问题,但是这些物质有的能迅速降解,有的则在环境中长期存留,对环境造成许多危害。主要是由于其具有以下特性:一是有毒性,对侵染农作物的病、虫、菌、草有杀灭或抑制的作用;二是多数在自然界中比较稳定,不易分解,如有机氯农药,具有足够的长效期;三是具有脂溶性、易被病虫菌草吸收并在体内积累,沿食物链传递到人或其他生物体内,在脂肪、肝、肾等部位积累。

6.2.5.2 降解农药的微生物类群

环境中有大量可降解农药的微生物,这些将是我们环境微生物研究的重要内容之一。目前人们已经发现的可降解农药的微生物种类见表 6-5。

表 6-5 部分有机农药的部分微生物降解者

微生物(属)	降解农药的种类
无色杆菌属	氯苯胺灵、2,4-D、DDT、2,4,5-T
气杆菌属	DDT、异狄氏剂、甲氧 DDT
土壤杆菌属	氯苯胺灵、DDT、茅草枯、毒莠定、三氯乙酸
产碱杆菌属	茅草枯、三氯乙酸、抑芽丹
交链孢属	茅草枯
节杆菌属	茅草枯、2,4-D、二嗪农、早藻灭、毒莠定、西玛津、三氯乙酸
曲霉属	莠去津、毒莠定、扑草净、西草净、西玛津、敌百虫、2,4-D、利谷隆
芽孢杆菌属	MMDD、DDT、茅草枯、利谷隆、毒莠定、灭草隆、三氯乙酸
拟杆菌属	氟乐灵
葡萄孢霉属	毒莠定
头孢霉属	莠去津、扑草净、西草净
枝孢霉属	莠去津、扑草净、西草净
棒状杆菌属	茅草枯、2,4-D、DDT、地乐酚、二硝基酚、百草枯
黄杆菌属	茅草枯、2,4-D、氯苯胺灵、毒莠定、马来酰肼、三氯乙酸
镰孢霉属	艾氏剂、莠去津、DDT、西玛津、敌百虫、五氯硝基苯
毛霉属	DDT、五氯硝基苯
链孢霉属	地茂散
诺卡氏菌属	茅草枯、2,4-D、丁酸、五氯硝基苯、毒莠定、丙烯醇、三氯乙酸
假单胞菌属	丙烯醇、茅草枯、2,4-D、氯苯胺灵、DDT、敌敌畏、灭草隆、异狄氏剂、地乐酚、二嗪农、二硝基酚、西玛津、五氯酚钡
酵母属	克菌丹、毒莠灵
链霉菌属	茅草枯、二嗪隆、五氯硝基苯、西玛津

6.2.5.3 有机氯农药的生物降解

(1)卤代烃类农药

拟除虫菊酯类、氯代苯氧羧酸类、氨基甲酸酯类中许多农药均含有机氯,微生物降解过程中,脱去分子上的氯后,改变了农药的性质,因而脱氯是农药降解的一个很关键的步骤。

微生物的脱氯反应有还原脱氯、氧化脱氯、脱氯化氢等类型。

①还原脱氯:还原脱氯反应是将非苯环上的氯原子脱去,并以氢原子取代,例如在厌氧条件下,DDT 分子在气单胞细菌的作用下转化成 DDD 的过程就是还原脱氯(图 6-18)。这一反应也可由酵母菌、变形杆菌、气单胞菌、黏质沙雷氏菌或一些放线菌等厌氧微生物来完成。

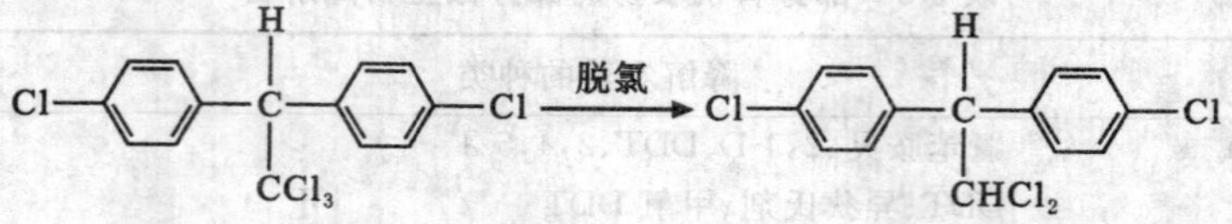

图 6-18 DDT 脱氯化氢反应

②氧化脱氯:氧化脱氯反应是有机氯农药分子被氧化时,可以脱去分子中的氯原子成为二氯苯三氯乙醇,见图 6-19。

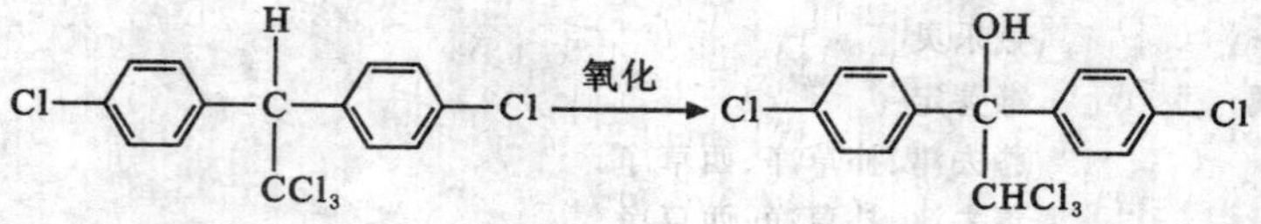

图 6-19 有机氯农药氧化脱氯

③脱氯化氢:脱氯化氢是在好氧条件下进行,常常发生在两个不饱和键的碳原子之间,同时取代一个碳原子上的氯和相邻碳原子上的氢。如 DDT 经过脱氯化氢后形成 DDE 的反应过程就是脱氯化氢反应,并形成不饱和碳键(图 6-20)。

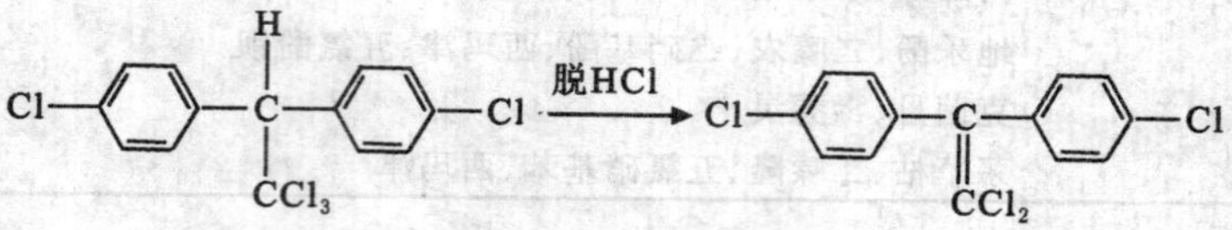

图 6-20 DDT 脱氯化氢反应

但是,也有一些有机氯分子很复杂,在微生物作用下,第一步并不能将氯原子脱去,而只能将氯原子在农药分子上的位置改变一下,形成一个异构的农药分子,这一过程虽然没有直接脱除氯,但利于降解脱氯,整个过程是在不同的微生物参与下完成不同的步骤。难于脱氯降解的分子被异构化后,氯的脱除会变得相对容易。

(2)DDT 的微生物降解

DDT 的降解最初需要在厌氧条件下还原性脱卤。大约有 300 个菌株的微生物可使 DDT 脱掉 1 个氯原子转化为 DDD(二氯二苯基二氯乙烷),其中有假单胞菌属、梭菌属、拟杆菌属(*Bacteroides*)、肠杆菌属和变形菌属等。而在好氧情况下却不能经过这一途径转化为DDD。DDT分子转化成DDD的过程是因为DDT与还原性铁卟啉形成一种复合物，这种复合物对微生物比较敏感，容易被降解，在好氧情况下不能形成这种复合物。

一种厌氧的氢单胞菌能够多用途降解DDT为DDD、DDM、DDE、DBH。在好氧的条件下可以将DDM的苯环裂解，但不能将其完全降解，完全氧化要由其他微生物完成。如链孢霉菌和氢单胞菌一起便可将DDM氧化成CO_2和H_2O。在厌氧和好氧结合的条件下，DDT可能完全矿化。其过程是DDT在厌氧条件下代谢产生二氯二苯基甲烷，然后经过一系列的还原性脱氯，再在好氧条件下经其他微生物作用（如假单胞菌和一些脱卤真菌）使苯环裂解（图6-21）。

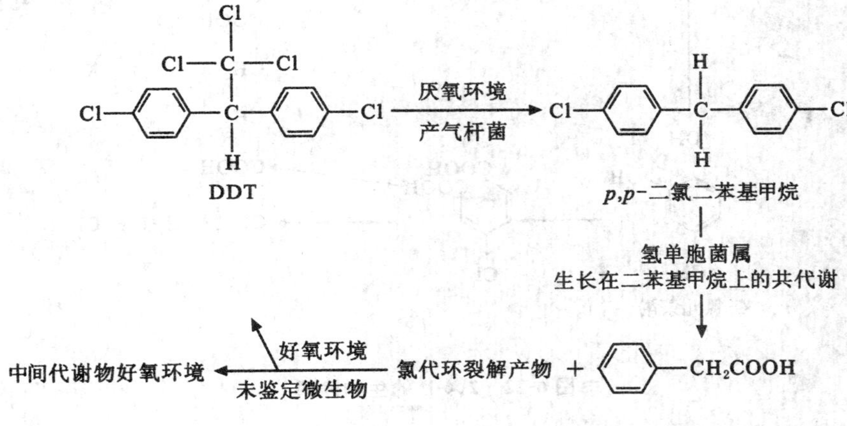

图6-21　DDT的好氧和厌氧代谢方式

一些真菌对DDT的降解能力也较强，DDT经真菌代谢产物也可产生DDM、DBH，藻类和原生动物降解DDT的能力较弱。

6.2.5.4　除草剂的生物降解

(1)苯氧羧酸的生物降解

2，4-D是最早开发的苯氧羧酸类除草剂，杀草活性高选择性强，现在广泛使用。2，4，5-T效果虽好但是在合成过程中有二噁英产生，许多国家已经禁用。由于2，4-D基本结构是苯环，而且被双氯氯化，所以其结构很稳定，加大了自然界和生物降解的难度。

但是，仍有许多微生物可以降解2,4-D等大多数苯氧羧酸类物质，而2,4，5-T

降解菌少且很难分离。转化的主要方式有苯环羟化、长链脂肪酸的β-氧化以及苯环或醚键的裂解。由于2,4-D是被两个相间位上氯所氯化的芳香族，所以在生物降解过程中由于氯元素之间的相互作用，脱氯的难度比单个元素的氯化更难，一般降解过程都不能将两个氯同时脱掉。微生物降解2,4-D的途径见图6-22。

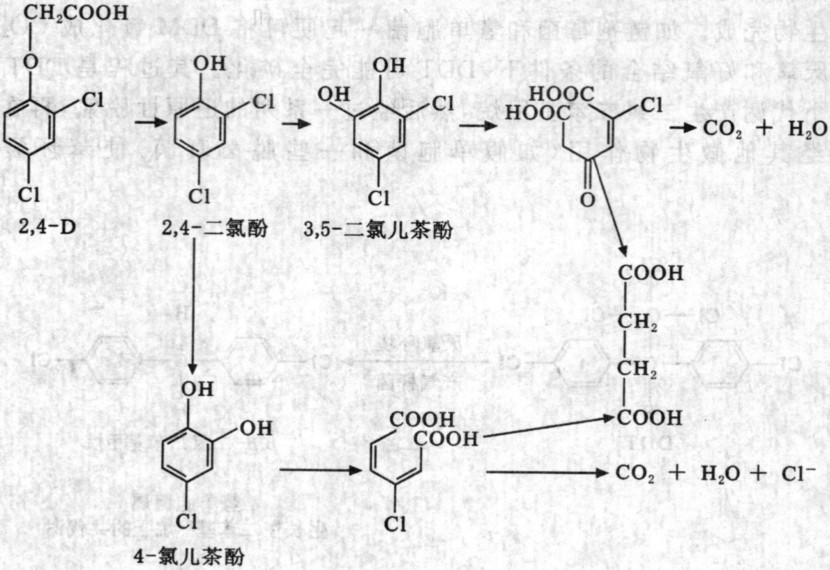

图6-22　2,4-D的生物降解

(2)酰胺类农药的微生物降解

酰胺类农药主要是除草剂，一般可完全矿化。含有酰苯胺的酰胺类农药，如敌稗(N-丙酰-3,4-二氯苯胺)在土壤中容易代谢，中间代谢物3,4-二氯苯胺(DCA)，容易聚合成3,3,4,4-四氯偶氮苯(TCAB)，大部分的苯胺基团可以被完全降解。

有些只能发生微小转化。苯环的邻位上有烷基取代基的酰胺类农药，如甲草胺和异丙甲草胺，可以阻止酶的附着，几乎没有单一微生物可以矿化它们。但Villaxeal等证实复合菌落能将异丙甲草胺完全降解。细菌莫拉氏菌属(*Moraxella*)将异丙甲草胺的环部分代谢为2-氯-N-异丙乙酰胺，接着被黄色杆菌属(*Xanthobacter* sp.)矿化。土壤真菌球毛壳菌(*Chaetomium globosum*)能部分地将甲草胺分子的不同部分脱氯或氧化，并能将异丙甲草胺代谢为类似产物。真菌可以降解双苯酰草胺，如镰刀菌属(*Fuarium*)、曲霉属和青霉属很有效，但是细菌仍是重要的降解菌。真菌降解的速率要低得多，真菌降解需要几个月，而细菌只需要几天。

甲草胺的生物转化在硝化、硫酸盐还原和甲烷生成条件下所形成的转化产物不同。在各种条件下，甲草胺转化产物都有乙酰甲草胺和二乙苯胺等。在硝化反应条件下还有苯胺，在产甲烷条件下，当乙酰甲草胺作为母体化合物给料后也有转化产物苯胺。硫酸盐还原菌也能部分地转化酰胺类除草剂。

二甲酰亚胺(dicarboximide)类杀菌剂经历不同的微生物转化。异菌脲和乙烯菌核利比甲菌利和腐菌利更容易降解，转化产物有3，5-二氯苯胺。转化与pH值关系很大，最适降解pH值为6.5，低于5.5时不能降解，高于7.5时化学水解显得很重要。

6.2.5.5　有机磷农药的降解

有机磷农药是农药中很重要的一类，具有高效的杀虫效力，在环境中稳定性大，属于剧毒高残留农药。由于有机磷农药都含有 P═O 或 P═S 基团，许多细菌(酸杆菌、大肠杆菌、假单胞菌、硫杆菌)、真菌(木霉、青霉)、藻类可以通过水解反应参与这些基团的水解而降解有机磷农药。水解反应式如图6-23所示。

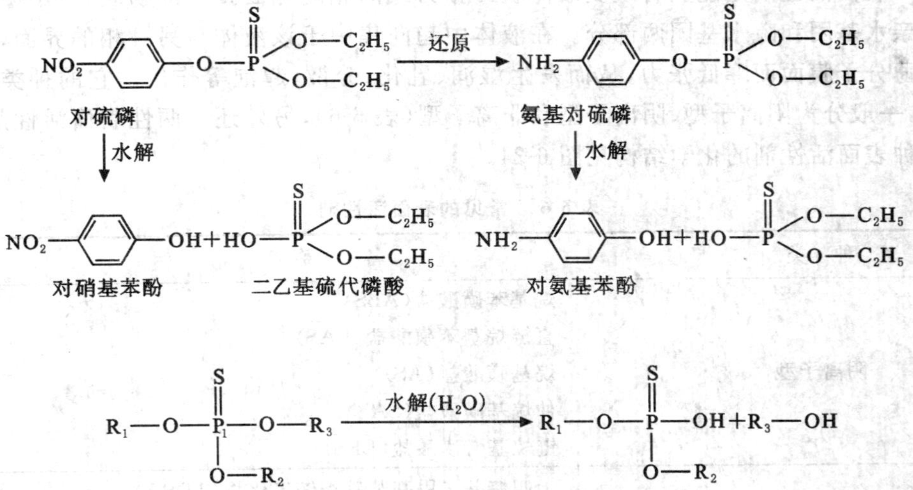

图6-23　对硫磷的微生物降解过程

降解的另一途径是还原反应。主要是通过微生物将有机磷分子上的氧化基团进行还原，如对硫磷中的硝基可还原为氨基对硫磷。氨基对硫磷的毒性很小，还原使其毒性大大降低。其进一步降解产物是对硝基苯酚。如果环境中同时存在氨基对硫磷和对硝基苯酚时，如果再加入对硫磷，则对硫磷的降解不经过氨基对硫磷的还原过程，而直接是水解过程，因为环境中对硝基苯酚的存在，使环境中大量生长了能水解对硫磷的微生物，这些微生物直接作用硝基苯酚生长而成为优势菌种。

参与对硫磷降解的菌株有：无色杆菌、金黄节杆菌 TW17，黄杆菌 ATCC 27551，诺卡氏菌（*Nocardia*）B-1 和 TW2，缺陷短波单胞菌（*Brevundimonas diminuta*）MG 等。

6.2.6 合成洗涤剂的微生物降解

6.2.6.1 合成洗涤剂的概述及分类

表面活性剂是洗涤剂的主要成分，我国的合成洗涤剂主要含直链烷基苯磺酸盐(LAS)，其他的合成洗涤剂还有三聚磷酸钠、硫酸钠、碳酸钠和羧甲基纤维素(CMC)等。洗涤剂合成厂、洗衣厂、工业用洗涤剂清洗水以及生活污水中洗涤剂含量很高，对水体污染构成很大的威胁。

表面活性剂是能显著改变液体表面张力或两相间界面张力的物质，分子中含有亲水基团和疏水基团两部分。在液体中趋向集中于该液体与另一相的界面，形成薄分子膜面而降低张力，从而发生湿润、乳化、分散、起泡等作用。它的种类很多，一般分为阳离子型、阴离子型和非离子型（表 6-6），另外还有两性表面活性剂。几种表面活性剂的化学结构见图 6-24。

表 6-6 常见的表面活性剂

种 类	名 称
阴离子型	烷基苯磺酸盐(ABS) 直链烷基苯磺酸盐(LAS) 烷基磺酸盐(AS) 仲烷基磺酸盐(SAS) 链烷基醚磺酸盐(LES)
阳离子型	十四烷基二甲基苄基季铵氯化物(TDBA) 十六烷基三甲基季铵溴化物 十八烷基二甲基苄基季铵氯化物

续表 6-6

种　类	名　称
非离子型	脂肪醇聚氧乙烯醚
	烷基苯酚聚氧乙烯醚
	脂肪酸聚氧乙烯酯
	聚氧乙烯烷基胺
	聚氧乙烯烷基酰胺
	多醇类

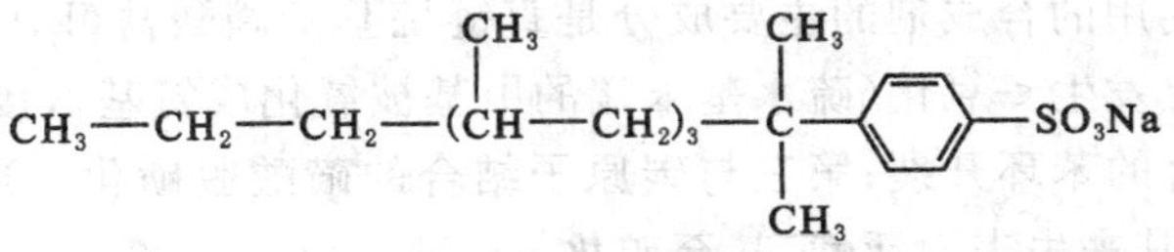

烷基苯磺酸盐(ABS)，阴离子型

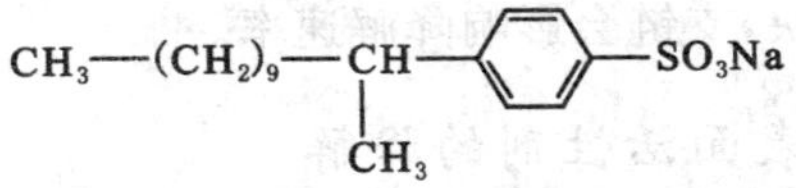

直链烷基苯磺酸盐(LAS)，阴离子型

$CH_3—CH_2—(CH_2)_n—CH_2—SO_3Na$

烷基磺酸盐(AS)，阴离子型

$R—O—(C_2H_4O)_n—H$

脂肪醇聚氧乙烯醚，非离子型

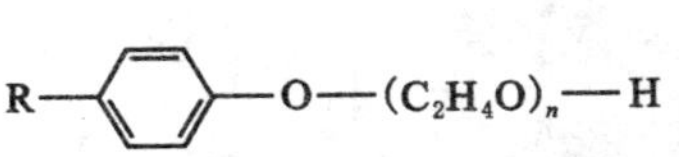

烷基苯酚聚氧乙烯醚，非离子型

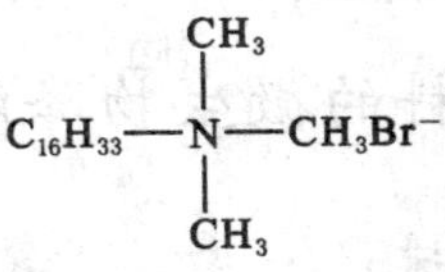

十六烷基三甲基季铵溴化物，阳离子型

图 6-24　几种表面活性剂的化学结构式

现已分离到能以表面活性剂为唯一碳源和能源的微生物，主要是假单胞菌属、邻单胞菌属、黄单胞菌属、产碱杆菌、微球菌、诺卡菌等，固氮菌除拜氏固氮菌外，其他都是表面活性剂的积极分解者，其中固氮菌对含洗涤剂污水的降解有着重要的意义，通过固氮菌固定大气中的氮，水中含有有机氮就可促进其他微生物的生长，从而提高洗涤剂的降解速率。

6.2.6.2 阳离子型表面活性剂的降解

环境中的微生物能够降解阳离子表面活性剂，但详细的生化过程至今未能详细的了解。据推测其疏水性的长链烷基也是按通常的方式降解，即首先在末端发生氧化变成脂肪酸，随之发生 A-氧化，生成乙酸单元，最后变成二氧化碳和水。如十四烷基二甲基卞基季铵氯化物（TDBA）在活性污泥中经过生物降解后，检出的中间物是苯甲酸、乙酸和十四烷基二甲胺，未检出伯胺和仲胺。

6.2.6.3 阴离子型表面活性剂的降解

现在广泛使用的合成剂的主要成分是直链烷基苯磺酸盐（LAS），LAS 的降解首先是在烷基上发生 ε-氧化（疏水基末端的甲基被氧化成氨基），接着进行 β-氧化；第二与烷基结合的苯环开裂；第三与碳原子结合的磺酸脱磺化。这几个过程可能同时发生，致使其丧失表面活性，甚至矿化。

在 LAS 中降解速率随磺酸基与烷基链末端间的距离的增加而加快，烷基碳原子在 6～12 h 降解速率快，支链会影响降解速率。

6.2.6.4 非离子型表面活性剂的降解

非离子表面活性剂主要的两大类为脂肪醇聚氧乙烯醚和烷基苯酚聚氧乙烯醚，在环境中这些都比较容易降解。脂肪醇聚氧乙烯醚类和烷基苯酚聚氧乙烯醚类降解的第一步是分子裂解为相应的醇、酸和聚乙二醇，醇通常被氧化成酸，而后经 β-氧化进一步降解。

6.2.7 塑料的微生物降解

6.2.7.1 概述

塑料具有轻便、耐腐、耐磨、高强度、底价格等特点在现代生活中广泛应用，传统的塑料是以石油化工为基础的，在 20 世纪 70 年代塑料产业得到迅猛发展，无论是各行业还是人们的日常生活都于塑料密切相关。但由于传统的化学合成的塑料在自然环境中很难被分解，焚烧处理则产生大量的有害气体，塑料垃圾越来越多地在自然界中积累，对环境造成极大的危害。目前，许多国家对可降解塑料进行了开发与研究，多种可降解塑料相继问世。

6.2.7.2 可降解塑料

可降解塑料主要包括光降解塑料、淀粉基生物可降解塑料、微生物发酵合成的可降解塑料、天然高分子合成的可降解塑料，以聚 β-羟基烷酸(PHAs)为原料的新型塑料可以被多种微生物完全降解，开发前景十分乐观。目前国外已经商品化生产的可降解塑料种类有脂肪族聚酯、淀粉聚乙烯、热塑性淀粉共性物、聚乳酸和聚己内酯等。

可降解塑料中，以聚 β-羟基丁酸(PHB)最常见，这类塑料能够被环境中很多微生物降解，一般在厌氧的污水中降解最快。

PHB 的降解可分为两步，第一步可降解塑料是 PHB 表面的—OH 和—COOH基团数量增加；第二步是细菌解聚反应，酶将高聚物降解成为单体。其代谢过程如图 6-25 所示。

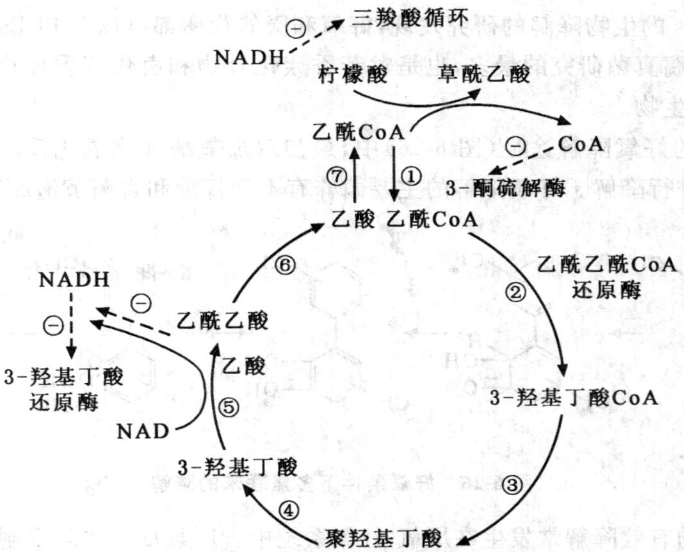

图 6-25 PHB 的代谢过程

6.2.8 多氯联苯的降解

6.2.8.1 概述

多氯联苯简称 PCBs。PCBs 的物理化学性质极为稳定，高度耐酸碱和抗氧化，对金属无腐蚀，具有良好的电绝缘性和耐热性，除去一氯联苯和二氯联苯以外均为不燃物质。过去 PCBs 用作润滑剂、绝缘油和涂料，但是后来发现对人和动物有毒性和致癌性，现已经禁止使用。联苯和萘、蒽和菲等 PSHs 化合物相似，容易被微生物降解，在环境中不会积易，但联苯被氯取代以后则变得难降解。PCB 中氯越多，在环境中的稳定越强。越难降解，由于其持久性和高脂溶性，会通过食物链富集，从而对生态系统产生深远的影响。

6.2.8.2 多氯联苯的降解

对 PCBs 的生物降解的研究发现，好氧和厌氧代谢都可以对 PCBs 进行生物转化。其中白腐真菌研究的最多，也是对芳香族化合物和卤代芳香烃化合物降解能力最强的微生物。

PCBs 的好氧降解途径(图 6-26)中，最初双加氧酶催化氧化反应形成对应的儿萘酚，再进行降解。好氧降解的主要菌株有不动杆菌和真菌黄泡原毛平革菌等。

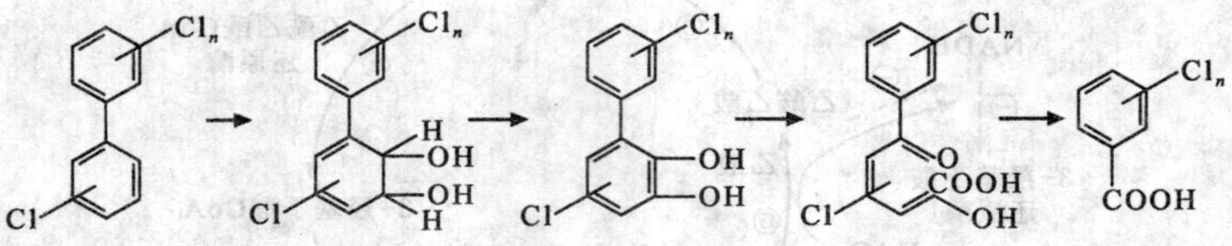

图 6-26 好氧条件下多氯联苯的降解

PCBs 的有效降解常发生在厌氧-好氧系统中。厌氧反应去除限制好氧降解的氯原子，产物更容易在好氧下降解。如在好氧条件下不能降解的 PCB-1260 就是如此。

6.2.8.3 邻苯二甲酸酯类的生物降解

邻苯二甲酸酯是一类普遍使用的化学工业品。它主要作为聚氯乙烯、聚丙烯、聚乙烯、聚苯乙烯生产中的改性添加剂，用于增大产品的可塑性和提高产品的强度，所占比重仅次于高聚体。邻苯二甲酸酯也可用作农药载体、驱虫剂、化妆品、香味料、润滑剂和去泡剂的生产原料。另外，在家具业、汽车业、电线电缆业和服装业也有广泛的应用。由于邻苯二甲酸酯类化合物的大量生产与广泛应用，已在大气、水体、土壤、生物体乃至人体中普遍发现，因此成为一种全球性的重要环境污染物。

邻苯二甲酸酯类在环境中水解、光解的速率非常缓慢，生物降解是邻苯二甲酸酯类有机污染物分解的重要途径。

对邻苯二甲酸酯类的微生物降解经过接种试验、原水/废水试验和土壤/沉积物试验、初始性生物降解试验（母体化合物消失）和最终性生物降解试验（CO_2或CH_4）表明，从各种栖息地分离的微生物，对邻苯二甲酸酯类有机污染物及其中间产物均具有一定的降解作用，生物降解性随烷基链含碳数目的增加和分支侧链的增加而降低。

好氧条件下，利用未驯化的微生物对低分子量的邻苯二甲酸酯进行降解，在一周内生物降解率大大超过 90%；对高分子量的邻苯二甲酸酯的降解率非常低，而利用驯化 12 d 后的微生物处理的降解率达 90%。其原理是邻苯二甲酸酯在微生物作用下，水解成邻苯二甲酸单酯，再生成邻苯二甲酸和相应的醇。邻苯二甲酸在加氧酶的作用下生成 3,4-二羟基邻苯二甲酸，或 4,5-二羟基邻苯二甲酸后，形成原儿茶酸等双酚化合物，芳香链开裂形成相应的有机酸，进而转化成丙酮酸、琥珀酸、延胡索酸等进入三羧酸循环，最终转化为 CO_2和 H_2O。邻苯二甲酸酯的生物降解见图 6-27。

在厌氧条件下邻苯二甲酸酯类有机污染物的生物降解率较低，生物降解途径研究较少，但也可观察到邻苯二甲酸单酯和邻苯二甲酸生成后，进一步降解成苯甲酸，直至 CO_2和 H_2O 的生成。

6.2.8.4　偶氮染料的降解

偶氮染料是最大的一类染料，广泛用于纺织业和印刷业，其化学结构为偶氮苯和偶氮萘酚的衍生物。有些偶氮染料是致突变剂和致癌剂，例如 4-苯基偶氮苯胺以及 N,N-二甲基-4-苯偶氮苯胺。

对偶氮染料的生物降解的研究发现了许多对染料有降解活性的菌株，有厌氧降解菌，也有好氧降解菌。表 6-7 概括了目前国内外筛选分离到的主要染料降解菌。

偶氮、硝基和磺基等取代基团抗细菌降解。偶氮染料很少在好氧条件下降解，只有真菌黄孢原毛平革菌和在羧基化偶氮染料下长期适应的假单胞菌株等少数好氧降解菌。据报道，黄孢原毛平革菌可以降解刚果红、橙 II 和金莲橙(苯胺黄)。

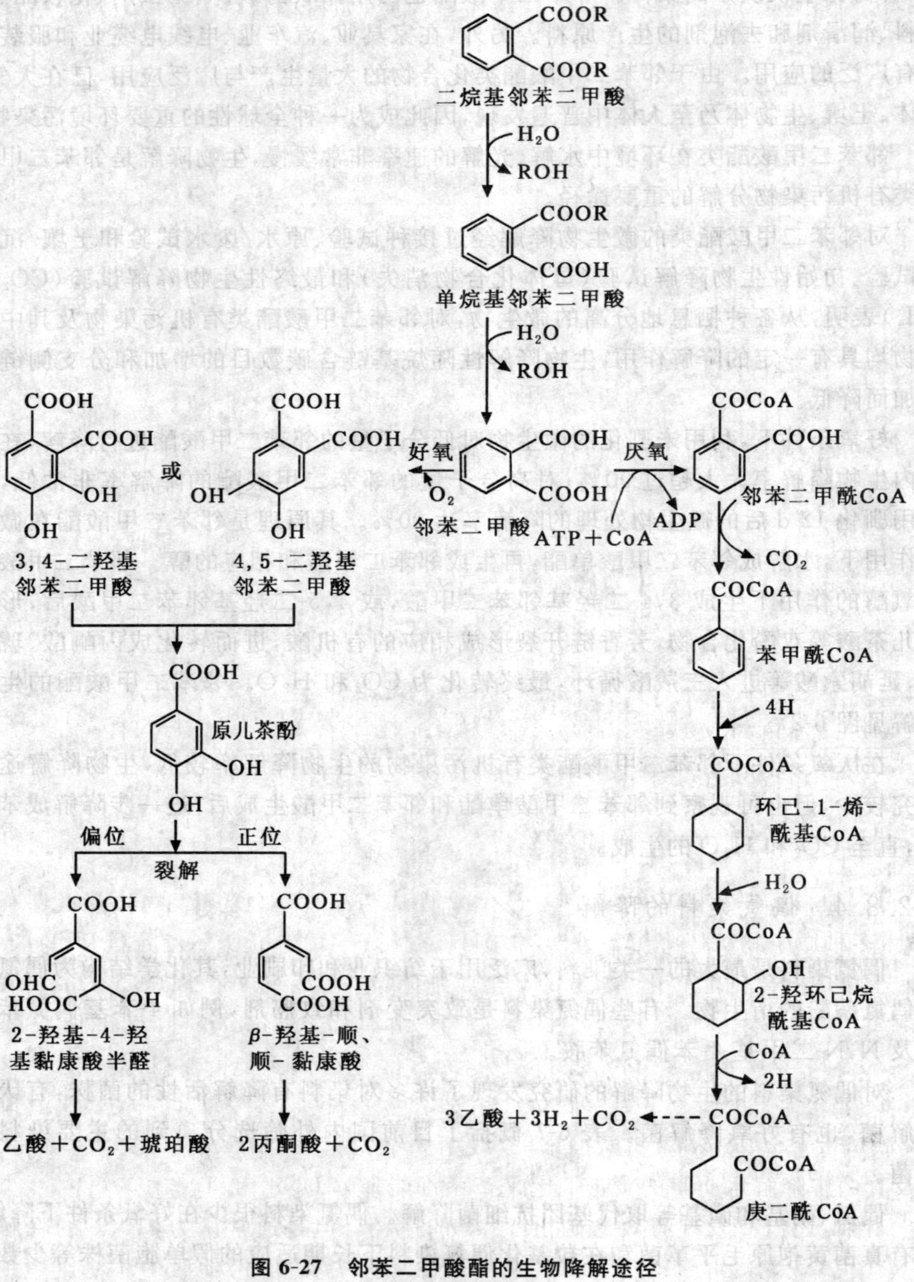

图 6-27 邻苯二甲酸酯的生物降解途径

偶氮染料脱色的关键是偶氮键还原断裂形成无色的芳香胺。许多细菌可以在厌氧条件下通过共代谢将偶氮化合物还原为胺，如梭菌属(*Clostridium*)、枯草芽孢杆菌(*B. subtilis*)、链球菌属(*Streptococcus*)、肠球菌属(*Enterococcus*)和变形菌属(*Proteus*)(Pasti-Grigsby，1992)。偶氮化合物经厌氧转化形成芳香胺，但这些芳香胺毒性强和有致癌性，并会积累，很少降解。

表 6-7　典型染料降解菌

菌株	降解对氧的要求	染料种类			
		偶氮	蒽醌	三苯甲烷	其他
假单胞菌 13NA	厌氧	+		+	
假单胞菌 KF46	好氧	+			
梭菌 CA-8	厌氧	+			
柠檬酸杆菌 C20-36	厌氧	+			
链霉菌 BW130	好氧	+	+		+
芽孢杆菌 IFO13719	好氧	+	+		
红城红球菌 ATCC4277	—	+			
气单胞菌 24B	好氧	+			
气单胞菌 RD2	厌氧	+			
假单胞菌 GM-IG	厌氧	+	+		+
假单胞菌 S-59，S-42	厌氧	+			+
链霉菌 All	好氧	+	+		
黄孢原毛平革菌 BKM-F-1767	好氧	+	+	+	+

注：表中符号“+”表示该染料可被菌株在适当条件下降解。

6.2.8.5　TNT 的降解

TNT(2，4，5-三硝基甲苯)是主要的常规炸药品种，对许多生物体有毒性和致癌性，多种微生物可以降解 TNT。中国科学院微生物研究所杨彦希等从 TNT 污染的土壤中分离到能转化 TNT 的 6 个属细菌，包括：芽孢杆菌属(*Bacillus*)、假单胞菌属、柠檬酸杆菌属(*Citrobacter*)、肠杆菌属(*Enterobacter*)、克雷伯氏菌属(*Klebsiella*)和埃希氏菌属共 47 株细菌；尹萍等还分离到能降解 TNT 的 13 株酵母分别属于汉逊酵母属(*Hansenula*)和假丝酵母属(*Candida*)，以及 4 株白地霉(*Geotrichum candidum*)。据报道，放线菌中链霉菌属(*Streptomyces*)的 16 株菌以及真菌中降解木质素的黄孢原毛平革菌都能降解 DNT 和 TNT。

目前，还没有发现有效的矿化 TNT 的途径。但是通常认为，TNT 的降解是在厌氧和微好氧条件下，TNT 的硝基被逐个还原为氨基，但随后的还原作用越来越缓慢和不完全(图 6-28)。如果条件转变为好氧，则苯环裂解开环，部分还原的中间产物形成更复杂的致癌的偶氮缩合产物。

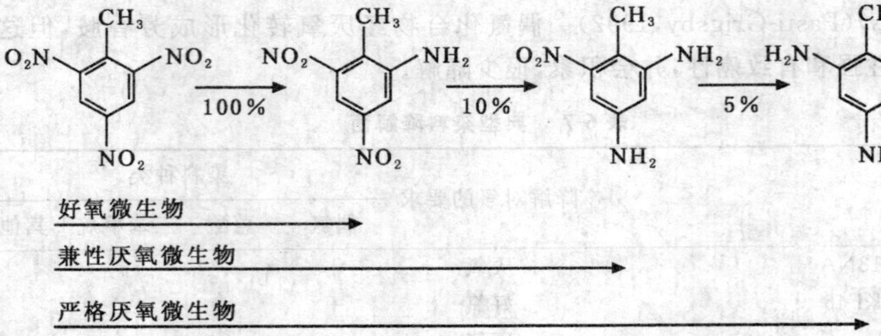

图 6-28 TNT 的还原性转化

每一步还原都比前一步不完全。第一步还原甚至可由好氧微生物催化，最后一步只能在严格厌氧条件下进行。还原不会导致矿化，而是使残留物结合或聚合。

6.3 微生物对无机污染物的转化

在环境中，重金属是一类常见的无机污染物，也是危害特别严重的污染物。难于转化或降解，在环境中不易消失，一旦进入机体后，不易排泄，逐渐富积，可以导致机体中毒。环境污染中重金属污染主要来自下面几个方面：金属矿山的开采，金属冶炼厂，金属加工和金属化合物制造，大量施用金属的企业和部门，汽车尾气排出铅，肥料和农药带入的砷、铅、锡和钼等。但是，在自然界中长期与重金属接触形成了一些特殊的微生物，它们对有毒重金属具有抗性，可使重金属在生物酶的作用下发生转化，导致重金属的结构发生微小的改变，如元素的价态变化，重金属的甲基化等，因而使污染物毒性加强或减弱。

6.3.1 汞的微生物转化

汞在自然界以金属汞、无机汞和有机汞的形式存在，有机汞的毒性比金属汞、无机汞的毒性大。而烷基汞是迄今所知毒性最剧的汞化物，甲基汞毒性比无机汞高 50～100 倍，并易被植物吸收，通过食物链在生物体逐级浓集，对生物和人体造成危害。汞在自然界中的循环图见图 6-29。

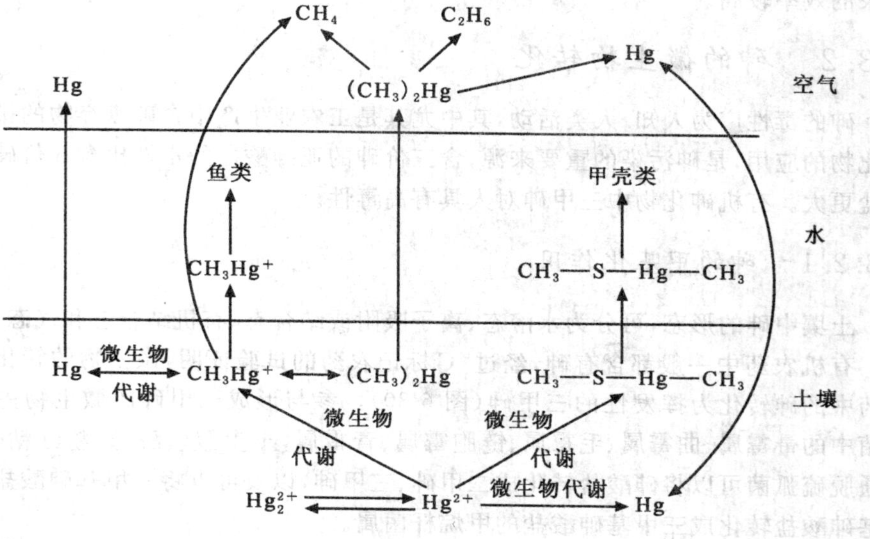

图 6-29 汞循环图

6.3.1.1 甲基化作用

有些微生物能将无机汞经甲基化生成甲基汞。如果是嫌气条件，无机汞在某些微生物如甲烷生成菌、荧光假单胞菌、酿酒酵母的作用下，或有甲基维生素 B_{12} 那样的化合物存在下，转变为甲基汞或乙基汞化合物。其过程：

$$Hg^{2+} \xrightarrow{RCH_3 \curvearrowright R} CH_3Hg^{+} \xrightarrow{RCH_3 \curvearrowright R} (CH_3)_2Hg \uparrow$$

6.3.1.2 还原作用

自然界存在另一类能使有机汞和无机汞化物还原为元素的汞的微生物，统称为抗汞微生物。其还原过程

$$HgCl_2 + 2H \xrightarrow{\text{还原}} Hg + 2HCl$$

抗汞微生物中以假单胞菌常见。我国曾从松花江底泥表层中分离筛选驯化出 3 株使甲基汞还原的假单胞菌，经实验证明，对 1 mg/L 和 5mg/L 的 CH_3HgCl 消除率达到 100%，10 mg/L 和 20 mg/L 的 CH_3HgCl 消除率达到 90%，清除氯化甲

基汞的效率较高。

6.3.2 砷的微生物转化

砷的毒性广为人知.人类活动,其中尤其是工农业生产中含砷废弃物的排放和砷化物的应用,是砷污染的重要来源,含三价砷的亚砷酸盐的毒性比含5价砷的砷酸盐更大。有机砷化物中三甲砷对人具有高毒性。

6.3.2.1 砷的甲基化作用

土壤中砷的形态,可分为水溶态、离子吸附或结合态,有机结合态和气态。

有机农药中一般都含有砷,经过^{14}C标记农药的试验证明,微生物的转化能使农药中的砷转化为挥发性的三甲砷(图6-30)。参与形成三甲砷的微生物主要是真菌中的帚霉属、曲霉属、毛霉属、链胞霉属、青霉属,土生假丝酵母、粉红粘帚霉、普通脱硫弧菌可以将砷酸盐转化成二甲砷、三甲砷,以及可以将一甲基砷酸盐和二甲基砷酸盐转化成三甲基砷酸盐的甲烷杆菌属。

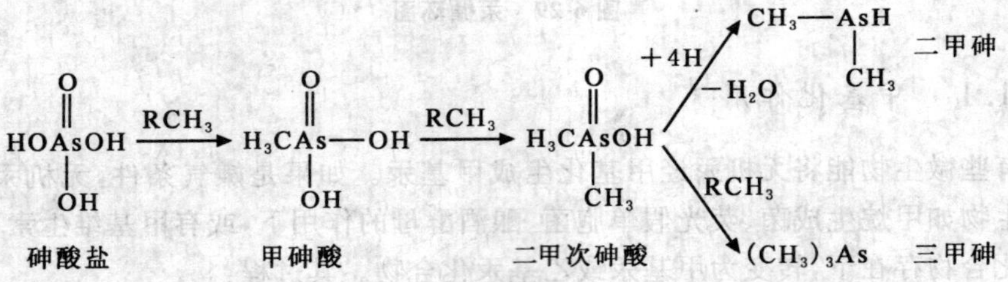

图6-30 微生物生成甲基砷的可能途径

6.3.2.2 微生物对As^{3+}和As^{5+}转化

土壤中砷酸和亚砷酸的相互转化还与微生物如五色杆菌属、假单胞菌、节杆菌属和产碱菌属的活动有关。有人将 *Bacillus ursenoxydans* 在含有1%的亚砷酸培养基中生长,能把亚砷酸氧化成砷酸,同时消耗一定量的氧气。

$$NaAsO_2 + O_2 + H_2O \longrightarrow 2NaH_2AsO_2$$

6.3.2.3 微生物对As^{5+}还原为As^{3+}

另一些异养型微生物可以将砷酸盐还原为亚砷酸盐,如季也蒙毕赤酵母、微球菌。砷在自然界的循环过程见图 6-31。

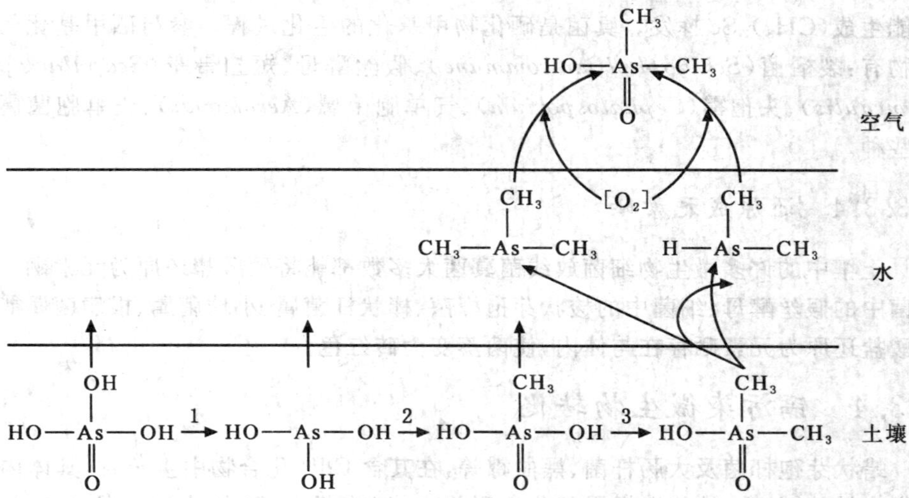

图 6-31 砷循环图

6.3.3 硒污染微生物降解

6.3.3.1 环境中的硒

常见的价态有−2,0,+4,+6,与同族元素硫的理化性质非常相似,完全呈非金属性。硒是生物必需的微量元素,缺硒会引起地方病如大骨节病、克山病等疾病,但硒又是毒物,硒的化合形态对人的毒性最强,其中以亚硒酸盐最大,其次为硒酸盐,元素硒毒性最小。

6.3.3.2 有机硒化物矿化为无机硒

土壤中的硒化物被植物吸收同化后,植物蛋白中的硫常为硒所取代,在植物死亡后,可释出硒蛋氨酸及甲硒半胱氨酸。此外植物体内还含有硒胱硫醚以及二甲硒化物,均可被微生物矿化成无机硒酸盐或亚硒酸盐。

6.3.3.3 硒化物甲基化

硒的某些化学性质与砷相似,也可以同样方式被微生物代谢。经研究证明,土壤及湖底淤泥中的有机无机硒化物，硒酸盐或亚硒酸盐、硒氨基酸盐、硒半胱氨酸、硒脲等经微生物转化为稳定性的二甲基硒化物然后释放到空气中。如果碳源充足可能生成$(CH_3)_2Se$挥发。真菌是硒化物甲基化的生化过程。参与硒甲基化的微生物有：裂褶菌（*Schizophyllum commune*）、假丝酵母、短扫帚霉（*Scopulariopsis brevicaulis*）、头孢霉（*Cephalosporium*）、气单胞菌属（*Aeromonas*）、假单胞菌属的某些种。

6.3.3.4 还原成元素硒

土壤中的许多微生物细菌放线菌真菌大多数都能将硒酸盐还原为元素硒。如真菌中的假丝酵母、细菌中的梭状芽孢杆菌、棒状杆菌属、小球菌属、根瘤菌属能将硒酸盐还原为元素硒存在与体内，使菌落变为砖红色。

6.3.4 镉污染微生物转化

蜡状芽孢杆菌及大肠杆菌、黑曲霉等，在其含Cd^{2+}化合物中生长时，其体内能浓集大量的镉。一株能以锡甲基化的假单胞菌在维生素B_{12}镉化物存在时，能将无机Cd^{2+}转化，生成少量的挥发性的镉化物。这种甲基化镉化物在水体中也可以通过烷基转移作用使汞甲基化而生成甲基汞。

6.3.5 铅污染微生物转化

微生物可使铅甲基化在室内，将适当的碳氮养料加入到湖底泥中培养，假单胞菌属、产碱杆菌属、黄色杆菌属及气单胞菌属中的某些种能将乙酸三甲基铅转化成四甲基铅$(CH_3)_4Pb)$，如果硝酸铅、乙酸三甲基铅多，则转化成的四甲基铅就多。

6.3.6 氰化物的微生物转化

氰化物在环境中的稳定性变化很大，取决于其化学形态、浓度、温度及其他化学成分的特性。当环境呈酸性，且充分曝气，则大部分氢氰酸呈气态转入大气中。氰离子与溶液中二氧化碳作用，可生成气态氢氰酸。

$$CN^- + CO_2 + H_2O \rightarrow HCN\uparrow + HCO_3^-$$

微生物可以从氰中取得碳、氮养料，有的微生物甚至以它作为唯一的碳源和氮源。分解氰化物的微生物有：诺卡氏菌、腐皮镰霉、木霉、假单胞菌等。

复习思考题

1. 光降解、化学降解和转化、生物降解的特点?
2. 有机污染物生物降解的特点?
3. 生物降解性的测定的方法各有何优缺点?
4. 微生物降解和转化污染物的潜力体现在哪些方面?
5. 何谓共代谢作用 举例说明共代谢作用?
6. 微生物对石油分解有何特点? 叙述烷烃类的生物降解途径。
7. 微生物降解农药机理?
8. 微生物降解多环芳烃机理?
9. 微生物降解合成洗涤剂机理?
10. 微生物降解多氯联苯机理?
11. 无机污染物微生物转化的特点?
12. 无机污染物微生物转化的特点?

7 污水的生物处理

本章提要：污水的生物处理方法是污水处理方法中最重要的方法之一。根据微生物的代谢特性，可分为好氧微生物和厌氧微生物，生物处理方法相应地分为好氧和厌氧生物处理。本章介绍了活性污泥法、生物膜法、氧化塘法、厌氧生物防治处理法及污水的深度处理的基本原理、工艺特点、运行条件等，生物处理的基本类型，不同处理方式中微生物区系组成、演替。

7.1 水体自净作用

7.1.1 水体净化

污染物进入水体后经物理、化学、生物的作用，使污染物浓度降低或总量减少，受污染的水体部分或全部恢复原状的称为水体自净或水体净化。水体所具备的这种能力称为水体的自净能力或自净容量。如果排放进入水体的污染物的数量超过水体自净能力或容纳能力时，就会导致水体污染。

水体自净是一个非常复杂的过程，按机理可分为物理净化、化学净化和生物净化3类。

(1)物理净化

水体中的污染物通过稀释、混合、沉淀与挥发等物理过程，使浓度降低，但总量不变。影响的因素主要有河水流量与废水流量之比、排污口位置及其排放方式、河段的各种地质、水文和地理条件等。

(2)化学净化

水体中的污染物通过氧化还原、酸碱反应、分解反应、吸附凝聚、离子交换等过程，使其存在形态发生变化，浓度降低。氧化还原是水体化学净化的主要作用。水体中的溶解氧可与某些污染物发生氧化反应，生成难溶性的氢氧化物沉淀，硫离子被氧化成硫酸根随水迁移，硝酸盐在水体缺氧条件下被反硝化菌还原成 N_2 而除去。

(3)生物净化

水体中的污染物通过水生生物特别是微生物的生命活动，使其存在形态发生变化，有机物无机化，有害物无害化，浓度降低，总量减少。

自净过程中，有物理作用、化学作用，但最重要的是生物作用，即生物有机体对无机物和有机化合物的同化和异化作用。大量的有机物质通过微生物，特别是细菌的新陈代谢而被去除。

7.2 污水生物处理原理及种类

7.2.1 污水生物处理概述

污水生物处理是利用生物特别是微生物的代谢反应进行的一种处理方法，在微生物处理设施的运行管理过程中，必须创造微生物的最适宜环境和生存条件。污水生物处理的关键是污水处理的微生物及处理工艺，其最终的目的是净化水环境，造福人类社会。

污水生物处理的特点是具有很强的吸附力，良好的沉降性能；具有很强的分解、氧化有机物的能力；适用范围广；处理水量大，方法较成熟，成本低，无二次污染等。

7.2.2 污水生物处理的种类

废水生物处理主要是应用微生物，分解废水中的污染物为简单的无机物，以及转化为微生物细胞。根据所利用的微生物种类、反应条件、反应器以及废水性质，废水生物处理法可分为多种类型(表 7-1)。

表 7-1 废水生物处理方法的分类

划分依据	类型	方法举例
微生物种类	好氧(兼性)微生物	活性污泥法、接触氧化法等
	厌氧微生物	厌氧污泥床、厌氧滤池等
	藻类	好氧塘、兼性塘、厌氧塘等

续表 7-1

划分依据	类型	方法举例
微生物生长方式	悬浮生长	活性污泥法、氧化沟等
	附着生长	生物滤池、生物转盘等
反应器类型	完全混合式	完全混合式曝气池、曝气塘等
	间歇式	间歇消化池、SBR 装置等
	推流式	推流式曝气池、氧化沟等
	固定床	生物滤池、接触氧化法等
	流化床	好氧流化床、厌氧流化床等
	转盘式	生物转盘等

引自耿安朝．废水生物处理发展与实践．东北大学出版社，1997。

传统废水生物处理方法主要包括活性污泥法、生物滤池、氧化塘、污泥消化池等，这些技术无论是在设计理论还是实际运行管理过程中，都已有比较成熟的经验，随着科技的发展，目前已开发出了许多新工艺和新技术（表 7-2），并广泛应用于生产实践。

表 7-2 废水生物处理新工艺及特征

工艺	微生物环境条件	特 征
AB 工艺	好氧、悬浮生长	吸附与生化降解两段串联，耐负荷与毒物冲击强
SBR 工艺	好氧＋厌氧、悬浮或附着生长	批量进水，程序化间歇操作，适用于高浓度有机废水，脱氮效果明显
膜分离活性污泥法	好氧、悬浮生长	用膜分离装置为二沉池，避免细菌流失，有利于繁殖速度慢的细菌在反应器中积累
LINPO 工艺	好氧，悬浮＋附着生长	往曝气池中投加悬浮状载体，为微生物提供附着表面生物相浓度提高
井式曝气法	好氧，悬浮生长	深井或塔式曝气池，占地面积小，氧利用率高
D 型氧化沟	好氧＋厌氧	好氧与厌氧过程交替操作，脱氮除磷效果明显
活性生物滤池	好氧，悬浮＋附着生长	活性污泥法曝气池与生物滤池串联，兼具悬浮生长和生物膜法两大特点，处理效率高
厌氧生物滤池	厌氧，附着生长	完全浸没式，上、下两种进水方式，适合高浓度有机废水的处理
生物膜法	附着生长	附着表面积大，阻力小，生物量大
生物沙滤系统	好氧或厌氧，附着生长	结合砂滤与生物法特点，投资少，操作简单，适用于小型污染源

续表 7-2

工艺	微生物环境条件	特　征
生物流化床	好氧或厌氧，附着生长	附着生物膜的载体在流化状态下运转，气液固三相传质速度快，高负荷操作，处理效率优良
UASB 工艺	厌氧，悬浮生长	厌氧污泥在膨胀状态下运行，传质速度高，停留时间短，对高浓度难降解有机废水有良好去处除率
稳定塘系统	好氧＋厌氧藻类悬浮生长	主要利用藻类的塘沟技术组合，投资少，管理方便，可实现因地制宜
固定化微生物法	固定化生长	利用载体对微生物进行固定化，极大地提高了微生物的利用率，处理效果显著改善

引自耿安朝．废水生物处理发展与实践．东北大学出版社，1997。

7.3　活性污泥法

7.3.1　活性污泥法的基本原理

活性污泥法的主体是活性污泥，是以菌胶团、细菌、原生动物和后生动物为主的活性微生物群体。活性污泥法于 1912 年应用，迄今已有近百年历史，在反应和净化机理、微生物学和细胞学等方面均进行了全面的研究。

活性污泥特点是结构疏松、表面积大，具有很强的吸附凝聚能力、氧化分解能力和 pH 值缓冲能力，含水率约 99%，密度 1.002～1.006。活性污泥净化废水机理主要有下列 3 个方面：

7.3.1.1　吸附作用

活性污泥表面积大(2 000～10 000 m^2/m^3混合液)，表面含有大量多糖类黏液层，废水和活性污泥充分接触后，形成悬浊混合液，在 20～30 min 内，由于吸附作用去除大量的有机物，BOD 去除率在 75%以上。

7.3.1.2　代谢作用

活性污泥微生物以废水中各种有机物作为营养物质，在有氧的条件下，一部分污染物被氧化为CO_2、H_2O等无机物；另一部分转化为新的有机体，使细胞增殖。

7.3.1.3 凝聚和沉降

活性污泥在一定条件下易形成絮凝体。产生凝聚的主要原因包括：活性污泥中的动胶菌属、产碱杆菌属、假单胞菌属、芽孢杆菌属、黄杆菌属等细菌，其体内积累的聚β-羟基丁酸释放到液相中，促使细胞间相互凝聚，形成活性污泥絮凝体。

7.3.2 活性污泥法的工艺流程及净化过程

普通活性污泥法处理系统通常由曝气池、曝气系统、二次沉淀池、污泥回流系统和剩余污泥排放系统等几部分组成(图7-1)。

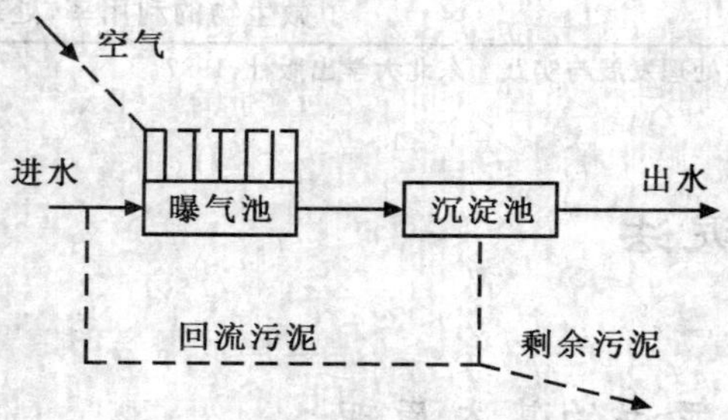

图7-1 活性污泥法的基本流程

污水在进入曝气池后与活性污泥形成混合液。曝气池是一个生物反应器，通过曝气设备充入空气，空气中的氧溶入污水中使活性污泥混合液产生好氧代谢反应。曝气既可提供氧气，又具搅拌作用，使污水中的有机物同微生物充分接触。反应后的混合液流入沉淀池，悬浮固体在沉淀池中沉淀并与水分离。

沉淀池中的污泥大部分回流，称为回流污泥。污泥回流的目的是使曝气池内保持一定的微生物浓度。在曝气池中增殖的微生物从沉淀池中排除，维持了活性污泥系统的稳定运行，这部分被排除的污泥叫剩余污泥。剩余污泥中含有大量的微生物，排入环境前先进行处理，以防止污染环境。

7.3.3 活性污泥法的影响因素

影响活性污泥反应环境因素很多，主要包括以下几个方面。

7.3.3.1　溶解氧

活性污泥中的微生物主要为好氧菌。一般说，溶解氧浓度以不低于 2 mg/L 为宜。但若溶解氧浓度过高，有机污染物分解过快，易导致营养缺乏，出现活性污泥老化，结构松散的现象。同时，会增加能耗，经济上不适宜。

7.3.3.2　温度

在好氧生物处理时，起作用的是中温性微生物，废水温度多维持在 15～30℃ 的范围内。当温度高于 35℃ 时，气味明显，当温度低于 10℃，BOD 的去除率降低。

7.3.3.3　pH 值

活性污泥法运行过程中，pH 值维持在 6.5～8.5 范围内，pH 值高于或低于此范围的污水均需调整后再进行处理。pH＜6 时，细菌繁殖受抑制，霉菌和其他真菌的生长加快，易产生污泥膨胀现象，从而影响废水的净化效果。

7.3.3.4　营养料

废水的营养成分是活性污泥法运行管理过程中重要的因素之一。通常，废水中的 BOD_5 应高于 100 mg/L。但如 BOD_5 浓度过高，溶解氧消耗过快，易出现厌氧状态。

7.3.3.5　有毒物质

“有毒物质”是指对活性污泥微生物生理活动具有抑制或毒害作用的无机物质及有机物质。影响活性污泥正常运行的主要毒物有重金属离子（如锌、铜、镍、铅、铬等）和一些非金属化合物（如酚、醛、氰化物、硫化物等），重金属及其盐类可使蛋白质变性或与酶的-SH 基结合使酶失去活性；醇、醛、酚等有机化合物能使蛋白质脱水而使微生物致死。此外，油脂类物质数量也应加以控制。

7.3.3.6　氧化还原电位

各种微生物要求的氧化还原电位不同，好氧微生物要求的 Eh 为＋300～＋400 mV；兼性微生物在 Eh 为＋100 mV 以上时进行好氧呼吸，在＋100 mV 以下进行厌氧呼吸。在活性污泥法中，其 Eh 以通入氧气的量来调节。

7.3.4 活性污泥法的性能指标

活性污泥的性能决定着净化效果的好坏。在吸附阶段要求污泥颗粒松散、表面积大、易于吸附有机物;在泥水分离阶段,则要求污泥凝聚与沉降性能良好。评价活性污泥性能,主要有下列几个指标。

7.3.4.1 混合液悬浮固体浓度(MLSS)

混合液悬浮固体浓度又称污泥干重是指在曝气池单位溶解混合液内所含有的活性污泥固体物的总重量。工程上往往以 MLSS 作为间接计量活性污泥微生物量的指标。混合液悬浮固体中的有机物称为混合液挥发性悬浮固体即挥发性污泥(MLVSS 或 VSS),用它表示活性污泥微生物量比用 MLSS 更为切合实际。对于一定的废水而言,MLVSS 与 MLSS 有一定的比值,例如生活废水的比值为 0.7 左右。由于测定方法比较简便易行,此项指标应用较为普遍。

7.3.4.2 污泥沉降比(SV)

又称为 30 min 沉降率,指混合液在量筒内静置 30 min 后形成沉淀污泥的容积占原混合液容积的百分率,以%表示。污泥沉降比能够反应曝气池运行过程的活性污泥量,可用以控制、调节剩余污泥的排放量,还能通过它及时发现污泥膨胀等异常现象的发生。所以 SV 是评定活性污泥特性的重要指标之一。一般城市污水的 SV 值为 15%～30%。

7.3.4.3 污泥体积指数(SVI)

又称污泥指数指在曝气池出口处的混合液,在经过 30 min 静止后,每克悬浮固体所占的体积(mL)称为污泥体积指数(SVI),其计算式:

$$污泥指数(SVI)=\frac{100\ mL\ 混合水样静置\ 30\ min\ 后的污泥体积(mL)}{100\ mL\ 混合水样的污泥干重(g)}$$

SVI 值能够反映活性污泥的凝聚、沉降性能,对生活废水和城市污水,此值以介于 70～100 之间。SVI 值过低,说明泥粒细小,无机质含量高,缺乏活性;SVI 值过高,说明污泥的沉降性能不好,并且已有产生膨胀现象的可能。

7.3.4.4 污泥密度指数(SDI)

曝气池混合液在静置 30 min 后,含于 100 mL 沉降污泥中的活性污泥悬浮固体的克数。它和 SVI 的关系为：

$$\text{污泥密度指数(SDI)}=\frac{100\ \text{mL 混合水样的污泥干重(g)}}{100\ \text{mL 混合水样静置 30 min 后污泥体积(mL)}}$$

7.3.4.5 污泥龄

曝气池内活性污泥总量(VX)与每日排放污泥量之比，称为污泥龄，即活性污泥在曝气池内的平均停留时间，也称为“生物固体平均停留时间”，即

$$\theta_c=\frac{VX}{\Delta X}$$

式中：θ_c——污泥龄（生物固体平均停留时间）；

VX——活性污泥总量；

ΔX——每日排放污泥量。

污泥龄是活性污泥法处理系统设计、运行的重要参数，在理论上也有重要意义。

这一参数还能说明活性污泥微生物的状况，世代时间长于污泥龄的微生物在曝气池内不可能繁衍成为优势种，如硝化细菌在 20℃时，其世代时间为 3 d，当 $\theta_c<3$ d 时，硝化菌就不可能在曝气池内大量增殖，不能成为优势种，就不能在曝气池内产生硝化反应。

7.3.4.6 BOD 负荷

BOD 负荷分为污泥负荷和容积负荷。BOD 污泥负荷是指有机污染物量与活性污泥的比值(F/M)，即曝气池内单位重量(kg)活性污泥，在单位时间(1 d)内能够接受并将其降解到预定程度的有机物量(BOD)。计算公式如下：

$$\frac{F}{M}=N_s=\frac{QS_a}{XV}[\text{kgBOD/kgMLSS}\cdot\text{d}]$$

式中：Q——污水流量，m^3/d；

S_a——原污水中的有机物(BOD)浓度，mg/L；

V——曝气池容积，m^3；

X——混合液悬浮固体(MLSS)浓度，mg/L。

F/M 是决定有机污染物的降解速度，活性污泥增长速度和溶解氧利用度的重要因素。在活性污泥处理系统的设计与运行中，还可用另一种负荷值——容积负

荷(N_v)表示。$N_v=\frac{QS_a}{V}$,单位为 kgBOD/(m^3曝气池·d)。

即单位曝气池容积(m^3)在单位时间(1 d)内能够接受并将其降解到预定程度的有机污染物量(BOD)。N_s值与N_v值之间的关系为$N_v=N_sX$。

7.3.5 活性污泥的生物组成

活性污泥中的微生物主要有细菌、放线菌、真菌和原生动物,以及少数其他微型动物。活性污泥中的有机物和上述微生物组成的食物链,形成了一个相对稳定的小型生态系统。在该生态系统的食物链中,细菌分解有机物,原生动物摄取细菌,后生动物摄食细菌和原生动物。正常情况下,细菌的种属及存在状态可以反映污泥是否运行正常。

7.3.5.1 细菌

组成活性污泥的细菌中,以化能异养性细菌为主,正成熟的每毫升活性污泥上的细菌数量为10^7～10^8个,包括了形成絮凝体的细菌,如以生枝动胶菌为代表的菌胶团细菌、丝状体细菌和球衣菌等。其中,菌胶团细菌和丝状细菌两类占主要,其数量可占污泥中微生物总质量的90%～95%,它们构成了活性污泥的基本骨架,在有机污染物的净化过程中起着最重要的作用。

在活性污泥絮凝体中占优势的细菌主要有生枝动胶菌(*Zoogloea ramigera*)、蜡状芽孢杆菌(*Bacillus cereus*)、中间埃希氏菌(*Escherichia intermedium*)、产碱杆菌属(*Alcaligenes*)、无色杆菌(*Achromobacter*)、假单胞菌属(*Pseudomonas*)、黄杆菌属(*Flavobacterium* sp.)、产气杆菌(*Aerobacter aerogenes*)、短杆菌属(*Brevibacterium*)、芽孢杆菌属(*Bacillus*)、弧菌属(*Vibrio*)和节杆菌属(*Arthrobacter*)等细菌。能够在人工培养基中形成絮状体的细菌主要有以下几类:大肠杆菌(*E. coli*)、费氏埃希氏菌(*E. freundii*)、中间埃希氏菌(*E. intermedium*)、淡黄假单胞菌(*P. perlurida*)、蜡状芽孢杆菌(*B. cereus*)、卵状假单胞菌(*P. ovalis*)、霉实假单胞菌(*P. fraga*)、类产碱菌(*A. faecalis*)、生枝动胶菌(*Z. ramigera*)等。不同来源的活性污泥,其优势菌种不同,例如,中国科学院水生生物研究所曾分析处理武汉印染厂染色废水的活性污泥,细菌以动胶菌属为主;武汉钢铁公司焦化厂处理焦化污水的活性污泥,细菌则以假单胞菌属、黄杆菌属和产碱菌属为主。

在污水的生物处理过程中,将所有具有荚膜或黏液、明胶质的絮凝性细菌互相作用聚集成的菌胶团块统称为菌胶团。

在处理废水的过程中,吸附能力很强的菌胶团将废水中的杂质和游离细菌等吸附在其上，形成了活性污泥的絮凝体。作为絮凝体主体骨架的菌胶团细菌在废水处理过程起到了非常重要的作用。菌胶团是构成活性污泥絮凝体的主要成分，具有很强的生物吸附能力和氧化分解能力；为原生动物和微型后生动物提供了良好的生存空间；具有保护作用，可防止细菌为非微型后生动物所吞噬；具有良好的沉降性能，使混合液在二次沉淀池中能迅速完成泥水分离；具有指示作用，通过菌胶团的颜色、透明度、数量、颗粒大小及结构的疏松程度可衡量好氧活性污泥的性能。如果新生的菌胶团颜色浅、无色透明、结构紧密，则说明菌胶团生命力旺盛，吸附能力和氧化能力都很强。

丝状细菌同菌胶团一样，是活性污泥的重要组成部分。丝状菌在活性污泥中可交叉穿织在菌胶团之间，或附着生长在絮凝体的表面，少数种类的丝状菌可游离于污泥絮粒之间。当废水中的丝状细菌的数量超过菌胶团时，会使污泥絮凝体的沉降性能变差，严重的时候引起活性污泥的膨胀，使出水水质下降，如球衣菌属(*Sphaerotilus*)、发硫菌属(*Thiothrix*)、贝氏硫菌属(*Beggiatoa*)等。因此，应合理控制丝状菌，避免活性污泥的膨胀。

7.3.5.2 其他微生物

活性污泥中除了菌胶团和丝状细菌外，还存在大量的真菌、原生动物、后生动物等其他微生物，它们对废水的净化也起到相当重要的作用。在废水的净化过程中，不同的微生物类群依次出现，呈现出一定的演替规律(图 7-2)。

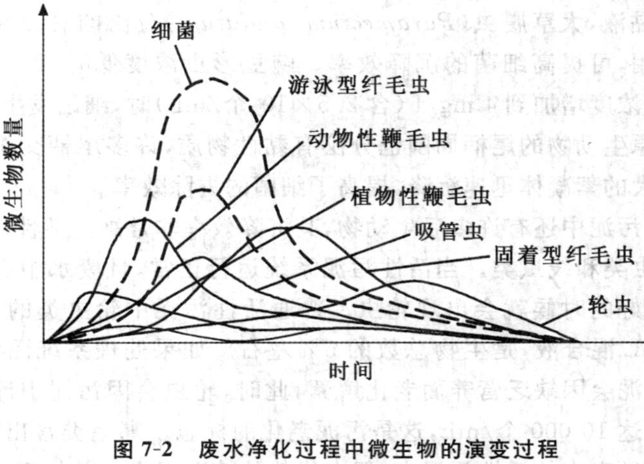

图 7-2 废水净化过程中微生物的演变过程

(1)真菌

正常的活性污泥中,真菌并不占优势,但在细菌的繁殖受到抑制的环境中,真菌则取代细菌大量繁殖。因而,某些含碳较高或pH值较低的工业废水处理系统中或大量接受工业废水的城市生活废水的活性污泥中产生真菌类的情况还是较多的。活性污泥中的真菌主要以丝状真菌为主,已从活性污泥中分离出约20种真菌,主要有:头孢霉菌(*Cephalosporium*)、芽枝霉菌(*Cladosporium*)、青霉菌(*Penicillium*)、毛霉菌(*Mucor*)、根霉菌(*Rhizopus*)等。在这些真菌属中出现率最高的为头孢霉属(*Cephalosporium*),占38%,芽枝霉属(*Cladosporium*)占22%,青霉属(*Penicillium*)占19%,酵母菌占1%等。尽管酵母菌在活性污泥中所占比例小,但在废水净化中的作用很大,可用于高浓度有机废水的处理,而且酵母在一定的条件下可以凝聚沉降,有助于絮凝体的形成。

(2)原生动物

活性污泥法中,原生动物兼具净化污水和指示作用两种功能。

原生动物污水净化功能包括捕食作用和促进絮凝和沉降的作用。

捕食作用:原生动物捕食细菌,使游离细菌密度下降,研究表明,从细菌到原生动物的转换率约为0.5,原生动物捕食细菌和污泥颗粒后,剩余污泥量减少,处理水的水质透明、可溶性有机物含量少。

促进絮凝和沉降的作用:废水的生物处理主要靠细菌起净化作用和絮凝作用,但有的细菌需要一定浓度的原生动物存在,由原生动物分泌一定的黏液物协同和促使细菌发生絮凝作用。有些原生动物可分泌黏液,如小囊纤虫(*Balantiophorus minus*)分泌的黏液,大草履虫(*Paramecium caudatum*)分泌的黏液和多糖可促进细菌的絮凝作用,可提高细菌的沉降效率。豌豆形虫浓度低时,细菌不起絮凝作用,当豌豆形虫浓度增加到4 mg/L(含2.5×10^3个/mL)时,细菌发生絮凝。此外,钟虫等固着型原生动物的尾柄周围也分泌有黏性物质,许多尾柄交织粘集在一起和细菌凝聚成大的絮凝体迅速沉降,提高了细菌的去除效率。

此外,活性污泥中还有许多后生动物,其沉降效率非常高。活性污泥中出现的后生动物有轮虫类和线虫类。当活性污泥系统运行正常,且废水中有机物含量较低,出水水质良好的时候就会出现轮虫。普通活性污泥中轮虫类的个体数,约为100~200个/mL混合液,是生物总数的5%左右。如果处理系统因污泥龄较长、负荷较低,则污泥会因缺乏营养而老化解絮,此时,轮虫会因污泥中碎屑增多而大量繁殖,数量可达10 000个/mL,这是污泥老化的标志。寡毛类常出现在BOD负荷低、剩余污泥排出少的活性污泥中,但占优势的情况很少。其他后生动物如腹毛类的鼬虫属、甲壳类的裸腹蚤属、寡毛类的熊虫属等,一般很少出现,且数量极低。

微型藻类是含有光合色素的一类生物，在光照的情况下可利用无机的 CO_2、N、P 来合成藻体（有机物），同时释放出氧气供异养细菌氧化有机物。在氧化塘等处理系统中可采用适当的方法收集藻类，达到去除氮、磷的目的。

7.3.6 活性污泥的膨胀及其控制

活性污泥中栖息的各种微生物群体。通常，活性污泥呈矾花状的絮凝颗粒（绒粒），故称生物絮凝体。当环境条件改变，即 SVI 值大于 150 mL/g 时，污泥结构松散，体积膨胀，含水量上升，泥水分离差，沉降性能变差。所以活性污泥沉淀性能的好坏将直接影响污泥处理工艺运行的稳定性及处理效果。

7.3.6.1 活性污泥膨胀的类型

活性污泥膨胀有两类：由丝状菌过渡繁殖引起的丝状菌性污泥膨胀，以及无大量丝状菌存在的非丝状菌性污泥膨胀。Sezgin 等人提出的丝状菌网架结构说能够很好地解释污泥絮体形成和污泥膨胀现象。其要点是活性污泥絮体是由丝状菌作为絮体的骨架，菌胶团等微生物产生的多菌糖附着在上面，形成了凝胶基质架，胶体物质和其他微生物附着在其上生长。

(1)丝状菌性污泥膨胀

正常的活性污泥结构较稠密，菌胶团生长良好；污泥呈矾花状，絮凝、沉降和浓缩性能良好。正常的活性污泥，菌胶团细菌和丝状菌之间有一个适当的比例关系，但如果丝状菌过渡生长繁殖，菌胶团的生长繁殖将受到抑制，众多的丝状菌伸出污泥表面之外，使得絮体松散、沉降性能恶化、污泥体积膨胀、污泥沉降体积和污泥体积指数均很高，从而发生丝状菌性污泥膨胀。此时，污泥体积指数可高达 200～2 000。通常所说的污泥膨胀就是指的这种丝状菌性污泥膨胀。

(2)非丝状菌性污泥膨胀

这种膨胀的活性污泥中没有大量的丝状菌存在，但结合水过量。正常污泥的结合水为 90%左右，而非丝状菌引起污泥膨胀的活性污泥指数可达 400 mL/g，结合水达到 380%；由于其含有大量的水分，体积膨胀，而使污泥比重减轻，压缩性能恶化。这种膨胀是由于在活性污泥菌体外积蓄高黏性多糖类物质而形成的。它与水的结合力很强，呈亲水性，是一种非常稳定的亲水胶体。由于需要吸收大量的水产生膨胀，故又称为水涨性污泥膨胀或菌胶团污泥膨胀。在实际运行中，这种情况很少发生。

7.3.6.2 活性污泥膨胀的原因

活性污泥膨胀的原因很多，除了理化、生物及生化方面的原因外，还有运行管理和构筑物结构形式等方面的原因。从目前已有的研究成果来看，活性污泥膨胀的原因主要有以下几点：

(1)废水水质

①有机物：废水中碳源含量多且以糖类为主时，易发生污泥膨胀。一般认为，在导致丝状菌性污泥膨胀的微生物中，最具代表性的是球衣菌属、硫细菌，它们以糖类作为能源物质，易于繁殖。

②氮和磷营养物质：当废水中氮、磷含量不足，碳源相对较多时，如果糖类物质较多，代谢产物中多糖类高黏性物质增加，使得活性污泥容易发生非丝状菌性膨胀。

③痕量金属：在微生物体内，碳、氢、氧、氮、磷、硫 6 种元素的总量占其干重的 95%以上，而其余的 4%则由许多其他元素组成。如果一种或几种元素缺乏或含量不足时，就会限制微生物的正常生长，导致污泥的丝状菌膨胀。

(2)水温

温度是影响微生物生长与生存的重要因素之一，每种微生物有其适宜的生长温度，如球衣菌的适宜温度在 30℃左右，在 15℃以下生长不良；丝硫菌、贝氏硫菌的适宜生长温度在 30～36℃之间。据有关经验，在低温、高负荷情况下，可能发生非丝状菌性膨胀。

(3)溶解氧

曝气池中溶解氧浓度太低易发生污泥膨胀。丝状菌是好氧性细菌，但在低氧环境中它们在竞争中取得优势，从而发生丝状菌性污泥膨胀。

(4)pH 值

活性污泥法正常运行过程中，曝气池的 pH 值应保持在 6.5～8.0 范围内。国内外研究报道，混合液的 $pH<6.0$，有利于丝状菌的生长，而菌胶团的生长受到抑制；$pH<4.5$ 时，真菌将完全占优势，原生动物大部分消失，严重影响污泥的沉降分离和出水水质；$pH>11$，活性污泥即会破坏，处理效果显著下降。

(5)负荷率

废水浓度过高时，微生物大量消耗氧气，造成水中缺氧或低氧条件，抑制了菌胶团细菌的生长，耐受低氧的球衣菌的大量繁殖时，活性污泥系统中原有的正常运行状态遭到破坏，污泥中原有的生态体系失去平衡，生物相发生变化，此时，丝状微生物往往恢复活性快，大量繁殖，从而发生丝状菌性污泥膨胀。

7.3.6.3 活性污泥膨胀的控制措施

对于污泥膨胀的问题，目前虽还没有彻底解决的办法，但采取一定措施仍可收到相应效果。投加混凝剂，如投入三氯化铁、硫酸亚铁，可使污泥指数下降，增加混凝沉降效果；投加药剂，如加入次氯酸钠、过氧化氢、漂白粉等抑制或杀死球衣菌等丝状菌也可收到一定的效果；调节水的 pH 值，如球衣菌的适宜 pH 值为 5.2～9.0，维持废水 pH 值 9.0～9.4 或 pH 值 5.0 则可抑制该细菌的增殖；调节其他工艺条件，如改变供氧量、排泥量、进水量等，最好在丝状菌大量繁殖的初期采取措施。镜检时，若发现丝状细菌已伸出絮体外或原生动物的种类和数量发生急剧变化，则预示污泥可能发生膨胀，应立即采取相应的措施。

7.3.7 活性污泥的培养与驯化

活性污泥的培养和驯化一般分为同步培养驯化法、异步培养驯化法和接种培养驯化法等几种。同步培养驯化法是指培养和驯化同时进行或交替进行的方法；异步培养驯化法指的是先培养后驯化的方法；接种法是指利用其他污水处理厂的剩余污泥进行适当的培养和驯化的方法。

有条件的地方，可直接从附近的污水处理厂引入剩余污泥，作为种泥进行曝气培养，这样就可以缩短培养的时间，如果能从污水性质相近的处理厂引入活性污泥，更能提高驯化的效果，缩短培养的时间，这种方法称为接种培养驯化法。

处理以生活污水或生活污水为主的城市污水一般采用同步培养驯化法，而处理以工业废水或以工业废水为主的城市污水，由于其污水成分的特殊性，一般采用异步培养驯化法。

7.4 生物膜法

7.4.1 概述

生物膜处理法是好氧生物处理方法，其实质是使细菌、真菌类的微生物和原生动物、后生动物一类的微型动物附着在滤料或某些载体上生长繁殖，并在其上形成膜状生物污泥——生物膜。1893 年英国将污水在粗滤料上喷洒进行净化试验取得了良好的净化效果，作为生物膜法的生物滤池开始问世，1900 年命名为生物滤池（过滤）法并从此开始用于污水处理的实践。

与活性污泥法相比，生物膜具有以下一些特点：固着于固体表面上的生物膜对废水水质、水量的变化有较强的适应性，操作稳定性好；不会发生污泥膨胀，运转管理较方便；由于微生物固着于固体表面，即使增殖速度慢的微生物也能生长繁殖，从而使生物膜中的生物相更加丰富，并且沿水流方向膜中生物种群具有一定分布；因高营养级的微生物存在，有机物代谢时较多地转化为能量，合成新细胞即剩余污泥量较少；采用自然通风供氧。但由于载体材料的比表面积小，故设备容积负荷有限，空间效率较低。

到了 20 世纪 60 年代，新型有机复合材料的问世，如由聚乙烯、聚苯乙烯和聚酰胺等制成的波纹板状、列管状和蜂窝状等有机合成添料，其比表面积和空隙率大大增加，再加上环境保护对水质要求的进一步提高，生物膜法获得了新的发展。到了 20 世纪 70 年代，发展了许多生物膜法系统，如生物滤池（trickling filters）、生物转盘（RBC）、好氧生物流化床（ABFB）等。

7.4.2 生物膜法的净化原理

7.4.2.1 生物膜的形成

在净化构筑物中，填充着数量相当多的挂膜介质，当有机废水均匀地淋洒在介质表层上时，便沿介质表面向下渗流，在充分供氧的条件下，接种的或原存于废水中的微生物就在介质表面增殖。这些微生物吸附废水中的有机物，并将其迅速降解，逐渐在介质表面形成具有大量微生物的、呈黏液状生长的膜，即称之为生物膜。

随着微生物不断繁殖增长，以及废水中悬浮物和微生物的不断沉积，生物膜不断增厚，生物膜结构也发生变化。膜的表层和废水接触，由于营养丰富、溶氧浓度较高，微生物迅速繁殖，形成了由好氧微生物和兼性微生物组成的好氧层（1～2 mm）。在其内部和介质接触的部分，养料和溶解氧的浓度低，微生物生长繁殖受到限制，好氧微生物难以生活，形成了以厌氧微生物和兼性微生物为主的厌氧层。厌氧层在生物膜达到一定厚度时才出现，随着生物膜的增厚和外伸，厌氧层也随着变厚。

生物膜是由细菌、真菌、藻类、原生动物、后生动物以及一些肉眼可见的蠕虫、昆虫的幼虫组成。生物膜是生物处理的基础，必须保持足够的数量。一般认为，生物膜厚度介于 2～3 mm 时较为理想。生物膜太厚，会影响通风，甚至造成堵塞。厌氧层一旦产生，会使处理水质下降，而且厌氧代谢产物会恶化环境卫生。

7.4.2.2 生物膜净化废水的原理

从图 7-3 可以看出，由于生物膜的吸附作用，在其表面有一层很薄的水层，称之为附着水层。附着水层内的有机物大多已被氧化,其浓度比滤池进水的有机物浓度低得多。因此,进入池内的废水沿膜面流动时,由于浓度差的作用,有机物会从废水中转移到附着水层中去,进而被生物膜所吸附。同时,空气中的氧溶入废水也进入生物膜。同时,微生物生命活动产生的CO_2和其他代谢产物一部分溶入附着水层,一部分析出到空气中去。在向生物膜细菌供氧的过程中,由于存在着气-液膜阻抗,因而速度较慢。随着生物膜厚度的增大,废水中的氧被生物膜表层细菌耗尽,其深层发生厌氧分解,产生了H_2S、NH_3、有机酸等代谢产物。当供氧增加时,有机酸类被异养菌氧化成CO_2和H_2O,而NH_3和H_2S被氧化成NO_2^-、NO_3^-和SO_4^{2-}等,仍然维持着生物膜的活性,厌氧层较薄。随着废水在生物膜上流动,废水中的有机物不断减少,最终得到净化。

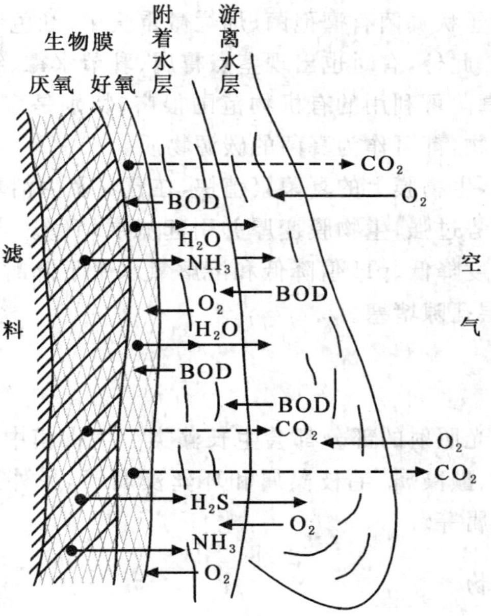

图 7-3 生物膜净化污水示意图

7.4.3 生物膜中的微生物区系

生物膜主要是由微生物及其胞外多聚物所组成,其种类繁多,形态差异大。构成生物膜的生物种类的数量比活性污泥多得多,主要有细菌、真菌、藻类(在有光的条件下)、原生动物和后生动物等。

7.4.3.1 细菌

细菌是生物膜的主体，其产生的胞外多聚物为生物膜结构的形成奠定了基础。根据营养的不同，分为化能自养细菌和化能异养细菌，其中化能异养菌是生物膜中的主要细菌类型，包括好氧、厌氧和兼性厌氧细菌等3类。

这些细菌种在生物膜上呈一定规律分布，如上层多为异养菌，而下层多为各种自养菌。主要有生枝动胶菌、浮游球衣菌、白色贝氏硫细菌、球衣菌、动胶菌属、硫杆菌属、无色杆菌属、产杆菌属、黄杆菌属、假单胞菌属、埃希氏大肠杆菌、副大肠杆菌属、亚硝酸草胞菌属、硝化杆菌属等。

7.4.3.2 真菌

生物膜中常见的丝状真菌有瘤孢菌、灿烂微重真菌、红色浆霉、水镰刀霉、白地霉、皮状丝胞酵母等。此外，有时也出现茎点霉属、乳节水霉、纤细腐霉、红酵母霉、毛霉属、水霉属等。真菌可利用的有机物范围很广，特别是多碳类有机物，甚至木质素等难降解的有机物，都可作为真菌的碳源物质。

与活性污泥不同，生物膜上的真菌繁殖快，在营养及生活环境方面和细菌有竞争关系。但如真菌优势过强，生物膜变厚并引起滤层堵塞。当污水中有机物的成分变化、负荷增加、温度降低、pH值降低和溶解氧水平下降时，也容易引起丝状真菌过量繁殖，导致滤层孔隙堵塞。

7.4.3.3 藻类

生物滤池受到阳光照射的部分都会生长藻类。生物膜中常见藻类有：小球藻属、绿球藻属、席藻属、颤藻属、毛枝藻属和环丝藻属等，另外还有衣藻属、卵胞藻属、眼虫藻属、直链藻属等。

7.4.3.4 原生动物

在生物膜中，原生动物种类比活性污泥多。原生动物主要包括鞭毛类、肉足类和纤毛类。在1 mL生物膜污泥中，通常可见肉足类100～4 600个，鞭毛虫类200～13 000个，纤毛虫类500～10 000个。

7.4.3.5 后生动物

生物膜中经常出现的有轮虫类（如旋轮虫和蛭型轮虫等）、线虫类（如双胃线虫和杆线虫属等）、寡毛类（如爱胜蚓、颤蚓属和水丝蚓属等）、昆虫及其幼虫等（如毛蠓属等)。

7.4.4　生物膜法的特点

7.4.4.1　生物膜法的微生物特征

①参与净化反应的微生物种类多。生物膜法的各种工艺,都具有适于微生物栖息、繁衍的稳定环境,生物膜不需承受强烈的搅拌冲击,宜于微生物生长繁殖。生物膜固着在滤料或填料上,生物体平均停留时间(污泥龄)较长,因此在生物膜上能够生长世代时间较长、比增殖速度很小的微生物,如硝化菌等。在生物膜上还可能大量出现丝状菌,而且没有污泥膨胀的现象。线虫类、轮虫类以及寡毛虫类的微型动物出现的频率也较高。

②在生物膜上生长繁殖的生物中,动物性营养所占比例较大,微型动物的存活率亦高。因此,在生物膜上形成的食物链要长于在活性污泥上的食物链。基于此,生物膜处理系统内产生的污泥量也少于活性污泥处理系统。一般来说,生物膜法产生的污泥量较活性污泥法处理系统少 1/4 左右。

③在生物膜上能够存活世代时间较长的微生物。硝化菌和亚硝化菌的世代时间都比较长,比增殖速度较小,如亚硝化单胞菌属(*Nitrosomonas*)、硝化杆菌属(*Nitrobacter*)的比增殖速度分别为 $0.21 \cdot d^{-1}$ 和 $1.12 \cdot d^{-1}$,在活性污泥法处理系统中难以存活。在生物膜法中,硝化菌和亚硝化菌可以增长繁殖,使得生物膜法处理工艺具有了一定的硝化功能,采取适当的运行方式,还可能具有反硝化脱氮的功能。

④生物膜法多分段运行,在正常的条件下,每段都繁衍与进入本段污水水质相适应的微生物,并形成优势种属,有利于微生物新陈代谢功能的充分发挥和有机污染物的降解。

7.4.4.2　处理工艺特征

①生物膜法的各种工艺对流入废水水质、水量的变化都具有较强的适应性,即使中断进水一段时间,也不会破坏生物膜的净化功能,通水后能够较快地恢复。

②由生物膜上脱落下来的生物污泥,所含动物成分较多,比重较大,而且污泥颗粒个体较大,沉降性能良好,易于固液分离。但若生物膜的厌氧层过厚,在其脱落后,将有大量的非活性的细小悬浮物分散于水中,使处理水的澄清度降低。

③生物膜法对低浓度污水,也具有较好的处理效果,运行正常可将 BOD_5 为 20～30 mg/L 的污水降到 5～10 mg/L。

④与活性污泥法处理系统相比，生物膜法易于维护管理。生物滤池、生物转盘等工艺，还能节省能源，动力费用较低，去除单位重量 BOD_5 的耗电量较少。

7.4.5 生物膜的培养

好氧生物膜的培养有自然挂膜法、活性污泥挂膜法和优势菌挂膜法。

7.4.5.1 自然挂膜法

将带有自然菌种的污水通入空的塔式生物滤池（或其他生物滤池）内，不断用泵慢流速循环 3～7 d，之后改为慢速连续进水。在这个过程中，废水和空气中微生物被附着在滤料上，滤料上的微生物量由少变多，逐步形成生物膜。当进水流量或水力表面负荷达到设计值时，滤池自上而下形成分层的生物膜相。滤池出水的生化指标接近排放标准时，则完成生物膜的培养工作，进入正式运行阶段。

7.4.5.2 活性污泥挂膜法

取处理生活污水或处理工业废水的活性污泥作为菌种。用本厂的污（废）水和活性污泥混合，用泵慢速将混合液打入滤池内，循环 3～7 d，之后改为慢速连续进水。在这个过程中活性污泥微生物附着在滤料上繁殖，逐渐形成生物膜。当进水流量或水力表面负荷达到设计值（标准为 1～4 $m^3/(m^2 \cdot d)$，高负荷生物滤池的表面负荷为 20 $m^3/(m^2 \cdot d)$，BOD 负荷为 0.1～0.4 $kg/(m^3 \cdot d)$，高负荷生物滤池的 BOD 负荷为 0.5～2.5 $kg/(m^3 \cdot d)$时，滤池自上而下形成分层微生物相。滤池出水的生化指标接近排放标准，即完成生物膜的培养工作，进入正式运行阶段。

7.4.5.3 优势菌种挂膜法

优势菌种是从自然环境或废水处理中筛选、分离获得的，对某种工业废水有强的降解能力的菌株。优势菌种也可通过遗传育种获得优良菌种，甚至通过基因工程构造超级菌作菌种。

因优势菌对所要处理的废水有强的降解能力，所以用废水和优势菌充分混合，同前述两种方法进行挂膜处理。当滤池内自上而下形成分层微生物相，进水流量、运行指标达到设计值，滤池出水的生化指标接近排放标准时，即完成生物膜的培养工作，进入正式运行阶段。

7.4.6 生物膜法的类型

7.4.6.1 生物滤池

生物滤池可根据设备形式的不同分为普通生物滤池和塔式生物滤池；也可根据承受废水负荷的大小分为低负荷生物滤池，其处理能力为 175 g(BOD)/(m^3 · d)；高负荷生物滤池，其处理能力为 875 g(BOD)/(m^3 · d)。生物滤池塘的优点是结构简单，基建费用低，缺点是占地面积大，处理量小，而且卫生条件差。

7.4.6.2 生物转盘

生物转盘是 20 世纪 60 年代在原联邦德国发展起来的一种生物膜法污水生物处理技术，又称为浸没式滤池。经过多年的完善、改进和发展，已成为一种净化功能好、效果稳定、能源消耗低的生物处理技术。

生物转盘是由许多平行排列且浸没在一个氧化槽（水槽）中的塑料圆盘（盘片）所组成（图 7-4）。其特点是生物膜在水中回转。生物转盘是从传统的生物滤池演变而来，因此生物膜的形成、生长及降解有机物的机理与生物滤池基本相同。其主要区别是以一系列转动的盘片代替固定滤料，生物膜生长在转盘上。生物膜交替地与空气和废水接触，使吸附的有机污染物被生物膜中的微生物所分解。脱落的生物膜随污水流入下一级转盘，最终被二次沉淀池截留。生物转盘还具有硝化、脱氮和除磷的功能。

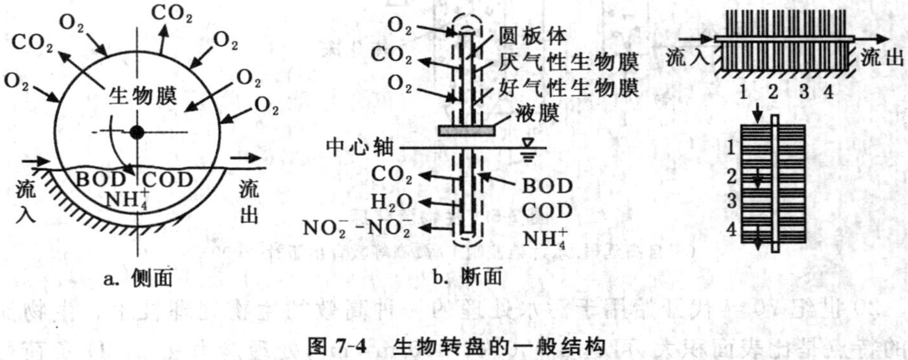

图 7-4 生物转盘的一般结构

（引自高廷耀. 水污染控制工程. 高等教育出版社，2000）

在生物转盘的最初几级上，微生物的浓度很高，转盘上的生物膜折算成曝气池的 MLVSS，可达 40 000～60 000 mg/L，F/M 比为 0.05～0.1，这是生物转盘高效率的主要原因之一；在多级生物转盘上，每级上生长的生物相不同，这有利于不同的有机化合物的降解；在生物膜上的生物，其食物链较长，并且有增殖世代时间长的微生物生长，有利于提高处理效果和耐冲击负荷；该系统采用自然曝气，污泥不需回流，因此，动力消耗较低。

生物转盘的圆盘直径在 1～4 m 之间，厚度 2～10 mm，数目根据水量和水质决定。为了有利于阳光照射盘面，盘间净距采用 15～25 mm，净距过小，两盘面的生物膜有可能相互搭接，妨碍正常的通风，净距过大，会占用大量的有效容积。圆盘的转速采用 0.8～3 r/min，最大线速度以 20 r/min 为宜。生物转盘适用于较高浓度的工业废水，但处理废水量不宜过大。

7.4.6.3 好氧生物流化床

好氧生物流化床处理技术是借助流体（液体、气体）使表面生长着微生物的固体颗粒（生物颗粒）呈流态化，同时进行去除和降解有机污染物的生物膜法处理技术（图 7-5）。

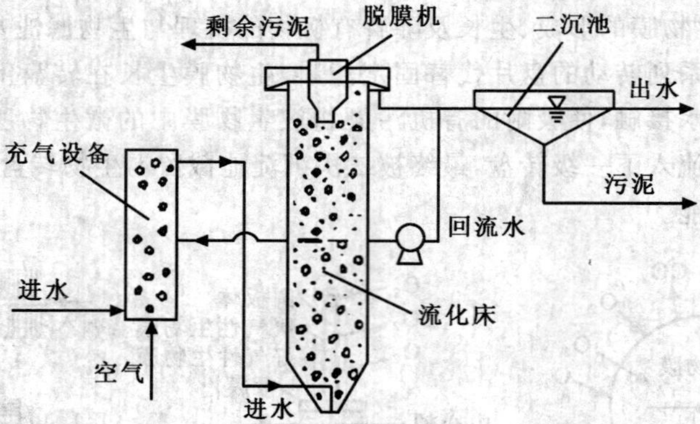

图 7-5 生物流化床

（引自高廷耀. 水污染控制工程. 高等教育出版社，2000）

20 世纪 70 年代开始用于污水处理的一种高效的生物处理技术。生物流化床的特点是比表面积大，可达 2 000～3 000 m^2/m^3，处理能力强，BOD_5 负荷可达 16.6 kg(BOD_5)/(m^3 · d)，以 MLSS 计算的生物量高于任何一种生物处理工艺。由于生物膜颗粒的剧烈运动，使系统的传质效果好，生物膜不断更新，生物活性强，因此废水处理效率高。据美国资料报道，此法对普通生活污水在 16 min 内即可除去93%的BOD。流化床所用的设备小而简单,耐负荷变化的能力强,其不足之处是管理较其他生物膜法复杂。

7.4.6.4 生物接触氧化法

生物接触氧化法就是在曝气池中填充块状填料,经曝气的废水流经填料层,使填料颗粒表面长满生物膜,废水和生物膜相接触,在生物膜生物的作用下,废水得到净化,因此又称为“淹没式生物滤池”。

生物接触氧化是一种兼有活性污泥和生物膜法特点的废水处理构筑物。生物接触氧化法有以下特点:第一,BOD负荷高,污泥生物量大。一般活性污泥法的污泥浓度为2~3 g/L,而生物接触氧化法可达10~30 g/L。同时,生物接触氧化法的填料有增氧效果,比无填料的曝气提高30%,从而提高处理效率,对进水的冲击负荷适应能力强。第二,处理时间短,在处理水量相同的条件下,所需装置的设备较小,因而占地面积小。第三,避免污泥膨胀。对于那些用活性污泥法容易产生污泥膨胀的污水,生物接触氧化法显示出优越性。第四,可以间歇运转,维护管理方便,不需要回流污泥,剩余污泥少。

近年来出现了大量新型的生物膜反应器,如气提式生物膜反应器(air lifts)、移动床生物膜反应器(moving bed biofilm reactor)、序批式生物膜反应器(sequencing batch biofilm reactor)、复合式活性污泥生物膜反应器(hybrid bioreactor)、膜-生物膜反应器(membrane-biofilm reactor)、升流式厌氧污泥床-厌氧生物滤池(UASB-AF)及附着生长稳定塘(attached-growth ponds)等。

7.5 稳定塘法

7.5.1 稳定塘的特点及类型

稳定塘(stabilization ponds)是经过人工适当休整的土地,设围堤和防渗层的污水池塘,主要依靠自然净化功能使污水得到净化的一种生物处理技术。我国长期习惯称为氧化塘(oxidation ponds),又名生物塘。稳定塘作为一种常用的污水生物处理技术,主要是利用细菌和藻类的互生关系,来分解有机污染物的废水处理系统,具有许多比较显著的特点:能够充分利用地形,工程简单,建设投资省;能够实现污水资源化,使污水的处理和利用相结合;污水处理能耗低、维护方便、成本低廉。

稳定塘的应用过程中应该注意以下一些方面：由于稳定塘占地面积大，没有空闲的余地是不宜采用这种处理技术的；污水的净化效果在很大程度上会受到季节、气温、光照等条件的影响，在全年范围内处理效果不够稳定；如果防渗处理不当，会造成地下水的污染；易于散发臭气和滋生蚊蝇等。

稳定塘有多种分类的方式，目前最常用的就是根据稳定塘水的微生物优势群体类型和塘水的溶解氧情况来划分，可将稳定塘分为好氧稳定塘、兼性稳定塘、厌氧稳定塘及曝气稳定塘等几种。

7.5.1.1 好氧稳定塘

简称好氧塘，是一种主要靠塘内藻类的光合作用供氧的氧化塘。塘的深度较浅，一般为0.3～0.5 m，阳光能够透入塘底，藻类生长旺盛，加上塘面风力搅动进行大气复氧，因此全部塘水呈好氧状态，由好氧微生物起净化污水的作用。

7.5.1.2 兼性稳定塘

简称兼性塘，塘内好氧和厌氧升化反应兼而有之。兼性塘的水深一般为1.5～2.0 m，在上部水层(0.5 m左右)，白天藻类光合作用旺盛，塘水维持好氧状态，其净化机理和各项运行指标与好氧塘相同；在夜晚，藻类停止光合作用，大气复氧低于塘内耗氧，溶解氧急剧下降接近于零。塘底由可沉固体和藻、菌类残体形成污泥层，由于缺氧而进行厌氧发酵，称为厌氧层。在好氧层和厌氧层之间为兼性层，存活大量的兼性微生物，兼性塘的污水净化是由好氧、厌氧和兼性微生物共同完成的。兼性塘是氧化塘中最常用的塘型，也是城市污水处理最常用的一种稳定塘，常用于处理城市一级沉淀或二级处理出水。

7.5.1.3 厌氧稳定塘

简称厌氧塘，其水深一般在2.5 m以上，最深可达4～5 m。当塘中耗氧速率超过藻类和大气复氧时，整个塘水基本上都处于厌氧状态，在其中进行水解、产酸、甲烷发酵等厌氧反应全过程。因而，厌氧塘是一类有机负荷率高的以厌氧分解为主的生物塘，能够处理高浓度有机废水，污泥量少。但净化速率低，污水停留时间长，并产生臭气，出水水质不能达标排放，常作为好氧塘的预处理塘使用。

7.5.1.4 曝气稳定塘

简称曝气塘，采用人工曝气供氧，塘深在2.0 m以上，全部塘水有溶解氧，使塘水不同程度地混合而保持好氧或兼性状态。在污水的净化过程中好氧微生物起主要作用，占地面积少，污水停留时间短，但运行费用高，出水悬浮物浓度较高。

7.5.2 氧化塘法的微生物学过程

7.5.2.1 好氧塘

根据在处理系统中的位置和功能，好氧塘有高负荷好氧塘、普通好氧塘和深度处理好氧塘等 3 种。

好氧塘净化有机污染物的基本工作原理如图 7-6 所示。

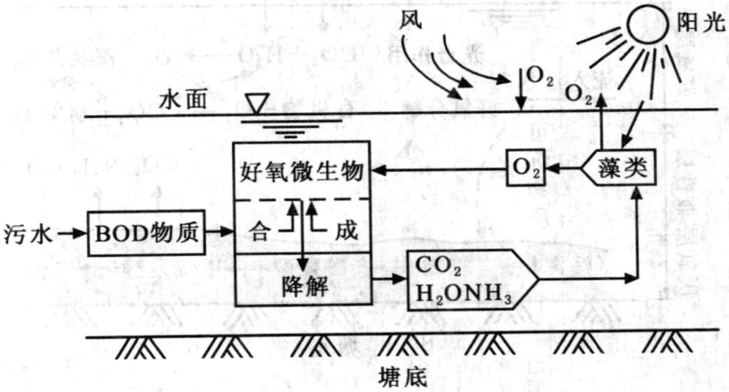

图 7-6 好氧塘工作原理示意图

(引自高廷耀. 水污染控制工程. 高等教育出版社，2000)

塘内存在着细菌、藻类和原生动物的共生系统。在有阳光照射时，塘内的藻类进行光合作用，释放出氧，同时，由于风的搅动，塘表面还存在自然复氧，二者使塘水呈好氧状态。塘内的好氧型异养细菌利用水中的氧，通过好氧代谢氧化分解有机污染物并合成本身的细胞质(细胞增殖)，其代谢产物 CO_2，则是藻类光合作用的碳源。塘内细菌、藻类生化反应可用下式表示：

细菌的降解作用：

$$\text{有机物} + O_2 + H^+ \rightarrow CO_2 + H_2O + NH_4^+ + C_5H_7O_2N\text{(细菌细胞)}$$

藻类光合作用：

$$106CO_2 + 16NO_3^- + HPO_4^{2-} + 122H_2O + 18H^+ \rightarrow C_{106}H_{263}O_{110}N_{16}P + 138O_2\text{(藻类细胞)}$$

好氧塘内有机污染物的降解过程，是溶解性有机污染物转换为无机物和固态有机物——细菌和藻类细胞的过程。

7.5.2.2 兼性塘

兼性塘的有效水深一般为1.0～2.0 m，通常有3层组成，上层好氧区、中层兼性区和底部厌氧区。其工作原理如图7-7所示。

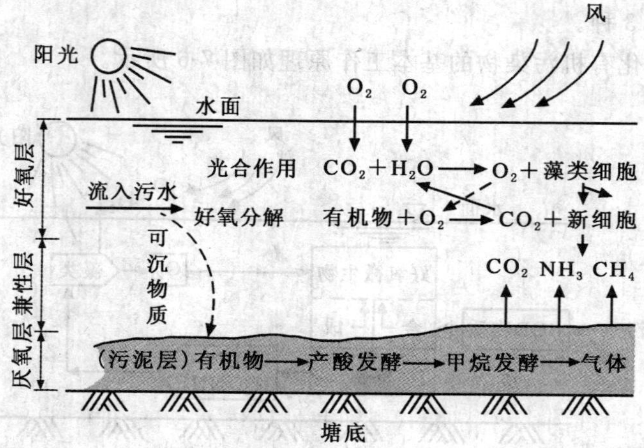

图 7-7 兼性塘工作原理示意图

（引自高廷耀.水污染控制工程.高等教育出版社，2000）

好氧区对有机污染物的净化机理与好氧塘基本相同。

兼性区的塘水溶解氧较低，且时有时无。微生物是兼性异养型细菌，既能利用水中的溶解氧氧化分解有机污染物，也能在无氧的条件下，以 NO_3^-、CO_3^{2-} 作为电子受体进行无氧代谢。厌氧区无溶解氧，可沉物质和死亡的藻类、菌体在此形成污泥层，污泥层中的有机物质由厌氧微生物对其进行厌氧分解。

由于兼性塘的净化机理比较复杂，因此兼性塘去除污染物的范围比好氧处理系统广泛，它不仅用于城市生活废水的处理，还被用于处理石油化工、有机化工、印染、造纸等工业废水。

7.5.2.3 厌氧塘

厌氧塘对有机污染物的降解，是由两类厌氧菌通过产酸发酵和甲烷发酵两个阶段来完成的。即先由兼性厌氧产酸菌将复杂的有机污染物水解、转化为简单的有机物(如有机酸、醇、醛等),再由绝对厌氧菌(甲烷菌)将有机酸转化为甲烷和二氧化碳等。

7.5.2.4　曝气塘

塘水深在 2.0 m 以上,由表面曝气器供氧,并对塘水进行搅动,在曝气条件下,藻类的生长与光合作用受到抑制。曝气塘可分为好氧曝气塘和兼性曝气塘两种。好氧曝气装置的强度应能使塘内的全部固体呈悬浮状态,并使塘水有足够的溶解氧供微生物分解有机污染物。曝气塘的水力停留时间为 3～10 d,有效深度在 2～6 m,曝气塘一般不少于 3 座,通常按串联方式运行。

7.5.3　氧化塘的微生物区系

在稳定塘中存活并对污水起到净化作用的微生物主要有细菌、真菌、藻类、原生动物和后生动物。

7.5.3.1　细菌

与活性污泥法、生物膜法等人工生物处理技术相同,在稳定塘内对有机污染物降解起主要作用的是细菌。在好氧塘和兼性区内活动的细菌中,绝大部分属于兼性异养菌。此外,在相应的稳定塘水中还存活着好氧菌、厌氧菌以及自养菌。

好氧菌主要的种属有无色杆菌属(*Achromobacter*)、产碱杆菌属(*Alcaligenes*)、黄杆菌属(*Flavobacterium*)、假单胞菌属(*Pseudomonas*)、动胶杆菌属(*Zooglea*)、芽孢杆菌(*Bacilus*)和光合细菌等,此外还存活有浮游球衣菌(*Sphaerotilus natans*)和白色贝氏硫细菌(*Beggiatoa alba*)等细菌。

厌氧菌常见于厌氧塘和兼性塘污泥区,如产甲烷菌。在厌氧塘中常见的细菌还有绝对厌氧的脱硫弧菌,它能使硫酸盐还原成硫化氢。

7.5.3.2　真菌

除细菌外,在氧化塘中已经发现 100 种以上的丝状真菌和 50 种酵母菌。

7.5.3.3　藻类

稳定塘是菌藻共生体系,表层主要为藻类,它在稳定塘内起着十分重要的作用。藻类具有叶绿体,含有叶绿素或其他色素,能够进行光合作用,是塘水中溶解氧的主要提供者。稳定塘内存活的藻类种属有许多,主要有绿藻、蓝绿藻和褐藻等 3 种。常见的绿藻主要有小球藻属(*Chlorella*)、衣藻属(*Chlamydomonas*)、栅列藻属(*Scenedesmus*)、裸藻属(*Euglena*)等约56个属138个种。褐藻在稳定塘中有时也会出现,但一般情况下不能成为优势藻类。

蓝细菌对污水净化有一定的作用,它能够代谢硫化氢,在缺少氮的环境中能够将大气中的氮固定。在污水中出现的蓝细菌主要是颤藻属(*Oscillatoria*)。但颤藻属大量生长时,水会变成蓝绿色,还会发出霉臭。

7.5.3.4 原生动物和后生动物

在稳定塘中,有时也会出现原生动物和后生动物等微型动物,常见的有钟虫(*Vorticella*)、膜袋虫(*Cyclidium*)等,最高可达每毫升1 000个,但不如活性污泥系统有规律,且数量也不等。

7.5.4 影响稳定塘净化的因素

稳定塘的净化功能受到一系列因素的影响,其中有水质方面和维护管理方面的因素,有自然方面的因素。因此,必须加以控制或利用自然条件来提高稳定塘的处理效果。

7.5.4.1 温度

温度对稳定塘的净化功能的影响十分重要,因为温度直接影响细菌和藻类的生命活动。好氧菌能在10～40℃范围内存活,其最佳温度范围是25～35℃;厌氧菌的存活温度范围是15～60℃,其中有两个适宜温度范围,一是33℃左右,二是53℃左右。当温度不在微生物活动的正常范围时,如低温季节,应考虑采取降低负荷率、减少进水负荷、延长污水在塘内停留时间等措施来提高处理效果。

7.5.4.2 光照

光是藻类和蓝细菌进行光合作用的能源,只有在获得足够光能的情况下,藻类才能将各种物质转化为细胞的原生质。藻类对光的利用有一限值,称为光饱和值,藻类不同,光饱和值也不同,一般在5 380～5 3800 lm/m^2。根据有关报道,当光饱和值为6 400 lm/m^2时,藻类的最大产量为79 $g/(m^2 \cdot d)$;当光饱和值为8 600 lm/m^2时,藻类的最大产量为105 $g/(m^2 \cdot d)$。

7.5.4.3 风速

进水与塘内原有水的混合,对充分发挥稳定塘的净化功能至关重要。混合能使营养物质与溶解氧均匀分布,能使有机物与细菌充分接触。使塘水混合的主要因素是风，因此，稳定塘的选址应该选在四季都能借助风力的场所。当稳定塘不能借助风力时，应考虑采取人工搅拌、混合等措施。

7.5.4.4　营养物质

为使稳定塘内微生物保持正常的生理活动，必须充分满足其所需要的营养物质。正常的细菌其原生质中含氮量达 11%左右，含磷 2%左右；藻类原生质含氮 10%～11%，含磷 2%～3%。城市生活污水基本上能够满足微生物对各种营养元素的需求，如氮、磷过多时，可能导致藻类大量繁殖引起富营养化现象，应该注意避免。

7.5.4.5　污水的预处理

为了使稳定塘的净化功能不受影响，进入稳定塘的污水应当进行适当的预处理。预处理主要包括去除悬浮物特别是可沉性悬浮物和油脂；调整 pH 值，使进水的 pH 值处于中性左右；去除污水中的有毒、有害物质，使其浓度降至允许范围内。

7.6　厌氧处理法

7.6.1　概述

当废水中有机物浓度较高时，一般 BOD_5 超过 1 500 mg/L 时，就不宜采用好氧处理，而应该采用厌氧生物处理的方法。

废水的厌氧生物处理是指在无分子氧的条件下通过厌氧微生物（包括兼性微生物）的作用，将废水中的各种复杂的有机物分解转化为甲烷和二氧化碳等物质的过程，也称为厌氧消化。它不仅可用于处理有机污泥和高浓度的有机废水，而且可用于处理中、低浓度的有机废水，包括城市污水。

厌氧生物处理法与好氧生物处理法相比，具有以下优点（表 7-3）：

表 7-3　厌氧生物处理法与好氧处理法的比较

项目	好氧生物处理法	厌氧生物处理法
可处理的有机物浓度	低（COD 50～1 000 mg/L）	高（COD 500～60 000 mg/L）

续表 7-3

项目	好氧生物处理法	厌氧生物处理法
有机物容积负荷	低[COD 0.3～5.0 kg/(m^3·d)]	高[COD 1～30 kg/(m^3·d)]
水力停留时间	短(0.5～20 d)	长(0.5～20 d)
能耗	高(需供氧)	低(不需供氧)
处理后出水水质(有机物降解的彻底性)	好(一般 COD<50～100 mg/L)(CO_2,H_2O,N,P,S 等的不可再降解态)	差(一般 COD>150～500 mg/L)(多种简单有机物,CO_2,CH_4,NH_3,H_2S 等还原态无机物)
产物的可利用性	低	高,可获得清洁能源(如 CH_4)、菌体蛋白(如光合菌)、有用的有机物(如乙醇)等
剩余污泥产量	多	少
运转费用	高	低

引自王家玲．环境微生物学(第 2 版)．高等教育出版社,2004。

此外,厌氧生物法处理具有生产灵活、适应性强等特点,反应装置可季节性或间歇性运转。当然,厌氧生物处理也存在一些缺点:厌氧生物处理由于微生物增殖缓慢,因此,启动时经接种、培养、驯化达到设计污泥浓度的时间比好氧生物处理长,一般需要 7～12 周时间。而且厌氧生物处理后的出水水质差,往往需要进一步处理才能达到排放标准。

7.6.2 废水厌氧处理的微生物过程

7.6.2.1 废水厌氧处理的微生物类群

(1)产酸细菌

参与厌氧反应的微生物主要是细菌,以产酸细菌和产甲烷细菌两种类群为主。产酸细菌包括有兼性厌氧菌和专性厌氧菌。这类发酵细菌的主要功能是通过胞外酶的作用将废水中不溶性的有机物水解成可溶性的有机物,再将可溶的大分子转化为脂肪酸、醇类等物质。如蜡状芽孢杆菌(*Bacillus cereus*)、铜绿假单胞菌(*Pseudomonas aeruginosa*)、类产碱杆菌(*Alcaligenes faecalis*)等菌对纤维素的水解作用;变异微球菌(*Micrococcus varians*)、尿素微球菌(*Micrococcus ureae*)、亮白微球菌(*Micrococcus candidus*)等对淀粉的水解;蜡状芽孢杆菌(*Bacillus cereus*)、环状芽孢杆菌(*Bacillus circulans*)、球状芽孢杆菌(*Bacillus coccoideus*)、枯草芽孢杆菌(*Bacillus subtilis*)等对蛋白质的水解。研究表明,该类细菌对有机物的水解过程相当缓慢，pH 值和细胞平均停留时间等因素对水解速率的影响很大。不同有机物的水解速率也不同，如类脂的水解就很困难。因此，当处理的废水中含有大量类脂时，水解就会成为厌氧消化过程的限速步骤。但产酸的反应速率较快，远高于产甲烷反应。

(2)产氢产乙酸菌

一般的厌氧水解产酸过程是指将大分子分解为丁酸、丙酸、乳酸或分子更大一些的有机酸。而完全厌氧产生甲烷需要进一步的厌氧反应使有机酸转化为乙酸。产乙酸是厌氧反应的一个专门步骤，由专门的产乙酸菌完成，产氢产乙酸细菌可能是绝对厌氧菌或是兼性厌氧菌。近十多年的研究发现的产氢产乙酸菌包括互营单胞菌属（*Syntrophomonas*）、互营杆菌属（*Syntrophoacter*）、梭菌属（*Clostridium*）、暗杆菌属（*Pelobacter*）等。产乙酸菌将各种脂肪酸降解为乙酸，并释放出 H_2。其反应如下：

降解乙醇 $CH_3CH_2OH + H_2O \rightarrow CH_3COOH + 2H_2$

降解丙酸 $CH_3CH_2COOH + 2H_2O \rightarrow CH_3COOH + 3H_2 + CO_2$

降解丁酸 $CH_3CH_2CH_2COOH + 2H_2O \rightarrow 2CH_3COOH + 2H_2$

(3)产甲烷菌

产甲烷菌可分为两类，一类主要利用乙酸产生甲烷，另一类数量较少，利用氢和 CO_2 的合成产生甲烷。典型的产甲烷反应有：

利用乙酸 $CH_2COOH \rightarrow CH_4 + CO_2$

利用 H_2 和 CO_2 $4H_2 + CO_2 \rightarrow CH_4 + 2H_2O$

产甲烷菌在形态上有较大差异，在分类上属于古细菌类（*Acrchebacteria*）。如索氏甲烷杆菌（*Methanobacterium soehngenii*）、反刍甲烷杆菌（*Methanobacterium ruminantium*）、甲酸甲烷杆菌（*Methanobacterium formicium*）、热自养甲烷杆菌（*Methanobacterium thernmoatrophicum*）、巴氏甲烷八叠球菌（*Methanosarcina barkeri*）、甲烷八叠球菌（*Methanosarcina menthanica*）和亨氏甲烷螺菌（*Methanospirillum hungatii*）等。

7.6.2.2 厌氧发酵的过程

有机物的厌氧分解涉及多种微生物类群的生物化学作用。如图 7-8 所示，Bryent 依据微生物生理类群的代谢差异，可把有机物厌氧消化过程分为 3 个阶段。

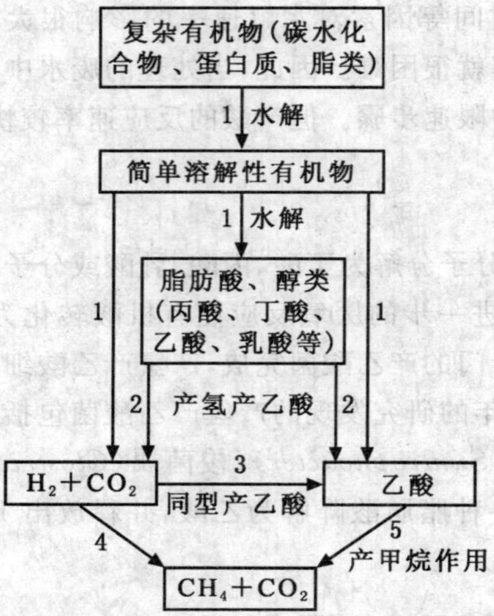

图 7-8 有机物厌氧消化过程

(引自徐亚同．废水生物处理的运行管理与异常对策．化学工业出版社，2003)

(1)水解发酵阶段

在此阶段通过兼性水解发酵细菌(产酸菌)的作用，将复杂的有机物发酵成为简单的有机酸、醇类、CO_2、H_2、NH_3等。

(2)产氢产乙酸阶段

通过专性厌氧的产氢产乙酸细菌作用，将第一阶段细菌的代谢产物转化为乙酸、CO_2和 H_2。

(3)产甲烷阶段

在产甲烷细菌的作用下，将第一、二阶段产生的代谢产物最终转化为 CH_4 和 CO_2。

由于废水的厌氧生物处理工艺不需要另加氧源，因此其运转费用低，且可回收利用生物能(甲烷)，剩余污泥量少等优点。其主要不足的地方是厌氧生物化学反应速度较慢，反应时间长，反应容器较大，而且要保持较高的温度需要消耗能源。

7.6.3 厌氧生物处理的影响因素

7.6.3.1 温度

厌氧生物处理过程也受到温度的影响。根据不同的最适宜温度范围，厌氧生物也可分为嗜温菌(中温细菌)和嗜热菌(高温细菌)两类。相应的厌氧消化则被称为中温消化(35℃左右)和高温消化(55℃左右)。

7.6.3.2 pH 值

pH 值是微生物生长的最重要的影响因素之一。产酸菌自身可影响环境 pH 值，对环境 pH 值的适应范围较宽，一些产酸菌可以在 pH 值 5.5～8.5 范围内生长良好，有时甚至可以在 pH 值 5.0 以下的环境中生长。产甲烷菌的 pH 值在 6.5～7.8较为适宜，其最适宜 pH 值范围为 6.8～7.2。在 pH 值小于 6.5 或 pH 值大于 7.8 以上的环境中，厌氧消化会受到严重的抑制。

7.6.3.3 负荷率

负荷率是表示消化装置处理能力的一个参数。在厌氧消化处理过程中，最常用的是容积负荷率。它直接影响产气量和处理效率，在一定范围内，随着容积负荷的提高，容积产气量增多。

通常，常规厌氧消化工艺中，中温处理高浓度工业废水的容积负荷为 COD 2～3 $kg/(m^3 \cdot d)$，高温处理为 COD 4～6 $kg/(m^3 \cdot d)$。

7.6.3.4 食料微生物比

与好氧生物处理一样，厌氧生物处理过程中的食料微生物比对其进程的影响很大。在有机负荷、处理程度及产气量三者之间，存在着密切的联系和平衡关系。一般情况下，较高的有机负荷可获得较大的产气量，但处理程度会降低。由于厌氧消化过程中产酸阶段的反应速率比产甲烷阶段的反应速率要高得多，因此，必须慎重的选择有机负荷，使挥发性酸的生成及消耗协调，避免挥发性酸的积累。通常情况下，厌氧生物处理可采用比好氧生物处理高得多的有机负荷，COD 浓度一般可达 5～10 $kg/(m^3 \cdot d)$，有时甚至高达 50 $kg/(m^3 \cdot d)$。

7.6.3.5 有毒物质

一些含有特殊基团或活性键的化合物对某些未驯化的微生物常常有毒副作用。所以，当厌氧反应器中的进水中含有某些具有生物毒性的物质时，将对厌氧生物处理器中微生物的代谢产生不利影响。

重金属使细菌的代谢酶受到破坏而失去活性，导致厌氧消化过程失效，表现为产气量降低和挥发性酸的积累。

研究表明，厌氧微生物对很多在好氧条件下难以降解的合成有机物，如蒽醌类染料、偶氮染料、含氯的有机杀虫剂等，都具有降解的能力。但仍然有相当一部分合成有机物对厌氧微生物有毒害作用，其影响程度与浓度有关，如 3-氧-1，2-丙二醇、2-氯丙酸、2-氯丙烯、丙烯醛等。

7.6.4 厌氧处理法的类型

7.6.4.1 厌氧消化池

厌氧消化池是传统的最简单的厌氧反应器，最早用来处理城市生活污水。废水中的有机物质和部分固体物质可以在厌氧消化池内被消化，并转化成沼气，废水中的固体物质的量减少，形成沉淀性能良好的厌氧污泥。厌氧消化池是一个使废水与空气隔绝的容器，其容积的大小根据设计目标确定。废水进入消化池并停留一段时间，在厌氧微生物的作用下，部分污染物质被水解、酸化或者被转化为甲烷。

7.6.4.2 厌氧接触氧化法

Schropter 于 1955 年开创了厌氧接触消化工艺(图 7-9)，即增加污泥与气体分离和污泥回流系统，废水经过厌氧反应器的厌氧消化，使部分有机污染物获得降解，并在产生沼气的同时形成污泥，并将污泥回流到消化池内，从而增大了反应容器中厌氧污泥的浓度，使厌氧污泥在反应器中的停留时间大于水力停留时间，减少污水在消化池内的停留时间，提高了消化速率。而且，污水进入消化池后能迅速与池内混合液混合，泥水接触充分，使其处理效率和负荷显著提高。

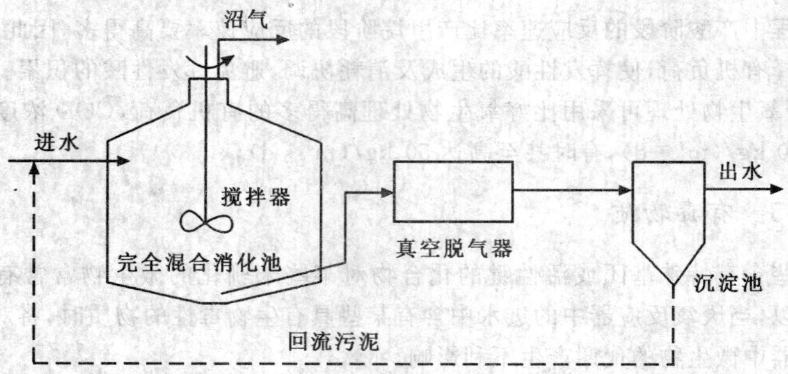

图 7-9 厌氧接触氧化工艺

(引自李军．微生物与水处理工程．化学工业出版社，2002)

7.6.4.3　升流式厌氧污泥床生物反应器(UASB)

20 世纪 70 年代以来，荷兰 Wageningen 农业大学环境系 Lettinga 等人发明的升流式厌氧污泥床(up-flow anaerobic sludge bed，UASB)反应器(图 7-10)，是一种高效厌氧反应器，目前已成为最广泛的厌氧处理方法。其特点是本身有气、液、固 3 相分离装置，从而有效地滞留污泥。特别是在运行过程中能形成具有良好沉降性能的颗粒污泥。

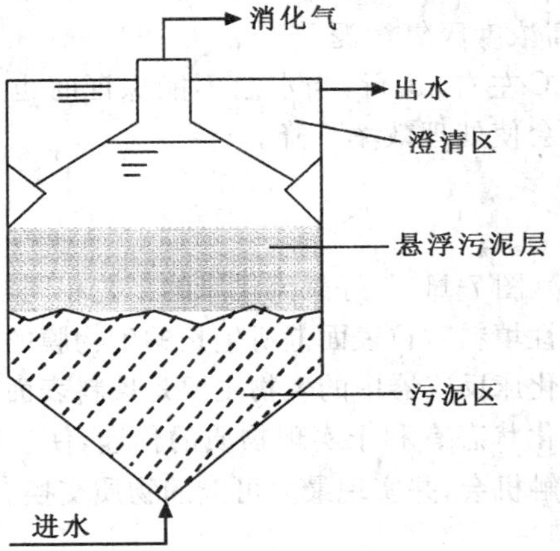

图 7-10　升流式厌氧污泥床反应器
(引自高廷耀．水污染控制工程．高等教育出版社，2000)

UASB 反应器由反应区、布水系统和分离区 3 部分组成。废水由底部经布水系统进入污泥床，并与污泥床内的污泥混合。污泥中的微生物分解废水中的有机物并产生沼气，沼气以微小气泡形式不断放出，并在上升过程中不断混合，逐渐形成较大的气泡。由于废水自下而上流动及气泡的上升起到一定的搅拌作用，从而使污泥床上部的污泥处于悬浮状态，因而不需外加搅拌系统就能达到废水与污泥的部分混合。

在颗粒物中微生物主要由类似产甲烷丝菌属的细菌组成。此外，各种各样的不同类型的细菌以微小菌落的形式随机分布在颗粒污泥中。通过采用改良最近似数菌检验法和免疫荧光技术，发现这些微小菌落主要由产甲烷丝菌和以产甲烷短杆菌为主的互生菌组成。

7.6.4.4　厌氧生物滤池

根据污水进入厌氧生物滤池的部位不同可分为升流式厌氧生物滤池和降流式厌氧生物滤池两种。传统的厌氧消化池和厌氧接触反应器中的厌氧污泥是悬浮着的絮状污泥，而厌氧生物滤池中的污泥则是以厌氧生物膜的形式存在的，其原理与好氧生物系统中生物膜的功能一样。

由于厌氧反应器中的厌氧微生物形成了固化的生物膜，使污泥的流失大大减少，同时使污泥停留时间延长，废水的停留时间缩短，反应的容积负荷率提高，反应容器体积变小。以厌氧反应器中的生物量来说，厌氧消化池中的生物量为 VSS 2～3 g/L，在接触厌氧反应器中污泥可达 VSS 5～10 g/L，而厌氧生物滤池总的固定生物膜可以达到 VSS 10～20 g/L。

厌氧生物滤池中的微生物以两种形式存在，一是厌氧微生物在厌氧过滤池中的滤料表面形成的固定生物膜，一种是在滤料之间形成聚集体。这两种形式的微生物细胞共同构造厌氧生物滤池中的高浓度厌氧污泥。

厌氧生物滤池一般以中温条件(35℃左右)运行，当水温不能保证时也可在常温条件下运行，但常温条件温度较低时会使处理效率下降。

7.6.4.5 厌氧流化床

厌氧流化床(anaerobic fluidiged bed)(图 7-11)与好氧流化床的工艺相同，只是在厌氧条件下运行。厌氧流化床依靠在惰性填料微粒表面上所生长的生物膜的厌氧代谢活动使有机污染物得以降解。厌氧流化床反应器中的生物主要是填料表面上的生物膜。流化床内混合液与生物膜间的流化状态有利于实现物质的传递，使生物膜上的生物与被处理的污染物具有最大的接触机会，并实现最大可能的物质交换。

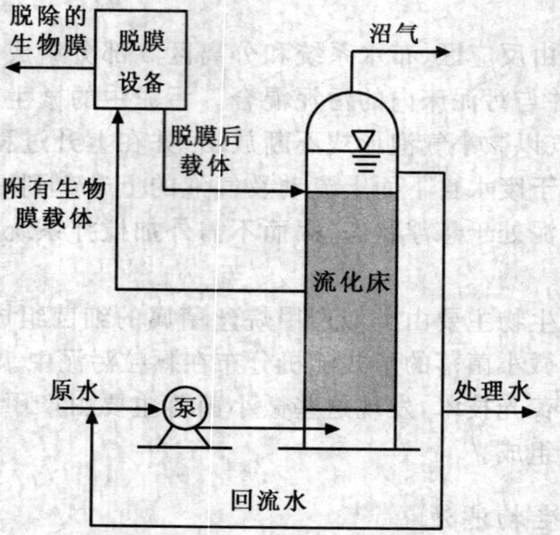

图 7-11 厌氧流化床

(引自李军．微生物与水处理工程．化学工业出版社，2002)

该工艺可用来处理COD浓度较高的工业生产有机废水，如酵母发酵废水、土霉素废水、豆制品废水、化粪池废水和屠宰废水等。厌氧流化床的特点是：有机物容积负荷大，一般为COD 10～40kg /(m^3 · d)，水力停留时间短，具有较强的耐冲击负荷能力，运行稳定；载体处于流化状态，无床层堵塞现象，对高、中、低浓度废水均表现出较好的性能；具有较高的有机物净化速度；床内生物膜停留时间长，剩余污泥量少；结构紧凑，占地面积少，投资省；但载体流化耗能较大，对系统的管理技术要求较高等特点。

7.6.5 光合细菌处理污水

能够利用光作为能源的细菌称为光合细菌(photosynthetic bacteria，简称PSB)，是一大类能进行光合作用的原核生物的总称。除蓝细菌外，都能在厌氧条件下进行不产氧的光合作用。营光能异养的光合细菌有红螺菌科、着色菌科、绿菌科等。光合细菌生活在水田、浅的池塘、污浊的水域等地方。

由于光合细菌具有随生长条件的变化而灵活改变代谢类型的特点，因此它能处理上万毫升BOD浓度的有机废水。光合细菌已在BOD_5高于10 000 mg/L的高浓度有机废水(如浓粪便、豆制品废水、食品加工废水、屠宰废水等)处理中得到实际运用。通常情况下，BOD_5去除率可达95%，甚至达到98%。同时PSB细胞内富含蛋白质(65%)和B族维生素，具有巨大的实用价值，可作为畜禽饲料和鱼虾饵料等，纯化的光合细菌菌体可加工制成保健品及制成禽、畜饲料添加剂。日本自20世纪60年代起首先开展了PSB法处理有机废水的研究，成功的对粪尿、食品、淀粉、皮革和豆制品等废水进行处理。20世纪80年代世界各国相继进行了PSB的研究，我国在江苏南通发酵厂，用PSB法成功进行了日处理150 t柠檬酸废水的研究。

目前常用于废水处理的种属为沼泽红假单胞菌、荚膜红假单胞菌、球形红假单胞菌、深红红假单胞菌。由于废水的成分复杂，混合种属对废水的降解效果优于单一菌属。

7.6.5.1 PSB的特性

目前用于有机废水出来的PSB主要是红螺菌科的细菌群，红螺菌科(Rodospifillaceae)细胞也称为红色无硫细菌，包括沼泽红假单胞菌、荚膜红假单胞菌、球形红假单胞菌、胶质红假单胞菌、深红红假单胞菌、红螺菌属、红假单胞菌属和红微菌属。它们含有叶绿素a、b和类胡萝卜素而呈红色，在无氧条件下利用简单有机物进行光合作用，在黑暗中微量好氧和好氧条件下进行氧化代谢，可利用氢或有机物作为电子受体。它们呈橙棕到棕红或淡红到紫红色。有的菌在厌氧条件下呈暗黄绿色，在好氧条件下呈现棕红到紫红色。体内的贮藏物质有：多糖类、聚 β-羟基丁酸盐和异染粒（多聚磷酸盐）。生长温度为 25～30℃，pH 值在 7 左右（嗜酸红假单胞菌例外，最适宜 pH 值为 5.8）。

PSB 既不像好氧的活性污泥细菌那样受污水中溶解氧浓度的限制，它可以利用光能进行高效的能量代谢，即使是微弱的光照也能利用；又不像严格厌氧的产甲烷细菌等对氧的存在非常敏感，恰恰相反，它可以在有氧条件下分解有机物，通过氧化磷酸化获得能量。因此，在 PSB 处理系统中，保持自然光和微好氧条件，就有可能维持 PSB 在系统中的优势，充分发挥它的处理能力。

7.6.5.2 PSB 法的一般工艺流程

PSB 法的一般工艺流程如图 7-12 所示。PSB 法工艺是自然界微生物生态演替净化污水过程的典型体现。该工艺第一步是高浓度有机物在异养菌作用下降解为低级脂肪酸等小分子有机物，即所谓的“可溶化处理”过程；第二步由光合细菌将小分子脂肪酸等进一步降解，有机物浓度大幅度降低；第三步用藻类或好氧生物处理法使废水达到排放标准。PSB 法的关键在第一步的可溶化处理和保持系统中 PSB 为优势菌群这两个方面。

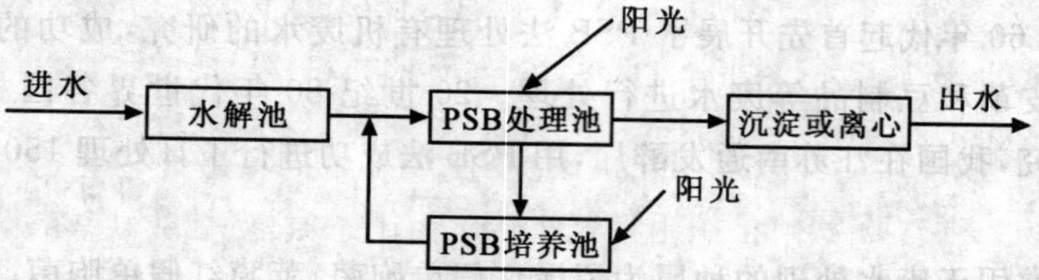

图 7-12 PSB 处理浓废水的一般流程

（引自李军．微生物与水处理工程．化学工业出版社，2002）

光合细菌无论在好氧状态还是在厌氧状态都能生长，都具有能耐受高浓度、高负荷、高盐分、低温和处理效果稳定的特点，降解有机物的速率比甲烷发酵快 2 倍左右，与常规的活性污泥法比较，PSB 法可节约基建投资 39％～50％，处理费用减少 28％左右，占地面积仅为活性污泥法的 1/4～1/5。许多试验表明，光合细菌处理中，COD 去除率大于 90％，BOD 去除率可达 98％，总氮的去除率 70％左右。

7.7　污水的深度生物处理

7.7.1　微生物去除污水中氮的方法

7.7.1.1　脱氮的基本原理及其微生物

脱氮首先要利用设施内好氧段，由亚硝化细菌和硝化细菌的硝化作用，将NH_3转化为 NO_3^--N。再利用缺氧段经反硝化细菌将 NO_3^--N 反硝化还原为氮气（N_2）溢出水面释放到大气中。水中的含氮物质大量减少，降低出水潜在危险性。

生物硝化过程是由一群自养型好氧微生物完成的，它包括两个步骤：第一步是由亚硝酸菌（nitrosomonas）将氨氮转化为亚硝酸盐（NO_2^-），亚硝酸菌中有亚硝酸单胞菌属、亚硝酸螺杆菌属和亚硝酸球菌属。第二步则由硝酸菌（nitrobacter）包括硝酸杆菌属、螺杆菌属和球菌属，将亚硝酸盐进一步氧化为硝酸盐（NO_3^-）。亚硝酸菌和硝酸菌统称为硝化菌，它们都是革兰氏阴性菌。在自然界中，硝化菌是好氧菌。它的生长速率受基质浓度（NH_3和 HNO_2）、温度、pH 值、氧浓度的影响。

7.7.1.2　生物脱氮工艺

根据生物脱氮中硝化和反硝化机理，要使废水中的氮最终转化为氮气而从废水中去除，须先通过好氧硝化作用将氨氮转化为硝态氮，然后在缺氧条件下进行反硝化脱氮。因此作为生物脱氮的基本工艺是采用先硝化、后反硝化流程。

(1)传统工艺

图 7-13 为传统的三级生物脱氮工艺流程。此工艺中，分别将有机物的去除和氨化、硝化及反硝化脱氮反应在 3 个反应器中独立进行，并分别设置污泥回流系统。三级生物脱氮工艺因氨化、硝化、反硝化反应分别在各自的反应器内进行，不同性质的污泥又分别在不同的沉淀池沉淀分离、回流，因此反应速度快而彻底，运行管理方便，效果好，灵活性和适应性很大的优点，但也存在处理设备多，管理工作量大等缺点。

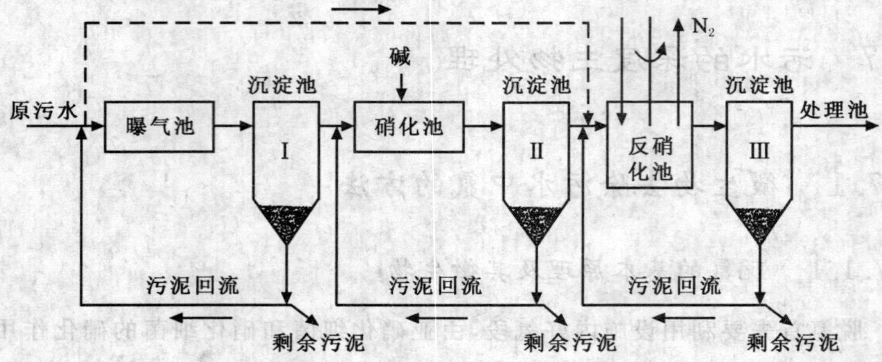

图 7-13 三级生物脱氮工艺

（引自高廷耀．水污染控制工程．高等教育出版社，2000）

(2)缺氧-好氧活性污泥法脱氮工艺

本工艺又称前置反硝化生物脱氮，工艺流程如图 7-14 所示。反应池前段为缺氧池，后段为好氧池。废水和回流污泥从缺氧池流入，通过好氧池处理的一部分硝化液回流到缺氧池进行反硝化。反硝化菌氧化有机物的同时，将混合液总的亚硝态氮和硝态氮还原为氮气。好氧池中的氨氮被硝化菌氧化为亚硝酸盐和硝酸盐。通过硝化后另一部分混合液经二沉池进行固液分离后排出。根据进水水质的不同，有时需投加甲醇等脱氮的受氢体和投加碱(NaOH 等)调节 pH 值。

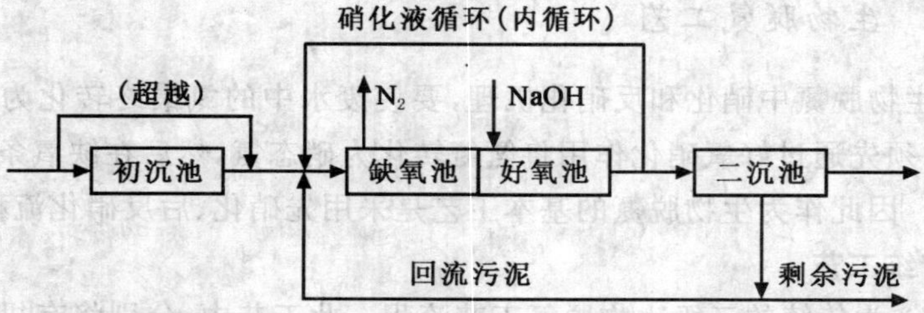

图 7-14 好氧-缺氧活性污泥法生物脱氮工艺

（引自张自杰．废水处理理论与设计．中国建筑工业出版社，2003）

该工艺具有以下特征：反硝化反应器在前，BOD 去除、硝化反应在后；反硝化反应以原废水中的有机物为碳源；硝化反应器内的含有大量硝酸盐的硝化液回流反硝化反应器并进行反硝化脱氮反应；在反硝化过程中，产生的碱度可补偿硝化反应消耗的碱度的一半左右，对含氮浓度不高的废水可不必另行投加碱。本工艺流程简单，不需外加碳源，建设和运行费用都较低。

(3)Bardenpho 脱氮工艺

Bardenpho 脱氮工艺是一种由硝化和反硝化两段相互交替组成的工艺，如图 7-15 所示。该工艺中的硝化和反硝化可分别在不同的反应器中进行，也可以组合在一起。在此工艺中，第一缺氧段有来自于好氧段的混合液回流及原水中的有机质，反硝化速度比较快；第二缺氧段由于不投加碳源，反硝化速度较慢，主要以内源呼吸进行反硝化，一般可去除 5～6 mg/L 的 NO_3^-。第一缺氧段的反硝化速度与进水的 F/M 有关，第二缺氧段的反硝化速度与系统的污泥龄有关。

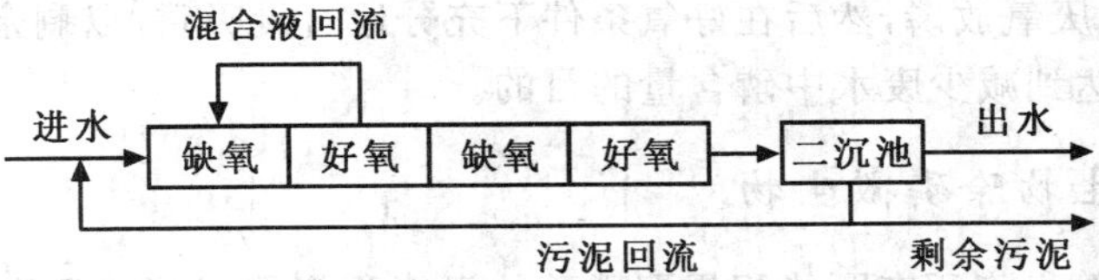

图 7-15 Bardenpho 脱氮工艺流程

（引自张景来．环境生物技术及应用．化学工业出版社，2002）

7.7.2 微生物去除污水中磷的方法

7.7.2.1 概述

含磷废水主要来源于各种洗涤剂、工业原料、农业肥料的生产及人体排泄物。废水中的磷根据废水的类型不同可分为无机磷盐（$H_2PO_4^-$、HPO_4^{2-}、PO_4^{3-}）、聚磷酸盐和有机磷等几种形态。生活污水中的含磷量一般为 10～15 mg/L，其中 70% 是可溶的，传统的二级处理出水中有 90% 左右的磷以磷酸盐的形式存在。

当水体中的磷含量高于 0.5 mg/L 时，将促进富营养化现象的发生，当低于 0.5 mg/L 时能控制藻类的过度生长；当低于 0.05 mg/L 时，藻类几乎停止生长，因此，水体中磷的含量是导致或控制水体富营养化的限制因素。在我国由于水资源的短缺和水体污染的日益加剧，尤其是许多湖泊、水库的富营养化现象已十分严重，污水的除磷工艺的开发研究就显得非常重要。

7.7.2.2 生物除磷的基本原理

早在 20 世纪 60 年代，Shapiro 和 Levin 等人就观察到了污水中微生物的除磷作用，经过进一步的研究，认为污水生物除磷是通过微生物对磷的过量摄取作用完成的。在厌氧条件下，由于废水中没有溶解氧或氧化态氮（NO_x^-），一般无聚磷能力的好氧菌及脱氮菌，不能产生 ATP，因此这类微生物不能摄取细胞外的有机物，但有一类称为除磷菌的细菌却能分解细胞内的聚磷酸盐同时产生 ATP，并利用 ATP 将废水中的脂肪酸等有机物摄入细胞内，以 PHB（聚-β-羟基丁酸盐）及糖原等有机颗粒的形式贮存在细胞内，同时将分解聚磷酸盐所产生的磷酸排出细胞外，此时细胞内还会诱导产生相当量的聚磷酸盐激酶。在好氧条件下，这些除磷菌又可利用聚-β-羟基丁酸盐氧化分解所释放的能量来摄取污水中的磷，并合成聚磷酸盐贮存在细胞内。一般情况下，微生物在增殖的过程中，在好氧环境中摄取的磷比在厌氧环境中所释放的磷要多。因此，可创造厌氧、缺氧和好氧环境，让聚磷菌先在含磷废水中厌氧放磷，然后在好氧条件下充分地过量吸磷，以剩余污泥的形式排放出去，从而达到减少废水中磷含量的目的。

7.7.2.3 生物除磷微生物

Comeau 等人将所有既能积累聚磷酸盐又能积累聚-β-羟基丁酸盐的细菌称为除磷菌（又叫聚磷菌）。通常情况下，除磷菌主要包括不动杆菌属、气单胞菌属、假单胞菌属等细菌。

(1)不动杆菌属

Deimerma 等人观察到污泥中成簇存在的不动杆菌，以丁酸或戊酸作为碳源进行纯种培养时，在生长的早期阶段，该菌能过量摄取培养液体中的磷酸形成聚磷酸盐，其含量可达细菌干重的 10%～20%；该菌还具有积累脂肪酸和聚-β-羟基丁酸盐的能力。在厌氧条件下，能降解其细胞内的聚磷酸盐释放出磷酸。

(2)气单胞菌属

近年来，人们对气单胞菌属在污水生物除磷过程中的作用进行了研究。Brodisch 和 Joyner 发现在活性污泥混合液的整个细菌组成中，气单胞菌属占 12%～36%，且在厌氧和缺氧区所占的比例有时比好氧区高。在废水生物除磷过程中能过量摄取废水中磷形成聚磷酸盐内含物。

(3)假单胞菌属

Seyen 等人研究发现假单胞菌科的菌能贮藏聚磷，如泡囊假单胞菌；李军等人在除磷生物膜系统中分离出假单胞菌、气单胞菌属，发现在生物膜的细菌组成中，假单胞菌属占 50%，为优势菌属，气单胞菌属占 28%。Suresh 等人对运转正常的厌氧/好氧（A/O）废水生物除磷处理系统曝气池内活性污泥混合液中的假单胞菌属进行了纯种培养试验，发现这种菌也能够积累聚磷酸盐，其含量达细胞干重的 31%；由此可以看出假单胞菌属也是污水生物除磷处理活性污泥混合液中的主要细菌之一。

7.7.2.4 生物除磷的工艺

生物除磷不是物理化学过程，而是一个生物化学过程，一般由两个过程组成，即厌氧释磷和好氧摄磷。所以废水生物除磷的工艺流程一般是由厌氧池和好氧池组成的。

(1)A/O 工艺

A/O 工艺即厌氧-好氧工艺，是使污水和污泥顺次厌氧和好氧交替循环流动的方法。如图 7-16 所示。

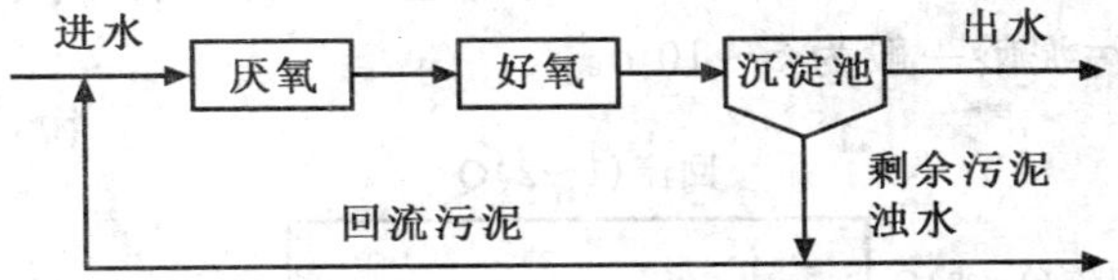

图 7-16 A/O 工艺流程

(引自张景来．环境生物技术及应用．化学工业出版社，2002)

A/O 生物除磷工艺的主要特点是工艺流程简单，不需投加化学药品；厌氧池设在好氧池之前，有利于抑制丝状菌的生长，防止活性污泥的膨胀，且能减轻好氧的有机负荷；排放的剩余污泥含 P 高；一般水力停留时间为厌氧池 1～2 h，好氧池 2～8 h，污泥龄短；建设费用和运行费用较低。

环境温度较低或负荷较低时，微生物新陈代谢活动受到影响，会降低磷的去除量；进水中易降解的基质浓度较低时，会影响磷的释放程度。

(2)UCT 工艺

UCT 工艺是目前较流行的生物处理工艺，是在 A^2/O 工艺的基础上对回流方式作了调整以后提出的工艺，如图 7-17 所示。

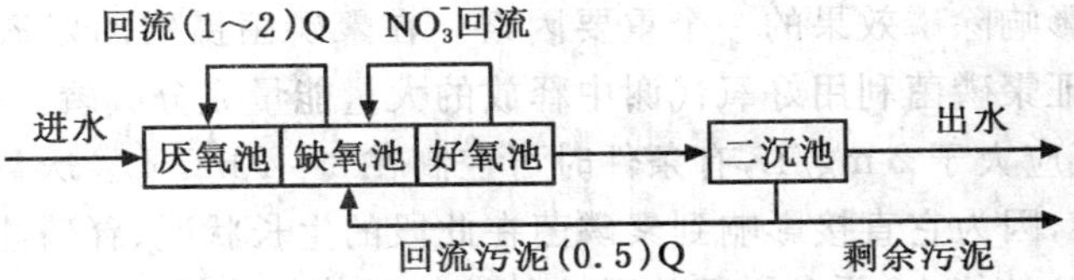

图 7-17 UCT 工艺流程

(引自张景来．环境生物技术及应用．化学工业出版社，2002)

污泥从缺氧区回流到厌氧区，可阻止处理系统中硝酸盐（NO_3^-）进入到厌氧池而影响厌氧过程中磷的充分释放。当然，在进水中的 TKN 与 COD 比值较高时，应减少混合液回流比以防止 NO_3^- 进入厌氧池中。为保证活性污泥具有良好的沉淀性能，回流比不能太小。UCT 工艺设计污泥龄一般为 13～25 d。

(3)VIP 工艺

VIP 工艺是美国的 Randall 教授提出的一种生物除磷工艺（图 7-18），有些类似 UCT 工艺，但与 UCT 工艺相比有两点不同：一是厌氧段、缺氧段和好氧段的每一部分都有两个以上的池子组成，其释放和摄取磷的速度都很快；二是其污泥龄比 UCT 工艺段，负荷比 UCT 工艺高，因而运行速率高，除磷效率高，所需设备容积小。其实际工艺污泥龄一般为 5～10 d。

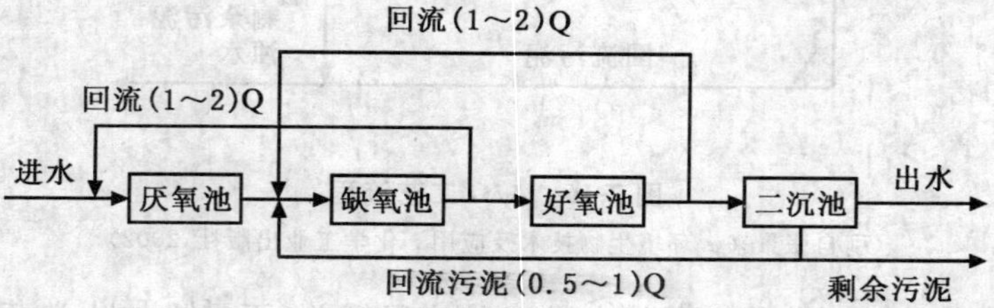

图 7-18　VIP 工艺流程

（引自张景来．环境生物技术及应用．化学工业出版社，2002）

7.7.2.5　生物除磷系统的主要影响因素

生物法除磷效率高、费用低、所排出的剩余污泥富含磷而具有较高的肥效，因此越来越受到人们的重视。影响生物除磷效果的因素主要有以下几个方面。

(1)溶解氧

由于整个除磷系统中各段吸磷、放磷的控制主要是由溶解氧的值决定的，因此，溶解氧是影响除磷效果的一个重要因素。在聚磷菌摄磷的好氧容器中应有充足的氧，以保证聚磷菌利用好氧代谢中释放的大量能量充分吸磷。一般情况下，好氧池内溶解氧应大于 2 mg/L，有条件时可控制在 3～4 mg/L。厌氧放磷池的厌氧条件极为重要，因为它直接影响到聚磷菌在此段的生长状况、释磷能力及利用有机基质合成 PHB 的能力，要求厌氧放磷池的溶解氧值应小于 0.2 mg/L，NO_3^--N 小于 0.2 mg/L。

(2)碳磷比

废水生物除磷工艺中有机基质的含量、种类及其与微生物营养物之间的比例关系主要是指碳磷比(BOD_5/TP)是影响聚磷菌释放和摄取磷效果的一个重要因素。聚磷菌在厌氧段中释放磷时产生的能量主要用于其吸收溶液中可溶性低分子基质并合成PHB贮存在体内,使其在厌氧环境中生存,因此,进水中是否有足够的有机基质提供聚磷菌合成足够的PHB,直接关系聚磷菌能否在厌氧条件下顺利生存,进而影响好氧吸磷效果。

(3)硝酸盐含量

在生物除磷工艺中,硝酸盐的去除是除磷的先决条件,硝酸盐和亚硝酸盐的存在会抑制细菌对磷的释放,从而影响在好氧条件下对磷的吸收。Brodisch等研究证实气单胞杆菌具有将高分子有机质转化为简单低分子脂肪类物质的能力,在除磷过程中存在气单胞杆菌——发酵产酸——聚磷之间的关系,而其中气单胞杆菌(兼性异养菌)能否充分发挥其以发酵中间产物为电子受体的发酵产酸能力,是决定其他聚磷菌能否正常发挥其功能的重要因素。只要存在NO_3^-,气单胞杆菌对有机质的发酵产酸作用就会受到抑制,从而也抑制了聚磷菌的释磷和摄磷能力及PHB的合成能力。因此,为保证厌氧段的高效释磷作用,一般应将NO_3^-控制在0.2 mg/L以下。

(4)BOD_5负荷

一般认为,较高的BOD_5负荷可取得较好的除磷效果,进行生物除磷的低限是BOD/TP=20。有机质不同对除磷也有影响,一般低分子易降解的有机物诱导磷释放的能力较强,高分子难降解的有机物诱导磷释放的能力较弱。磷的释放充分,磷的摄取量也大。

(5)污泥龄

处理系统中的污泥龄的长短对污泥摄磷作用及剩余污泥的排放量有直接的影响,从而对除磷效果产生影响。一般污泥龄短的系统产生的剩余污泥量多,可取得较高的除磷效果。

复习思考题

1. 什么叫水体自净?
2. 什么是活性污泥法?评价活性污泥性能指标有哪些?
3. 好氧活性污泥中有哪些微生物?
4. 菌胶团原生动物和微型后生动物有哪些作用?
5. 什么叫活性污泥丝状膨胀?引起活性污泥丝状膨胀的微生物有哪些?如何控制活性污泥的丝状膨胀?
6. 为什么丝状细菌在废水的生物处理过程中能优势生长?

7. 简述高浓度有机废水厌氧沼气发酵(甲烷)的理论及其微生物群落。

8. 好氧生物膜法的基本原理是什么？有什么特点？

9. 试比较厌氧生物处理和好氧生物处理有什么不同？

10. 稳定塘有哪些类型？它们的处理机理和运行条件有何区别？

11. 污、废水为什么要脱氮除磷？

12. 简述废水生物脱氮除磷的基本原理。

13. 何谓积磷菌？有哪些积磷菌？简述其放磷和吸磷的生化机理。

8 固体废弃物和废气的生物处理

本章提要：本章主要介绍了固体有机无机废弃物，以及废气中粉尘微粒、含硫化合物、含氮化合物、氧化物、卤化物和有机化合物等6大类生物处理方式及工艺原理。

8.1 固废、废气污染的来源和种类

8.1.1 固废污染的来源和种类

人类一切活动过程产生的、且对所有者已不再具有使用价值而被废弃的固态或半固态物质，通称为固体废弃物。固体废物种类复杂，按成分可分为有机和无机废物；按形状可分固体废物的和泥状废物；按其危害状况可分为有毒废物、有害废物和一般废物；按其来源可分为工业废物、城市垃圾和农业垃圾等几类。

城市垃圾主要指城市居民的生活垃圾、商业垃圾以及建筑、市政维护和管理等产生的废物，如厨房废弃物、玻璃、塑料、纸品、纤维、橡胶等。近年来，我国城市垃圾产生量大幅度增加，平均每年递增10%，但仅有5%的垃圾得到了处理。

工业固体废物指在工业、交通等生产活动中产生的采矿废石，选矿尾矿、燃料废渣、化工生产及冶炼废渣等固体废物，又称工业废渣或工业垃圾。

农业垃圾主要包括作物秸秆、树木茎叶、人畜粪便等，主要含有纤维素和半纤维素。

20世纪中叶以后，随着人口剧增、工业化、城市化的发展，所产生的大量固体废物对环境带来的污染及对人群健康的影响问题越来越为世人所关注。固体废物不仅侵占大量土地，污染水体、大气、土壤及农作物，还影响市容环境卫生、传播疾病，危害人类及其他生物的健康，甚至还会产生其他的环境灾害。因此，控制与治理垃圾污染，为垃圾谋出路，也已成为世界各国共同面临和必须解决的环境问题。

目前，国内外通常采用卫生填埋、堆肥和焚烧这“三大技术”来处理固体废弃物。堆肥法和填埋法是生物方法，可处理可生物降解的有机固体废弃物；焚烧法是

物理方法，用来处理不可随意排放、有危险的特种有机废物，以及城市污水处理厂的剩余活性污泥和生活垃圾。

8.1.2 废气污染的来源和种类

大气污染物主要分为两类，即天然污染物和人为污染物。引起公害的往往是人为污染物。它们主要来源于燃料燃烧、大规模的工矿企业的废气和汽车尾气，污水处理厂和垃圾处理场均产生臭气。

废气中的污染物可分为6大类：粉尘微粒、含硫化合物、含氮化合物、氧化物、卤化物和有机化合物。每年全世界排入大气的气态污染物中，有机污染物占绝大多数。美国环保署所列的25种有毒气体排放物清单中，有18种是有机物，占有毒气体排放量的74.2%。

8.2 固废的生物处理

固体废弃物生物处理对象主要是城市垃圾、农业废弃物中的有机物成分，通过微生物的活动，可以使之稳定化、无害化、减量化和资源化。

8.2.1 堆肥法

堆肥法是一种古老的微生物处理有机固体废弃物的方法，俗称“堆肥”。堆肥化(compost)就是依靠自然界广泛分布的细菌、放线菌、真菌等微生物，有控制地促进可被生物降解的有机物向稳定的腐殖质转化的生物化学过程。堆肥化的产物称为堆肥。根据处理过程中起作用的微生物对氧气要求的不同，堆肥可分为好氧堆肥法(高温堆肥)和厌氧堆肥法2种。

8.2.1.1 好氧堆肥法

好氧堆肥法是在有氧的条件下，通过好氧微生物的作用使有机废弃物达到稳定化，转变成简单的无机物的方法。在堆肥过程中，微生物通过自身一系列的生命活动，包括氧化、还原和合成等过程，把一部分被吸收的有机物氧化成简单的无机物质，并放出生物生长活动所需要的能量；把另一部分有机物转化为生物体自身的细胞物质，用于微生物的生长繁殖，产生更多的微生物体。

(1)好氧堆肥微生物学过程

根据好氧堆肥过程中堆料温度的变化、有机物的分解以及微生物类群变化情况，好氧堆肥的微生物学过程可人为地划分为以下3个阶段。

①发热阶段：堆肥堆制初期，主要由中温好氧的细菌和真菌，利用堆肥中容易分解的有机物，如淀粉、糖类等迅速增殖，释放出热量，使堆肥温度不断升高。

②高温阶段：堆肥温度上升到50℃以上，进入了高温阶段。由于温度上升和易分解的物质的减少，好热性微生物逐渐代替了中温微生物，这时堆肥中除残留的或新形成的可溶性有机物继续被分解转化外，一些复杂的有机物如纤维素、半纤维素等也开始迅速分解。

由于各种好热性微生物的最适温度互不相同，因此，随着堆温的变化，好热性微生物的种类、数量也逐渐发生着变化。在50℃左右，主要是嗜热性真菌和放线菌，如嗜热真菌属（*Thermomyces*）、嗜热褐色放线菌（*Actinomyces thermofuscus*）、普通小单孢菌（*Micromonospora vulgaris*）等。温度升至60℃时，真菌几乎完全停止活动，仅有嗜热性放线菌与细菌在继续活动，分解着有机物。温度升至70℃时，大多数嗜热性微生物已不适应，相继大量死亡，或进入休眠状态。

高温对堆肥的快速腐熟起到重要作用，在此阶段中堆肥内开始了腐殖质的形成过程，并开始出现能溶解于弱碱的黑色物质。同时，高温对于杀死病原性生物也是极其重要的，一般认为，堆温在50～60℃，持续6～7 d，可达到较好的杀死虫卵和病原菌的效果。

③降温和腐熟保肥阶段：当高温持续一段时间以后，易于分解或较易分解的有机物（包括纤维素等）已大部分分解，剩下的是木质素等较难分解的有机物以及新形成的腐殖质。这时，好热性微生物活动减弱，产热量减少，温度逐渐下降，中温性微生物又渐渐成为优势菌群，残余物质进一步分解，腐殖质继续不断地积累，堆肥进入了腐熟阶段。为了保存腐殖质和氮素等植物养料，可采取压实肥堆的措施，造成其厌氧状态，使有机质矿化作用减弱，以免损失肥效。

(2)好氧堆肥过程中的微生物相变化

堆肥中微生物的种类和数量，因堆肥的原料来源不同而有很大不同。

城市生活垃圾中，以一年生植物残体为主要原料，在好氧堆肥过程中，常见到以下微生物相变化特征：细菌、真菌——纤维分解菌——放线菌——能分解木质素的菌类。

在以城市污水处理厂剩余污泥为原料的堆肥中，堆肥堆制前的脱水污泥中占优势的微生物为细菌，而真菌和放线菌较少。在细菌组成中，一个显著特征是厌氧菌和脱氮菌相当多，这与污泥含水量多、含易分解有机物多、呈厌氧状态有关。经30 d堆制后（期间经过65℃高温，后又维持在50℃左右），细菌数有了减少，但好氧性细菌比原料污泥只是略有减少，仍保持着每克干物质10^7个的数量级，厌氧性细菌比原料污泥减少了大约100倍，真菌数量并没有明显增长，氨化细菌和脱氮菌却有明显的增加，说明堆肥中发生着硝化和反硝化过程. 这与堆肥污泥中既存在着适于硝化细菌活动的有氧微环境，也存在着适于脱氮菌活动的无氧微环境有关。

(3)影响好氧堆肥的因素

城市生活垃圾的好氧堆肥过程由好氧微生物完成，因此凡是能够影响微生物活性的因素，均会影响垃圾的好氧分解，概括为以下几个方面。

①垃圾原料的营养配比：主要是C/N，一般保持在(25～30)：1发酵最好。C/N过低，易造成氮转化为氨而损失；C/N过高，则会减慢堆肥化速度，降低堆肥质量。此外，垃圾原料的C/P以75～150为宜。

②湿度：一般垃圾原料中含水量在40%～60%范围。含量过高时，部分垃圾将产生厌氧发酵而延长有机物分解的时间；含量过低时，有机物不易分解。

③通风：好氧堆肥过程中通风十分重要，以保障充足的氧供应，通常采用机械翻堆通风或直接用空压机通入空气。但过量的通风会导致水分蒸发散失，使堆肥温度降低，同时提高成本。因此，通气量要实际调试。

④发酵温度：堆肥过程中，2～3 d后温度可升至60℃，最高温度可达73～75℃，这样可以杀灭病原菌、寄生虫卵及苍蝇卵。堆肥发酵过程中，温度应维持50～70℃之间。

⑤pH值：整个发酵过程中，pH值维持在5.5～8.5，堆肥过程中，其pH值随发酵而变化，初期，由于好氧发酵产生有机酸，pH值下降至4.5～5；随着氨基酸分解产生氨，一次发酵完毕时，pH值上升至8.0～8.5，二次发酵中，氨被氧化成硝酸盐，pH值下降至7.5。

(4)堆肥工艺

20世纪70年代以前我国垃圾堆肥，主要采用的是一次性发酵工艺，20世纪80年代开始，更多的城市采用二次性发酵工艺。这两种工艺是在静态条件下进行的发酵，称之为“静态发酵”。1987年前后开始了动态堆肥的研究。目前，常用的堆肥工艺有静态堆肥、高温动态二次堆肥、立仓式堆肥、滚筒式堆肥等工艺，本节作简要介绍。

①静态堆肥工艺：静态堆肥工艺见图8-1。该工艺简单，设备少，处理成本低，但占用土地多，易滋生蝇蛆，产生恶臭，发酵周期50 d左右。用人工翻动，第2,7,12天各翻动一次。在以后35 d的腐熟阶段每周翻动一次。在翻动的同时可喷洒适量水以补充蒸发的水分。

②高温动态二次堆肥工艺：高温动态二次堆肥工艺见图8-2，分两个阶段。前5～7 d为动态发酵，机械搅拌，通入充足空气，好氧菌活性强，温度高，快速分解有

机物。发酵 7 d 绝大部分致病菌死亡。7 d 后用皮带将发酵半成品输送到另一车间进行静态二次发酵，垃圾进一步降解稳定，20～25 d 完全腐熟。

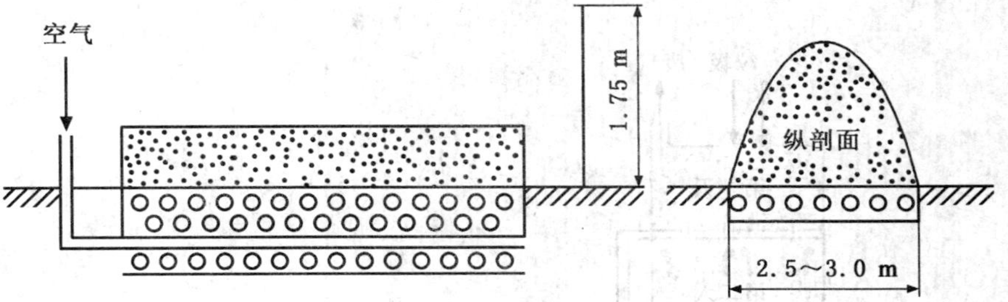

图 8-1　条状堆肥示意图

（引自周群英等．环境工程微生物学．高等教育出版社，2001）

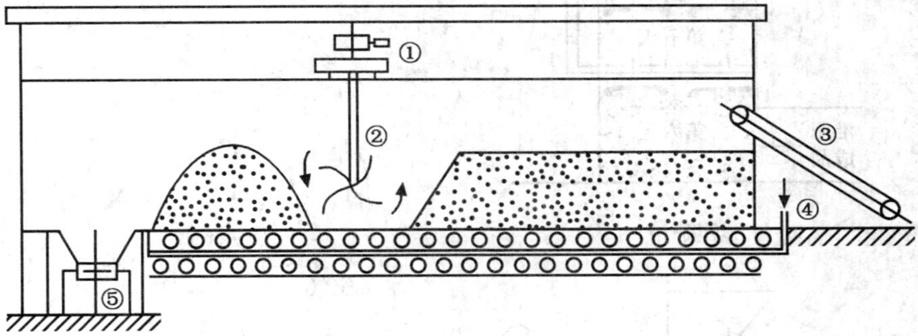

图 8-2　高温动态二次堆肥工艺

①吊车；②抛料翻堆机；③进料皮带运输机；④供气管；⑤出料皮带运输机

（引自周群英等．环境工程微生物学．高等教育出版社，2001）

③立仓式堆肥工艺：立式发酵仓高 10～15 m，分隔 6 格（图 8-3）。经分选、破碎后的垃圾由皮带输送至仓顶一格，受自重力和栅板的控制，逐日下降至下一格。一周全下降至底部，出料运送到二次发酵车间继续发酵使之腐熟稳定。从顶部至以下 5 格均通入空气，从顶部补充适量水，温度高，发酵过程极迅速，24 h 温度上升到 50℃以上，70℃可维持 3 d。之后温度逐渐下降。

该工艺占地少，升温快，垃圾分解彻底，运行费用低。缺点：水分分布不均匀。

④滚筒式堆肥工艺：滚筒式堆肥工艺称达诺生物稳定法（图 8-4）。滚筒直径

2～4 m，长度 15～30 m，滚筒转速 0.4～2.0 r/min。滚筒横卧稍倾斜。经分选、粉碎的垃圾送入滚筒，旋转滚筒垃圾随着翻动并向滚筒尾部移动。在旋转过程中完成有机物生物降解、升温、杀菌等过程。5～7 d 出料。

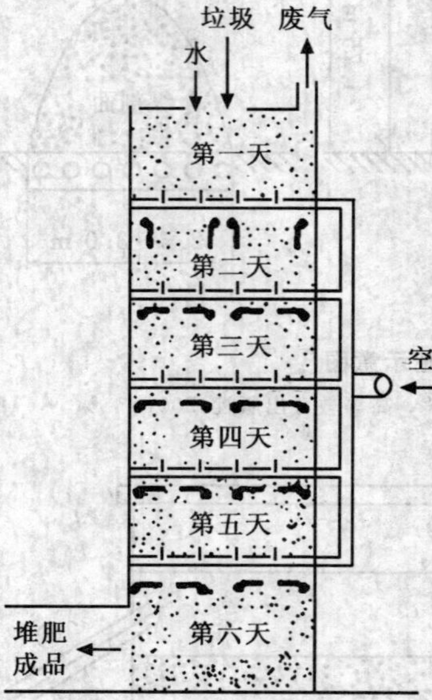

图 8-3 立仓式堆肥工艺简图

（引自周群英等．环境工程微生物学．高等教育出版社，2001）

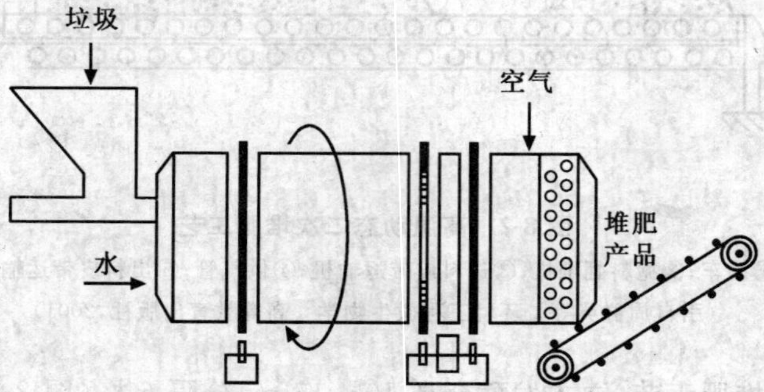

图 8-4 滚筒堆肥工艺图

（引自周群英等．环境工程微生物学．高等教育出版社，2001）

8.2.1.2 厌氧堆肥法

此法是在不通气的条件下，将有机废弃物（包括城市垃圾、人畜粪便、植物秸秆、污水处理厂的剩余污泥等)进行厌氧发酵,制成有机肥料,使固体废弃物无害化的过程。

在厌氧堆肥过程中,主要经历了以下两个阶段:酸性发酵阶段和产气发酵阶段。在酸性发酵阶段中,产酸细菌分解有机物,产生有机酸、醇、二氧化碳、氨、硫化氢等,使 pH 值下降。产气发酵阶段中主要是由产甲烷细菌分解有机酸和醇,产生甲烷和二氧化碳。随着有机酸的下降,pH 值迅速上升。

堆肥方式与好氧堆肥法相同,但堆内不设通气系统,堆温低,腐熟及无害化所需时间较长。然而,厌氧堆肥法简便、省工,在不急需用肥或劳力紧张的情况下可以采用。一般厌氧堆肥要求封堆后一个月左右翻堆一次,以利于微生物活动使堆料腐熟。

堆肥法是在有控制的条件下,利用微生物分解垃圾中易降解有机成分的生物化学过程。在实现垃圾无害化的同时,也达到了减量化和资源化的目的。好氧堆肥可减量约 30%,减重约 20%。而且堆肥还是良好的有机肥和土壤改良剂。但堆肥的资源化作用有限,只利用了垃圾中的易降解有机成分,使之变成了腐殖质。用于堆肥的垃圾一般需要进行分选、破碎等预处理,且要求垃圾中的可堆腐成分含量较高,并且没有重金属和其他危险废物等。由于堆肥周期一般较长,占地面积较大,卫生条件差,且堆肥处理只是垃圾中有机成分的处理方法,而非全部垃圾的最终处置技术,只有与分选及其他处理方法(如填埋、焚烧等)相结合才是一种有前途的垃圾处理技术。

8.2.2　卫生填埋

卫生填埋法始于 20 世纪 60 年代,是在传统的堆放基础上,从环境免受二次污染的角度出发而发展起来的一种较好的固体废弃物处理法,其优点是投资少,容量大,见效快,因此广为各国采用。

与有机垃圾堆肥生物处理不同的是,垃圾卫生填埋法是一种自然生物处理法,它是在自然条件下,构建特殊的人工生态系统,利用土壤微生物,将固体废物中的有机物质分解,使其体积减少而渐趋稳定的过程。

卫生填埋主要有厌氧、好氧和半好氧 3 种。目前因厌氧填埋操作简单,施工费用低,同时还可回收甲烷气体,而被广泛采用。好氧和半好氧填埋分解速度快,垃圾稳定化时间短,也日益受到各国的重视,但由于其工艺要求较复杂,费用较高,故尚处于研究阶段。

卫生填埋是将垃圾在填埋场内分区分层进行填埋,每天运到填埋场的垃圾,在限定的范围内铺散为 40～75 cm 的薄层,然后压实,一般垃圾层厚度应为 2.5～

3 m。一次性填埋处理垃圾层最大厚度为 9 m，每层垃圾压实后必须覆土 20～30 cm。废物层和土壤覆盖层共同构成一个单元，即填埋单元，一般一天的垃圾，当天压实复土，成为一个填埋单元。具有同样高度的一系列相互衔接的填埋单元构成一个填埋层。完成的卫生填埋场由一个或几个填埋层组成。当填埋到最终的设计高度以后，再在该填埋层上层盖一层 90～120 cm 的土壤，压实后就得到一个完整的卫生填埋场。

卫生填埋场示意图见图 8-5。

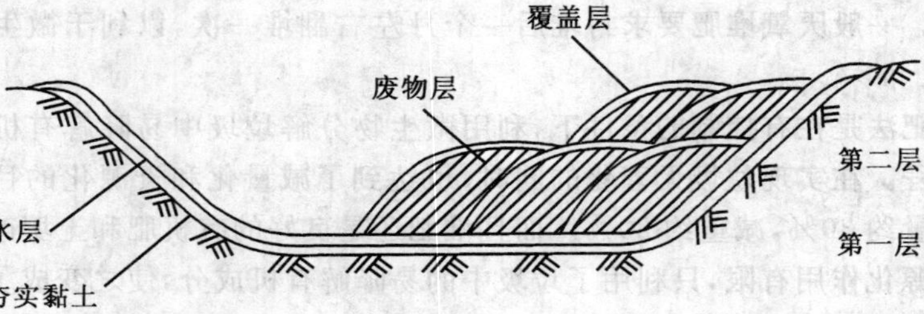

图 8-5 卫生填埋场示意图

（引自马文漪等．环境微生物工程．南京大学出版社，1998）

8.2.2.1 填埋的微生物学过程

(1)好氧分解阶段

随着垃圾填埋，垃圾孔隙中存在着大量空气也同样被埋入其中，因此开始阶段垃圾只是好氧分解，此阶段时间的长短取决于分解速度，可以由几天到几个月。好氧分解将填埋层中氧耗尽以后进入第二阶段。

(2)厌氧分解不产甲烷阶段

在此阶段，微生物利用硝酸根和硫酸根作为氧源，产生硫化物、氮气和二氧化碳，硫酸盐还原菌和反硝化细菌的繁殖速度大于产甲烷细菌。当还原状态达到一定程度以后，才能产甲烷，还原状态的建立与环境因素有关，潮湿而温暖的填埋坑能迅速完成这一阶段而进入下一阶段。

(3)厌氧分解产甲烷阶段

此阶段甲烷气的产量逐渐增加，便进入稳定产气阶段。

(4)稳定产气阶段

此阶段稳定地产生二氧化碳和甲烷。正常情况下，在最初的 2 年里产量达到最大，以后逐渐降低，其持续产气期可达 10～20 年之久或更长。

8.2.2.2　填埋场渗沥水

垃圾在填埋过程中和填埋以后，由于雨水和地表水的渗入，将会在填埋体内产生相当数量的渗滤水。垃圾填埋渗滤水的产生来自 3 个方面：一是大气降雨和径流；二是垃圾中原来含有的水；三是在垃圾填埋后由于微生物的分解作用而产生的水。渗沥水性质主要取决于所埋垃圾的种类。渗沥水的数量取决于填埋场渗沥水的来源、填埋场的面积、垃圾状况和下层土壤等。

为了防止渗沥水对地下水的污染，需在填埋场底部构筑不透水的防水层、集水管、集水井等设施将产生的渗沥水不断收集排出。对新产生的渗沥水，最好的处理方法为厌氧、好氧生物处理；而对已稳定的填埋场渗沥水，由于已经历厌氧发酵，使其可生化降解的有机物的含量减少到最低点，再用生物处理其效果不明显，最好采用物理化学处理方法。渗沥水除采用传统方法进行处理外，在旱季或干旱地区还可采用渗沥水再循环方法，用于喷洒灌溉、地面流水灌溉等方法，使渗沥水被蒸发或被植物吸收。渗沥水再循环的优点在于能加速垃圾稳定作用和省略水处理系统。

8.2.2.3　填埋场气体收集

垃圾填埋以后，由于微生物的厌氧发酵，产生甲烷、二氧化碳、氨、一氧化碳、氢气、硫化氢、氮气等气体。填埋场的产气量和成分与被分解的固体废物的种类有关，并随填埋年限而变化。由于填埋场中存在着许多不能控制因素，所以用各种方式进行估算的结果与实际情况偏离很大。填埋场产气范围每公斤挥发性有机固体为 0.013～0.047 m^3。甲烷发酵最旺盛期间通常在填埋后的 5 年内。填埋场气体一般含有 40%～50%的二氧化碳和 30%～40%的甲烷，以及其他各种气体。因此，填埋场的气体经过处理以后可以作为能源加以利用。

填埋是大量消纳城市垃圾的有效方法，也是用其他方法不能处理的固态残余物的最终处置方式。该方法有处置量大、方便易行、成本低且不受垃圾成分变化的影响等优点。大型垃圾填埋场还可以回收利用沼气能源，封场后土地可再利用，故被各国广泛采用。垃圾填埋技术也已经从最初的简单填埋发展到卫生填埋、生态填埋。但无论采取何种填埋方式，都需要解决好垃圾填埋渗滤水和填埋气的二次污染等问题。

8.3 废气的微生物处理方法

废气的微生物处理是利用微生物的生物化学作用,使污染物分解,转化为无害或少害的物质。目前,微生物处理大气污染主要用来净化有机污染物,特别是脱除臭味。废气的微生物处理的主要方法可分为生物吸收法、生物洗涤法和生物过滤法等。废气的微生物处理具有设备简单、能耗低、不消耗有用的原料、安全可靠、无二次污染等优点,但不能回收利用污染物。

8.3.1 有机废气的生物处理方法

微生物对有机废气的处理是利用化能异养微生物处理气态有机物。适合于微生物处理的废气污染组分主要有乙醇、硫醇、酚、甲酚、吲哚、噻妥衍生物、脂肪酸、乙醛、酮、二硫化碳和胺等。通常某类微生物特别适合于某种污染物的处理。

有机废气的生物处理方法与工艺主要有生物吸收法、生物洗涤法和生物过滤法等。

8.3.1.1 微生物吸收法

微生物吸收法是利用由微生物、营养物和水组成的体系吸收处理废气,适合于吸收可溶性的气态污染物。微生物吸收法的装置一般由吸收器和废水反应器两部分组成(图 8-6)。

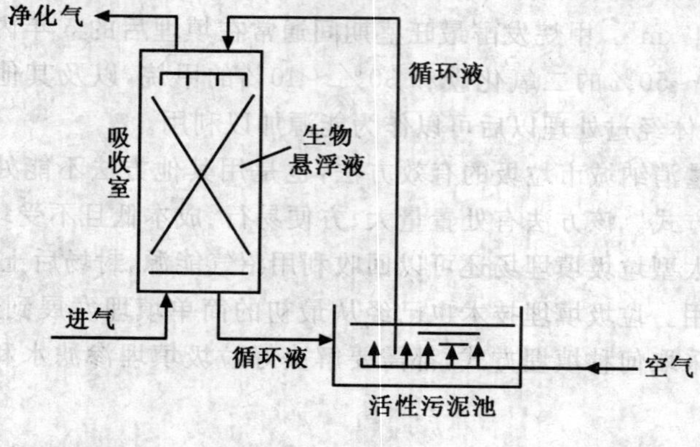

图 8-6 生物吸收装置流程

吸收主要是物理溶解过程，可采用各种常用的吸收设备，如喷淋塔、筛板塔、鼓泡塔等。吸收过程进行很快，水在吸收设备中的停留时间仅约几秒钟，而生物反应的净化过程较慢，废水在反应器中一般需要停留几分钟至十几个小时，所以吸收器和生物反应器要分开设置，以达到各自的最佳运行状态。

废水在生物反应器中进行耗氧处理，活性污泥法和生物膜法均可以。微生物处理后的废水可以直接进入吸收器重复使用，也可以经过泥水分离后再重复使用。从生物反应器排出的气体仍可能含有少量的污染物，若有必要，再作净化处理，一般是再送入吸收器。

8.3.1.2 微生物洗涤法

微生物洗涤法是利用污水处理厂剩余的活性污泥配制混合液，作为吸收剂处理废气，该法对脱除复合型臭气效果很好，脱臭效率可达 99%，而且能脱除很难治理的焦臭。日本研究者将活性污泥脱水，常温(20～60℃)的条件下干燥，在水中再膨润后得到的固定化污泥。这种固定化污泥可以保持各种微生物的生理活性，利用此固定化污泥去除恶臭可以提高恶臭的去除率，降低成本。

8.3.1.3 微生物过滤法

微生物过滤法是用含有微生物的固体颗粒吸收废气中的污染物，然后微生物再将其转化为无害物质。常用的固体颗粒有土壤和堆肥，有的是专门设计的生物过滤床。

(1)堆肥滤池

堆肥滤池构造如图 8-7 所示。在地面挖浅坑或筑池，池底设排水管。在池的

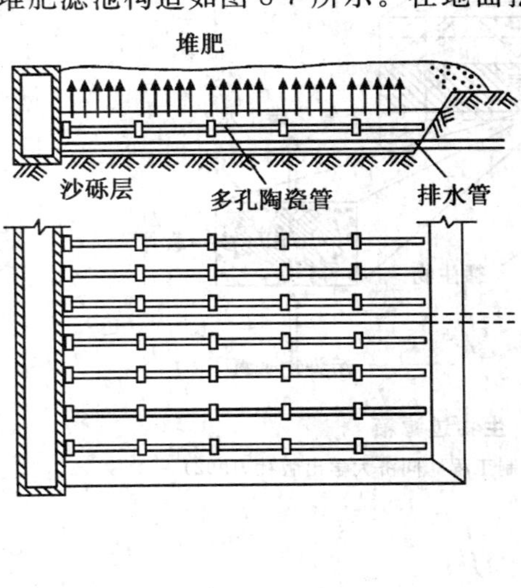

图 8-7 堆肥滤池

(引自季学李．大气污染控制工程．同济大学出版社，1992)

一侧或中央设输气总管，总管上再接出直径约 125 mm 的多孔配气支管，并覆盖砂石等材料，形成厚 50～100 mm 的气体分配层，在分配层上再铺放厚 500～600 mm 的堆肥过滤层。过滤气速通常为 0.01～0.1 m/s。

过滤材料可用泥炭（特别是纤维状泥炭）、固体废弃物堆肥或草等。用堆肥作滤料，必须经过筛选，滤层要均匀、疏松，空隙率需大于 40%，滤料必须保持湿润，泥炭滤层含水量应不低于 25%，堆肥滤层含水量不低于 40%，但又不能有水淤积。同时必须使滤层保持适当的温度。

（2）土壤滤池

土壤滤池构造与堆肥滤池基本相同，气体分配层下层由粗石子、细石子或轻质陶粒骨料组成，上部由黄沙或细粒骨料组成，总厚度为 400～500 mm。土壤滤层可按黏土 1.2%、含有机质沃土 15.3%、细沙土 53.9% 和粗沙 29.6% 的比例混配，厚度一般为 0.5～1.0 m。有资料报道，在土壤中添加 3% 的鸡粪、2% 膨胀珍珠岩，滤层透气性不变，对甲硫醇的去除率提高 34%，对硫化氢的去除率提高 5%，对二甲基硫的去除率提高 80%，对二甲基二硫的去除率提高 70%。土壤使用一年后，就逐渐酸化，需及时用石灰调整 pH 值。

微生物滤池已用于处理肉类加工厂、动物饲养场、堆肥场等产生的废气。这类废气的主要特点是带有强烈的臭味，臭味是由一种或多种有机成分引起的，但这些有机成分在废气中的浓度不高。

（3）微生物过滤箱

微生物过滤箱为封闭式装置（图 8-8），主要由箱体、生物活性床层、喷水器等

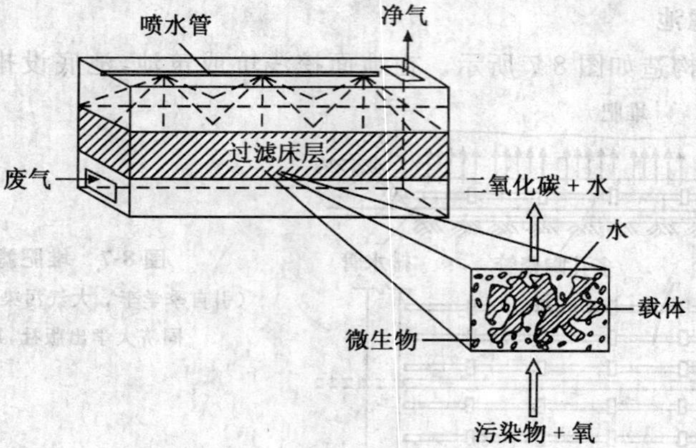

图 8-8　生物过滤箱

（引自季学李．大气污染控制工程．同济大学出版社，1992）

组成。床层由多种有机物混合制成的颗粒状载体构成，有较强的生物活性和耐用性。微生物一部分附着于载体表面，一部分悬浮于床层水体中。废气通过床层，部分污染物被载体吸附，部分被水吸收，然后由微生物对污染物进行降解。床层厚度按需要确定，一般为 0.5～1.0 m。床层对易降解碳氢化合物的降解能力约为 200 $g/(m^3 \cdot h)$，过滤负荷高于 600 $m^3/(m^2 \cdot h)$气体通过床层的压降较小，使用一年后，在负荷为 110 $m^3/(m^2 \cdot h)$时，床层压降约 200 Pa。

8.3.2　含硫恶臭污染物的净化

含硫气体主要指 SO_2和 H_2S 气体。SO_2主要源于煤的燃烧，煤在燃烧过程中，可燃硫生成 SO_x 随着烟气排入大气。此外，含硫化氢的工业废气燃烧后形成的 SO_2也进入大气，这些含硫气体是形成酸雨的主要物质。

目前可以工业化的含硫气体去除技术多为物理化学方法，而微生物脱硫技术，还主要处于研究开发阶段，与物理化学方法相比，微生物脱硫去除率高，成本低，能耗少，且无二次污染，有广阔的前景。

对含 H_2S 废气具有脱硫能力的细菌是硫杆菌属和氧化亚铁硫杆菌、脱氮硫杆菌及排硫杆菌，这几种菌均为无机化能自养菌，能以硫化氢、元素硫、硫代硫酸盐等无机物为能源，以二氧化碳为碳源，在酸性或弱酸性条件下生长。

微生物脱硫技术包括生物过滤法、生物吸收法和生物滴滤法，3 种系统均属开放系统，其微生物种群随环境改变而变化。在生物脱硫工程中，氧化态的含硫污染物必须先经生物还原作用生成硫化物或硫化氢，然后再经生物氧化过程生成单质硫，从而达到脱硫的目的。在厌氧状态下，脱硫弧菌属、脱硫肠菌属等一些异养型或混合营养型的硫酸盐还原菌能够将氧化态的还原成 H_2S。

8.3.3　废气中 NO_x的生物处理

NO_x也是大气的重要污染物之一，主要来自化石燃料的燃烧和硝酸、电镀等工业排放的废气以及机动车尾气。通常所说的 NO_x主要包括 N_2O、NO、NO_2、N_2O_3、N_2O_4、N_2O_5，其中污染大气的主要是 NO 和 NO_2。NO_x的排放对环境和人类带来的危害主要表现为人、动物、植物，形成酸雨、酸雾、光化学烟雾以及破坏臭氧层等。

微生物处理 NO_x 与微生物处理有机挥发物和臭气有较大不同。NO_x构成中不含碳元素，属于无机气体，因此，微生物净化 NO_x气体时需外加碳源，实际上是以 NO_3^- 为电子受体的生物反硝化生成 N_2的过程。所以，在反硝化进行之前，应先使 NO_x气体与水接触溶于水中形成 NO_3^- 。

用于生物净化 NO_x 气体的脱氮菌主要有异养菌，如无色杆菌属(*Achromobacter*)、产碱杆菌属(*Alcaligenes*)、杆菌属(*Bacillus*)、色杆菌属(*Chromobacterium*)、棒杆菌属(*Corynebacterium*)、微球菌属(*Micrococcus*)、莫拉氏菌属(*Moraxella*)、丙酸杆菌属(*Propionibacterium*)、假单胞菌属(*Pseudomonas*)、螺菌属(*Spirillum*)、黄单胞菌属(*Xanthomonas*)以及少数专性和兼性自养菌如硫杆菌属(*Thiobacillus*)中的脱氮硫杆菌(*T. denitrificans*)。

用于生物净化NO_x气体的主要方法与工艺有生物洗涤法和生物滤床两种。国外K. H. Lee等人用自养型脱硫杆菌在厌氧条件下,以二氧化碳作碳源、硫代硫酸盐为能源进行生物脱NO_x,效果良好。我国学者蒋文举、毕列锋、李旭东用生物膜填料塔进行了脱硝实验研究,结果表明废气中的NO_x、NO_2去除率可达99%以上,NO去除率可达90%左右。该法最适宜于30~45℃下处理进口NO浓度(50~500 mg/m³)的气体。

复习思考题

1. 什么是固体废物?固体废物包括哪些种类?
2. 叙述好氧堆肥的机理。参与堆肥发酵的微生物有哪些?
3. 好氧堆肥的运行条件有哪些?
4. 好氧堆肥法有几种工艺?简述各种工艺过程。
5. 厌氧堆肥和卫生填埋的机理是什么?
6. 有机废气处理工艺有哪些?

9 污染环境的微生物修复

本章提要：生物修复是近年来发展为一种治理环境污染的有效技术。本章对生物修复的技术原理作了简要介绍，在重点介绍有机污染物土壤、重金属土壤微生物修复的基础上，对污染地下水及富营养化水体的微生物修复的原理及方法等进行了介绍。

9.1 概述

污染环境的修复通常分为三种类型：物理、化学和生物修复。生物修复就是利用土壤中的各种生物吸收、转化和降解环境中的污染物，降低污染物浓度，或者将有害污染物转化为无害的物质。生物修复可划分为微生物修复、植物修复和原生动物修复三种类型。利用微生物的作用将环境中的污染物降解为二氧化碳和水或转化成无毒或低毒化合物的过程称为微生物修复。

9.1.1 生物修复的微生物类群

污染环境能够被微生物修复，必须具备两个前提：一是进入环境中的污染物必须是可生物降解的物质；二是环境中存在有可降解污染物的微生物。只有上述两个条件同时具备，污染环境的生物修复才能顺利实现。

根据微生物来源的不同，将用来生物修复的微生物分为三大类型：土著微生物、外来微生物和基因工程菌(GEM)。

9.1.1.1 土著微生物

自然环境中存在着种类繁多、数量各异的微生物。环境遭受污染后，对土著微生物进行着驯化选择过程，只有那些在污染物的诱导下，能产生分解污染物的酶系，并最终能将污染物降解转化的特异微生物才能存活下来。

目前，在大多数生物修复工程中实际应用的都是土著微生物，其原因一方面是由于土著微生物降解污染物的潜力巨大，另一方面是接种的微生物在环境中难以保持较高的活性以及基因工程菌的应用受到较严格的限制。

环境同时遭受多种污染物污染后，很少有单一微生物具有降解所有污染物的能力，大多数污染物的生物降解是分步进行的，其需要多种酶和多种微生物的协同作用。因此在污染物的实际处理中，必须考虑多种微生物的相互作用。

9.1.1.2 外来微生物

土著微生物生长速度太慢、代谢活性较低，或者由于污染物的存在造成土著微生物数量下降，致使降解污染物能力降低，因此在环境污染的修复过程中常需要接种一些降解污染物的高效菌株。例如，处理 2-氯苯酚污染的土壤时，只添加营养物，7 周内 2-氯苯酚浓度从 245 mg/L 降为 105 mg/L，而同时添加营养物和接种恶臭假单胞菌（*Peseudomonas putida*）纯培养物后，4 周内 2-氯苯酚的浓度迅速降低，7 周后仅剩 2 mg/L，降解率＞99％。但应注意，最初加入的外来微生物必定会与土著微生物在营养物质、生存空间等方面发生竞争作用，因而需要加大接种量，使外来微生物形成优势。

9.1.1.3 基因工程菌（GEM）

20 世纪 80 年代后，科学家采用生物技术的手段和方法构建高效的基因工程菌已逐步得到应用，如应用基因工程技术将多种降解基因转入同一微生物菌株中，使之获得广谱降解能力。例如将甲苯降解基因从恶臭假单胞菌转移给低温受体菌，受体菌在 0℃时也能降解甲苯，这比简单地接种特定的微生物使之降解的方法更有效。

尽管在利用遗传工程提高微生物降解能力已取得了很大成就，在实验室也获得了一些基因工程菌。但大多数国家对工程菌的实际应用都有严格的立法控制，目前仅局限于实验室研究，至今未见现场应用的报道。

9.1.2 影响微生物修复的因素

生物修复中主要涉及到微生物、污染物和土壤，在研究和选择生物修复技术时均应加以考虑。

9.1.2.1 营养物质

为了使污染物达到完全的降解，适当添加营养物比接种特殊的微生物更为重要。如添加酵母膏或酵母废液可以明显地促进石油烃类化合物的降解，石油中的烃类是含有大量碳源，加入氮和磷酸盐后，可促进污染土壤中石油的生物降解作用。据报道，调节被石油污染的土壤的C∶N∶P比是石油处理过程的一个重要环节。Dibble等的研究表明，C∶N为60∶1、C∶P为800∶1，C∶K为400∶1时微生物的降解率最高。Borger等人发现在C∶N∶P为100∶10∶1，油的降解率最高，单加N或P均不能提高降解率。

添加营养盐时，应注意确定营养盐的形式、合适的浓度以及适当的比例。目前已经使用的营养盐类型很多，如铵盐、正磷酸盐或聚磷酸盐，酿造废液和尿素等。

9.1.2.2 电子受体

土壤中的污染物氧化分解的最终电子受体的种类和浓度也强烈地影响着污染物生物降解的速度和程度。微生物氧化还原反应的最终电子受体主要有溶解氧，有机物分解的中间产物和无机酸根（如硝酸根和硫酸根）三类。

(1)溶解氧浓度

好氧有利于大多数污染物的生物降解。土壤中的氧气浓度较低，二氧化碳含量较高。微生物代谢所需的氧气依赖于来自大气的氧的传递，当空隙充满水时，氧传递会受到阻碍。黏性土会保留较多水分，因而不利于氧传递。缺氧或厌氧时，厌氧微生物就成为土壤中的优势。

好气性微生物能够将土壤有机碳的20%～40%转化为细胞物质，而厌氧微生物只能够转化2%～5%。Vanloocke等人认为，任何情况下，厌氧微生物降解率低于好氧微生物。因此提供足够的氧是提高生物降解率的最重要的条件。

为了增加土壤中的溶解氧，可以采用一些工程化的方法。例如：通风鼓气；添加产氧剂如双氧水或固体过氧化物如过氧化钙。此外，防止土壤被水饱和，对土壤进行适度的耕作，避免土壤板结和限制土壤中的耗氧有机物含量等。

(2)无机酸根离子

在厌氧环境下，硝酸根、硫酸根和铁离子等都可以作为有机物降解的电子受体。虽然厌氧过程进行的速率太慢，且厌氧工艺难以控制，所需时间较长，一般不采用。但一些研究表明，许多在好氧条件下难于生物降解的重要污染物，包括苯、甲苯和二甲苯以及多氯取代芳香烃等，都可以在还原性条件下被降解成二氧化碳和水。另外，对于一些多氯化合物，厌氧处理比好氧处理更为有效，如多氯联苯的厌氧降解在受污染的底泥中已被证实。

9.1.2.3 共代谢基质

研究表明，微生物的共代谢（见第六章）对一些难生物降解的污染物的分解起着重要的作用。据报道，一株洋葱假单胞菌(*P. cepacia*)G4 菌株以甲苯作为生长基质时可以对三氯乙烯共代谢降解。此外某些代谢分解酚或甲苯的细菌也具有共代谢降解三氯乙烯、1，1-二氯乙烯、顺-1，2-二氯乙烯的能力。

9.1.2.4 污染物的物理化学性质

物理化学性质，主要包括淋失、挥发、生物降解和化学反应这四个方面的性质。如化学品的类型，属于酸性或碱性或极性中性或非极性中性的有机物、无机物；化学品的性质，如相对分子质量，熔点，结构和水溶性等；化学反应特性，如氧化、还原、水解、沉淀和聚合等；土壤吸附参数，如 Freudlich 吸附常数、辛醇-水分配系数(Kow)、有机碳吸附系数等。

了解污染物的物理化学性质，是为了判断能否采用生物修复技术，以及采用怎样的对策强化和加速生物修复过程。例如，对于因水溶性低而导致对土壤中生物有效性较差的化合物(石蜡等)，可以使用表面活性剂增加其生物有效性。

9.1.2.5 温度

温度的变化对土壤污染物的微生物降解影响很大，低温度会抑制其的降解。一方面是与微生物的最适生长温度有关，另一方面与污染物存在状态相关。如石油降解中，在－2～72℃间，都有微生物的降解。在 0～10℃范围内，温度升高，微生物增多，降解率增高，温度从 20℃升至 30℃时，正构烷烃的降解率可增加 1 倍；而温度由 20℃降至 10℃时，重质油的降解率减低 50%～60%，轻质油减低 30%～40%。

9.1.2.6 土壤 pH 值

土壤 pH 值的变化也影响微生物的活性，微生物生长和微生物降解污染物的酶进行的酶促反应均有一个最适的 pH 值范围。Vanloocke 等认为，降解烃的最适 pH 值为 7.4～7.8；Borgen 等认为 pH 值为 6～7.5 最适；Fusey 等认为 pH 值为 4 对降解有利。

9.1.2.7 其他土壤的性质

目前还很少对土壤质地、化学组成、E_h、黏粒的含量等对污染物的降解和转化效率进行系统的研究，但土壤的状况决定着优势微生物的种类，从而影响着污染物的降解。同时，土壤某些重金属离子的存在会抑制微生物的活性。

9.1.3 生物修复技术的特点

生物修复相对物理和化学修复而言，具有以下优点：不破坏土壤环境；费用省；环境影响小，不形成二次污染或导致污染物迁移；可最大限度地降低污染物浓度；应用范围有其独特的优势。但生物修复有其自身的局限性，主要表现在：微生物不能降解所有进入环境的污染物；微生物修复前，常需要对地点的污染状况进行详细而昂贵的具体考察；特定的微生物只降解特定类型的化学物质；各种环境因素影响较大；有些情况下，生物修复不能将污染物全部去除。

尽管如此，生物修复技术仍被认为比物理和化学处理技术更具发展前途，它在土壤修复中的应用更具价值。

9.2 有机污染土壤的微生物修复

有机污染物在微生物作用下降解转化的原理在本书第六章中已经较详尽的论述，本部分将主要介绍应用原理开展的土壤污染修复技术和方法。

生物修复技术的方法可分为 3 类：原位处理、异位处理和生物反应器处理。

9.2.1 原位处理

9.2.1.1 原位处理的原理与特点

原位生物处理是在受污染地区直接采用微生物修复技术，不需挖掘和运输土壤，直接向污染部位提供氧气、营养物质或接种降解污染物的微生物，以达到降解污染物目的的生物修复工艺。一般采用土著微生物处理，有时也加入经培养、驯化的微生物以加速生物降解。

原位处理的优点是处理路线和过程相对简单，不需要特殊复杂的设备；处理费用较低；对周围环境影响小，生态风险小。但由于采用的工程强化措施较少，处理时间较长。而且在长期的处理过程中，污染物可能会扩散或淋失到深层土壤和地下水中，因而该技术适用的对象为被污染时间较长的土壤或面积广阔的区域。

9.2.1.2　原位处理的方法

(1)泵处理工艺(P/T 工艺)

P/T 工艺主要应用于修复受污染地下水和由此引起的土壤污染。需在受污染的区域钻井,井分为两组,一组是注入井,用来将接种的微生物、水、营养物质和电子受体(如双氧水)等注入土壤中;另一组是抽水井,通过向地面上抽取地下水造成地下水在地层中流动,促进微生物的分布和营养物质的运输,保持氧气供应(图 9-1)。

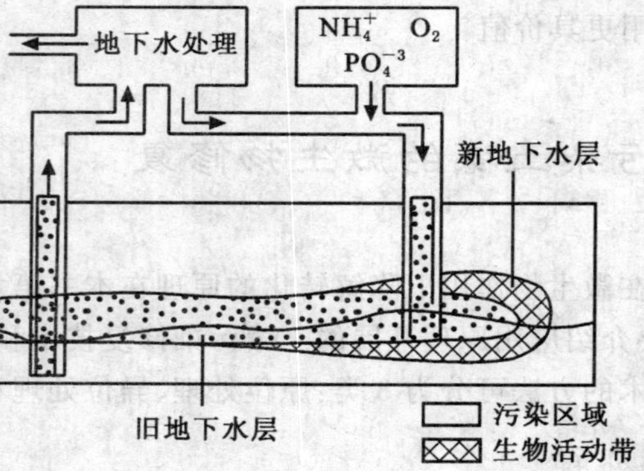

图 9-1　P/T 法处理污染土壤示意图

通常采用的设备是水泵和空压机,有的系统中,在地面上还建有采用活性污泥法等手段的生物处理装置,将抽取的地下水处理后再回注入地下。

该法较为简单,费用较省,由于强化工程措施较少,处理时间相对较长,适用于处理污染时间较长、状况基本稳定或污染面积范围较大的地区。

(2)生物通风(bioventing)

也叫生物通气,是原位生物修复中的一种强化污染物生物降解的修复方法。在被污染地区,土壤中的有机污染物会降低土壤中的氧气浓度,二氧化碳浓度增加,为了提高污染物降解效果,需要排出土壤中的二氧化碳和补充氧气,生物通风系统即可改变土壤中气体成分(图 9-2)。

通常,在受污染地区的土壤中至少打两口井,安装鼓风机和真空泵,将新鲜空气强行排入土壤中,然后再抽出,由此除去土壤中存在的挥发性毒物。

通入空气时,也可加入一定量的氨气,为土壤中的降解菌提供氮素营养;还可将营养物和水经滤通道分批供给，从而达到强化污染物降解的目的。

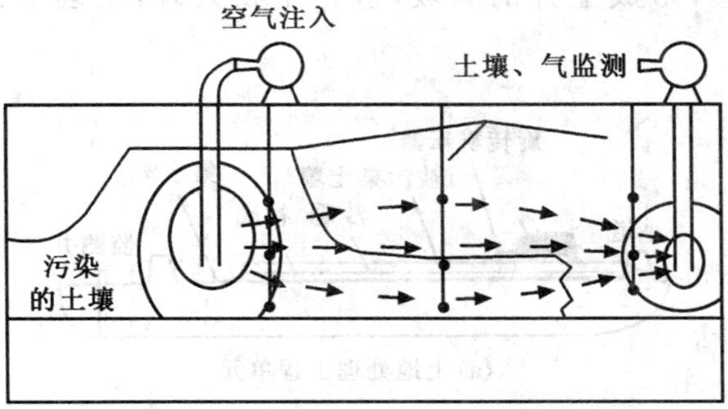

图 9-2 生物通风法

生物通风方法已成功应用于各种土壤的生物修复治理，这些被称为“生物通风堆”的生物处理工艺主要是通过真空或加压进行土壤曝气，使土壤中的气体成分发生变化。生物通风工艺通常用于由地下储油罐泄漏造成的轻度污染土壤的生物修复。

9.2.2 异位处理

也叫非原位生物修复。它是将污染土壤或沉积物移离原地，在异地采用生物和工程的方法进行处理，最终使得污染物降解、浓度降低、污染土壤恢复原有的功能。

污染物异位处理有土地耕作、堆肥化和挖掘堆置处理三种途径。

9.2.2.1 土地耕作

是先挖出土壤暂时堆埋在一个地方，在原地进行工程化准备后再将污染土壤运回处理。具体来讲，是在非透性垫层和沙层土上，将污染土壤以 10～30 cm 厚平铺于其上，淋洒营养物质和水，接种降解菌株，定期翻动充氧，以满足微生物生长发育的需要；处理过程产生的渗液，回淋于土壤，以彻底清除污染物。

至今该方法已用于处理受 PCP(五氯酚)、杂酚油、焦油和农药污染的土壤，并有一些成功的例子。

9.2.2.2 挖掘堆置

又称处理床或预备床法，就是从污染地域挖出土壤，为防止污染物向地下水或者更大地域面积扩散,将土壤运到一个经过工程化准备(包括底部构筑和设置通气管道)的地方堆埋,形成上升的斜坡,进行生物处理,处理后的土壤运回原地(图 9-3)。

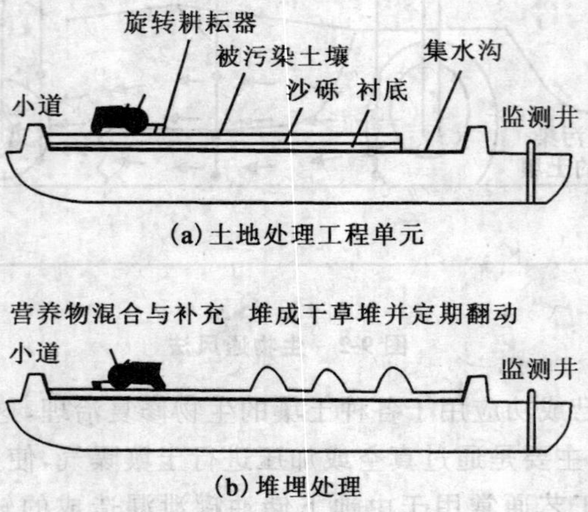

图 9-3 异位生物修复技术

简单的系统就是露天堆放,复杂的系统则可将这些化合物放入有通气设备的大容器中。在堆埋过程中,需要注意将系统中渗流出来的水收集起来,并重新喷洒或另外进行处理;同时,采用有机块状材料(如新鲜的草、木屑、树皮或牲畜窝的垫草)补充土壤,以改善土壤结构,保持湿度,缓冲温度变化,并添加适当的营养基质。

该技术的优点是在土壤受污染初期可以限制污染物的扩散和迁移,减少污染的范围。但挖土方和运输费用高于原位处理方法,运输中可能会造成污染物进一步暴露,同时由于挖掘而破坏原地点的土壤生态结构。

9.2.2.3 堆肥

堆肥方法就是利用传统的积肥方法,将污染土壤与有机废物(木屑、秸秆、树叶等)、粪便等混合起来,依靠堆肥过程中微生物的作用来降解土壤中难降解的有机污染物。其基本内容见第八章。

9.2.3 生物反应器处理

最初生物反应器处理法是应用于处理含合成化合物的废水,当生物反应器与原位处理结合使用后,已成为土壤生物修复中的一种新技术。可用于处理含污染物的地下蓄水层，也可以对污染土壤进行冲洗。这种过程可是连续的，也可是间歇的。反应器中多控制为厌氧条件，有时也可用好氧降解。

生物反应器处理过程为：先挖出受污染的土壤，接种微生物，加水混合，使土壤与水呈高浓度的泥浆状，在反应器内进行处理，其工艺类似于污水生物处理方法。处理后的土壤与水分离后，经脱水处理再运回原地。

生物反应器的反应条件易于控制，能加快降解反应速度，是一项比较成熟的处理技术。但其工艺过程较为复杂，成本也较高。

9.2.3.1　土壤浆化反应器

土壤浆化处理（slurry-phase treatment）是在一个反应器内，将污染土壤与3～5倍的水混合，被污染的固体与液体稳定地混合，使其成为泥浆状，同时加入表面活性剂、营养物质和特殊功能的微生物制剂，控制温度在最佳范围，充氧条件下剧烈搅拌，以对污染土壤进行处理，其操作关键是混合程度和通气量（对好氧处理而言），以改善土壤的均一性。另外为提高疏水性有机污染物在泥浆水中的浓度，还可添加表面活性剂。在这些优化条件下，微生物活性大大提高，污染物降解速度大大加快，对有机污染严重的土壤的处理效果较好。

这类反应体系可以是比较简单地将污染的土壤、污泥或沉积物导入一个筑有衬底的水塘，也可以是比较精细的反应器（图 9-4）。其操作在许多方面与处理城市生活污水的活性污泥法相似，都涉及到通气、充分混合以及对影响微生物降解的多因子进行调控。有些设计还可收集产生的挥发性有机物的装置（图 9-4）。运行过程中的溶解氧、pH 值和无机营养盐浓度可以被检测与控制。一些反应器还接入对反应有效的纯种或混合微生物。考虑到某些低温季节时生物降解缓慢或停止的情况，土壤浆化反应器中的温度必须维持在快速生物降解所适宜的范围。

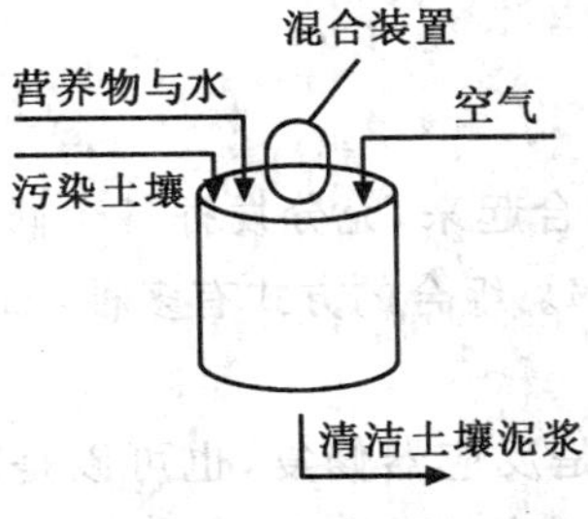

(a) 土壤浆化生物反应器

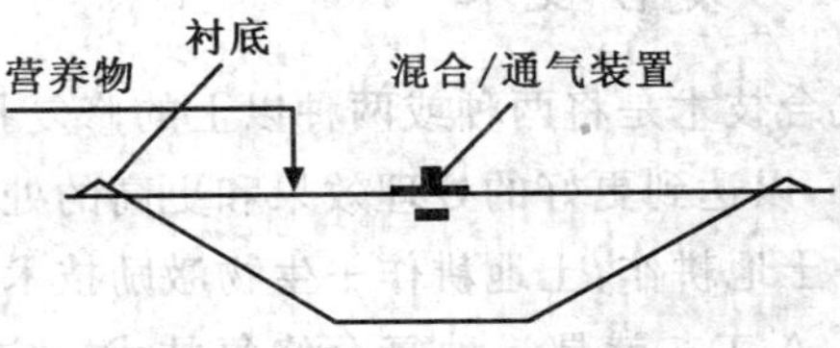

(b) 土壤浆化生物反应器

图 9-4　土壤浆化处理技术

9.2.3.2 厌氧反应器

由于许多好氧菌不能降解的化合物可以被厌氧菌催化降解，所以目前厌氧微生物修复土壤污染已经逐渐受到人们的重视。近几年研究发现，好氧菌不能降解氯代化合物，而厌氧菌可以对其分子进行还原脱卤。如高氯取代的多氯联苯、四氯化碳、PCE 和许多其他氯代产品，其中一些在环境中既普遍存在又残留时间长，但在厌氧菌作用下可以转化为氯取代较少的化合物，而后者在好氧菌的作用下能够较快代谢，因为低氯取代分子的好氧转化比较迅速。

SABRE(simplot anaerobic biological remediation)工艺是一种典型的生物修复反应器处理工艺，由美国爱达荷大学和 J. R. Simplot 公司联合开发的。该工艺用于生物降解有硝基的芳香族化合物，如地乐酚(硝基丁酚)和 TNT 等。

该工艺的过程为：挖掘出的污染土壤先经过振动筛，将直径较大的岩石和碎片从土壤中分离出来。用水洗涤出污染物后回填，洗涤液进入反应器处理；筛分过的土壤经均匀化处理后也置于反应器中处理。反应器中投加磷酸盐作为缓冲溶液，使泥浆 pH 值始终保持中性。由于硝基酚类物质好氧分解的产物仍然有毒，反应必须在绝对厌氧的条件下进行，为此，Simplot 公司在反应器中添加淀粉以消耗反应器中的氧气，创造绝对厌氧环境(氧化还原电位为－200 mV)；同时添加一定量氮素。此外，还接种一定数量的异养菌和分解淀粉的菌类。水、土壤和培养基混合后的体积占反应器容积的 75%，反应器末端有搅拌器，使混合的高浓度泥浆一直处于搅动状态。

该工艺成功应用于美国 Elensburg 市一家国有机场 Bowers field 和格兰维市郊一块废弃农用场地的地乐酚污染土壤的修复。Bowers field 小试结果表明，23 d 后，地乐酚的浓度低于监测限(0.03 mg・L^{-1})，去除率>99.9%。

9.2.4 复合技术

复合技术是将两种或两种以上的修复技术组合起来，充分发挥各个修复技术的优势，以达到更好的处理效果和更高的处理效率。组合的方式有多种，如反应器处理＋土地耕作，土地耕作＋生物激励技术等。

N/A 工艺就是一种复合修复技术。它可以是反应器修复，也可以是堆肥处理。典型的做法是将污染物挖掘出来放到有防漏衬底的矿坑中，混合以牛粪、农用石灰、淀粉和磷酸盐缓冲液，PVC 盖顶，同时矿坑设有通风口释放发酵产生的气体。发酵一段时间后，待到污染物浓度基本降到安全水平，在衬底上开孔并除去盖顶，将土壤晾干。然后在土壤上面覆上植被，利用植物具有的吸收、蒸发作用，以及植物与微生物相互作用，彻底修复污染土壤。N/A 工艺已经成功修复了多处农药污染的土壤. 是一种很有前景的修复技术。

9.3 重金属污染土壤的微生物修复

由于重金属的相对稳定性和难降解性，使得土壤重金属污染的治理非常困难。因此，重金属污染的微生物修复方面的研究和应用只是在近几年才引起人们的重视，报道相对较少。

重金属污染土壤微生物修复技术就是利用微生物的作用来削减、净化土壤中重金属含量、降低重金属生物可利用性和毒性。主要有两种途径：一是通过生物作用改变重金属在土壤中的化学形态，使重金属固定或解毒，改变其在土壤中的移动性和生物可利用性；二是通过生物吸收、代谢达到对重金属的削减、去除与固定作用。

9.3.1 重金属的微生物吸附

微生物对重金属具有很强的亲合性，能富集多种重金属。有毒金属被贮存在细胞的不同部位或被结合到胞外基质上，通过代谢作用，这些离子被沉淀或螯合在生物多聚物上。

许多研究表明，细菌及其生物产物、藻类等对溶解态的金属离子有很强的络合能力，这主要归因于其特定的分子构型和化学组成。细胞壁带有的负电荷使整个细胞表面呈现出阴离子特性，增强对金属离子的吸附；也可通过细胞壁分子的活性将金属螯合在细胞表面，同时阻止其进入细胞内部的敏感部位。死亡的藻类比活的藻类对金属离子的吸附能力更强。

Robinson 等利用 lux 标记的荧光假单胞菌（*Pseudemonas fluorescens*）、豌豆根瘤菌（*Rhizobium leguminosarum* bv. *trifolii*）及根际圈假单胞菌（*Pseudemonas* sp.）进行不同 Cd 浓度的分批培养试验，结果表明，在 pH 值为 6.5 时，荧光假单胞菌的生物富集系数（细菌生物量与溶液中重金属浓度之比）平均为 231，吸附的 Cd 最大浓度高达 1 000 $mg \cdot kg^{-1}$ 以上，随着 pH 值的降低，生物富集系数也随之降低，这是因为细菌螯合重金属的有机配位体螯合化合物的稳定性降低；假单胞菌对 Cd 的富集量显著高于豌豆根瘤菌和荧光假单胞菌对 Cd 的富集量，造成这种差异的原因可能是菌体表面积不同。此外有研究发现在重金属含量高的土样中生长的青霉能有效吸附土壤中的 Cu 和 Cr,比在自然土样中生长的青霉其菌体中的重金属含量要高出 17～50 倍。

但是,利用微生物吸附沉淀作用进行重金属污染土壤的修复也存在一些不足,如微生物个体微小,不易从土壤中分离,因此也就不易把微生物吸附或固定的重金属从土壤中分离出来。

9.3.2　重金属的微生物挥发

环境中的汞、砷、镉、硒、铅、锡、锑和钒等都能形成相应的甲基化重金属有机物。一般甲基化后的重金属其沸点会降低,从而有利于从土壤或沉积物中挥发进入大气中,此过程便称为生物挥发(biovolatilization)。

在自然界中,很多微生物都能进行重金属的甲基化,如细菌中的产甲烷菌、匙形梭菌、荧光假单胞菌等和真菌中的粗糙链孢霉、黑曲霉和酿酒酵母等都可以使汞甲基化。而甲基汞具有挥发性,这样就可以去除土壤中的汞。群交裂裥菌、黑曲霉、短柄帚霉、青霉和假单胞菌属等微生物能把元素硒和无机或有机硒化物转化成二甲基硒化物,毒性明显降低,然后挥发到大气中,沉降到硒缺少的地区。

土壤环境中不仅存在很多能使重金属甲基化的微生物。还存在着这样的微生物,它们把甲基化重金属化合物氧化分解,形成重金属离子。因此,在一般情况下,重金属的甲基化和脱甲基化过程会保持一种动态平衡,使自然界中不会积累大量的重金属有机物。但在一些特殊的条件下,如在有机物含量高而 pH 值低的土壤中,还是有可能积累重金属有机化合物。

微生物把重金属转化为甲基化重金属有机物后,有的金属化合物如二甲基硒和二甲基砷,毒性明显降低,有的重金属化合物如一甲基汞,毒性会增加。但是,重金属甲基化以后,一般出现水溶性增加或沸点降低,如一甲基汞能溶于水,镉可以转化为挥发性的甲基镉。这样,重金属通过微生物转化为重金属化合物后,其迁移性增加,就有利于从土壤中去除重金属。

一种新的原位处理污染土壤的方法是,打散污染土壤,按照一定比例与水和生物表面活性剂混合,获得一种水泥浆,其中污染物与生物活性剂相互作用,使污泥静置一会儿,让污染物—生物表面活性剂组配增多(充分反应),从水泥浆中分离土壤后反复清除和分离,直到污染物浓度(80%～90%)下降。

在分子生物学水平上研究重金属生物挥发已引起广泛重视,有的学者已经获得了分解甲基汞的基因,并将它转移到植物细胞内,使植物产生分解甲基汞的酶,从而使土壤中甲基汞转化为汞,修复受汞污染的土壤环境。人们将从分子水平阐述微生物重金属甲基化的规律,探索微生物重金属甲基化的条件,研究重金属微生物挥发的规律，对提高土壤重金属污染修复的效率，保护环境，具有重大的现实意义。

9.3.3 重金属的微生物氧化还原

微生物对重金属不仅有很好的吸附能力，而且有巨大的转化能力，包括微生物对重金属价态的转变等方面。

在不同的环境条件下，微生物能氧化或还原各种重金属，使之价态发生变化。微生物在氧化重金属的时候，常能得到能量，使其本身得以生长；在厌氧的条件下，微生物常常利用各种氧化态的重金属盐作为电子受体，进行无氧呼吸来分解有机物，也使其得到生长，同时重金属被还原。例如，具有反砷化作用的硫化螺菌属（*Sulfurospirillum* sp.）能使砷酸盐转化为亚砷酸盐。亚砷酸盐不易吸附在土壤的表面，移动性比砷酸盐强，砷化物易从固相到水相，然后，利用植物或其他物理化学的方面就能更有效地去除土壤中的砷化物。土壤中的硒在微生物的作用下也能发生各价态间的转化，同时，微生物能大大提高植物吸收硒的能力。

在有毒重金属离子中，以铬污染的微生物修复研究较多。在好氧或厌氧条件下，有许多异养微生物催化 Cr^{6+} 到 Cr^{3+} 的还原反应。许多研究还显示有机污染物如芳香族化合物可以作为 Cr^{6+} 还原的电子供体。这一结果表明微生物可以同时修复有机物和铬的污染。微生物还可以通过产生还原性产物如 Fe^{2+} 和硫化物间接促进 Cr^{6+} 的还原。

除了通过还原重金属离子形成沉淀外，微生物还可把一些重金属还原成可溶性的或挥发性的形态。如一些微生物可把难溶性的 Pu^{4+} 还原成可溶性的 Pu^{3+}；一些微生物可把 Hg^{2+} 还原成挥发性的 Hg^{0}。铁锰氧化物的还原也可把吸附在难溶性 Fe^{3+}、Mn^{4+} 氧化物上的重金属释放出来。

此外在含高浓度重金属的污泥中，加入适量的硫，利用微生物的氧化反应微生物即把硫氧化成硫酸盐，降低污泥的 pH 值，提高重金属的移动性。

9.3.4 微生物和植物联合修复土壤重金属污染

自然界中存在一少部分植物能大量积累重金属在它的组织中而不表现出毒性。这些植物称为超积累植物。如 *Thlaspi caerulescens* 是一种能超积累土壤中锌的植物，可用于锌污染土壤的植物修复。由于它的根际微生物能大大提高土壤中水溶性锌的生物可利用性，因此，在微生物协同作用下能显著增强超积累植物 *Thlaspi caerulescens* 积累锌的能力。

在植物修复土壤重金属污染的过程中，根际微生物和菌根菌也发挥着重要的作用。最早向世人展示内生菌根真菌对重金属的相对独立吸收作用的是 Cooper 和 Tinker，他们采用能区分根系和菌丝的装置，利用同位素示踪技术，演示了内生菌根菌丝吸收、累积和运输^{65}Zn 的过程；Joner 等利用根箱方法，证实了根外菌丝能将根际圈内的^{109}Cd 吸入体内并运输给植物。这些试验表明，菌丝本身能够吸收重金属，这可能促进了根系对重金属的吸收能力，揭示出通过二者协同作用可达到修复土壤的目的。

土壤中的硒可以通过植物挥发到大气中，在硒的植物挥发中，植物根部的微生物起到非常重要的作用，通过添加抗生素和对植物根部进行消毒的研究表明，添加抗生素后，植物对硒的挥发作用下降了 95%。如果采用消毒的方法，消毒后植物对硒的挥发能力下降了 90%。如果植物没有根际微生物，硒酸盐就集中在植物的根部，其吸收和挥发的能力就下降。但是根际微生物不影响植物对亚硒酸盐的吸收，细菌可能通过影响亚硒酸盐转化为有机硒而对亚硒酸盐的生物挥发产生作用。虽然细菌也能使无机硒转化为有机硒，达到挥发硒的目的，但是植物和微生物的联合作用能大大提高生物挥发的能力，同时，植物能提供根际微生物生长所需的有机碳，因此，利用微生物和植物联合修复土壤重金属污染也是一个值得研究和开发的新技术。

9.4 地下水生物修复工程

由于地表生态环境的破坏和污染，致使地下水水质日益恶化污染越来越严重。鉴于地下水污染对环境尤其是对人类自身的严重危害，目前许多国家已采取相应的保护措施，同时也开展了有关污染地下水的治理研究。以往常见的治理方法主要是隔离法、吸附法、电化学法等，近年来，地下水污染的生物修复技术得到了迅速的发展。由于地下水深埋于地下，生物修复技术的实施一般应结合污染的具体情况，采取不同的方法来实施。

9.4.1 生物注射法

生物注射法是在传统气提技术的基础上加以改进而形成的新技术，主要是将加压后的空气注射到污染地下水的下部，气流加速地下水和土壤中有机物的挥发和降解（图 9-5）。这种方法主要是抽提、通气并用，并通过增加及延长停留时间以促进微生物的降解，提高修复效率。Michael 等人利用这一方法对污染地下水进行了修复，结果表明，生物注射大量空气，有利于溶解于地下的污染物向气相扩散，并有助于生物降解作用的进行。

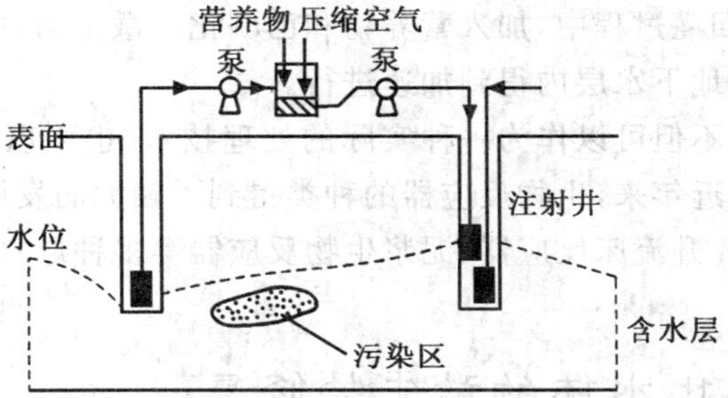

图 9-5 利用注射井进行地下水生物修复

在生物修复工程中，需要向被处理的地下水中加入一定量的营养物质，以满足微生物代谢活动的需要。营养物质的最佳加入量需要通过实验来确定，营养盐过少，导致生物转化速率较慢；营养盐过多，则生物量剧增，导致含水层堵塞，生物修复作用停止。保证微生物最佳活性的 3 种营养源是氮、磷及溶解氧，它们是限制土著微生物活性的因素。加入营养盐的做法是将营养液通过折射井注入饱和含水层，也可以采用水渗渠加入到不饱和含水层或表层土层，还可以从取水井将水抽出，并在其中加入营养物质然后从注射井注入含水层形成循环。

目前这种技术已投入实际应用中，并取得了相当的成果，但是它的使用会受到场所的限制，它只适合于土壤气提技术可行的场所，同时该法的使用效果也受到岩相学和土层学的影响，空气在进入非饱和带之前应尽可能远离粗孔层，避免影响污染区域外的水体。

9.4.2 抽提地下水系统和回注系统相结合法

这种工艺系统主要是将抽提地下水系统和回注系统，注入空气或 H_2O_2、营养物和已驯化微生物结合起来，促进有机污染物的生物降解。Smallbeck、DonaldR 等人在加利福尼亚州的研究表明，采用此系统修复污染的地下水，生物降解明显得到促进，这个系统既可节约费用，又缩短了处理时间，是一种行之有效的方法。

9.4.3 生物反应器

生物反应器的处理方法是上述方法的改进，就是将地下水抽提到地上部分，用生物反应器加以处理的过程，这种方法包括 4 个步骤，并形成闭路循环。这 4 个步骤是:①将污染地下水抽提至地面;②在地面生物反应器内对其进行好氧降解(生物反应器在运转过程中要补充营养物和氧气);③处理后的地下水通过渗灌系统回灌到土壤内;④在回灌过程中,加入营养物和已驯化的微生物,并注入氧气,使生物降解过程在土壤及地下水层内得到加速进行。

生物反应器法不但可以作为一种实际的处理技术,也可以用于研究生物降解速率及修复模型。近年来,生物反应器的种类得到了较大的发展,出现了连泵式生物反应器、连续循环升流床反应器、泥浆生物反应器等多种形式。

9.5 富营养化水体的微生物修复

水体的富营养化是指湖泊、水库和海湾等封闭性或半封闭型水体以及某些河流水体内的氮、磷营养元素的伏击,水体生产力提高,某些特征性藻类(蓝藻、绿藻)异常增殖,是水质恶化的过程。水体富营养化是水质恶化,不断严重影响人们的身心健康,而且会导致湖泊及其沿岸的生物多样性下降。富营养化水体的生物修复含微生物修复、水生生物修复、生态修复等几大类,它们之间只有相辅相成,联合作用,才能获得总体上满意的治理效果。富营养化湖泊的生物修复可以分为强化土著微生物功能的曝气修复和添加外来微生物的投菌剂修复。

9.5.1 深水曝气修复

深水曝气的目的有 3 个:在不改变水体分层的状态下提高溶解氧的浓度;改善冷水鱼类的生长环境和增加食物供给;将底泥界面的厌氧环境变为好氧环境,即降低内源性磷的负荷。另外,深水曝气还能起到降低氨氮、铁、锰等离子性物质浓度的作用。

深水曝气有机械搅拌、注入纯氧和注入空气等方式。机械方式曝气包括将深层水抽出来,在岸上或者在水面上设置的曝气池内进行曝气,然后再回灌深层。这种技术应用不普遍,主要原因是空气传质效率比较低,成本比较高。注入纯氧能够大幅度地提高反应的效率,但是容易引起深层水与表层水的混层现象。

曝气会影响水生生物的生物群落结构,虽然表层水和浅层水中生物种类变化不大,但是深层水由于从厌氧转变为好氧,相应的生物种类发生了比较大的变化,增加了诸如食草动物的生存空间,某些大型食草动物的增加可能有助于控制藻类等富营养化生物的生长。因此,曝气可能具有更深远的意义。

从实际应用来看,曝气系统能够有效地增加深层水的溶解氧,使厌氧环境转变为好氧环境，同时氨氮和硫化氢能够得到降低。但是对于内源性磷负荷的降低效果不是很理想。因此，深水曝气对富营养现象的改善或者对藻类生长的控制可能不如预期的那样理想。

9.5.2 有效微生物修复

有效微生物（effective microorganisms，EM）是由乳酸菌、酵母菌、放线菌、光合细菌等四大类 80 余种微生物组成的复合菌剂的总称。对于 EM 在富营养化水体修复过程中的作用，国内外学者一直存在争议，但一般认为 EM 修复湖泊富营养化是有效的。

复习思考题

1. 什么是土壤污染？它有怎样的危害？
2. 土壤污染的种类有哪些？通常分别采用哪种方法进行土壤污染的修复？
3. 生物修复土壤污染的优缺点有哪些？
4. 简述重金属污染土壤的生物修复机理和方法？
5. 影响土壤中污染物修复的因素有哪些？
6. 试设计一个修复土壤氯酚类污染的程序？

10 微生物污染及其检测技术

本章提要：水是人类生活的主要条件之一，也常受到微生物的污染。本章从水体中的病原微生物、水体的富营养化、水体污染监测及微生物代谢物的污染等几方面进行了系统详细地介绍。

10.1 微生物与环境污染

10.1.1 水体中的病原微生物

10.1.1.1 概述

如前所述，水中的微生物绝大多数是天然的寄居者，同时还有一部分来自土壤和大气。水体中的微生物大多数无致病作用，但也会含有一些致病菌，尤其是受粪便污染的水体，常成为病原菌传播的重要途径。引起的疾病主要是肠道传染病，如痢疾、伤寒、霍乱、肠炎等。此外，水体中还可能被具有引起疾病的病毒、支原体、衣原体、立克次体及寄生虫病(蛔虫、血吸虫等)。表 10-1 列出了可通过粪便及污水进入水体的病原体。

表 10-1 通过粪便进入水体的病原体

细菌	病毒	其他*
沙门氏菌属	脊髓灰质炎病毒	溶组织内阿米巴
志贺氏菌属	考克赛基病毒	结肠小袋虫
致病性大肠杆菌	肠细菌病变人孤儿病毒	人等孢子球虫
变形杆菌属	呼肠孤病毒	兰伯氏贾弟虫
克雷伯氏杆菌属	腺病毒	日本血吸虫
土拉热弗朗西丝氏菌	轮状病毒	钩虫
假单胞杆菌属	肝炎病毒	蛔虫
沙雷氏杆菌属	胃肠炎病毒	

续表 10-1

细菌	病毒	其他*
小肠结肠炎耶尔森氏菌		
空肠弯曲杆菌		
霍乱弧菌		

* 以虫卵、包裹、幼虫等形式进入水体。

10.1.1.2 水体中的主要病原微生物类群

(1)沙门氏菌属(*Salmonella*)

沙门氏菌是一类能运动、无芽孢和荚膜、革兰氏阴性杆菌，需氧或兼性厌氧，在许多培养基上生长良好，适温 37℃，最适 pH 值为 6.8～7.8。伤寒沙门氏菌能发酵葡萄糖产酸但不产气。沙门氏菌可导致肠胃炎或伤寒病暴发流行。

(2)志贺氏菌属(*Shigella*)

志贺氏菌是一类不能运动的不产芽孢的革兰氏阴性杆菌，需氧，最适温度 37℃，不产生硫化氢。志贺氏菌不能发酵乳糖。志贺氏菌可引起细菌性痢疾流行，主要由人的粪便传入。

(3)霍乱弧菌(*Vibrio cholerae*)

霍乱弧菌细胞呈微弯曲的杆状，宽度为 0.3～0.6 μm，长度为 1.0～5.0 μm。细胞可以变得细长而纤弱，或短而粗壮，具有一根较粗的鞭毛，能运动，革兰氏染色阴性，无荚膜和芽孢。在 60℃下能耐 10 min，在 1%的石炭酸中能抵抗 5 min，可耐受较高的碱度。霍乱弧菌可产生肠毒素，造成严重的腹泻，进而脱水死亡。

(4)肠道病毒属(*Enterovirus*)

这类病毒主要生活在肠道内，直径小于 25 nm。病毒颗粒呈 20 面体，衣壳内为单链 RNA，属于微小 RNA 病毒科。主要有脊髓灰质炎病毒、考克赛基病毒 A 和 B 及肠细胞病变人孤儿病毒等。此类病毒可长期(平均可达 50 d)由粪便内排出，因此，经常可在污水或地表水中检出。

脊髓灰质炎病毒可引起严重的神经系统的疾患——脊髓灰质炎(小儿麻痹症)。因病毒的毒力和感染年龄的不同，出现急性临床症状者仅为感染此病毒人数的 1/100～1/10 000。该病的特点可防不可治，因此各国普遍采用口服减毒脊髓灰质炎病毒疫苗来降低发病率，在许多国家包括美国、西欧、中国等，脊髓灰质炎已基本绝迹。

(5)甲型肝炎病毒(hepatitis A virus)

属微小 RNA 病毒科。流行病学调查证明甲型肝炎病毒患者的粪便内可较长时间的存在有此种病毒，主要通过水为媒介进行传播，而引起传染性肝炎。如1955年冬至1956年春印度德里发生传染性肝炎大流行，以及1988年上海暴发的甲型肝炎均是由水体传播的。

10.1.2 微生物代谢物与环境污染

随着工农业的发展，排放进自然界的化学物质种类和数量急剧增加，其中绝大部分物质进入环境后，在物理、化学和生物的综合作用下，特别是在微生物的作用下最终彻底分解，不会对环境造成危害。但在一些特定条件下，某些微生物的代谢物会对环境造成污染，这类物质主要包括三类：①易为其他微生物所利用的物质，在特定条件下可能大量积累，造成对环境的污染。如氨根、硝酸根离子等；②有些微生物代谢转化的特殊化合物，对人类或其他高等生物具有毒性。如硫化氢、甲基汞、细菌毒素等；③有些微生物代谢过程中生成致癌、致畸、致突变物，它们长时间、低剂量作用于人群，构成了对人体健康严重的潜在威胁。本部分将主要讨论这些一般及特殊的污染物在环境中产生与积累的微生物学过程等。

10.1.2.1 氨

自然界释放至大气中的氮化物，主要为氨态氮，几乎全部由土壤及水体中的异养型微生物活动所产生。据估计，其释出量为各种来源释放至大气中的氮氧化合物的9倍。大量的氨不仅污染空气，而且也影响水域。湖、河水面吸收大气中的氨后，转化为铵态与硝态，加剧了水体富营养化作用。有机氮化物分解成氨的氨化作用见第五章。

10.1.2.2 硝酸与亚硝酸

NO_3^-是微生物硝化作用的终产物。正常情况下，能够被作物所吸收利用，但若农业生产中，大量施用无机氮肥，可能在某些局部地区，由于微生物活动增加而产生大量NO_3^-，可使饮用水中NO_3^-量达到致毒浓度，从而造成危害。

NO_2^-具有致癌作用，是亚硝化作用的中间物，也可由NO_3^-还原产生。通常，NO_2^-的生成速度慢于被同化代谢速度，故不会在环境中大量积累。但环境中的pH值对硝化作用与亚硝化作用影响较大，硝化杆菌属细菌的最适pH值范围为5～8，而亚硝化单胞菌属细菌最适pH值范围则为7～9。当环境pH＞9.5，并含有大量NH_4^+时，硝化细菌被抑制，亚硝化作用继续进行，从而导致NO_2^-的积累而造成水体的亚硝酸盐污染。

10.1.2.3　氮氧化物

曾有报道，制作青贮饲料产生的大量氮氧化物导致人中毒的事故。这是由于植物茎叶富含硝酸盐，微生物在发酵初期将过量的硝酸盐转化生成一氧化氮（NO），并进一步氧化成 NO_2，使人中毒甚至死亡。据计算，装满了玉米秆的青贮塔中 NO 含量约为 9%（V/V）；如果贮存的是玉米棒及玉米包皮，则其含量可达 47.2%（V/V）。

10.1.2.4　硫化氢

当水体中动物体腐烂或有机质在厌氧条件下分解时，可在沼泽、池塘、阴沟、底泥、工业废水中产生大量的 H_2S，造成严重的空气污染。

大气中 H_2S 的来源主要是微生物的作用。据报道，陆地生态系统有机质分解每年可向大气释放 11.2×10^7 t 硫化氢；也有人统计，自然环境中，每 1 000 km^2 的 H_2S 产生量为 0.07 t/d。

10.1.2.5　酸性矿水

黄铁矿、斑铜矿等无机床内含有硫化铁，矿山开采后暴露于空气中，由于化学氧化作用使矿山变酸，pH 4.5～2.5。在这种酸性条件下，只有耐酸微生物能够生存繁殖。其中以霉菌、酵母为主，细菌中则以能够氧化硫及铁的自养菌活动最为旺盛。例如氧化硫硫杆菌（*Thiobacillus thiooxidans*）和氧化硫亚铁杆菌（*Ferrobacillus sulfooxidans*）。

10.1.2.6　甲基汞

Hg、As、Cd 和 Pb 等重金属离子在微生物作用下，可生成相应的甲基化合物，它们多是毒性很强的挥发性物质，其中尤以甲基汞的毒性最强。日本的“水俣病”，瑞典鸟群大量死亡，均因甲基汞中毒所致。

10.1.2.7　农药代谢的毒性产物

第六章中已介绍微生物降解或转化农药，从而消除或减少了土壤等环境中农药残毒危害的可能途径。但在特定条件下，微生物也可能将农药代谢转化形成新的毒物，造成对环境的二次污染。有的生成物的毒性可能比原农药更强，也更难被微生物降解；还有一些产物，不仅可作用于原来所抑制或毒害的生物种群，甚至作用于更为广泛的包括人类在内的生物，造成更大的危害。例如，稻瘟醇杀菌剂是一种高效低毒农药，但其微生物代谢产物三氯苯甲酸和四氯苯甲酸的毒性很大，且在土壤中又很稳定。2，4，5-T 在微生物作用下，生成了二噁英而具有了强致癌性。DDT 在微生物作用下，生成的 DDD 比 DDT 更稳定、更难降解，毒性也更大。

10.1.2.8 细菌毒素

自 1888 年发现白喉杆菌毒素以后，陆续发现了许多微生物产生毒素，包括细菌、放线菌、真菌、藻类微生物等。

微生物毒素分为内毒素与外毒素。内毒素是微生物细胞组分，是细胞壁的一部分，只有当菌体细胞裂解或融溶时始释出。外毒素是由微生物合成的并在生长过程中分泌到细胞外的一类毒素，其毒力强于内毒素，但不耐高温，加热至 60℃以上毒性即可破坏。

对人畜有毒害作用的主要外毒素有肉毒毒素、葡萄球菌肠毒素、白喉毒素、破伤风毒素、气坏疽毒素、霍乱肠毒素等。下面仅简要介绍肉毒毒素和葡萄球菌肠毒素。

(1)肉毒毒素(botulin)

肉毒毒素由肉毒梭菌(*Clostridium botulinum*)产生，是一种极强的神经毒，主要作用于神经和肌肉的连接处及植物神经末梢，阻碍神经末梢乙酰胆碱的释放，导致肌肉收缩不全和肌肉麻痹。属剧毒物，1 mg 可以杀死 100 万只豚鼠。肠道中蛋白酶不能分解此毒素，但肉毒素对热极不稳定，各型毒素在 80℃经 30 min 或 100℃经 10～20 min 可完全被破坏。肉毒梭菌为革兰氏阳性、产芽孢、能运动的专性厌氧菌。广泛存在于土壤、淤泥、粪便中。

(2)葡萄球菌肠毒素

由金黄色葡萄球菌(*Staphylococcus aureus*)产生，该毒素被肠道吸收后在 2～6 h 即可引起恶心呕吐等急性肠胃病症状，毒性相对较弱，但个别婴儿和儿童可因急性肠胃病致死。

金黄色葡萄球菌为革兰氏阳性球状，无芽孢，多存在于皮肤、动物鼻咽道及口腔中，其产毒菌株出现约 25%的人群中。葡萄球菌肠毒素是一类抗原性蛋白质，相对分子质量 40 000，耐热，在 100℃以上亦不失其毒性，食品被污染后，其外观、结构、气味等各方面均无异样。

10.1.2.9 放线菌毒素

某些放线菌的代谢产物可使人中毒、甚至引起肿瘤致癌、例如：

(1)放线菌素

由链霉菌属(*Streptomyces*)放线菌产生,它可使大鼠产生肿瘤。放线菌D可抑制核酸合成,故又作抗癌剂来用。

(2)链脲菌素

是从不产色链霉菌中分离得到的,其分子结构中含有N-甲基N-亚硝基脲,可能诱发癌症,可使大鼠肝、肾、胰脏发生肿瘤。但亦有抗癌作用。

(3)洋橄榄霉素

是肝链霉菌(*Streptomyces hepaticus*)的产物。急性毒性强,亦可诱发肝、肾、胃、胸腺、脑等发生肿瘤。其结构类似苏铁苷,故认为也有类似于苏铁苷的致癌作用,其本身不呈致癌性,但在动物肠道微生物将之水解后成致癌物。

10.1.2.10 真菌毒素

真菌毒素(mycotoxin)是指以霉菌为主的一切真菌代谢活动所产生的毒素。早在15世纪就曾发现麦角使人中毒的事例,随后不断发现由于真菌生长在粮食、谷物上,人畜食后中毒的例子。20世纪60年代末至70年代初先后发现岛青霉毒素及黄曲霉毒素的致癌性后,人们对真菌毒素开展了大量研究。真菌毒素包括黄曲霉毒素、赤霉病麦毒素和麦角毒素等,这里仅介绍黄曲霉毒素。

1960年英国伦敦附近养鸡厂中,10万只火鸡相继突然于数月内死亡。调查后确认,这一事件是因鸡食用了霉菌污染的花生粉,最终查明是由黄曲霉菌产生的黄曲霉素引起。

黄曲霉素是剧毒物,据测定其毒性为氰化钾的10倍、砒霜的68倍。黄曲霉毒素B_1的半致死剂量(LD_{50})为0.294 mg/kg,毒性十分强。同时,黄曲霉素也是致癌物。产生黄曲霉毒素的真菌主要为黄曲霉(*Aspergillus flavus*)和寄生曲霉(*Asp. parasiticus*)。

黄曲霉毒素在紫外线照射下可发出荧光,根据荧光颜色分为B族和G族二大类,分别发蓝色荧光和绿色荧光。自1961年以来,已确定结构的黄曲霉毒素有17种,其中以黄曲霉毒素B_1毒性最大,致癌力最强。

黄曲霉毒素B_1是真菌毒素中最稳定的一种。它耐高温,至200℃亦不破坏;高压灭菌121℃下经2 h仅破坏1/3～1/4,4 h破坏1/2。紫外线照射亦不能破坏此毒素。黄曲霉毒素耐酸性和中性,只有在pH 9～10的碱性条件下可迅速分解。

10.1.2.11 藻类毒素

藻类毒素主要由海洋中的甲藻纲、金藻纲的藻类及淡水中的蓝细菌等产生。

(1)甲藻

甲藻(dinoflagellate)常见于北纬或南纬30°的海水中,单细胞,具两根鞭毛,细胞呈深褐、橙红、黄绿等色。赤潮发生时因甲藻旺盛繁殖,使局部海水变成红、赤、褐等颜色,其中甲藻数可达5×10^4 CFU/mL,同时由于甲藻可发荧光故黑夜中亦清晰可见。

四种甲藻产毒可致人死亡,其中三种为膝沟藻属(*Gonyaulax*),而赤潮发生时,此属藻最常见。藻类毒素如石房蛤毒素(saxitoxin)可在贻贝及蛤体中安全积累,而人食后可中毒。其毒性较急,短期(2~12 h)可以致死,但如果患者能坚持存活24 h,则能康复,无后遗症。盐类、醇类可减弱其毒力,但没有有效的解毒药。

石房蛤毒素是目前已知的毒性最强的低分子毒物。对小鼠LD_{50}为10 μg/kg体重(腹腔注射),口服1 mg即致人死亡。该毒素为水溶性物,对热稳定,罐头加工过程只能破坏70%。由于毒素多积存于贝类的内脏中,如将肝、胰腺等除去而后食用,可保安全。

(2)蓝细菌毒素

蓝细菌中研究较多的仅有三个属中的某些种,即微囊藻属、鱼腥藻属和束丝藻属所产的毒素。如铜锈微囊藻所产毒素为一种小分子环肽化合物,称微囊藻快速致死因子(Microcystis FDF)。

当蓝细菌在水华过后大量死亡时,其所含毒素释放至环境中,引起鱼类、水鸟等水生生物中毒死亡。蓝细菌毒素可引起皮炎、肠胃炎、呼吸失调等症状,但不致死人类。

蓝细菌毒素的产生呈现昼夜波动,白天由于光合作用旺盛,溶解氧高,水体pH值可达到9.5,蓝细菌毒素因其碱不稳定性而含量低;晚上则因蓝细菌呼吸作用强,水中溶解氧降低,pH值亦可降至6.5,致使夜间毒素含量增高。因此,灭藻除毒的措施,宜在白天正午进行。

10.2 水体富营养化

由于工业污水和生活污水的大量排放及农田肥料的流失和淋溶,造成了水体的严重污染,水体的富营养化就是这种污染的明显标志。水体富营养化作用(eutrophication)是指大量氮、磷等营养物质进入水体,使水中藻类等浮游生物旺盛增殖,从而破坏水体的生态平衡的现象。

10.2.1　概述

通常，自然水体可分为富营养化和贫营养化两种主要类型，两者之间有程度不同的过渡类型。不同湖泊水体特征见表 10-2。

表 10-2　不同类型湖泊的主要特征

特征	贫营养湖泊	富营养湖泊
湖的形态	深，湖岸陡	浅，湖岸较平缓
水色	淡，呈蓝色	浓，呈绿、蓝绿和黄色
透明度	高	低
溶解氧	浓度高	昼夜相差悬殊
营养物	N＜0.3 mg/L，P＜0.03 mg/L	N＞0.3mg/L，P＞0.03 mg/L
生物群落	种类多，数量少 主要是硅藻，贝壳动物	种类少，数量多 主要是蓝藻，一般缺乏底栖动物

在富营养化阶段，水中藻的种类减少而个体数猛增(表 10-3)，曾测得水华铜绿微囊藻及水华束丝藻数达 13.5×10^5 CFU/L。由于占优势的浮游藻类的所含色素不同，使水体呈现蓝、红、棕、乳白等不同颜色。富营养化现象在内陆湖泊中发生者，称为水华(水花，water bloom)，在海洋则称为赤潮(红潮，red tide)。

表 10-3　富营养化湖与贫营养化湖中藻类的比较

	富营养化湖泊	贫营养化湖泊
数量	丰富	稀少
品种	较少	很多
分布	主要生长在水体表层	可生长至深层
昼夜迁移	有限	频繁
水华现象	经常发生	很少出现
主要藻类	鱼腥藻属、囊丝藻属、微囊藻属、直链藻属、脆杆藻属等	角腥鼓藻属，平板藻属、小环藻属等

水体富营养化给人们的生产与生活带来了严重危害，发生的频率也越来越多。据调查显示：20 世纪 70 年代，我国 34 个重点湖泊中富营养化的仅占评价面积的 5%，20 世纪 90 年代，我国东部湖泊全部处于富营养化状态。2002 年，监测的 8 个大型淡水湖泊水库有 6 个处于富营养状态，滇池属于重度富营养化。城市内湖的水质普遍较差，全国统一监测的 5 个城市内湖中，西湖、昆明湖水质为Ⅳ类，玄武湖为Ⅴ类，东湖与大明湖为劣Ⅴ类。

10.2.2 富营养化的危害

水体富营养化使藻类暴发性增殖，破坏了水体自然生态平衡，导致一系列恶果，表现在：

(1)影响自然景观

清澈的水面、一望无底的水体，加上沙滩，是人们向往的度假和休闲的场所；水体的富营养化，可导致水体外观呈各种不快的颜色、变浊，透明度降低，从而将严重影响景观的观赏和娱乐价值。

(2)水中散发不良气味

水中藻类及厌氧菌代谢活动可使有机物质厌氧分解，产生各种中间降解产物如CH_4、H_2S、NH_3等气体和具气味化合物，如土腥素(geosmin)及硫醇、吲哚、胺类、酮类等物，使水体散出土腥味、霉腐味、鱼腥味等臭味。

(3)水中溶解氧含量下降

是由于藻类的过度繁殖，导致夜间其呼吸作用较强，致使水中的溶解氧降低，此外需氧微生物分解藻体及其他有机物也会耗去大量氧气。

(4)水生生物大量死亡

由于水中溶解氧下降，使鱼类等水生生物窒息而死，水中藻类过度繁殖也会阻塞鱼鳃和贝类的进出水孔使之不能呼吸而死亡，水产业会遭受严重的经济损失。

(5)产生毒素威胁人畜健康

有的藻类能产生毒类，例如在形成赤潮时某些甲藻中的沟藻会产生石房蛤毒素(saxotoxin)，其毒性很强。此类毒素可为蛤、蚌等贝类富集体内，而当人食此类毒贝后，可发生中毒症，如胃疼、呕吐等，重则可以死亡。

10.2.3 富营养化的形成

水体富营养化是水体生态演变的一个阶段，这种演变既可以是“天然的”，也可以是“人为的”。天然的水体富营养化是自然环境因素改变所导致，其过程极为缓慢，常需几千年甚至上万年。它与湖泊的发生、发展和消亡密切相关，并受地质地理环境演变的制约。一些高山、极地湖泊的富营养化大多属于天然的富营养化。

人类活动区，水体富营养化主要是在人类活动的影响下发生的。这种演替很快，可在短时期内出现。其主要作用因素是外源性的。如人为破坏湖泊流域的植被，促使大量地表物质流向湖泊；或过量施肥，造成地表径流富含营养的物质；或向湖泊洼地直接排放含有营养物质的工业废水和生活污水，均可加速湖泊富营养化。因此产生富营养化的水体主要是人群集中、工业和农业发达地区的湖泊。

藻类原生质组成为$C_{106}O_{110}N_{16}P_1$，除C、H、O外，藻类生长需求最多的营养元素即为氮与磷。生活污水、工业废水、农田径流、经过二级处理后的出水污水中均含有大量氮与磷。这些废水排入水体给水中藻类带来了充足的养料，一旦其他条件适宜，即当这两种营养元素达到诱发水体富营养化的浓度(含氮量大于0.2～0.3 mg/L，含磷量大于0.01～0.02 mg/L)时，藻类便将旺盛繁殖。大多数内陆湖泊中，因有固氮蓝藻(蓝细菌)的作用，往往磷的含量是其富营养化形成的限制因子；而在海洋中，则氮与磷同等重要。富营养化常发生在水流缓慢的水体如湖泊、河口、港湾、内海等处，而在水流湍急的河流、瀑布等水气混合的地方，不易发生富营养化。

10.2.4　富营养化的监测

目前采用的水体富营养化评价的方法主要有两类：一类为参数综合判断法，另一类为数学模式判断法。

10.2.4.1　参数综合判断法

这类方法主要是选择水体的几种表观指标和限制因素为依据来进行评价的。以吉村的富营养化特征检测表为典型代表，欧美及我国也制定了相应的特征表，本节仅介绍前者。

吉村1937年根据水体及水生动植物特征将湖泊划分为贫营养和富营养两类(表10-4)。

表10-4　湖泊的富营养特征

营养程度		贫营养湖	富营养湖
水的物理性质	水色	蓝至绿色	绿至黄色
	透明度	5 cm以上	5 cm以下
水质	pH值	近中性	中性至弱碱性
	溶解氧	全层接近于饱和	表层水饱和或过饱和，底层水很少饱和或过饱和
	氮浓度	T-N$<0.20\times10^{-6}$	T-N$>0.20\times10^{-6}$
	磷浓度	T-P$<0.02\times10^{-6}$	T-P$>0.03\times10^{-6}$
水生动植物	叶绿素a	0.3～2.5 mg/m^3	5～140 mg/m^3
	生产力	少于200 mg/(m^3·d)	大于200 mg/(m^3·d)
	浮游植物	很少，以金藻为主	丰富
	水底植物	种类及数量一样丰富	种类数减少
	沿岸植物	少	多

10.2.4.2 数学模式判断法

常用的判断水体富营养化程度的数学模型主要有以下两种：

(1)日本德岛地区建立的数学模型

日本学者提出下列计算公式来判断水体是否富营养化：

$$\text{COD}\times \text{N}\times \text{P}/1\ 500\geqslant 1$$

式中：COD——化学耗氧量(mg/L)；

N——无机氮(μg/L)；

P——无机磷(μg/L)。

当结果≥1时，即可认为水体已经达到富营养化程度。

(2)Mitchell 多样性指数

Mitchell 等人用藻类的细胞数和属数两个参数建立了表征水体富营养化程度的多样性指数：

$$H=-\sum_{i=0}^{n} P_i \cdot \log P_i$$

式中：$P_i=N_i/N_0$；

N_i——第 i 种藻类的细胞数；

N_0—全部藻类的细胞数；

n——藻类的属数。

根据这一公式，藻类的种类越少，细胞数目越多，H 值越小，当只存在一种藻类时，$H=0$，所以，H 值越小，标志着富营养化的程度越高。

10.3 污染环境的微生物学监测方法

环境监测由化学分析、物理测定和生物监测三个部分组成。而生物监测是利用生物，特别是微生物对环境污染表现出的不同反应，来判断环境污染状况。微生物是生物监测的重要组成部分，具有独特的作用。目前，环境监测中微生物学方法有两方面内容：直接检测环境中所存在微生物的数量，或者某种特定目标微生物，以获知环境中微生物污染情况；利用某种特定微生物作为指示菌，以检测环境中有毒或致癌物质存在与否。

10.3.1 水体的微生物学监测

10.3.1.1 细菌总数

细菌总数检测是一种直接测定样品中好氧或兼性厌氧菌的方法,它是指将一定体积的水样,如 0.1 mL 或 1 mL(原水样或经稀释的水样)加入营养琼脂培养基上,于适宜温度培养 24 h 计算出每毫升原始样品中细菌的总数。细菌总数指标具有相对的卫生学意义。菌数越高,表示水体受污染越重,被病原菌污染的可能性亦越大。固体样品如食品、土壤和污泥也可以检测该指标,所指的是 1 g 原始样品的细菌总数。细菌总数的测定结果常用"CFU/mL"或"个/mL"表示(CFU,colony forming units)。

目前,细菌总数测试的常用方法为稀释平板计数法(standard plate count,SPC)。它可以直接检测不同水体中以及水处理、供水过程水质变化的微生物学指标。其又可分为倾倒平板法(pour plate method)和平板涂布法(spread plate method)。

根据水中细菌总数,可将水体划分为几类:细菌总数 10^1～10^2 CFU/mL,极清洁水体;10^2～10^3/mL,清洁水体;10^3～10^4 CFU/mL,不太清洁水体;10^4～10^5 CFU/mL,不清洁水体;大于 10^5 CFU/mL,极不清洁水体。

我国生活饮用水的国家标准(GB 5749—1985)规定饮用水中的细菌总数不得超过 10^2 CFU/mL。

10.3.1.2 粪便污染的指示菌

人畜粪便中的致病菌进入天然水体,会污染水源,引发多种肠道疾病,甚至使某些水介传染病暴发流行。因此,有必要对水体的粪便污染情况进行监测。

由于水中的致病菌数量少,加之致病菌检测的操作十分烦琐,因此直接检测很困难。在水质卫生学检查中,通常采用易检出的肠道细菌作为指示菌,取代对致病菌的直接检测,间接反映水体污染状况。若水样中检出这类指示菌,即认为水体可能存在病原菌。检出的指示菌数量越多,反映污染的可能性越大。只有在有特殊要求时,才直接检测水中的某种致病菌。

(1)理想指示菌的标准

作为理想的粪便污染指示菌,应满足如下标准:①该菌是温血动物肠道微生物群落的正常组分,并大量存在于人粪便中,数量高于病原菌;②在受人粪便污染的水体中方能检出该菌,而在未受人粪便污染的水体中则无此菌;③该菌应适用于淡水、海水等不同类型的水体；④在水体中该菌的存活时间应长于致病菌；⑤该菌检测方法简单易行；⑥在水体中该菌不会自行繁殖；⑦该菌存在的数量与粪便污染程度有直接的关系；⑧不管肠道病原菌存在与否，该菌都应该存在。

但目前没有一种细菌能全部满足上述标准，所以至今还没有发现如此理想的指示菌。在实际工作中，只能选用相对合适的菌株作为粪便污染的指示菌。

(2)常用的指示菌

在实际的卫生细菌学检验中，大肠菌群(coliform bacteria)、粪大肠菌群(fecal coliform)、粪链球菌(*Streptococcus faecalis*)以及产气荚膜梭菌(*Clostridium perfringens*)常用作粪便污染的指示菌。其中，大肠菌群存在于所有温血动物的肠道中，在粪便中的数量较多。而且在被粪便污染的水体中大肠菌群的浓度大致上与粪便污染的程度成正相关。

10.3.1.3 大肠菌群的检测

(1)大肠菌群的特征

大肠菌群是指一群好氧及兼性厌氧，在37℃培养48 h能使乳糖发酵产酸产气的革兰氏阴性无芽孢杆菌。大肠菌群以埃希氏菌属为主，另有柠檬酸杆菌属(*Citrobacter*)、肠杆菌属(*Enterobacter*)和克雷伯氏菌属(*Klebsiella*)等。

在粪便中，大肠菌群的数量极大，成人每日随粪便排出的菌数高达5×10^{10}～100×10^{10}个。自20世纪初使用大肠菌群作为评估水体粪便污染指示菌以来，人们通过经验获知，如果100 mL饮用水中大肠菌群检测结果为阴性，就可以确定不会暴发细菌性水介传播的疾病。

但由于肠道病原体病毒和原生动物在水体中的存活时间比大肠菌群长，而且它们对常规消毒剂的耐受能力也比大肠菌群强，因而大肠菌群不能作为这类微生物的指示菌。

为了排除土壤等自然环境中原有的大肠菌群的干扰，可在检测时将培养温度提高至45℃。能在45℃生长并发酵乳糖产酸产气的大肠菌群主要来自粪便，被称为“粪大肠菌群”(fecal coliform)。能在37℃生长并发酵乳糖产酸产气的为总大肠菌群(total coliform)。据调查，人粪中大肠菌群占总大肠菌群数的96.4%。

(2)大肠菌群的检测

目前常用的检测大肠菌群方法有三种：发酵法、膜滤法(membrane filter，MF)和新近发展起来的有或无试验法(presence-absence，P-A)。

①发酵法(MPN法)：将不同稀释度的样品连续后接种到一定量的特定培养基中获得阳性反应数，通过查对最可能数统计表从而估算出初始样品中大肠菌群

的数目。其包括三个主要步骤：推测试验(presumptive test)即乳糖发酵试验、验证试验(confirming test)即大肠菌群分离、革兰氏染色(Gram staining)试验、完成试验(completed test)或称乳糖复发酵试验。

推测试验中，先将样品稀释到一定浓度，选择3～5个合适的连续稀释度，分别接种1 mL到盛有液体乳糖胆盐发酵培养基(或其他乳糖发酵培养基)试管中，每个稀释度作3或5次重复。37℃培养48 h后观察结果，若产酸产气则为阳性反应。

在验证试验中，将推测试验阳性试管中的样品接种于选择性培养基——伊红美蓝琼脂(EMB)或远藤氏琼脂平板上，37℃培养24 h，观察菌落特征。挑取疑为大肠杆菌的菌落进行革兰氏染色，检测其是否是革兰氏阴性菌。

在完成试验中，将可能为大肠杆菌的菌落重新接入乳糖胆盐培养基中，37℃培养24 h。凡乳糖胆盐发酵产酸产气，即可报告大肠菌群阳性，并结合推测试验结果查表计算大肠杆菌的最大可能数。

②滤膜法(MF法)：滤膜法常用于水样或饮料中大肠菌群的检测。选用孔径0.45 μm的微孔滤膜，将抽滤过一定体积水样的滤膜贴在选择性培养基或鉴别培养基上，37℃培养24 h，直接计数滤膜上的大肠菌群菌落，算出每100 mL水样中含有的总大肠菌群数。

同MPN法相比，MF法具有以下优点：MF法所需试验试管少且工作量小，操作简单，检测速度快，一般情况下22～26 h就可以得到试验结果，而MPN法需时长达48～96 h；MF法可以加大测试样品的量，从而使检测结果更可靠，更具代表性；由于MF法通过菌落计数直接检测一定体积样品中大肠菌群数目，因此检测结果更加精确；可以大大节约时间、劳动力及试验仪器设备等；即使在野外现场取样做检测也是方便可行的。

MF法的缺陷在于，如果水样中含有大量的胶体物质或者悬浮物，或者含有藻类，这些颗粒物质会堵塞滤膜上的微孔，妨碍过滤效果，甚至会造成滤膜上生长的菌落扩散，影响菌落计数的准确性。在检测细菌含量很高的样品时，可以将原始样品稀释后再测定；但如果待测样品细菌含量低，就不适合用MF法。另外，工业废水中所含的锌、铅、铜及其他重金属物质也会吸附在滤膜上，抑制待测细菌的生长，从而影响检测结果。

③有或无试验法(P-A法)：有或无试验(P-A试验)不是定量试验，而是定性实验，它解答的是样品中是否存在目标生物的这一问题。P-A试验中使用单个如MPN试验中所用的乳糖胆盐试管，但不进行稀释。

近年来，酶检测法得到了发展，可同步检测饮水中大肠菌群和大肠杆菌，美国的 Colilert 系统是比较成功的产品。其原理是,大肠菌群产生 β-半乳糖苷酶,将基质邻硝基苯酚吡喃半乳糖苷(ONPG)水解为黄色的硝基萘酚。大肠杆菌可以通过荧光基质 4-甲基-7-羟基香豆素-葡糖苷酸(MUG)的合成而被检出。MUG 和 β-半乳糖苷酶(存在于大肠杆菌中但不存在于其他大肠菌群中)相互作用后产生有荧光的最终产物。终产物可用长波紫外线灯检测到。Colilert 试验将样品加入含有由盐或特异酶基质组成的目标生物的唯一碳源。培养 24 h 后,黄色样品即为大肠菌群阳性,在黑暗中用长波紫外光照射会发出荧光。

(3)水质大肠菌群指标

在水质卫生学检验中,常用"大肠菌群指数"和"大肠菌群值"作指标。大肠菌群指数是指每 100 mL 水中所含的大肠菌群细菌的个数。大肠菌群值则是指检出一个大肠菌群细菌的最少水样量(毫升数)。两者间的关系可表示为:

$$\text{大肠菌群值}=\frac{100}{\text{大肠菌群指数}}$$

我国的生活饮用水卫生标准(GB 5749—1985)规定:饮用水中总大肠菌群数不能超过 3 个/L。

10.3.2 空气的微生物学检测

10.3.2.1 空气中细菌的检测方法

空气中活微生物大多依附尘埃粒子而形成生物活性粒子。应用细菌采样器抽取一定量的空气使其滞留在培养基上,培养后即可计算出菌落数。目前广泛采用的空气中细菌总数检测法是平板沉降法。

平板沉降法是在一定时间内依靠地心引力将空气中携带的微生物悬浮颗粒沉降到营养琼脂平板上,37℃ 培养 24 h,计算菌落数,结果以"CFU/皿(皿面积为 90 cm^2)"表示。

奥姆梁斯基设定了在 100 cm^2 营养琼脂平板于 1.2 m 高度的空气中暴露 5 min,培养长出的菌落,即相当于 10 L 空气中的活菌数。该法未考虑到微生物细胞沉降速率与大小的关系,因此结果只能相对说明空气的洁净程度。

10.3.2.2 空气中细菌的总数指标

空气中细菌的总数指标,不同国家有不同的标准。

我国室内空气中细菌总数的卫生标准(GB/T 17093—1997)为:细菌总数≤45

CFU/皿。前苏联的室内空气的细菌总数指标为：清洁空气，冬季小于 4.5×10^3 CFU/ m^3，夏季小于 1.5×10^3 CFU/m^3；污染空气，冬季大于 7×10^3 CFU/m^3，夏季小于 2.5×10^3 CFU/m^3。日本的指标为：清洁空气细菌总数小于 30 CFU/皿；普通空气的小于 75 CFU/皿。

表 10-5 列出了不同国家对不同洁净度空气的微生物测定标准。

表 10-5 国内外不同洁净度空气的微生物测定标准 CFU/m^3

洁净度级别	美国 NASA	WHO 和欧共体 GMP	中国卫生部 GMP
100	3.5	5	≤5
10 000	17.6	100	≤100
100 000	88.4	500	≤500

10.3.3 环境样品毒性的微生物学检测

10.3.3.1 环境样品毒性检测（发光细菌检测法）

发光细菌的发光现象是菌体生理代谢正常的一种表现，其发光能力在对数生长期最强。发光细菌在不同环境中的发光强度反映了菌体的生长状况，从而间接反映了环境中有毒物质是否存在及其浓度。在环境不良或存在有毒物质时，其发光能力减弱，衰减程度与毒物的毒性和浓度成一定的比例关系。通过灵敏的光电测定装置，检查发光细菌受毒物作用时发光强度的变化，可以评价待测物的毒性大小。这种采用发光细菌作为指示菌检测污染物毒性的方法，称为发光细菌检测法。目前研究和应用最多的发光细菌是明亮发光杆菌（*Photobacterium phosphoreum*）。美国贝克曼(Beckman)公司制造的微量毒性分析仪就是一种发光细菌检测仪。该仪器操作极为方便，测定一个样品不到半小时，所得结果与鱼类毒性试验一致。

10.3.3.2 环境样品致突变性检测

目前，世界上已有近 10 万种天然或人工合成的化学物质，而且其数目还在迅速增加。对数量如此之巨的化学物质逐一进行致癌致突变性检测，采用传统的动物实验极难做到。为此，一些快速准确的微生物检测法应运而生。沙门氏菌/Ames 试验法和发光细菌/Mutatox 方法就是其中应用广泛的两种方法。

(1)Ames 试验法

①Ames 试验法的原理：沙门氏菌/Ames 试验法是美国 Ames 教授等创立的

一种致突变测定法。在该测定方法的设计中，利用了组氨酸营养缺陷型鼠伤寒沙门氏菌(*Salmonella typhimurium*)可产生回复突变的特点。常用的有5个菌株，在没有受到致突变物质作用时，它们不能在无组氨酸的培养基上生长。在受到致突变物质作用后，由于细菌DNA被损伤，它们可通过基因突变而回复为野生型菌株，从而在不含组氨酸的培养基上正常生长。

②Ames试验法的优点：

准确性高。有人曾将烷化剂、亚硝酸胺类、多环芳烃、芳香胺，硝基呋喃类、黄曲霉毒素、4-氨基联苯、抗癌药物等175种已知致癌物进行Ames试验，结果发现其中157种呈阳性反应，吻合率达90%。将108种已知非致癌物进行测定，结果其中94种呈阳性反应，吻合率为87%。Bartsch等将180种物质(其中有26种是已知的致癌物质)进行Ames试验，结果测出25种为阳性反应，吻合率高达95%。

样品需要量少。能检出微克水平的污染物的致突性。

此外，Ames试验法既能检出单一物质(包括天然及人工合成物质)，还能检出多种复杂混合物(如合成原油、污水、大气烟尘、汽车废气、香烟浓缩物、染发剂、植物汁液、食品抽提液等)的致突性，较好地反映多种环境污染物的联合效应。

(2)Mutatox试验法

在研究发光细菌的过程中，人们发现并分离出发光细菌暗变种M169菌株(luminescent bacteria, strain M169)。由于某些化合物能够使暗变种M169恢复发光能力，人们可依据这一特性来检测环境样品中是否存在致突变/基因毒性物质(Mutagenicity/Genotoxicity)，或者用来检定某种物质是否具有致突变作用。试验证明，当碱基置换剂和移码剂存在时，会大大提高发光细菌暗变种的回复突变，即恢复发光的能力；DNA抑制剂及DNA插入剂也可以提高其回复突变率。该技术已被美国AZUR环保公司注册登记成商标名：Mutatox ™。

①检测原理：将发光细菌经过人工诱变等方法处理，使其发光强度大大减弱，或者完全失去发光能力，这类菌株就是发光细菌暗变种。Mutatox利用的是发光细菌暗变种M169菌株(*Vibrio fischeri* strain M169)，它的变异主要是发生在发光性能的调节系统，而非发光结构基因。当暗变种M169接触到致突变物质/基因毒素，其后代就可能出现回复突变，从而恢复一定程度或完全恢复其发光功能。这类基因毒素包括碱基置换剂、碱基移码剂、DNA合成抑制剂、DNA损伤剂以及DNA插入剂。通过光电计可以检测出这一变化，并且发光的强弱与待测物质致突变能力成相关性。

②测试方法：AZUR公司的Mutatox检测工具包括一台光电计Microtox Model 500 Analyzer、Mutatox试剂M169菌株冻干菌粉、干燥的分析用培养基(添

加或没有添加 rat-liver microsomal 酶)以及其他辅助材料。M169 冻干菌粉保存在-20℃,测定前活化。在27℃将待测样品与菌粉分别接触16、20、24 h或更长时间,同时设样品稀释组和阴性与阳性对照组,之后用光电计测定发光强度。一般情况下,在所有测试浓度,如果经待测样品处理的组其发光强度比阴性对照组小2倍,则认为该样品无致突变性;如果大于2倍,则认为反应呈阳性,但至少连续2个浓度为阳性才能确定其有致突变性。

Mutatox 可用于监测沉淀物的提取物和水样;监测有害废物或有害物泄露点的修复过程和效率;评估化学物质或新药物的基因毒性;检测饮用水中存在的消毒过程产生的副产物的基因毒性;检测污水处理厂污水入水或排水中的基因毒性化学物质。

Mutatox 和 Ames 试验两者同属活体外致突变性检测法,都是以细菌法,使用大鼠肝脏提取物 S9 作为代谢活化因子。两种方法具有各自的特点:

Mutatox 试验所使用的发光细菌暗变种冻干菌粉由 AZRU 公司提供,于-20℃保存,使用时不需要进行预试验,活化后的菌种即可使用。而 Ames 试验过程中菌种准备工作量大,冷冻保藏的菌种先要进行富集培养,之后进行菌株的生物学鉴定。如果生长情况及生物学性状不符合要求,还要进行划线分离与复壮等工作。此外还有大量的准备工作,如培养基制备与灭菌等。

Mutatox 不需要严格的无菌条件。一般情况下,Mutatox 试验过程不受环境样品中存在的非发光细菌的影响,只有当杂菌浓度过高时才需要用 0.22 μm 的滤膜除菌。Ames 试验却需要严格的无菌操作,对工作人员的实验技能以及实验室条件和设备要求更高。因为杂菌污染会严重影响实验结果的准确与真实性。

Mutatox 试验一般在 24 h 即可完成,而 Ames 试验需时 48～72 h。

目前 Mutatox 试验法已经在国际上得了一定程度的应用,在我国,无论是对它的研究还是应用还只刚刚起步。但 Mutatox 试验法是一个极具潜力的检测方法,因此在本节对其情况进行了介绍。

复习思考题

1. 水传病原微生物有哪些？它们有什么危害？
2. 什么是水体富营养化？它是如何发生的？对环境的危害有哪些？
3. 如何监测水体富营养化的程度？
4. 发生水体富营养化后应采取哪些措施？
5. 从与环境关系来讲,微生物代谢产物有哪三类？
6. 黄曲霉毒素和肉毒素的性质有何区别？如何防治？

7. 水污染指示菌的标准有哪些?

8. 大肠菌群的概念及其包括的种类?

9. 水体中细菌、大肠菌群及空气中细菌总数测定的原理、方法。

10. Ames 试验的原理、方法及应用。

11 微生物与废弃物资源化

本章提要：人类在利用资源时会产生大量废弃物，大多数废弃物经过微生物的作用可转化成为新的资源。本章主要介绍了微生物饲料，微生物能源，微生物电池和微生物冶金技术等内容。

由于人类对自然界中物质的大量消耗和利用，随之会产生出大量的各种各样的废弃物，它的处理处置已成为目前人类所面临的最重要的问题之一。废弃物包括农业固体废物、工业废物以及城市生活垃圾中的有机成分。其中农业固体废物是数量最大的一类，绝大部分为农作物秸秆。全世界年产量超过 20 亿 t，我国约为 5 亿 t。另外生活垃圾也占相当大的比例。据统计我国 2000 年城市生活垃圾产生量为 1.18 亿 t，总量达 60 亿 t。由于一些有机固体废物中还含有大量可利用的植物性营养和生物能源，因此通过生物转化的方法，使其有效地转化为可利用的营养物质和能源，实现废物的资源化，在理论和实践上都具有十分重要的意义。

11.1 微生物饲料

11.1.1 概述

蛋白质资源是人类生存和发展不可缺少的重要资源，随着世界人口的不断膨胀，食品不足，蛋白质资源短缺已成为威胁人类生存的重大问题。因此，在这种背景下，利用微生物将这些物质及其他廉价资源转化为蛋白质，就成了国际上令人瞩目的研究课题。

单细胞蛋白(singe cell protein，简写为 SCP)是通过培养单细胞生物而获得的生物体蛋白质，又称微生物蛋白。单细胞蛋白和菌体蛋白都是指大量生长的微生物菌体或其蛋白提取物。但前者多指用酵母或细菌等单细胞菌类生产的产品，后者则包括多细胞的丝状真菌类菌体产品，两者都可作为人或动物的蛋白补充剂。

单细胞蛋白与传统的动植物蛋白相比具有以下特点：

①微生物生长速度快，蛋白含量高。如细菌在 20 min 至 2 h 增殖 1 倍，酵母

在1～3 h增殖1倍;每一大型发酵容器在24 h内甚至可生产数吨蛋白质含量高达40%～80%的产品。

②原料来源丰富。如可用工农业生产的下脚料、废水、废糖蜜、粪便、秸秆类等再生资源,也可利用甲烷、石油及甲醇等制品。

③生产可因地制宜,生产过程易控制。由于是工业化生产,故不受气候、土壤和自然灾害等影响,可连续生产,成功率高。

④营养成分多。除含有蛋白质、糖等物质外,还含有丰富的维生素类成分。同豆粉比较,其可利用氮高出20%,在有蛋氨酸添加时,可利用氮高达95%以上。

⑤微生物比植物和动物更容易进行遗传操作,对它们更宜于大规模筛选高生长率的个体,更容易实施转基因技术。

我国作为世界上最大的发展中国家,工业生产和人们的生活水平都在迅速地提高,但伴随而来的是大量废水和固体垃圾的产生,造成了严重的环境污染;另一方面,我国作为一个农业大国,每年产生的农业有机固体废弃物,因得不到合理的利用而被焚烧,这不仅使生物资源被白白浪费,同时也造成了环境污染。这些物质如果被直接排入环境,就会造成环境破坏,但如果能合理利用,则是一种宝贵的资源。因此,利用这些有机废水或垃圾渗滤液生产SCP,不仅可以实现综合治理,变废为宝,有利于相关工业的持续发展,而且还可以节省大量耕地,保护环境。

11.1.2 用于生产SCP的微生物

作为生产蛋白质的微生物,其种类较多,包括细菌、放线菌中的非病原菌、酵母菌、霉菌和微型藻类等(表11-1)。

表11-1 常见的单细胞蛋白质生产菌

微生物		利用的原料(碳源和能源)
藻类	小球藻(*Chlorella pyrenoidosa*)	CO_2,日光
	小球藻(*C. regularis*)	CO_2,日光
	小球藻(*C. sorokiniana*)	CO_2,日光
	栅列藻(*Scenedesmus quadricauda*)	CO_2,日光
	短尖栅列藻(*S. acutus*)	CO_2,日光
	螺旋藻(*Spirulina platensis*)	CO_2,日光
细菌和放线菌	无色杆菌(*Achromobacter delvacuate*)	柴油
	甲烷假单胞菌(*Pseudomonas methanica*)	CH_4
	氢单胞菌(*Hydrogenomonas*)	CO_2、H_2
	不动杆菌(*Acinebacter cerifcans*)	粗柴油

续表 11-1

	微生物	利用的原料(碳源和能源)
	甲基单胞菌(*Methylomonas clara*)	甲醇
	巨大芽孢杆菌(*Bacillus megaterium*)	骨胶原、肉、罐装废物
	假单胞菌(*Pseudomonas* sp.)	燃料油、甲醇废水
	褐色高温单胞菌(*Thermononaspora fusca*)	纤维素类废物
	嗜甲基菌(*Methylophilus methylotrophus*)	甲醇
	黄纤维单胞菌(*Celllomonas flavigena*)	蔗渣、废纸
	溶纤维毛壳菌(*Chaetominum cellulolyticum*)	木质纤维素
	诺卡菌(*Nocardia* sp.)	正烷烃、废弃饲料
酵母菌	解脂假丝酵母(*Candida lipolytica*)	烷烃、粗柴油、液体石蜡
	热带假丝酵母(*C. tropicalis*)	烷烃、粗柴油
	产朊假丝酵母(*C. utilis*)	亚硫酸废液、乙醇、烷烃
	脆壁克鲁维酵母(*Kluyveromyces fragilis*)	乳清
	酿酒酵母(*Saccharomyces cerrvisae*)	糖蜜
	红酵母(*Rhodotorual glutinis*)	生活废水
霉菌和高等真菌	黑曲霉(*Aspergillus niger*)	角豆浸汁、玉米加工废物
	米曲霉(*A. oryzae*)	咖啡废水、甜菜渣
	地霉(*Geotrichum*)	玉米和豌豆的废物
	融黏帚霉(*Gliocladium deliquescens*)	玉米磨粉后的废物、大豆乳清
	拟表霉(*Paecilonyces varioti*)	亚硫酸废液
	木霉(*Trichoderma harzianum*)	咖啡废物
	绿色木霉(*T. viride*)	玉米和豌豆废物,大豆乳清
	白地霉(*Geotrichum candidum*)	酒糟
	灰黄链霉菌(*Streptomyces griseoflavus*)	纸浆废液
	蘑菇(*Agaricus blazei*)	柑橘压榨汁、橘子汁
	大秃马勃(*Calvatica gigantean*)	啤酒厂废物、酒糟压榨物
	羊肚菌(*Morchella* sp.)	葡萄糖、麦芽糖、乳糖、乳清、玉米罐头废物、亚硫酸废液(氨)

根据原料来源大致分以下几类：

(1)以糖质为原料

如利用葡萄糖、蔗糖等为碳源的酿酒酵母及利用戊糖为碳源的假丝酵母为主；利用纤维素的以真菌为主的木霉、青霉等。

(2)以石油为原料

如假丝酵母属的酵母菌。

(3)以甲烷为原料

如甲烷假单胞菌、嗜甲烷单胞菌等。

(4)利用甲醇为原料

甲醇专性营养的细菌以甲烷单胞菌属和甲基球菌属为多，甲醇兼性营养以假单胞菌为多。

此外还有利用乙醇、二氧化碳等为原料生产蛋白质的微生物方法。

选择生产菌株时，应根据微生物的生理特性确定。既可选择细菌、酵母菌等，也可选择藻类等，各有优缺点，但总体上必须符合以下条件：①能够很好地同化基质碳源和无机氮源；②繁殖速度快，菌体蛋白含量高；③无毒性和致病性；④菌种性能稳定；⑤最好能混菌培养，此时要求菌株间存在互生、偏利生或共生关系。

丝状真菌，这类菌丝有利于收获，核酸含量低，只有6%～13%，生长效率高，要求pH值低，易于控制杂菌污染，大多能分泌淀粉酶，很适于农林副产品废弃物发酵。

如可再生资源的SCP生产，多以酵母为生产菌株，也使用拟酵母菌，它们中的一些菌株除能利用已糖外还利用甲基戊糖、有机酸等。常用的有圆酵母属(*Torulopsis*)、假丝酵母属(*Candida*)，其他还有丛梗孢霉(*Monilia*)、卵孢霉(*Oidium*)的一些种。

在利用放线菌时，应注意高温菌和产生的抗生素研究。Bellamv等发现高温放线菌具有很高的分解纤维素和木质素能力，应用于禽畜粪便发酵制备蛋白饲料时获较好的效果。产抗生素放线菌的孢子吸入肺内易引起过敏。

11.1.3 能产生SCP的有机废物

自然界中能用于生产SCP的生物资源非常丰富。但能否用于SCP的生产，主要取决于以下因素：

①价廉。

②易被微生物降解。

③原料能常年可靠地供应，并能够安全、经济地贮存。

④质量稳定且可预测。

目前广泛用于生产 SCP 的有机废物有农业废物、纸浆和造纸厂废物、酿造业废物、制药厂废物、屠宰场废水、食品加工中的废物、海产品加工中的废物等，它们都可以作为生产 SCP 的原材料。但无论哪一种资源，只要具有适当化学成分的液态废物就可以作微生物发酵底物。另外，含有单糖的废水更易被各种微生物同化。

11.1.4　SCP 生产工艺

所有单细胞蛋白生产工艺一般都包含预处理、有氧发酵、细胞分离和细胞干燥等主要工序。生产单细胞蛋白的一般工艺过程如图 11-1。

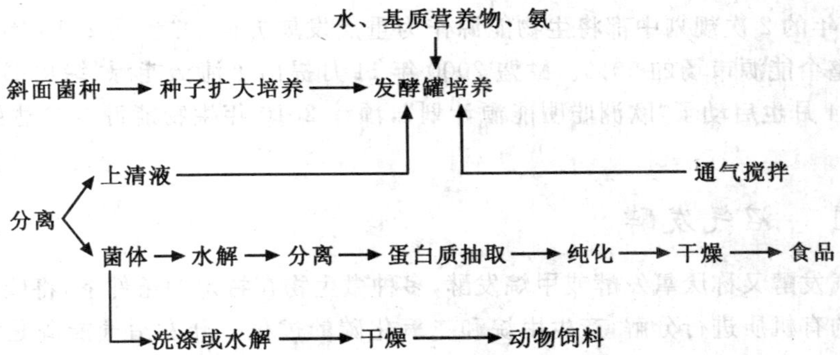

图 11-1　SCP 生产的工艺过程

采用发酵罐的形式有传统的搅拌式发酵罐、通气式发酵罐、空气提升式发酵罐等。投入发酵罐中的物料有生长良好的种子、水、基质、营养物、氨等，培养过程中控制培养液的 pH 值及维持一定温度。单细胞蛋白的生产中为使培养液中营养充分利用，可将部分营养液连续送入分离器中，上清液回入发酵罐中循环使用。

菌体分离方法的选择可根据所采用菌种的类型，比较难分离的菌体可加入絮凝剂以提高其凝聚力，便于分离。一般采用离心机分离。供人食用的 SCP，必须是干的可溶性的粉末，色泽极淡且极少气味；活细胞数低，没有病原体；营养价值高，核酸含量低，并且毒性物质含量低，作为饲料的单细胞蛋白，可收集离心后的浓缩菌体，经洗涤后进行喷雾干燥或滚筒干燥。

11.2 微生物能源

能源是指能够直接或经过转换而提供能量的自然资源。生物能源是指利用生物可再生原料及太阳能生产的能源,包括利用生物物质生产的如沼气、燃料酒精、生物柴油、生物质气化及液化燃料、氢气等。

能源安全是国家战略安全和国民经济发展的重要保障。我国能源匮乏,每年都要进口大量原油等能源物资,能源问题已成为制约我国国民经济发展的重要因素。可再生能源将成为未来可持续发展能源系统的主体。美国能源部在 1993 年和 1997 年的 2 次规划中都将生物能源作为重点发展方向,并预测 2010 年生物能源将占整个能源市场的 50%。欧盟 2000 年 11 月提出了清洁能源"绿皮书",又于 2002 年 4 月也启动了"欧洲聪明能源计划",预计 2010 年生物能源至少达到 12% 以上。

11.2.1 沼气发酵

沼气发酵又称厌氧发酵或甲烷发酵,多种微生物在特定的条件下,将废弃物中的复杂的有机质进行分解,产生甲烷和二氧化碳的过程。开发沼气能源是我国利用微生物资源进行废物资源化的重要方式。本节主要对沼气发酵副产品的利用做一简单的介绍,原理及方法等与第七章中相关内容类似,在此就不予赘述。

利用沼气发酵,可以在一定程度上减少能源的消耗,同时使生物资源得以充分合理地利用。加之沼气系统本身的功能也日益拓宽,已成为一个集能源、生态、环保和其他社会效益的多功能综合系统,经济效益日益提高。

近年来沼气各种产物已经在国民经济许多方面得到应用。①作饲料、饵料,发展畜牧和渔业生产;②可作肥料,生产无公害(无污染)的粮、菜、果和经济作物;③代替部分农药,浸种、拌种、防治病虫害;④可作培养基,生产食用菌;⑤可繁殖蚯蚓,为畜禽提供高蛋白饲料。沼气本身除直接发电或油气混烧发电,亦可用于焊接、熨烫、储粮灭虫以及保鲜等,形成种植业、养殖业、能源加工工业等多环节、多层次的综合利用良性循环和高效益的新兴产业。

11.2.2 产氢微生物与能源开发

氢气作为一种清洁、高效、可再生的一种能源正日益受到人们的重视,加之其资源丰富、便于贮存和运输等突出的优点而在能源界备受青睐。目前主要的制氢方法包括物理化学方法和生物方法。但用物理化学方法来制备氢气，需要消耗大量的非再生矿物资源，造成生产成本偏高及环境污染。而生物制氢法具有清洁、节能、不消耗矿物资源和低成本等许多突出优点，是一项符合可持续发展战略的新技术。

11.2.2.1 生物制氢方法

根据能够产生分子氢的微生物的生理代谢方式不同可以将生物制氢技术分为两类：一是光合法，利用藻类和光合细菌等光合生物制氢技术；二是发酵法，利用兼性厌氧和专性厌氧细菌发酵制氢技术。目前生物学家已发现一些细菌和藻类在生命活动中有放氢作用，并对放氢生物的种类、催化放氢的酶类和放氢的功能有了初步的认识，并开始探索其应用。

(1)产氢气的光合微生物

光合细菌中的许多红螺菌和某些绿硫菌在代谢过程中都能放氢。研究较多的是深红红螺菌，它可用有机废料做原料进行光合产氢。产氢率可达 20 mL/(h·g)(干菌体)，因此利用光合细菌产氢已受到广泛瞩目。此外，深红红螺菌的细胞含有大约 65％的蛋白质和大量的必需氨基酸和维生素，所以在光合产氢的同时还可得到 SCP，具有重要的经济价值。

早在 1942 年，Gaffron 和 Rubin 发现了藻类细胞能以水作供氢体光合产 H_2。进一步研究表明，由于同时有 O_2 产生，H_2 的产量很低，且持续时间短。1949 年 Gest 和 Kamen 首先观察到深红红螺菌以有机物为供氢体的光合产 H_2 现象。以后的研究表明，此菌经一段时间培养后可持续产 H_2，产量高达 65 mL/(h·L)(培养液)。蓝细菌 H_2产量只有 30 mL/(h· L)(培养液)。一些产氢的藻类和光合细菌的产氢能力见表 11-2。

表 11-2 一些产氢的藻类和光合细菌的产氢能力

种类	微生物种属	产氢能力/[mmolH_2/(g 干细胞·h)]
蓝细菌	*Anabaena cylindrical* B-629	0.103
	Anabaena variabilis SAI	2.1
	Nostoc flagelliforme	1.7
	Oscillatoria sp. MIAMI BG75	5
	Spirulina platensis	0.4
	Calotrix membranacea B-379	0.108
绿藻	*Chlamydomonas reinhardii* 137C	2.0
	Scenedesmus obliquus D3	0.3

续表 11-2

种类	微生物种属	产氢能力/[mmolH_2/(g 干细胞·h)]
光合细菌	*Rhodobacter sphaeroides* RV	3.3
	Rhodopseudomonas capsulate B10	2.4
	Rhodospirillum molischianum	6.2
	Rhodopseudomonas palustris	1.9
	Rhodospirillum rubrum	0.89
	Ectothiorhodospira shaposhnikovii	0.2
	Rhodobacter marinus	3.75
	Rhodobacter sphaeroides 8703	6.7

此外，沼泽红假单胞菌、胶质红假单胞菌、荚膜红假单胞菌、最细红硫菌、酒色红硫菌、桃红荚硫菌、沙氏外硫红螺菌、万尼氏红微菌和球形红假单胞菌等产 H_2 的报道也较多。另外，绿色细菌产 H_2 情况也曾有报道，但它易和其他微生物一起形成难以区分的综合体。

(2)光合微生物产氢的途径

光合细菌利用光能分解无机物或有机物，将其质子和电子还原 CO_2 来进行光合作用或其他还原反应(如固氮)。当还原反应受到限制或能量过剩时，质子和电子即以 H_2 的形式放出。具有放 H_2 能力的生物还能从细胞外吸收 H_2，这是一种可逆反应。

据目前所知，吸 H_2 和放 H_2 的代谢分别由氢酶和固氮酶所催化。从深红红螺菌分离出的氢酶是单体，相对分子质量为 66 000，含有 Fe 和 S。在具有固氮能力的放 H_2 生物中，固氮酶也兼顾氢代谢。固氮酶由钼铁蛋白组成，CO_2 可抑制其固氮作用，却不能抑制其放 H_2。不论氢酶还是固氮酶，其共同特点是遇氧失去活性。已证实 H_2 的产生由氢酶所催化，即以氧化型铁氧还蛋白为电子受体的 H_2 变为质子的氧化反应。这一反应是可逆的，也可转化为产 H_2 系统，原始底物不论是分子态氮，还是叠氮、氰、乙炔含量较高的化合物，都可将质子还原。这些还原反应均不可逆，每还原 2 个电子，需要 4 个 ATP，质子还原产物为分子态氢。

关于光合细菌光合产 H_2 的机制有两种观点：其一是光合产 H_2 是由于非周期电子传递链功能化的结果。链中有反应中心的菌绿素参与。二是具有色素系统的光合细菌，在光合作用中仅周期电子传递链起作用，伴随形成 ATP，同化 CO_2 和其他构建过程所需的还原剂(首先是辅酶Ⅱ——NADH)，在供氢体具有较 NADH 更良好的势能时，或直接在氧化起始基质时产生，或在可逆的电子传递并消耗能量时产生。

菌体内的氢转化由固氮酶催化。光合细菌将光能转变为化学能ATP，ATP驱动电子逆热力学梯度传递，分解有机物或硫化物产生H_2和CO_2。电子传递是非环式的。分子H_2的形成是机体排除还原剂（电子）过剩的方法，放H_2是一种调节机制，对维持机体在末端受氢体不足时的生命活动很重要。

(3)产氢微生物

许多微生物可以产氢。据报道，约有20个属的细菌能产生氢，其中有依靠发酵过程而生长的严格厌氧菌和一些兼性厌氧菌（表11-3）以及光合细菌等。

表11-3 产氢严格厌氧菌和一些兼性厌氧菌

专性嫌氧菌	丁基梭菌（*Clostridum butyicum*）
	巴氏梭菌（*Clostridium pasteurianum*）
	克氏梭菌（*C. kluyueri*）
	假破伤风梭菌（*C. tetanomorphum*）
	嗜甘氨酸双球（*Diplococcus glycinophilus*）
	埃尔氏消化链球（*Peptostreptococcus elsddenii*）
	解乳微球菌（*Micrococcus*）
	生气微球菌（*M. aerogenes*）
	产气韦荣氏球菌（*Veillonella gazogenes*）
	雷氏丁酸杆菌（*Butyribacterium rettgeri*）
	奥氏甲烷杆菌（*Methanobacterium ometianskii*）
	奥氏甲烷芽孢杆菌（*Methanobacillus omelianskii*）
	脱硫弧菌（*Desulforibrio desulfuricans*）

(4)产氢气的非光合细菌

产氢气的非光合细菌（表11-4）可利用葡萄糖、蔗糖、淀粉等碳水化合物和丙酮酸、蚁酸、马来酸等有机酸及各种氨基酸和蛋白质等营养物生成氢气。

表11-4 产氢非光合细菌

兼性嫌氧菌	大肠杆菌（*Escher ichia*）
	嗜水气单胞菌（*Aeromonas hydrophila*）
	软化芽孢杆菌（*Bacillus macerans*）
	多黏芽孢杆菌（*Bacillus polymyxa*）

引自施安辉，1989。

11.2.2.2 影响产氢的因素

(1)固氮酶

Miyake 等用深红红螺菌研究了光合产 H_2过程中氢酶和固氮酶活力的变化，证明光合产 H_2只由固氮酶催化，与氢酶无关。

固氮酶活力受 NH_4^+ 和 N_2抑制，但氮源不足又妨碍固氮酶的合成。固氮酶能催化电子对质子的结合，从而导致产 H_2，分子氮和乙炔可抑制光合作用产 H_2的过程。有 NH_4^+ 存在时，阻遏固氮酶的合成作用，不仅使菌丧失同化 H_2的能力，而且也丧失其产 N_2能力。

日本学者高桥甫研究表明，产 H_2与固氮酶活力成正相关；氢酶活力与产 H_2能力间无此关系。NH_4^+ 对光合作用产 H_2和固氮酶活力有抑制作用，未发现 NH_4^+ 对氢化酶活力的抑制作用。

已知固氮酶含有钼，氢酶中不含钼。在钼为限制条件下培养的细胞，固氮酶活力和产 H_2能力大大低于加钼培养的细胞。用苹果酸-谷氨酸培养基培养固氮酶活力缺失的变异株(nif)，结果亲株显出很高的产 H_2能力和固氮酶活力，变异株既无固氮酶活力，也不产 H_2。当 nif 固氮基因转移给变异株时，固氮能力和产 H_2能力都得到恢复，进一步证明了产 H_2是由固氮酶催化的结果。

(2)基质与氮源添加

在光合细菌产 H_2过程中，电子供体不是水，而是一些还原基质，如硫化氢、硫代硫酸盐、硫、分子氢或有机化合物。这些物质不仅能用作 CO_2的光合同化和还原性的其他过程，而且还用于 H_2的产生。产 H_2速率取决于菌株活性和外源电子供体的特性，目前，光合产 H_2最高速率为 100～150 μL/(h · mg)(干菌体)。因此，利用某些工农业废料产 H_2大有前途。

在缺乏氮、碳源时，非硫光合细菌可在光照下将醋酸盐、富马酸盐、苹果酸盐和琥珀酸盐完全分解成为 CO_2和 H_2。酒色红硫菌、沙氏外硫红螺菌、桃红荚硫菌和沼泽红假单胞菌等可利用硫代硫酸盐作供氢体产 H_2。产 H_2量随菌株、基质和其他环境因素的不同而异。在某些有机质(如丙酮酸)存在下，产 H_2速率达 20～45 μL/(h · μg)(蛋白)；在还原性甲基紫存在下，可高达 300 g μL/(h · μg)(蛋白)以上。

有人在含不同量的苹果酸盐溶液中作产 H_2试验，结果产 H_2速率和基质消耗率相同，证明基质浓度不是产 H_2限制因素。光合产 H_2取决于氮源。用某些氨基酸作氮源时，在光照下产 H_2，在 NH_4^+ 存在下则不产 H_2。在连续光照条件不断添加氮源可延长产 H_2的时间。

研究表明，产 H_2 速率的降低是由于培养基中氮源耗尽，菌体内源代谢缓慢，合成固氮酶所需的氨基酸不能供给，酶活力下降所致。因此，需向培养基中补加氮源才能保持产 H_2 的活性。

(3)光照、通气和温度

多数光合细菌在黑暗厌氧条件下，由于分解外源或内源有机物可放出少量 H_2。但在光照下，产 H_2 量明显增加，说明产 H_2 与光合作用关系密切。光合细菌多为严格厌氧或兼性厌氧菌。某些种不仅在光照下生长，也可在通气黑暗甚至在厌氧黑暗下生长。但只有在厌氧条件下，在适当基质中才大量产 H_2。某些菌株可在黑暗中分解葡萄糖、甘油、丙酮酸或富马酸，并同时产 H_2。在醋酸盐、苹果酸盐和其他有机物存在时，只有在光照下才产 H_2。

Gest 用深红红螺菌进行试验，发现产 H_2 速率随光照强度提高而增加。用谷氨酸盐溶液培养的光合细菌，在厌氧条件下持续 1～2 h 黑暗后立即光照，产 H_2 速率有个明显的延滞期，黑暗期越长，产 H_2 速率越低。John 等作了类似试验。结果表明，30 min 的厌氧黑暗处理不影响产 H_2，而在光照或黑暗期通气 30 min，产 H_2 则出现一个明显的延滞期。因此收集细胞并转至厌氧环境的间隔越短越好。表 11-5 是 *Rhodopseudomonas* sp. TN_3 菌株在不同光照条件下的产 H_2 能力。可见连续光照下产 H_2 率高。

表 11-5　TN_3 菌株由 DL 乳酸产 H_2 的转化率

培养条件	培养所需天数(d)	产 H_2 量(mL)	乳酸消耗率(%)	转化率(%)
连续光照-搅拌	5.8	2 100	97.0	74.5
连续光照-静止	8.0	1 850	96.0	66.0
每 12 h 光照-静止	12.0	1 600	95.6	56.8

引自刘如林，1989。

高桥曾试验了不同温度下 3 株菌的产 H_2 能力，30℃时均显出较高的产 H_2 能力，且与 Hillmer 和 Gest 所得最高值相当(130 mL/(h·mg)细胞)。40℃时，*Rp. sphaeroides* B_5 菌株活力最高，其他均明显下降。在室外，培养液温度于日出后逐渐提高，照度曲线缓缓上升，过正午，气温高达 40℃，这时产 B_5 率最高，B_5 菌株每小时产气量为 51 mL/(h·mg)细胞(含 H_2 量 90%～95%)。可见产 H_2 量似乎对温度有依赖关系。

利用光合细菌光合产 H_2，同时处理废水并生产 SCP，可谓一举三得。例如，以乳清为底物的 401 培养物中，1 m^2 表面积可产 H_2 25 L，干菌体 4.5 g。当整个过程最佳化后，产量还可提高。为了阐明光合产 H_2 的可能性和合理性，仍需进行大量的研究工作，包括选择活性菌株，研究产 H_2 机制和条件及其系统的稳定性等。现在有的国家正在研究将红螺菌放出的 H_2 作为宇宙航行的能源，这种单细胞生物繁殖快，容易培养。另一个被认为有应用前途的产 H_2 生物是蓝细菌。其异形胞约占整个藻丝数量的 1/20。它具有很厚的分为数层的胞壁，氧气不易透入，防止了酶的失活作用，在有氧条件下仍能产 H_2。此外，上述菌体还能进行综合利用。

11.2.2.3 微生物产生氢气的研究进展

目前，美、英等国在研究利用产氢微生物制取氢气方面进展较快。他们利用产气荚膜梭菌发酵葡萄糖，在 10 L 的容器中发酵 8 h，产气约 45 L，最大产氢气速度为 18～23 L/h。

由于非光合氢产生菌的氢化酶酶系不稳定，连续生产氢气有困难，他们便把氢产生菌进行固定化(用聚丙烯酰胺凝胶包埋)，从中选出了优良菌株，如丁基梭菌(1F03847，IAM19003 和 19002)和大肠杆菌(IF012173)等。把固定化的氢产生菌悬浮于 0.25 mol/dm^3 的葡萄糖溶液(pH 值 7.7)中，在 37℃和嫌气的条件下可连续生成氢气。

Weissman 和 Benemam 利用圆筒形项圈藻连续生产氢气达 18 d，而 Jeffries 等人也利用此藻研究生成氢气的时间可长达 30 d。藻类除生成氢气外，还生成氧气，因此在使用氢气前应把氧气等分出来。若利用光合细菌生产氢气(如深红螺菌)，除氢气外只有 CO_2，因此不必处理就可用作燃料。以纯乳酸盐或含乳酸的废料作为受氢体，利用深红螺菌分批地进行光合作用，连续生成氢气可长达 80 d 之久。而含乳酸的废料来源丰富，故此工艺适于工业化生产。

今后，利用微生物生产氢气的关键是选育产氢气能力高的菌种，设计出一套科学的生产装置系统，以期达到高产、稳产和低成本的目的。

11.2.3 微生物电池

所谓微生物电池是利用微生物的代谢产物做电极活性物质，从而获取电能的装置。微生物电池的种类很多，以生成物反应型微生物电池较实用(即燃料电池)，其中又以氢—氧(空气)型微生物电池最适用。美国、日本等国很早就从事微生物电池的研制，美国和日本分别从 20 世纪 50 年代和 20 世纪 60 年代开始研究，并已取得相关的成果。

11.2.3.1 氢—氧(空气)型微生物电池

由 Rohrback 等人 1962 年利用丁酸梭菌发酵葡萄糖生成氢气发明的，但当时的电流很低。随后 A11en 等在 1972 年进行了改进，采用大肠杆菌生成氢气。

此种微生物电池受微生物的生长繁殖影响较大，在对数期氢化酶活力最高，氢的生成量最多，电流值最大，以后电流值就逐渐减小。为了实用，必须使氢化酶的活力稳定，才能连续生成氢气。采用固定化氢产生菌就可弥补这个缺陷。

固定化氢产生菌电池的构造为：把含有氢产生菌菌体的丙烯酰胺溶液在铂黑电极（5 cm×10 cm）上进行聚合，作为阳极，阴极为炭极，这样就构成了微生物电池。固定化微生物电池是由阳极上的电极活性物质氢和蚁酸的氧化阴极空气中氧的还原而产生电流。据试验，此电池在 15 d 内可连续发出 1.1～1.2 mA 的电流。

利用葡萄糖为碳源生产氢，制作微生物电池是不经济的。为此，国外的科学家已研制出利用固定化菌体由废水产生氢气的电池，即生化燃料电池。处理的废水以酒精工厂废水（以废糖蜜为原料）最理想，把丁基梭菌用 2% 琼脂包埋（比聚丙烯酰胺凝胶包埋的多用 2 倍），可连续使用 20 d。

生化燃料电池的结构主要分为三部分：充满固定化氢产生菌的反应器；阳极为铂黑电极（10 cm×20 cm）；阴极为炭极（7.5 cm×8.0 cm×3.0 cm）。

目前，世界上比较理想的生化燃料电池是日本的铃木周一等人设计的装置。它既能处理废水、降低废水中的 BOD，又能产生电流、提供能源。

11.2.3.2　以甲酸为活性物质的微生物电池

美国科学家利用产气单胞菌处理 100 mol 椰子汁，使其生成甲酸。然后把甲酸作为电解液，供 3 个电池串联用，可产生 10 mA 的电流。产生的电能可使半导体收音机连续播收 50 h 以上。

11.2.3.3　以氨为活性物质的微生物电池

近几年来，美国宇宙航行局为了解决宇宙飞行器中宇航员排泄物的处理问题，做了大量的科研工作。他们用一种芽孢杆菌处理尿，使尿酸分解而生成尿素，而后者在尿素酶的作用下分解产生氨。把氨作为电极活性物质即可在铂电极上产生电极反应，生成电流。据美国宇宙航行局计算，宇航员每人每天若排尿 22 g，就可获得 47 W 的电能。

总之，利用微生物制作电池的类型是多种多样的，但比较成熟的是生化燃料电池。尽管目前微生物电池的研制尚处于萌芽状态，但随着科学技术的发展，能源微生物新菌种的开发，微生物电池一定会带动马达飞转，为人类造福。

11.2.4　酒精燃料

酒精可用来代替石油，是一种取之不尽的能源。目前，除可以淀粉质和糖蜜原料发酵生产酒精外，国外还在研究利用纤维素和半纤维素发酵生产酒精。利用微生物发酵生产的醇类中，与燃料有关的主要是乙醇和甲醇。

如今美国、巴西等国家已经推广利用酒精作为燃料，他们把 1/3 酒精加入 2/3 汽油发动机中，其功效可提高 10%～15%。例如，巴西利用盛产甘蔗、木薯的优势，用发酵法大量生产燃料酒精，同时在国内大规模地生产以酒精为动力的汽车，据统计，仅 1980—1981 年就生产了 30 万辆左右。另外波兰科技人员已成功完成用 10%甲醇加 90%的汽油代替各种机动车辆使用汽油的试验。

11.2.4.1 酒精的生产方法

(1)糖质原料生产酒精

糖质原料主要是甘蔗糖蜜和甜菜糖蜜。我国南方多用甘蔗糖蜜，而东北等地多用甜菜糖蜜。糖蜜所含糖分约为 50%，生产时需要稀释至含糖分 15%～18%。然后加适量的硫酸铵作为酵母的营养物质，用硫酸调整 pH 值为 4.0～5.0。100℃杀菌 1 h 后，冷却至 33℃，加酵母(多用台湾酵母 396)使其发酵。发酵方法多为连续发酵，发酵时间约为 26～30 h。发酵完毕，蒸馏酒精。

(2)淀粉质原料生产酒精

淀粉质原料是地瓜(红薯)、马铃薯、木薯、谷类和其他含淀粉的野生植物等。我国一般用地瓜或地瓜干。生产时马铃薯或地瓜需要先用水洗涤，然后蒸煮糖化，若是地瓜干和谷类，则应先挑选，再粉碎，经浸渍后蒸煮糖化。原料经糖化后，再接种酒精酵母进行酒精发酵，接种量为 10%。生产菌种多为南阳酵母 1300 和 1308。

(3)纤维素原料生产酒精

纤维素原料主要包括两方面：含有一定淀粉的野生植物，如金樱子、蕨根、次茯苓和橡子等；含有一定量己糖和戊糖的玉米芯、稻草、麦秆和蔗渣等。我国曾利用含一定淀粉的野生植物酿酒，为国家节约了大量粮食。对后一种原料生产酒精研究得较少，国外在这方面的研究却十分活跃。

据国外 1986 年报道，利用纤维素酸水解液为原料，由尖镰孢和酿酒酵母混合发酵生成酒精，其产率比单用酵母要高 11%，这是因为尖镰孢可将木糖生成酒精之故，大多数酵母不能分解戊糖，因为它们缺少戊糖代谢所需要的激酶和 *D*-木糖异构酶。而大多数细菌和某些真菌具有 *D*-木糖异构酶和激酶，因此在嫌气条件下可发酵木糖生成酒精。

美国和原上海科技大学的试验证明，木糖在葡萄糖异构酶存在下可被一些酵母(包括面包酵母)发酵，生成酒精。这为农副产品废料如蔗渣、玉米芯等的综合利用，为酒精生产的原料来源开辟了新的途径。

11.3　微生物冶金技术

19 世纪诞生的氰化浸金技术，具有经济效益好、工艺成熟和矿石适应性强的特点，但也存在对难处理金矿石浸出速度慢、处理效果差且氰化物有巨毒性等缺点。20 世纪 70 年代后期，微生物浸金技术开始在美国、澳大利亚等得到发展，随着科学技术的发展及选冶工业规模的不断扩大，微生物制剂直接浸金技术也取得了进展，为微生物浸金技术提供了良好的应用前景。

11.3.1　硫化矿微生物预处理技术

11.3.1.1　基本原理

硫化矿的微生物预处理是通过两个主要途径完成的：一是通过微生物体内铁氧化酶和硫化酶作用于不溶性无机物，将之氧化为可溶性无机物来完成；二是由微生物的代谢产物产生的氧化剂间接氧化金属硫化物而完成预处理。硫化矿中的硫、铁源就是氧化硫硫杆菌（*Thiobacillus thiooxidants*）为主的氧化型微生物的能量来源，这些微生物可氧化分子水平的黄铁矿颗粒。溶解在溶液中的 Fe^{2+}、H_2S 等被微生物氧化为 $Fe_2(SO_4)_3$、H_2SO_4。

其反应为：

$$FeS_2 + O_2 + H_2O \rightarrow FeSO_4 + H_2SO_4$$

$$FeSO_4 + O_2 + H_2SO_4 \rightarrow Fe_2(SO_4)_3 + H_2O$$

总反应为：

$$4FeS_2 + 15O_2 + 2H_2O \rightarrow 2Fe_2(SO_4)_3 + 2H_2SO_4$$

上述反应所释放出的化学能为硫杆菌提供了生命活动的能量，促进了其生长和繁殖，硫杆菌继续进行氧化反应，从而使上述反应能够顺利循环进行。

地矿部河南中心实验室的徐会存等对硫化矿进行微生物预氧化处理后，再进行氰化浸出，金的浸出率最高时可达 92%，比直接浸出高出 32%。他们还发现，当硫的氧化率达 30%时，就可以取得 90%以上的金浸出率。

11.3.1.2　工艺流程

对硫化矿进行微生物预氧化处理，其目的是为解离包裹硫化矿中的自然金，然后再氰化浸出，从而使金的回收率得以大幅度提高。在这里微生物预处理起到了不可或缺的辅助作用。

含砷金矿石是一种重要的矿石类型，当含砷量高时，采用常规氰化浸出，浸出率不到 3%，这是因为金是以亚显微状态赋存于毒沙和黄铁矿中，因此在常规氰化浸出之前必须进行预氧化处理。Niglesias 等人认为微生物对高砷黄铁矿的作用机理大致按如下方式进行：

$$4FeAsS+13O_2+16H_2O \rightarrow 4H_3AsO_4+4FeSO_4 \quad (1)$$

$$4FeAsS+11O_2+2H_2O \rightarrow 4H_3AsO_3+4FeSO_4 \quad (2)$$

$$H_3AsO_3+2Fe_2(SO_4)_3+H_2O \rightarrow H_3AsO_4+2FeSO_4+H_2SO_4 \quad (3)$$

其中，(1)式是按照直接接触的机理进行的；(2)(3)式是按照间接机理进行的。同时，他们也提出微生物的氧化机理可能按照下面的反应进行：

$$2FeAsS+2Fe_2(SO_4)_3+3H_2O+5/2O_2 \rightarrow 2H_3AsO_4+6FeSO_4+2S \quad (4)$$

$$2FeAsS+2Fe_2(SO_4)_3+4H_2O+6O_2 \rightarrow 2H_3AsO_4+4FeSO_4+H_2SO_4 \quad (5)$$

$$4FeSO_4+O_2+2H_2SO_4 \rightarrow 2Fe_2(SO_4)_3+2H_2O \quad (6)$$

$$2S+2H_2O+3O_2 \rightarrow 2H_2SO_4 \quad (7)$$

这一系列反应之所以能顺利进行是因为产生的亚铁离子和元素硫被微生物氧化成硫酸铁和硫酸(反应式(6)和(7))，从而继续进行(4)和(5)反应，这样上述 4 个反应就构成了一个循环反应。

中国科学院曾对含砷金矿进行微生物预氧化处理 5 d 后，脱砷率达 80%，再进行氰化浸金，其浸出率可超过 90%。东北大学和北京联合大学的杨洪英、孙铭等利用氧化亚铁硫杆菌(*Thiobacillus ferroxidants*)对含砷金精矿进行微生物预氧化处理，得出：经过微生物预氧化处理后，当脱砷率达 90%以上时，经过 7 d 氰化浸出后发现金的浸出率与常规氰化浸出相比提高了 26.76 倍。郑存江等人利用微生物预氧化方法处理 9.21 t/d 金矿中试，取得 90%～98%的浸金率。

11.3.2 微生物直接浸金技术

11.3.2.1 微生物浸金剂的发展过程及研究现状

微生物处理难浸金矿石技术已引起人们的重视，而微生物有机浸金剂则是 20 世纪 90 年代才发展起来的。20 世纪 60 年代，法国巴列斯用细菌浸出红土矿石中的金，经过 280 d 半工业实验，金的回收率达 80%；据报道，微生物的巨大芽孢杆菌等细菌及其代谢产物能有效地溶解矿石中的金；中南工大的李德良等开发出 3 种浸金剂，对沙粒土质金矿石金浸出率达 70%～80%；生物浸金剂浸金所需时间较长，一般为 15～20 d；地质矿产部矿业生物工程研究中心的熊英等对自制的 3 种浸金试剂 Sun-1、Sun-2 和 Sun-3 进行了实验，Sun-3 浸出率最高，可达 90%以上。

熊英等在使用生物浸金剂同时加入 WH2 配合剂，使生物剂的用量从单独作用的 70%降为 1%，浸出时间由 72 h 降为 18 h，大大提高了浸金的速度。

由于微生物直接浸金技术不需要进行氰化后期处理，因此其处理程序大大简化。

11.3.2.2 存在的问题及研究方向

微生物金矿处理技术既包括微生物预处理技术，又包括微生物直接浸金技术；如何改善和提高微生物金矿处理技术水平，必须首先解决如下的几个问题：

①对于含硫金矿和含砷金矿的预处理来说，均采用某种菌种为主，其他菌种为辅的细菌群，是否可以对菌种进行纯化及如何进行纯化，纯化后是否具有更高的浸金效果？

②微生物直接浸金工艺是一种很有发展前途的工艺，其开发尚待完善。

③实验在工艺参数的方面研究较多，但在机理的研究较缺乏，因此使得微生物浸金技术工业应用较为缓慢。

④微生物浸金一般是在中温条件下进行，如何在常温下加快微生物处理金矿的速度是今后研究的课题之一。

⑤在微生物金矿预处理技术中，反应时间对浸金率的影响较大，而且预处理所需时间一般较长，如何缩短预处理时间是今后应进一步研究的课题；而在微生物直接浸金技术的反应时间则比较恒定，3 d 时间浸金反应基本结束。

复习思考题

1. 什么是单细胞蛋白？其可以采用哪些原料来生产？在环境保护方面有何意义？
2. 单细胞蛋白的生产工艺？
3. 可以用于能源利用的微生物有哪几类？其效率如何？
4. 微生物可用于哪些金属的冶炼？其原理是什么？

12 微生物学新技术在环境工程中的应用

本章提要：现代科技的发展极大地促进了微生物学新技术发展，并逐步地应用于环境工程中。本章介绍了遗传工程、细胞工程、固定化技术、酶工程、PCR技术及报告基因等微生物学新技术的发展及其在环境工程中的应用情况。

现代工业的迅速发展，人类生活水平极大地改善和提高，产生了大量的工业和生活废弃物、人工合成的非天然物质——异生化合物（xenobiotic）也日益增多。20世纪60年代，人们开始研究环境异生化合物的微生物转化和降解。尽管自然界是微生物丰富的资源库和基因库，存在许多优良的微生物类群，却由于污染物的种类和数量迅速增加，许多污染物不易被现存的微生物分解，或无法被微生物快速安全地降解，造成了严重的环境污染，微生物学新技术为污染问题的解决提供了广阔的前景。微生物学新技术包括遗传诱变育种、基因工程、酶工程等。本章简要地介绍了微生物学新技术在环境保护中的应用。

12.1 遗传工程与环境保护

12.1.1 质粒育种

第四章中已介绍了质粒的种类和特性，各种类型的质粒中，降解性质粒在环境微生物的遗传工程中应用最广泛，本节主要介绍降解性质粒在环境保护中的作用。

降解性质粒存在于某些微生物中，20世纪70年代首先发现了恶臭假单胞菌R1具有降解水杨酸特性的质粒，编码降解水杨酸的酶系。随后人们逐渐发现了降解脂肪烃、芳香烃、多环芳香烃、氯代芳烃、生物碱和多氯联苯的降解性质粒，具有这些降解质粒的微生物可将其作为碳源物质加以分解。降解性质粒大多来自假单胞菌，如恶臭假单胞菌属（*P. putida*）有分解樟脑的质粒（CAM）、恶臭假单胞菌R-1有分解水杨酸（SAL）的质粒、铜绿色假单胞菌（*P. aeruginosa*）有分解萘的质粒

(NPL)等。到目前为止,人们从细菌中发现了几十种天然降解性质粒,部分降解性质粒见表12-1。

表 12-1　已发现和研究的部分降解性质粒

质粒名称	质粒大小(kb)	降解的化合物种类
pAC25	108	3,5-二氯苯甲酸酯
pAC31	102	3-氯苯甲酸酯
pCAM	225	樟脑
pJP1,2,3	87, 54, 78	2,4-D
pNAH	69	萘
pSAL	60～83	水杨酸盐
pTOL	113	二甲苯和甲苯
pXYL	15	二甲苯
pWWO	176	二甲苯和甲苯

引自杨柳燕、肖琳.环境微生物技术.科学出版社,2003。

利用质粒的特殊性状和质粒的转移特性可以培育优良菌种。质粒育种是将两种或多种微生物通过细胞结合或融合技术,使供体菌的质粒转移到受体菌内,受体菌既保留有自身功能的质粒,同时又获得供体菌的功能质粒,由此可培育出具有两种或多种功能质粒的新菌株。

12.1.2　质粒育种的应用实例

质粒育种已经应用于环境工程中,并取得了一定的成果,主要在以下几个方面。

12.1.2.1　构建多功能遗传工程菌

海上原油运输过程中,常出现原油泄漏造成海域污染。为了快速消除泄漏的原油,人们把降解芳烃、萜烃、多环芳烃的CAMOCT、NAH、TOL质粒通过接合,转移到能降解脂烃的假单胞菌体内,得到了能同时降解多种烃类的超级菌(图12-1)。该菌能在几小时内把60%的原油分解,迅速消除海上泄漏原油的污染。

用含有pAC21、pAC25和TOL质粒、能够降解4-C1PCB和4-C1BA的菌株进行质粒育种,可选育出降解2, 4, 5-T(2, 4, 5-三氯苯氧乙酸)的菌株;将嗜油假单胞菌体内有降解辛烷、乙烷、癸烷功能的OCT质粒和抗汞质粒MER同时转移到对20 mg/L汞敏感的恶臭假单胞菌体内,获得了既能高效分解辛烷,同时又能抵抗50～70 mg/L汞菌株。

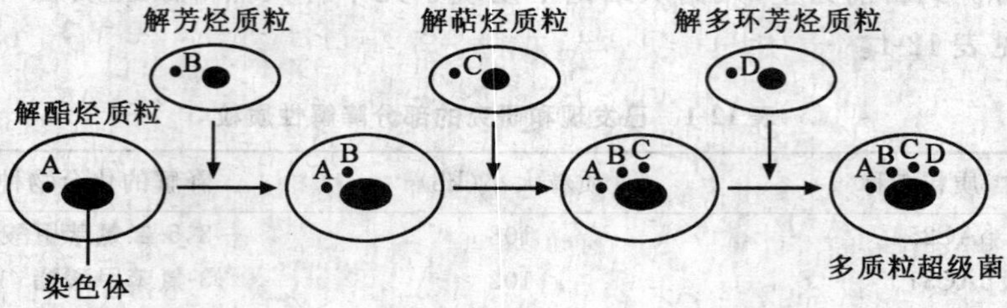

图 12-1 用遗传工程获得多质粒超级细菌

12.1.2.2 质粒分子育种

Kellogy 等人通过实践，建立了质粒分子育种方法培育新的功能菌株。该方法是在恒化器长期混合培养过程中，增加选择压力，通过各种微生物间质粒的自然传递和相互作用，实现降解性质粒的自然转移，从而大大缩短了自然进化的进程，实现了加速培育新菌株的目的。Chakrabarty 等人从堆放有毒废物垃圾的地方采集样品，分离菌种并将其接种至恒化培养器中，与带有 CAM、SAL、TOL、pAC21、pAC25 和 pAC31 等降解性质粒的一些假单胞菌混合培养，试验初期，向培养基中加入低浓度的 2，4，5-T 和较高浓度的甲基苯甲酸盐、水杨酸盐、氯代苯甲酸盐，连续培养一段时间后，逐渐增加 2，4，5-T 的浓度，降低其他物质的浓度，经过近 10 个月的培养，从中分离获得了一株以 2，4，5-T 为唯一碳源的细菌，经鉴定为洋葱假单胞菌，命名为 AC 1100。经实验证实，AC 1100 具有的降解 2，4，5-T 的功能是由质粒控制的。单独以 2，4，5-T 为唯一碳源进行长期驯化，未能获得以 2，4，5-T为唯一碳源的降解菌。

质粒育种在实际应用上仍有较大的难度。如质粒的不相容性，两种不同的质粒不能稳定地共存于同一宿主内；质粒本身容易丢失或转移，多质粒菌株所携带的质粒比单个的质粒更容易自然消失，重组质粒也面临此问题；在自然条件下，多质粒超级细菌比土著菌株的竞争力弱，难于成为优势菌株等。

此外，质粒在基因工程中常被用作基因转移的运载工具——载体，同时，质粒中编码降解特殊有毒物质酶系的基因片段可作为外源 DNA 片段应用于基因工程中。

12.2 基因工程技术与环境保护

第四章中我们已经介绍了基因工程的基本概念和操作步骤，本节着重介绍基因工程技术在环境保护中的应用，基因工程应用于环境保护，主要在以下几个方面。

12.2.1 构建基因工程菌

基因工程在环境保护中最常见的应用方式是从细菌携带的降解性质粒中克隆出目的基因，重组到质粒载体上，再将重组质粒转入受体菌，构建具有降解有毒物或难降解物特性的基因工程菌，作为生物修复的工程菌株。

除草剂 2，4-二氯苯氧乙酸为致癌物，美国已成功地用降解 2，4-二氯苯氧乙酸的基因片段组建了相关质粒，将重组质粒转移到快速生长的受体菌内，构建了高效降解除草剂的基因工程菌。该菌株能够有效降解土壤中残留的 2,4-二氯苯氧乙酸。

尼龙是极难生物降解的人工合成物质，而自然界中的黄杆菌属(*Flavobacterium*)、棒状杆菌属(*Coynebacterium*)和产碱杆菌属(*Alcaligenes*)均含有分解尼龙寡聚物 6-氨基己酸环状二聚体的 pOAD2 质粒，Negoro 等将上述 3 种菌的 pOAD2 质粒基因分别克隆后，重组到大肠杆菌的 pBR322 质粒中，再转移到大肠杆菌体内，获得了生长繁殖快、能高效降解尼龙寡聚物 6-氨基己酸环状二聚体质粒的大肠杆菌。

南京农业大学成功构建了完全矿化甲基对硫磷的基因工程菌。供体菌 M6 为邻单胞菌(*Plesiomonas* sp.)，具有很强的水解对硫磷的能力；受体菌 P3 为假单胞菌(*Pseudomonas* sp.)，能够高效降解对硝基苯。通过克隆、转移、三亲本杂交等手段，成功地将 M6 的甲基对硫磷降解基因 *mpd* 克隆至 P3 中，获得了一株能够完全矿化甲基对硫磷的菌株 PM，24 h 内对甲基对硫磷的降解率达 100%。

12.2.2 构建转基因植物

利用基因工程将抗虫或抗病基因转入相关的植物体内构建出抗病防虫的转基因植物，或构建基因工程菌用于生物防治，以减少杀虫剂、农药的使用，从而避免农药污染，为环境保护提供了新的思路和途径。苏云金芽孢杆菌体内的伴胞晶体含有杀死鳞翅目昆虫的毒素，苏云金芽孢杆菌作为棉花和蔬菜的杀虫剂具有良好的效果。人们克隆出苏云金杆菌体中编码 Bt 毒性蛋白的基因，转移到小麦、水稻、棉花植株体内，转基因小麦、水稻、棉花具有了抗虫、杀虫能力。近年来，人们开始尝试利用 RNA 干扰技术，将病毒的相关基因片段转移到植物细胞，使得植物具有了抵抗该病毒的能力。

国外一些公司把 Bt 杀虫晶体蛋白基因转入荧光假单胞菌以提高杀虫晶体蛋白在叶面和土壤中的杀虫活性，用于防治烟草天蛾和土壤中食用牧草根和叶的沼泽大蚊。中国农业科学院植物保护研究所成功地将杀虫晶体蛋白基因转入具有抗病能力的荧光假单胞菌中，构建出了双功能工程菌，该菌既保持了对小麦全蚀病的抑菌活性，又表现出对玉米螟和小菜蛾的杀虫活性。中国科学院武汉病毒研究所构建的缺失蜕皮甾体尿苷二磷酸葡萄糖基转移酶基因 *egt* 重组棉铃虫病毒，田间中比野生型病毒的半致死时间缩短 22 h，昆虫的进食量减少 52%。为了防治植物体内昆虫，美国作物遗传国际公司以能在植物微管束定植的内生菌为受体菌，将苏云金芽孢杆菌库斯塔克亚种的晶体蛋白基因 *cry*1AC 转入受体菌，基因工程菌在玉米体内定植后，产生杀虫毒素蛋白，提高了对玉米螟的防治效率，有效地减少农药的利用。

12.2.3 细胞工程与环境保护

细胞工程是将生物细胞或去壁后的原生质体在离体条件下进行培养、繁殖、融合、再生，经过人工操作，移植或改建细胞核、细胞质或染色体与细胞器，改变其某些特性，达到改良生物品种或创造新物种的目的。细胞工程包括细胞的原生质融合技术、植物细胞培养技术、动物细胞培养技术。

应用原生质体融合技术构建的多功能治理污染工程菌，能够跨越不同属种间的遗传障碍，杂种细胞内可以拥有两套，甚至两套以上亲株的遗传物质，基因重组随机性更大。细胞工程技术投资省，易操作，对亲株的遗传背景知识的要求不是很严格，能快速组建新菌株。

12.2.4 原生质体融合

原生质体融合(protoplast fusion)是指用酶解法去除两个亲株的细胞壁，在高渗条件下使其发生原生质体融合，从而获得重组融合子的过程。原生质体技术一般包括原生质体制备、培养、融合、再生，原生质体转化等过程。

12.2.4.1 原生质体制备

制备原生质体一般采用酶解法去细胞壁。酵母菌原生质体制备一般选取对数生长早期的细胞，调节菌悬液浓度为 10^7 个/mL，在高渗缓冲液中用蜗牛酶处理去壁。如 K 氏酿酒酵母原生质体制备中采用 1.0％蜗牛酶，30℃酶解 15～25 min，渗透压稳定剂为含 0.7 mol/L KCl 的 0.1 mol/L SSC(pH 4.6)。酶解处理前，可以用β-巯基乙醇预处理酵母细胞改变胞壁结构蛋白，有利于酶解作用的进行。制备细菌的原生质体，选用不同浓度的溶菌酶。真菌的细胞壁由葡萄糖-甘露糖原复合物和几丁质组成，制备原生质体时，一般用含有葡萄糖苷酶、几丁质酶、纤维毒素酶及果胶裂解酶复合物处理丝状真菌细胞，以 0.6 mol/L $MgSO_4$ 作为原生质体稳定剂。

12.2.4.2 促融剂

聚乙二醇(PEG)及 Ca^{2+} 是原生质体融合中最常用的促融剂。不同聚合程度聚乙二醇单体相对分子质量差异很大，应视细胞种类、研究的需要选用不同浓度、不同相对分子质量的 PEG。细菌一般用 30％～50％(m/V)PEG，同时加入适量 Ca^{2+} 和 DMSO 促进融合，融合时间仅需 1 min。真菌多用 25％～30％(m/V)的高相对分子质量 PEG，pH 9.0，适当添加 Ca^{2+} 可提高融合效率；如曲霉属在 20％ PEG6000、0.001 mol/L Ca^{2+} 和 0.05 mol/L 甘氨酸(pH 7.5)的体系中处理10～30 min，融合频率可达 0.1％。

原生质体融合也可采用电激法，该方法利用直流或交变电场作用力使两亲本细胞原生质体融合，具有融合频率高，融合过程具有空间定向、时间同步的可调控特点，便于在显微镜下观察记录、挑选融合子。

12.2.4.3 融合子的筛选

筛选融合子的方法主要有：①利用营养缺陷型作为遗传标记，即融合双亲为不同的营养缺陷型，融合子中只有遗传互补恢复为野生型的菌株能够生长，亲本则无法生长，该方法直接而有效，但需要先培育不同特性的营养缺陷型亲本。②利用抗药性选择，不同微生物的抗药性有差异，利用这种差异及其他特性即可对融合子进行选择。③利用目的融合子的优良性状筛选

12.2.4.4 细胞融合在环境保护中的应用

自 20 世纪 80 年代起，人们开始研究废水处理工程菌细胞融合技术的应用。在生物降解反应中，普遍存在微生物共生或互生的现象。因此，可以利用原生质体融合技术，将多个细胞的优点集中于一个细胞内。

将利用纤维二糖能力强的假丝酵母(*Candida* sp.)和产乙醇率高的发酵接合

糖酵母(*Zygosaccharomyces ermentati*)进行原生质体融合,筛选出的融合子不但能以纤维二糖为唯一碳源生长,而且产乙醇能力高于双亲。

原生质体融合可以集中双亲的优良性状,并可产生新的性能,这一现象有着极为重要的应用价值。产碱假单胞菌(*Pseudomonas alcaligenes*)CO 可降解苯甲酸酯和 3-氯苯甲酸酯,但不能利用甲苯,恶臭假单胞菌(*Pseudomonas putida*)R5-3 可以降解苯甲酸酯和甲苯,但不能利用 3-氯苯甲酸酯,两菌株均不能利用 1,4-二氯苯甲酸酯,融合后得到可以同时降解上述 4 种化学污染物的融合子 CBI-9。

光合细菌和酵母是处理高浓度有机废水,生产单细胞蛋白(SCP)的常用微生物。光合细菌絮凝性能差,而酵母菌絮凝性高。程树培等以真核微生物酿酒酵母 Y9407 与原核微生物光合细菌球形红假单胞菌 P9479 的原生质体为亲本,构建了稳定的跨界融合细胞 Foa 和 Fzl。融合子 Foa 和 Fzl 的耐酸性与酿酒酵母相近,耐热性则分别与酿酒酵母和球形红假单胞菌相近。在连续发酵系统中,融合子 Fzl 的生物去除负荷和菌体比降解率高于酿酒酵母,絮凝性优于亲株。融合子表现出了耐酸耐热、絮凝性、降解效率、菌体得率等方面均优于双亲,可望较好地应用于高浓度污水生物处理。

Fhhh 是由三亲株跨界融合得到的融合子,其亲本分别为黄孢原毛平革菌 PC、细菌 YZ1 和酿酒酵母 SC,该菌株具有高降解性、高繁殖性和高凝聚性等优点,已用于食品废水、汽车涂装废水、石化废水和酒精生产废水的生物处理。

原生质体融合技术在污染治理领域内,已构建出降解纤维素、芳烃化合物、石油烃类化合物等有机污染物的高效菌株。

12.3 固定化微生物

固定化技术(immobilized technology)是采用化学或物理的方法将细胞或酶固定到一定的区域空间内或某种载体上,使其保持活性并可反复利用的一种技术。于 20 世纪 60 年代以后迅速发展起来。

固定化微生物(immobilized microbe)是指用一定的方法将微生物细胞固定,作为固体催化剂利用。自 20 世纪 70 年代后期起,人们开始尝试应用固定化技术处理工业废水。

固定化微生物处理化学工业废水具有许多优点:微生物密度增加;可有效减少活性污泥数量;微生物耐环境冲击能力强;提高了微生物对有毒物的承受能力和降解能力;可根据需要选择有效微生物;固液分离迅速;减少了二次污染,高效低耗、便于运转管理等。

12.3.1 固定化技术

常用的固定化技术有吸附法、共价结合法、交联法和包埋法等。

12.3.1.1 吸附法(absorption method)

分为物理吸附法和离子吸附法两种。物理吸附法已具有高度吸附能力的硅胶、活性炭、氧化铝、高岭土、多孔陶瓷、多孔玻璃、石英砂和纤维素等吸附剂为材料,将细胞吸附到表面上使之固定化。这种方法操作简单,反应条件温和,载体可以反复利用,但结合不牢固,细胞易脱落,使用受限等。离子吸附法则是利用细胞与带有相反电荷的离子交换剂之间的静电引力(即离子键合作用),将细胞固定,常见材料有 DEAE-纤维素、DEAE-sephadex、CM-纤维素等。

12.3.1.2 共价结合法(covalence method)

细胞表面上功能团如 α-氨基、ε-氨基、α-羧基、β-羧基或 γ-羧基等能够与某些载体形成化学共价键连接而固定细胞。常用的载体为纤维素、琼脂糖、葡聚糖凝胶、聚苯乙烯、甲基烯酸共聚物等。共价结合法稳定性好,不易脱落,但固定化操作复杂,控制条件苛刻。

12.3.1.3 交联法(crosslinking method)

借助于双官能团试剂使细胞间交联而成网状的固定化细胞。常用的双官能团试剂有戊二醛、已二醛、双偶氮苯等。与共价结合法相似,交联法也是依靠化学结合使细胞固定化,但反应条件比较激烈,对细胞活性影响大。

12.3.1.4 包埋法(embedding method)

是指将细胞、酶包在各种多孔材料中的一种固定方法,是最常用的固定化方法。分为凝胶包埋法、纤维包埋法和微胶囊法。该方法操作简单,对细胞活性影响较小,制作的固定化细胞球的强度较高,已广泛用于废水处理。包埋法的载体有聚丙烯酰胺凝胶(ACAM)、海藻酸钙、卡拉胶、琼脂糖凝胶、聚乙烯醇(PVA)等。

理想的固定化细胞载体应具有下列特性:对细胞无毒性;传质性能好;性质稳定,不易被生物分解;强度高;寿命长;价格低廉等。

12.3.2 固定化微生物在环境治理中的应用

12.3.2.1 固定化细胞对农药的降解

假单胞菌 B82(*Pseudomonas* sp.)能将甲胺磷高效降解为对人、畜无毒的无机磷。采用聚乙烯醇同时添加少量海藻酸钙和活性炭对其包埋,固定化 B82 菌株对甲胺磷降解的速度明显加快。降解作用酸碱度范围为 pH 6~11,其最适作用温度为 35℃。

在农药、杀虫剂废水处理方面,利用固定化细胞技术也取得了进展。经固定的微生物对温度、pH 值和水样中氨基对硫磷浓度的适应范围扩大,在 3 个月连续试验中,若水样初始 CODcr 浓度为 1 300~2 500 mg/L,停留时间为 24 h,在恒温摇床(30℃,50 r/min)内降解,其降解率为 55%~70%。

12.3.2.2 酚类化合物的降解

将从活性污泥中分离得到能降解酚的热带假丝酵母(*Candida tropicalis*)经海藻酸钙凝胶包埋固定后,在三相流化床反应器内进行含酚废水的连续处理。进水酚浓度为 300 mg/L,出水酚浓度小于 0.5 mg/L,与悬浮生物法相比,酚的容积负荷可提高 1 倍以上,污泥发生量减少 90%。

在固定化微生物降解苯酚的试验中,采用颗粒活性炭吸附和海藻酸钙凝胶包埋法固定微生物。固定化细胞组成为颗粒活性炭 1%,海藻酸钙 4%,湿菌体 1%。在聚乙烯亚胺溶液中浸泡该颗粒可以提高固定化颗粒的机械强度。实验结果表明,海藻酸钙颗粒比颗粒活性炭具有更高的苯酚去除速率。国内外环保工作者在固定化细胞降解酚类化合物方面开展了大量的研究(表 12-2)。

表 12-2 固定化细胞处理含苯酚等芳香族有机废水实例

污染物	固定化载体	固定化微生物	处理结果
酚	海藻酸钙	热带假丝酵母	酚浓度从 300 mg/L 降至 0.5 mg/L
苯酚	卡拉胶	热带假丝酵母	容积负荷比传统活性污泥曝气池提高 3.5 倍
	琼脂	热带假丝酵母	处理 150 mg/L 苯酚废水
	琼脂	酚降解菌	处理 2 000 mg/L 酚废水效果优于游离细胞
	活性炭,ACAM	酚降解菌	处理含苯酚及其衍生物废水
PCP	聚氨酯	黄色杆菌	酚浓度 300 mg/L,降解速率 3.5~4.0 mg/(g·d)
	聚氨酯	黄色杆菌	连续处理最大浓度为 300 mg/L 的 PCP 废水
	碳,海藻酸钙	真菌及酶	与非固定时比较处理 PCP 废水

续表 12-2

污染物	固定化载体	固定化微生物	处理结果
氯苯胺	海藻酸钙	假单胞菌	处理含 3-氯苯胺废水 多步反应同时处理苯酚类物质和 4-氯苯胺

引自杨柳燕. 环境微生物技术. 科学出版社，2003。

12.3.2.3 印染废水处理

固定化细胞技术应用于印染废水处理，取得了良好的效果。以凹凸棒黏土颗粒为载体，混合固定化 7 株高效脱色菌，形成的固定化复合微生物反应柱对多种染料废水有良好的脱色作用。对 60 mg/L 的混合染料，该生物柱 6 h 的脱色率可达 91%；对于用染槽废液与食堂废水配制的废水，在 72 h 的连续流动状态下，仍达到 80%以上的脱色率。

12.3.2.4 其他废水处理

利用固定化细胞技术可以除去废水中可溶性有机物，如合成洗涤剂工业废水中的直链烷基苯磺酸钠(LAS)。用聚乙烯醇凝胶固定化细胞处理洗衣粉废水，废水中的 LAS 浓度为 40 mg/L 时，3 h 内 LAS 可降解 90%以上。用硼酸化法 PVA 包埋的固定化细胞，用于 1 L 反应器中处理洗衣粉废水，在适宜的条件下，LAS 降解率可达 90%以上。利用 ACAM 包埋假单胞菌处理洗衣粉废水，LAS 去除率达 62.8%。

制约固定化微生物技术应用于废水处理主要因素是固定化方法和固定化载体。目前常用的微生物载体如硅胶、活性炭、陶瓷等无机材料，以及有机合成高分子聚合物等材料均还存在不足之处，还需要进一步开发新型、对微生物无毒并可以提高微生物活性的固定化载体。

固定化技术能充分发挥高效菌种或遗传工程菌对难降解有机物的降解潜力，随着固定化技术的不断成熟和发展，固定化细胞在水污染控制中将发挥巨大的作用。以有效地防止难降解污染物进入环境，造成严重的生态问题。

12.4 酶工程与环境保护

酶工程是研究酶的生产和应用的一门技术性学科，是现代生物技术的主要组成部分。包括酶的研制与生产、酶和细胞或细胞器的固定化技术、酶分子的修饰改造及生物传感器等。由于各种生物酶具有特有的生物催化特性，以及高效率、低耗能、反应条件温和等优点，在工业、农业、能源开发、临床医学、物化分析方面已得到了成功应用，在污、废水生物处理、废气生物净化等环境工程技术方面的应用也将越来越广泛。

12.4.1 概述

酶工程是将酶学理论与生产应用相结合的新技术，传统的酶工程包括：酶的生产与制备、酶分子的修饰、酶的固定化、酶反应器等。随着现代生物技术的发展，基因工程技术、蛋白质工程技术逐步渗透到传统的酶工程中，酶工程涉及的内容已越来越广泛。现代酶工程主要包括以下几方面：

酶制剂的开发生产：包括酶的分离、纯化、大批量生产，新型酶制剂的研制；

固定化酶：酶的固定化技术、利用固定化酶进行生产、催化反应的应用技术的研究；

新型酶分子的研究：酶分子的修饰，酶分子的人工设计、合成工艺，基因工程技术应用于酶工程。

12.4.2 酶制剂

酶制剂是将微生物产生的酶提取出来，制成不同的剂型，应用到生产实际中。常见的酶制剂类型有：干燥粗酶制剂、稀液体酶制剂、浓液体酶制剂、干燥粉状酶制剂、结晶酶和固定化酶几种类型。酶制剂的制备步骤包括酶的提取和纯化。

12.4.2.1 酶的提取

提取酶之前要作预处理，预处理后即可得到初酶液。

不同的酶有不同的预处理方法，破碎细胞的方法有：干燥法、机械法、超声波破碎、反复冷冻法等。提取粗酶前，需要了解目的酶的等电点、pH 值和温度稳定性、氧化还原剂对酶的影响等。

酶的提取方法有：①水溶液提取：用稀的盐溶液、缓冲液或水提取；②表面活性剂提取法：表面活性剂包括天然的胆酸盐、磷脂，合成的则有十二烷基硫（磺）酸钠（SDS、阴离子型）、二乙氨基十六烷基溴（阳离子型）、非离子型的有吐温（Tween）及曲拉通-X（triton-X）。

12.4.2.2　酶的纯化

通过浓缩、去杂质、纯化和结晶等步骤后，即可获得纯度较高的晶体酶产品。

12.4.3　酶分子修饰技术

酶分子修饰是指采用一定的方法使酶分子结构发生某些变化，从而改变酶的某些特性和功能的过程。酶分子修饰可以提高酶的使用范围和应用价值，如酶活力提高、稳定性增强、能消除或降低酶的抗原性。酶分子修饰包括金属离子置换修饰、大分子修饰、肽链的有限水解修饰、酶蛋白侧链基团修饰和氨基酸置换修饰等。

12.4.4　固定化酶

从优良菌种发酵液中提取出活性酶，再用适当的方法（如包埋法、交联法）等方法将酶固定在一定的载体上，制成不溶于水的固态酶的过程，称为固定化酶技术。固定化酶具有性能好、稳定、降解有机物性能力强、耐毒、抗杂菌，耐冲击负荷等优点。以酶布和酶柱形式制成的固定化酶可用于连续流运行，酶不会流失。但至目前为止，固定化酶多限于简单的胞外酶-水解酶类，仅少数为胞内酶。

与微生物细胞的固定化相似，酶的固定化方法有载体结合法、交联法、包埋法和逆胶束酶反应系统等（图 12-2）。四种固定化方法可单独应用，亦可两两结合，以提高固定化酶的稳定性，防止酶的流失。

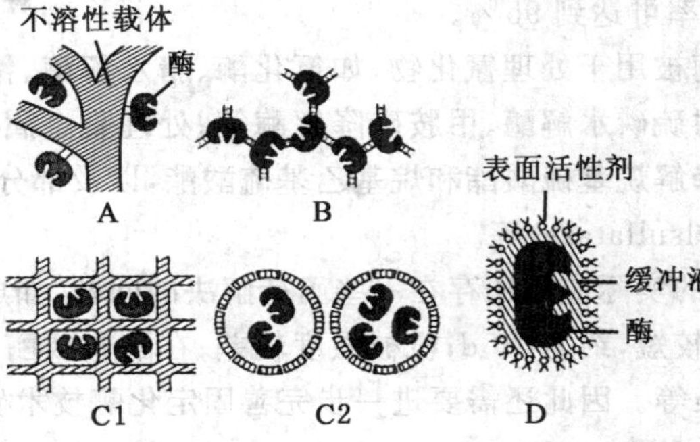

图 12-2　酶固定化的模式图

A. 载体结合法；B. 交联法；C1. 包埋法（格子型）

C2. 包埋法（微胶囊型）；D. 逆胶束酶反应系统

（引自周群英、高延耀．环境工程微生物学．高等教育出版社，2000）

12.4.5 固定化酶在环境工程中的应用

12.4.5.1 食品工业废水处理

固定化酶处理废水主要包括处理食品工业废水，常用淀粉酶、糖化酶、蛋白酶、脂肪酶、乳糖酶、果胶酶、几丁质酶等；日本曾用固定化 α-淀粉酶处理淀粉废水和造纸白水，取得了较好的效果。

12.4.5.2 工业废水处理

华南师范大学曾进行过固定化尿素酶的研究和生产试验，酶与载体复合物在反应器中间歇上下移动，使酶与废水接触反应，出水尿素降至 10 mg/L 以下。Bollag 等用固定化漆酶处理造纸厂废水，有效地去除了废水中的甲基酚。Savolainen 等用漆酶厌氧处理装卸废水中的木质素衍生物、单宁、酚醛化合物等有毒物，效果良好。

12.4.5.3 芳香族化合物废水处理

各种过氧化物酶、酪氨酸酶、萘双氧酶(naphthalene dioxygenase)、漆酶等对芳香族化合物具有较强的分解能力。Chao 等从腐烂木材中分离获得一株真菌 SM77，用海藻酸钠固定化其酶系分解偶氮染料，16 h 内脱色率达 96%。上海工业大学研究了辣根过氧化物酶(HRP)处理氧化含酚废水的情况，pH 值中性条件下，1～2 h 内酚的去除率可达到 95%。

此外，固定化酶被用于处理氰化物，如氰化酶、腈水解酶、氰化物水合酶等；处理有机磷农药，如对硫磷水解酶、甲胺磷降解酶等；处理重金属，如汞还原酶、磷酸酶等；以及其他如降解烷基硫酸酯和烷基乙基硫酸酯，以及部分降解芳基磺酸酯的烷基硫酸酯酶(alkylsulfatase)等。

固定化酶技术的实际应用还存在一些亟待解决的问题，如成本较高；有的固定化酶的活性半衰期较短，约为 20 d；机械强度较差；在酶布或酶柱上的固定化酶常滋生杂菌，容易污染等。因此还需要进一步完善固定化酶技术研究，以扩大固定化酶在环境工程中的应用。

12.5 PCR 技术在环境保护中的应用

PCR(polymerase chain Reaction)称 DNA 多聚酶链式反应，经过近 20 年的发展，PCR 技术相当标准和成熟，已经成为分子生物学技术中最基础、常见而重要的分析手段之一。成为了医学、卫生检疫、环境检测等领域不可或缺的分析测试技术。

12.5.1 PCR 原理及操作

12.5.1.1 PCR 技术原理

PCR 技术利用从耐热菌中分离的 DNA 聚合酶，加入适量寡聚核苷酸引物，以 4 种脱氧核苷酸材料，模拟天然 DNA 复制过程，在实验室条件下特异性扩增 DNA(或 RNA)片段的一种新技术。PCR 的基本要素包括：

(1)模板 DNA

从生物体提取出的 DNA 片段或从 RNA 反转录的 cDNA 片段。

(2)引物

通常为 10～30 bp 长度的寡聚核苷酸片段，可以是 DNA 序列中一段高度保守特异性的片段，也可以是随机合成的一段寡聚核苷酸片段。

(3)脱氧核苷酸

合成 DNA 的原料，包括 dATP、dTTP、dCTP 和 dGTP，混合配制成一定的浓度(dNTPs)。

(4)DNA 聚合酶

包括各种聚合特性的 Taq DNA 聚合酶(如 Taq DNA 聚合酶，Taq plus DNA 聚合酶等)，可根据实验需要选择不同的聚合酶。

此外，PCR 反应还需要适宜的缓冲条件，如一定的缓冲液体系、Mg^{2+} 浓度等。

12.5.1.2 PCR 反应操作

PCR 的操作步骤包括变性、退火、复性延伸等，PCR 循环次数依扩增片段大小而异。

(1)变性

将待扩增的 DNA 于 94～95℃变性，预变性时间为 5 min，以后每个循环变性

1～2 min，以使双链 DNA 解链为单链 DNA，两条单链 DNA 作为扩增的模板。

(2)退火

将反应体系的温度下降至一定温度，持续时间 1～2 min，该过程中引物 DNA 与模板 DNA 一定区域互补配对，这一过程称为退火（annealing），一般退火温度介于 40～60℃之间，与引物 GC 含量及扩增片段大小有关。

(3)延伸

当温度从退火温度（40～60℃）升至延伸温度的 72℃时，在 Taq DNA 聚合酶的作用下，寡核苷酸引物和模板 DNA 结合延伸成双链 DNA，即为延伸过程。每个新合成的 DNA 片段都含有同样的引物结合位点，可用于进一步的扩增循环。

每完成一次"变性—退火—延伸"的过程为一个 PCR 循环，经过 30～35 次循环，即可从微量的模板 DNA 获得足量的扩增片段。实验过程中，模板 DNA 浓度、引物浓度、离子浓度、缓冲体系和酶的活性常常会影响 PCR 结果。

12.5.2 PCR 技术的应用

环境中存在着各种微生物，采用适当的方法，可以从环境中提取微生物的 DNA，选用合适的引物，利用 PCR 技术就可扩增出相应的 DNA 片段，由此检测、鉴定和监测土壤和水体等环境中的微生物类群。分子生物技术的应用克服了传统方法的限制，使得微生物学者可以从基因水平上估计种的丰度、均度，查明种的变异情况等，从而更客观地认识环境中微生物的生态状况。

12.5.2.1 环境中病原微生物的检测

PCR 技术具有快速、简便、灵敏及特异性强的特点，已广泛应用于环境微生物的分析领域。当病原微生物在环境中的含量很低、无法用特异性探针杂交检测时，常采用特异性引物进行 PCR 扩增后检测。目前应用的领域有：

(1)细菌的检测

环境中的病原细菌如脑膜炎奈瑟菌、结核杆菌、流感嗜血杆菌、军团菌、绿脓杆菌等。

(2)病毒检测

如乙型肝炎病毒、丙型肝炎病毒、轮状病毒、人类免疫缺陷病毒、SARS 病毒等。

(3)其他微生物检测

如螺旋体、立克次体、衣原体、支原体、弓形虫等。

12.5.2.2　核酸探针分子杂交

探针(probe)是指能与DNA中的某些核苷酸序列互补、并经过标记的特定DNA片段,根据杂交结果可以检测样品中是否存在某种特定的微生物类群。探针可以是人工合成的;也可以是从某些质粒中提取的特异性DNA片段;还可以是通过PCR扩增出的特异性DNA片段。探针的标记常用放射性同位素,但非放射性的生物素、地高辛标记也已广泛应用。如FISH(fluorescence in situ hybridization)就是生物素、地高辛标记结合荧光染料发展而成的新型的DNA原位杂交技术,检测灵敏度高、结果直观。

12.5.2.3　核酸多态性检测

随着PCR及电泳技术成熟和发展,PCR成为有效检测环境微生物的分子手段。从分子水平检测不同环境中的微生物群落、微生物多样性特征。常见的技术有:

(1)变性梯度凝胶电泳(denaturing-gradient gel electrophoresis, DGGE)

双链DNA分子中A、T碱基之间有2个氢键,而G、C碱基之间有3个氢键连接,因此A、T碱基对对变性剂的耐受性要低于G、C碱基对。四种碱基组成和排列的差异,使相同片段大小、不同序列的双链DNA分子具有不同的解链温度。

DGGE根据DNA序列组成的不同,将片段大小相同的DNA序列分开。用特异性引物扩增自然环境中微生物类群的基因,得到长度相同但序列有异的特殊基因片段(如16S rDNA)的混合物,用DGGE分离混合物即可检测出不同的微生物类群。当双链DNA分子在含梯度变性剂(尿素、甲酰胺)的聚丙烯酰胺凝胶中进行电泳时,因其解链的速度和程度与其序列密切相关。当某一双链DNA序列迁移到变性凝胶的一定位置,并达到其解链温度时,即开始部分解链,部分解链的DNA分子的迁移速度随解链程度增大而减小,从而使具有不同序列的DNA片段滞留于凝胶的不同位置,电泳结束时,形成相互分开的带谱。在引物的3′端人为掺入一段40 bp的GC序列,可以调节目的序列的解链行为,提高DGGE的分辨效率,可将一个碱基差异的DNA片段分开。

DGGE与PCR技术结合已成为研究微生物分子生态学的重要而有效的手段,具有可重复和容易操作等特点,适合于调查种群的时空变化,分离的带谱可以进行序列分析或与特异性探针杂交鉴定群落微生物组成。

(2)随机扩增DNA多态性分析(randomly amplified polymorphic DNA, RAPD)

利用随机排列碱基顺序的寡核苷酸单链(通常为10个碱基)为引物,对所研究环境的微生物基因组 DNA 进行扩增，扩增产物经电泳分离和染色后，检测 DNA 片段的多态性。

核酸多态性分析已广泛应用于环境微生物类群分析中。Duarte 等用 DGGE 研究了土壤中含硫烃对细菌群落结构变化的选择性效果。用 PCR-DGGE 研究含硫油浓度梯度污染的土壤和用含二苯噻吩（DBT）石油处理的土壤时，土壤中油含量增加，PCR-DGGE 所检测带的数目减少，表明微生物数量降低，用含 DBT 石油处理后的土壤，其分子群落随时间逐渐变化，而未处理土壤的分子群落保持稳定。

李亮等以处理焦化工业废水的悬浮污泥和生物膜的微生物群落作为研究对象，用 ERIC-PCR 和 LP-RAPD 指纹图谱技术，结合群落探针杂交技术，研究了焦化废水接触氧化池中悬浮污泥和生物膜的微生物群落组成的差异，结果表明，指纹图谱分析技术可以更准确地了解氧化池中微生物的群落组成情况。

12.6 报告基因与环境保护

为了实时、动态监测各种基因工程菌的时空分布、迁移及数量变化，人们在微生物中引入了报告基因（reporter gene）。

12.6.1 报告基因种类

应用较多的报告基因主要有 *cel*B（β-葡萄糖苷酶），*gus*A（β-葡萄糖醛酸酶），*lac*Z（β-半乳糖苷酶），*pho*A（碱性磷酸酶），*xyl*E（邻苯二酚 2，3-双加氧酶），*Luc*/*lux*AB（发光酶），*gfp*（绿色荧光蛋白基因）等。本节简要介绍 *lux*AB（发光酶基因）和 *gfp*（绿色荧光蛋白基因）的应用。

12.6.1.1 *lux*AB 基因

荧光素酶（luciferase）分为萤火虫荧光素酶和细菌荧光素酶两大类。萤火虫荧光素酶是相对分子质量为 60 000～64 000 的多肽链，在 Mg^{2+}、ATP、O_2存在时，催化 D 荧光素（dluciferin）氧化脱羧，发出光（$\lambda=550\sim580$ nm）。细菌荧光素酶是加单氧酶，含 α 和 β 两个多肽亚基，能催化长链脂肪醛、$FMNH_2$、O_2的氧化反应，发出绿蓝光（$\lambda=490$ nm）。

细菌荧光素酶的发光机制：$FMNH_2 + RCHO + O_2 \longrightarrow FMN + H_2O +$ RCOOH ＋光。

荧光素酶催化的发光反应能用生物发光检测仪进行灵敏、快速检测。具有检测的灵敏度高、没有背景等优点。

12.6.1.2 *gfp* 基因

1962 年 Shimomura 和 Johnson 首先从水螅水母(*Aequorea victoria*)中分离纯化出了一种蛋白荧光物质,称为绿色荧光蛋白(green fluorescent protein, GFP),发射光谱 $\lambda_{max}=508\sim509$ nm。20 世纪 90 年代,人们从水螅水母基因文库中获得了 gfpl cDNA 的克隆。转基因原核和真核细胞中,表达的 GFP 在蓝光($\lambda=395$ nm)激发时产生强烈的绿色荧光($\lambda=509$ nm),生色团的产生没有种类的特异性,不干扰细胞的正常生长和发育。GFP 作为标记蛋白具有荧光稳定、检测方便、无细胞毒性、无种属特异性、无需反应底物和辅助因子等优点,直观性好。但一些生物体自身发射的荧光会干扰 GFP 的检测效果。经过定点突变改造后的 GFP 比野生型优越而得到广泛的应用。

12.6.2 报告基因的应用

12.6.2.1 监测微生物对污染物的降解

Burlage 等将恶臭假单胞菌萘降解质粒 NAH7 与 *lux*CDABE 融合,用于微生物降解萘的原位监测。环境中的萘进入细胞后通过启动子诱导 nah 操纵子和 *lux* 基因的表达,在萘的矿化过程中即伴随着生物发光现象(图 12-3),10 min 后细胞发光达到高峰并可持续 24 h 以上。

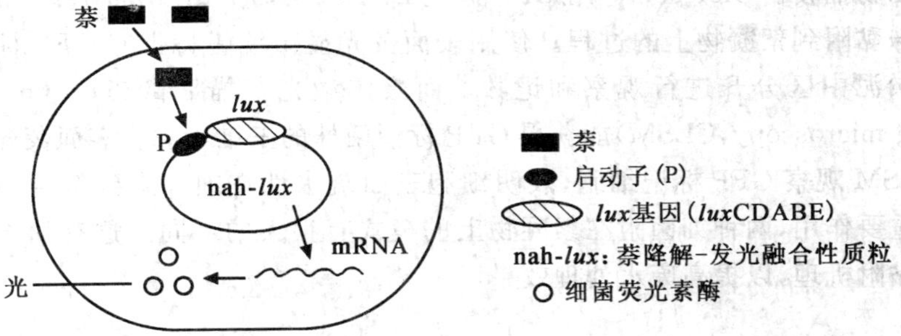

图 12-3 含 nah-*lux* 融合性质粒的恶臭假单胞菌监测萘降解的原理

(引自王家玲.环境微生物学.高等教育出版社,2004)

人们已将 *lux* 基因与 *mer*R(汞抑制基因)、*ars*R(砷调控基因)、TOL(苯降解质粒)融合,构建了检测 Hg^{2+}、AsO_2^-、苯及其衍生物的重组微生物菌株。张志仁等将萤火虫荧光素酶报告基因用于二噁英类化学物质的检测,成功构建了在二噁英反应元件调控下的荧光素酶报告质粒,该质粒用于二噁英类物质的检测,较传统方法具有灵敏度高、检测时间短、外源性基因不受转录后调控影响等优点。

Bastos 等用 GFP 基因标记苯酚降解菌(*Alcaligenes faecalis*),将带有 GFP 分子标记的细胞接种到土壤中,通过荧光显微镜可以方便地监测 GFP 标记细胞在苯酚污染的土壤微生态系统中的存活情况。Jaka Widad 等通过 Tn-5 转座子对咔唑和二氧芑的降解细菌 *Pseudomonas resinovorans* 菌株 CA10 进行染色体的 GFP 基因标记后,用荧光显微镜实时监测 CA10 在土壤微生态系统中的存活情况,揭示了 CA10 在土壤中的存活状况与土壤 pH 值和有机物质含量的关系。

12.6.2.2 监测生物膜和活性淤泥菌群

Skillman 等用 GFP 标记 *Enterobacter agglomerans* 菌株和没有标记的肺炎克氏杆菌(*Kiebsiebla pneumoniae*)菌株混合培养 16 h 驯养生物膜,然后使用碘化丙锭(Propidium iodide,PI)染色(不掩盖 GFP 发出的荧光),以便观察带有 GFP 分子标记细菌的空间分布。结果表明,该技术可以用于研究生物膜的生长特性及菌群的空间分布。

Eberl 等用 GFP 标记恶臭假单胞菌(*Pseudomonas putida*)研究在活性淤泥中细菌存活情况。当 *P. putida* 被转到活性淤泥 2 min 之后,可观察到细胞自由游动在淤泥絮凝物之间,培养 3 d 之后,大部分荧光细胞进入淤泥絮凝物中,以防止被原生动物捕食。Olofsson 等用 GFP 标记 *E. coli* 和 *Serratia marcescerns* 菌株,考察菌株黏附到絮凝物上的过程。使用表面荧光显微镜能将带有 GFP 标记细胞从活性淤泥中区分开进行观察和记数。而聚焦激光扫描显微镜(confocal laser scanning microscopy,CLSM)能获得 GFP 标记菌株的三维轮廓。表面荧光显微镜结合 CLSM 观察 GFP 标记细胞,表明细胞表面疏水性在细菌附到絮凝物的过程中起了重要作用,两种细菌附在絮凝物上的模式有很大的不同。这有助于深入研究细菌黏附机理,以提高废水处理效果。

复习思考题

1. 质粒在遗传工程中有什么作用?
2. 何谓细胞工程? 细胞工程在环境工程中的应用如何?
3. 何谓酶工程? 酶工程在环境保护中的应用如何?
4. 什么叫 PCR 技术? 有几个操作步骤?

5. 基因工程和 PCR 技术在环境工程中有何实践意义？举例说明。
6. 酶制剂剂型有几种？
7. 何谓固定化酶和固定化微生物？固定化酶和固定化微生物有什么优点？存在什么问题？

3

第3篇
环境微生物学实验技术

13 环境微生物学实验

13.1 显微镜的使用及细菌形态的观察

13.1.1 实验目的

学习并掌握油镜的使用原理及方法;观察细菌的个体形态,学会绘制微生物的形态图。

13.1.2 实验原理

13.1.2.1 显微镜的构造

普通光学显微镜的构造包括机械装置和光学系统两大部分(图 13-1)。

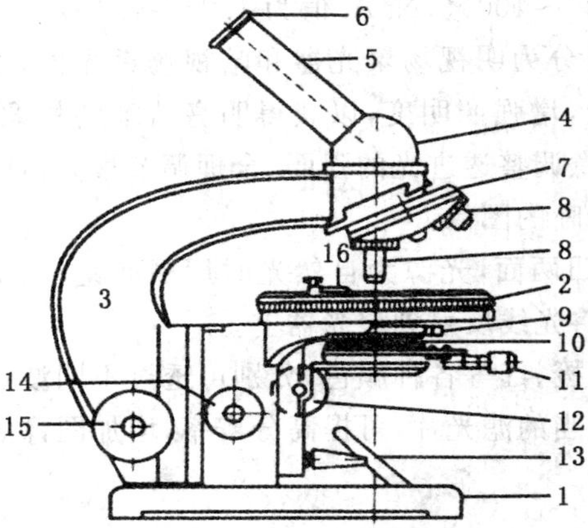

图 13-1 显微镜构造示意图

1. 镜座;2. 载物台;3. 镜臂;4. 棱镜套;5. 镜筒;6. 目镜;7. 转换器;8. 物镜;9. 聚光镜;10. 虹彩光圈;11. 光圈固定器;12. 聚光器升降螺旋;13. 反光镜;14. 细调节器;15. 粗调节器;16. 标本夹

(1)显微镜的机械装置

①镜座:镜座是显微镜的基本支架,其上有反光镜或电光源系统。

②镜筒:镜筒上端接目镜,下端接转换器。镜筒有单筒和双筒两种,双筒可调

节两筒间的距离，以适应不同瞳距者使用。镜筒的机械筒长为物镜的后缘到镜筒尾端的距离，镜筒长度的变化，会引起放大倍率的变化，也会影响成像质量，因此不能任意改变显微镜的镜筒长度（国际上将显微镜的标准筒长定为160 mm）。

③转换器：转换器装在镜筒的下方，其上一般接3个物镜（低倍、高倍、油镜），有的接4个物镜。转动转换器，可以按需要将其中的任何一个物镜与镜筒接通，使物镜与镜筒上方的目镜构成一个放大系统。

④载物台：载物台是放置标本的平台，中央有一孔，为光线通路，两旁装有弹簧夹和推动器，用来固定或移动标本的位置，使得镜检对象恰好位于视野中心。

⑤调节器：包括大、小螺旋调节器各1个，可调节物镜和所需观察的物体之间的距离。

(2)显微镜的光学系统

①目镜：显微镜的常备目镜有3个，其上分别刻有"5×"、"10×"或"15×"等字符，意即使用时可放大5倍、10倍或15倍。

$$显微镜的放大率(V)=物镜放大率(V_1)\times 目镜放大率(V_2)$$

②物镜：物镜安装在转换器上，对成像质量、分辨力有着决定性的影响。物镜的性能由其数值孔径（numerical aperture，简写为N. A.）决定，每个物镜的数值孔径都标注在物镜的外壳上，数值孔径越大，物镜的性能越好。根据物镜放大率的高低，可分为低倍镜（指1×～25×，N. A.值为0.04～0.40）、高倍镜（指25×～63×，N. A.值0.35～0.95）和油镜（指90×～100×，N. A.值为1.25～1.40）。

③聚光器：聚光器安装在载物台下，可分为明视场聚光器和暗视场聚光器，作用是将反光镜反射来的光线聚焦于标本上，增强照明度，以获得明亮清晰的物像。聚光器可上下调节，其上的虹彩光圈可随意调整透进光的强弱，合理调节聚光器的高度和光圈的大小可得到适当的光照和清晰的图像。

④反光镜：反光镜装在镜座上，有平、凹两面，光源为自然光时用平面镜，光源为灯光时用凹面镜。它可自由转动方向，将光线反射到聚光器上。

⑤滤光片：滤光片有紫、青、蓝、绿、黄、橙、红等各种颜色，分别可透过不同波长的可见光，如只需某一波长的光时，选用适当的滤光片，可提高分辨率，增加图像的反差和清晰度。

13.1.2.2 油镜提高分辨率的原理

显微镜的性能取决于物镜的分辨率δ，分辨率即是能分辨两点之间的最小距离的能力。分辨率与数值孔径成正比，与波长成反比。通过增大数值孔径，缩短波长可提高显微镜的分辨率，使目的物的细微结构更清晰。然而，可见光的波长不可能缩短，只有靠增大数值孔径来提高分辨率。

物镜的数值孔径 N. A. $=n.\sin\alpha/2$，即玻片与物镜之间的折射率乘上光线投射到物镜上的最大夹角的一半的正弦。光线投射到物镜的角度越大，显微镜的效能越好，该角度的大小决定于物镜的直径和焦距，且其最大值为 1。可见通过提高镜口角对显微镜分辨率的提高作用不大。n 为折射率，对物镜的数值孔径有很大的影响，空气、水和香柏油的折射率分别为 1、1.33 和 1.52（图 13-2）。当光线入射 $\alpha/2=60°$时，$\sin\alpha/2=0.87$，则以空气、水、香柏油为介质时，物镜的数值孔径分别按下式计算：

以空气为介质：N. A. $=1\times0.87=0.87$

以水为介质：N. A. $=1.33\times0.87=1.16$

以香柏油为介质：N. A. $=1.52\times0.87=1.32$

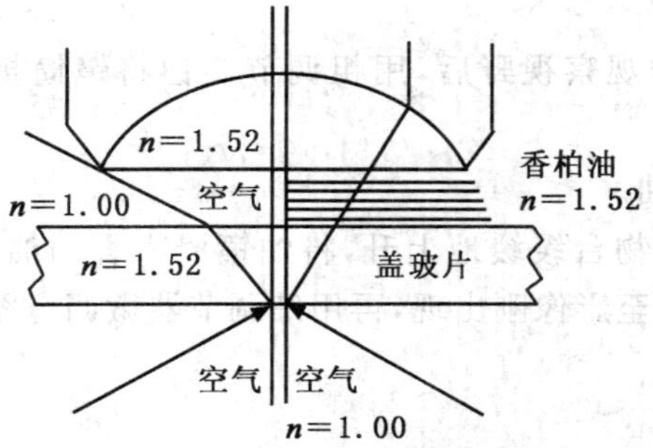

图 13-2　不同介质的折射率

油镜可以提高分辨率，主要是通过增大介质折射率，间接提高镜口角，最终导致最小可见结构降低来完成的。

13.1.3　实验器材及材料

普通光学显微镜、擦镜纸、软布、香柏油、二甲苯、细菌染色标本片。

13.1.4　实验步骤

13.1.4.1　准备工作

从镜柜或镜箱内取出显微镜时，置于实验台上，使显微镜调至工作状态，调节反光镜使视野亮度均匀。

13.1.4.2 低倍镜观察

①将标本片置于载物台上，有盖玻片的一面朝上，用标本夹夹住，移动推动器，使被观察的标本处在物镜正下方。

②转动粗调节旋钮，上升载物台，将物镜调至接近标本处，用目镜观察并同时用粗调节旋钮慢慢升起镜筒，直至物像出现并清晰为止。

③用推动器移动标本片，选择最佳观察视野。

13.1.4.3 高倍镜观察

在低倍镜下找到合适的观察视野后，将高倍镜转至镜筒下方，调节光圈和聚光器，使光线亮度适中，缓慢调节细调节旋钮，直至获得清晰的物像，利用推进器选择最佳视野观察并记录结果。

13.1.4.4 油镜观察

①在高倍镜或低倍镜下获得最佳观察视野后，用粗调节旋钮将镜筒提升约2 cm，将油镜转至镜筒正下方。

②在标本镜检部位滴加一滴香柏油。

③从侧面注视，用粗调节旋钮将载物台缓缓地上升，将油镜浸入香柏油中，使镜头刚好贴近载玻片，用粗调节器调节至影像刚出现，再用细调节器微调至图像清晰为止，记录观察结果。

13.1.4.5 显微镜的清洁与收藏

观察完毕，下降载物台，将油镜头转出，先用擦镜纸擦去镜头上的油，再用擦镜纸蘸少许二甲苯，擦去镜头上残留油迹，再用擦镜纸擦去残留的二甲苯。

清洁完毕，将各部分还原，转动物镜转换器，使显微镜成休息状态，罩好镜罩，放回原处。

13.1.5 注意事项

①转动粗细调节器调节焦距时，要从侧面观察，切勿使物镜镜头与载玻片相碰，损坏镜头。

②观察细菌、放线菌的形态时，由于油镜透镜口径较小，所以光线要调到最强，以得到明亮的视野，便于观察。

13.1.6 作业

绘制所观察到的细菌形态示意图。

13.1.7 思考题

(1)如何区别显微镜的低倍镜、高倍镜和油镜?

(2)油镜和高倍镜在使用时应注意哪些问题?

(3)使用油镜时在载玻片与镜头之间滴加什么油?起什么作用?

13.2 细菌的简单染色和革兰氏染色

13.2.1 实验目的

学习无菌操作和微生物染色的基本操作技术,掌握微生物的简单染和革兰氏染色的基本原理和方法。

13.2.2 实验原理

染色是细菌学中一项重要的基本技术。用于生物染色的染料主要有碱性染料、酸性染料和中性染料三大类。碱性染料的离子带正电荷,能与带负电荷的物质结合,常用的碱性染料有美蓝、甲基紫、结晶紫、龙胆紫、碱性品红等;酸性染料的离子带负电荷,能与带正电荷的物质结合,常用的酸性染料有伊红、酸性复红或刚果红等;中性染料是前两者的结合物又称复合染料,如伊红美蓝、伊红天青等。

细菌的细胞是无色透明的,在显微镜下,其个体与背景反差小,不易看清其形态和结构,通常用染料将菌体染上颜色以增加反差,便于观察。

细菌的染色方法有简单染色法和复杂染色法之分。简单染色法是用一种染料使菌体着色,以观察其形态,但不能辨别细菌细胞的构造。复杂染色法是指用两种或多种染料使菌体着色,该法可用于细菌的初步鉴定,主要有革兰氏染色法和抗酸性染色法。革兰氏染色法是 1884 年由丹麦病理学家 C. Gram 创立的,该方法将所有的细菌区分为革兰氏阳性菌(G^+)和阴性菌(G^-)两大类,这是由于这两类细菌的细胞壁结构和成分的不同所决定的。G^-菌的细胞壁中类脂质含量多，肽聚糖层较薄、交联度低，用乙醇或丙酮脱色时类脂质被溶解，增加了细胞壁的通透性，初染的结晶紫和碘的复合物渗出，使细菌脱色，经蕃红复染后成为红色；G^+ 菌细胞壁中肽聚糖层厚且交联度高，类脂质含量少，经脱色剂处理后反而使肽聚糖层的孔径缩小，通透性降低，因此细菌仍保留初染时的颜色。

13.2.3 实验器材及材料

①显微镜、废液缸、洗瓶、载玻片、接种杯、酒精灯、擦镜纸。

②结晶紫染液、碘液、95%酒精、蕃红染液、石炭酸复红染液、二甲苯、香柏油。

③牛肉膏蛋白胨斜面培养基。

④培养 24 h 肥大芽孢杆菌（简单染色），金黄色葡萄球菌或枯草芽孢杆菌和大肠杆菌（革兰氏染色）。

13.2.4 实验步骤

13.2.4.1 简单染色

(1)涂片

取干净载玻片一块，在载玻片上加一滴蒸馏水，用接种环按无菌操作法从斜面试管上取肥大芽孢杆菌的少许菌苔涂片（图 13-3），尽量将菌悬液涂开，注意取菌不要太多。

(2)干燥

让涂片自然晾干或在酒精灯火焰上方文火烘干。

(3)固定

手执玻片一端，有菌面朝上，迅速通过火焰 2～3 次固定菌体细胞（以不烫手为宜）。

(4)染色

在载玻片上滴加石炭酸复红染液，染色 1～2 min。

(5)水洗

倾去染液，用洗瓶中的自来水自玻片一端轻轻冲洗，至流下的水中无染色液的颜色为止。

(6)干燥

将涂片放在空气中晾干或用吸水纸吸干。

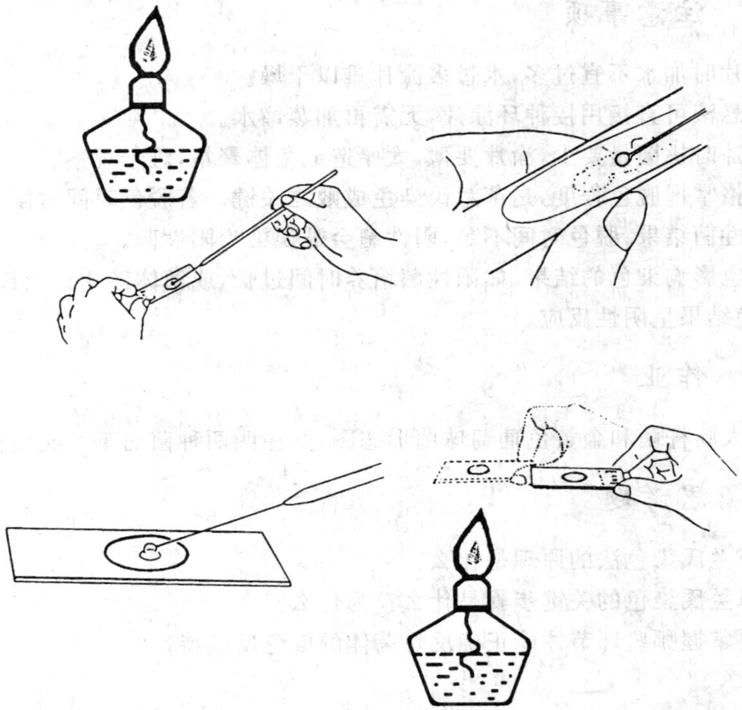

图 13-3 制片方法

(7)镜检

先用低倍镜,再用高倍镜和油镜观察。

13.2.4.2 革兰氏染色

①在载玻片的左、右两端各加一滴蒸馏水,分别取金黄色葡萄球菌和大肠杆菌作涂片,干燥、固定方法均与简单染色法同。

②初染:在涂片上滴加适量的结晶紫染色液,染色 1 min,水洗。

③媒染:滴加碘液,媒染 1 min,水洗,用滤纸吸干残存的水。

④脱色:将玻片倾斜,连续滴加 95%乙醇脱色 20～25 s,立即水洗。

⑤复染:滴加蕃红染液复染 2～3 min,水洗。

⑥干燥、镜检同简单染色法。

13.2.5 注意事项

①涂片时加水不宜过多，水过多涂片难以干燥。

②菌悬液可直接用接种环涂片，无需再加蒸馏水。

③涂片时挑菌量要少，涂片要薄，太厚造成菌体聚集，难于观察。

④严格掌握脱色程度，是革兰氏染色成败之关键。若脱色时间过度，阳性菌会被获得阴性菌结果；脱色时间不足，阴性菌会被误染为阳性菌。

菌龄也影响染色的结果，如阳性菌培养时间过长，或菌体已死亡及部分发生自溶，都会使结果呈阴性反应。

13.2.6 作业

绘出大肠杆菌和金黄色葡萄球菌形态图，并注明两种菌的革兰氏染色结果。

13.2.7 思考题

(1)革兰氏染色法的原理是什么？

(2)革兰氏染色的关键步骤是什么？为什么？

(3)要掌握哪些环节才能正确反映菌体的染色反应特性？

13.3 放线菌形态观察

13.3.1 实验目的

学习并掌握观察放线菌形态的基本方法，观察放线菌的个体形态特征。

13.3.2 实验原理

放线菌是由不同长短的菌丝组成的单细胞菌丝体，一般分为基内菌丝和气生菌丝，分别生长在培养基内部和培养基表面，有些气生菌丝生长到一定阶段后，会进一步分化形成孢子丝。放线菌的形态在其分类、鉴定等方面具有重要意义。

放线菌自然生长个体形态的观察现多用玻璃纸琼脂透析培养法。玻璃纸具有半透膜特性，将灭菌的玻璃纸覆盖在琼脂平板表面，使放线菌在玻璃纸上生长形成菌苔，剪取小片长有菌苔的玻璃纸，贴放在载玻片上，在显微镜镜下可观察到放线菌自然生长的个体形态。另外，用插片培养法也能观察放线菌的个体形态。

13.3.3　实验器材及材料

①无菌平皿、玻璃纸、9 mL 无菌水试管若干支、酒精灯、火柴、接种环、镊子、玻璃刮铲、1 mL 无菌吸管、剪刀、载玻片、显微镜。

②培养 5 d 的紫色直丝链霉菌的斜面菌种、吸水链霉菌 5102 斜面菌种。

③乳酸石炭酸棉蓝染色液、50%酒精（*V*/*V*）、高氏一号琼脂培养基。

13.3.4　实验步骤

13.3.4.1　玻璃纸琼脂透析培养法

①将玻璃纸剪成 1 cm^2 大小，干热灭菌备用。

②取高氏一号琼脂培养基平板，在无菌操作下用镊子将无菌玻璃纸覆盖在琼脂平板上即制成玻璃纸琼脂平板培养基。

③将放线菌斜面菌种制成 10^{-3} 的孢子悬液。

④分别用 1 mL 无菌吸管吸取 0.2 mL 吸水链霉菌(5102)孢子悬液，紫色直丝链霉菌孢子悬液分别滴加在两个玻璃纸琼脂平板培养基上，并用无菌玻璃刮铲涂抹均匀。

⑤将接种的玻璃纸琼脂平板倒置，于 28～30℃条件下培养。

⑥培养至 5 d 后，从培养箱中取出平皿，用镊子将玻璃纸挑起，剪取小片置于载玻片上，有菌面向上，用显微镜观察其形态特征。

13.3.4.2　插片培养法

将放线菌菌种制成孢子悬液（10^{-2}～10^{-3}），取 0.2 mL 接种于高氏一号琼脂平板上，用玻璃刮铲涂布均匀，然后将灭过菌的盖玻片斜插入固体培养基中，倒置于 28～32℃下培养，3～5 d 后取出盖玻片放在载玻片上镜检，可见放线菌的自然生长的个体形态。

13.3.5　注意事项

①放线菌的生长速度较慢，培养期较长，操作中应注意无菌，严防杂菌污染。

②玻璃纸培养法接种时注意玻璃纸与琼脂平板培养基之间不宜有气泡，以免影响放线菌的生长。

13.3.6 作业

绘出吸水链霉菌(5102)和紫色直丝链霉菌自然生长的个体形态图。

13.3.7 思考题

(1)为什么在培养基上放了玻璃纸后，放线菌仍能生长？

(2)在高倍镜或油镜下如何区分放线菌的基内菌丝和气生菌丝？

13.4 霉菌水浸标本片的制备与形态观察

13.4.1 实验目的

学习并掌握水浸片标本的制作方法，观察几种常见霉菌的基本形态特征。

13.4.2 实验原理

霉菌的营养体是分枝的丝状体，可分为基内菌丝和气生菌丝，气生菌丝中又可分化出繁殖菌丝，不同霉菌的繁殖菌丝可以形成不同的孢子。

霉菌菌丝较粗大，细胞易收缩变形，孢子容易飞散，制标本时常用乳酸石炭酸棉蓝染色液染色标本。此染色液制成的霉菌标本片的特点是：细胞不变形，具有杀菌防腐作用，且不易干燥，能保持较长时间，溶液本身呈蓝色，有一定染色效果。

利用培养在玻璃纸上的霉菌作为观察材料，可以得到清晰、完整、保持自然状态的霉菌形态；也可以直接挑取生长在平板中的霉菌菌丝体制作水浸片进行观察。霉菌的个体比细菌和放线菌大得多，一般用低倍镜即可观察。

13.4.3 实验器材及材料

①器材：显微镜、剪刀、镊子、载玻片、盖玻片、解剖针。

②菌种：在马铃薯琼脂平板上或用玻璃纸透析培养法培养 3～4 d 的根霉(*Rhizopus* sp.)、青霉(*Penicillum* sp.)、曲霉(*Aspergillus* sp.)。

③其他：乳酸石炭酸棉蓝染色液、50%酒精(*V*/*V*)。

13.4.4　实验步骤

13.4.4.1　水浸片法观察

在载玻片上滴加一滴乳酸石炭酸棉蓝染色液，用解剖针从生长有霉菌的平板中挑取少量带有孢子的霉菌菌丝，用50％的乙醇清洗菌丝体，洗掉多余的孢子，然后放入载玻片上的染色液中，小心地用解剖针将菌丝分散开来，盖上盖玻片，先用低倍镜观察，必要时转换高倍镜观察并记录结果。

13.4.4.2　玻璃纸透析培养观察法

①玻璃纸的处理：同13.3中放线菌玻璃纸处理。

②菌种培养：按无菌操作法倒平板，冷凝后用灭菌的镊子夹取无菌玻璃纸贴附于平板上，用接种环沾取少许霉菌孢子，在玻璃纸上方轻轻抖落于纸上。然后将平板倒置于28～30℃下培养3～5 d，曲霉菌和青霉菌即可在玻璃纸上长出单个菌落（根霉菌的气生性强，形成的菌落可铺满整个平板）。

③制片与观察：剪取玻璃纸透析法培养3～4 d后长有菌丝和孢子的玻璃纸一小块，先放入50％乙醇洗掉脱落下来的孢子，赶走菌丝体上的气泡，然后将玻璃纸正面向上贴附于干净载玻片上，滴加1～2滴乳酸石炭酸棉蓝液，小心地盖上盖玻片。

④先用低倍镜观察，必要时再换高倍镜。注意观察菌丝有无隔膜，有无假根、足细胞等特殊形态，其无性繁殖器官的形状和构造，孢子着生的方式和孢子的形态、大小等。

13.4.5　注意事项

制片操作过程中要严格预防气泡的产生，片制好后不要再移动盖玻片，以免扰乱菌丝。

13.4.6　作业

绘出根霉、青霉、曲霉的个体形态图，并注明各部位名称。

13.4.7　思考题

(1)利用玻璃纸透析培养法观察霉菌的优缺点是什么？

(2)根霉、青霉、曲霉的典型特征有哪些？

13.5 微生物细胞大小的测定

13.5.1 实验目的

了解目测微尺和物测微尺的构造和使用原理，观察酵母菌形态特征，掌握微生物细胞大小的测定方法。

13.5.2 实验原理

微生物细胞的大小是微生物基本的形态特征，也是分类鉴定的重要依据。微生物细胞大小的测定，需要借助具有精密刻度的显微镜测微尺来完成。显微镜测微尺包括目测微尺和物测微尺(图 13-4)。

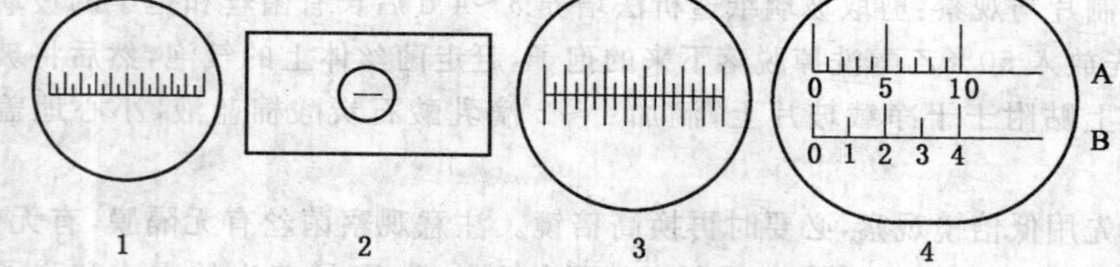

图 13-4 目测微尺和物测微尺示意图

A. 目测微尺；B. 物测微尺

1. 目测微尺；2. 物测微尺；3. 物测微尺的中心部放大；

4. 物测微尺标定目测微尺时两者的重叠

目测微尺是一块圆形玻片，在玻片中央把 5 mm 长度刻成 50 等分，或把 10 mm 长度刻成 100 等分，每格所代表的实际长度随不同放大倍数的物镜而改变，使用前需用物测微尺标定。

物测微尺(又称台尺、镜台测微尺)是一厚玻片，中央刻有 1 mm 长的标尺，等分为 100 格，每格为 10 μm，用以标定目测微尺在不同放大倍数下每格的实际长度。

测定微生物细胞大小需先用已知长度的物测微尺校正未知长度的目测微尺，

然后用目测微尺测量细胞的大小。

13.5.3　实验器材及材料

①显微镜、软布、擦镜纸，目测微尺、物镜（镜台）测微尺、吸水纸、香柏油、二甲苯。

②酵母菌培养液、苏云金杆菌（或枯草杆菌或大肠杆菌）染色标本片。

13.5.4　实验步骤

①安装目测微尺：取下目镜，旋开上面的透镜，将目测微尺小心装入目镜中间的隔板上（有刻度面朝下），旋好透镜，将目镜放回镜筒中。

②目测微尺的校正：把物测微尺放在载物台上，使刻度面朝上。用低倍镜找到物测微尺的刻度，移动物测微尺和目测微尺使两者的第一条线重合，顺着刻度找出另一条重合线。如图 13-4 中 A（目测微尺）上的 5 格对准 B（物测微尺）上的 2 格，B 的 1 格为 10 μm，2 格的长度为 20 μm，所以目测微尺上 1 个小格的长度为4 μm。照此分别求出不同放大倍数下目测微尺每格的实际长度，将结果填入表 13-1 中。

表 13-1　目镜测微尺的校正值

物镜放大倍数	台尺（格）	目尺（格）	目尺（μm/格）
4			
10			
40			
100			

目测微尺每格代表的实际长度随放大倍数不同而异，因此当转换物镜或目镜时，都需要重新校正目测微尺每格所代表的实际长度。

③细胞大小的测定：取下物测微尺，换上标本片，选择适当的物镜测量微生物细胞的大小，分别找出菌体的长和宽占目测微尺的格数，再按目测微尺 1 格代表的长度算出菌体的长度和宽度。

13.5.5　注意事项

在调节焦距时，注意不使物镜与镜台测微尺相碰或相压而使仪器损坏。

13.5.6　作业

测量 20 个细菌和酵母菌细胞的大小，并绘制酵母菌细胞形态图。

13.5.7 思考题

(1)测定微生物的大小要注意什么问题?

(2)测定细菌和酵母菌的大小,在显微镜使用方法上有何不同?

(3)为什么目测微尺必须用物测微尺标定?在某一放大倍数下,标定了目测微尺,如果放大倍数改变,还需重新标定吗?

13.6 微生物细胞数量的直接测定

13.6.1 实验目的

了解血球计数板计数的原理;学习和掌握用血球计数板进行微生物计数的方法。

13.6.2 实验原理

血球计数板(图 13-5)是一块特制的厚载玻片,玻片中央刻有 4 条槽,中央 2 条槽之间的平面比其他平面略低,中央有 1 小槽,槽两边的平面上各刻有 9 个大方格,中间的 1 个大方格为计数室,它的长和宽均为 1 mm,深度为 0.1 mm,体积为 0.1 mm^3。计数室有两种规格:一种为 16×25 型,即一个大方格分成 16 中格,每

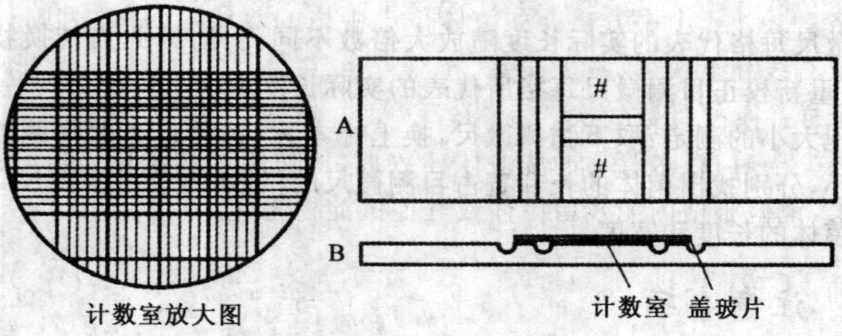

图 13-5 血球计数板结构示意图

A. 正面;B. 侧面

一中格分成 25 小格；另一种是 25×16 型，把大方格分成 25 中格，每一中格分成 16 小格。两种计数室的一个大方格都是由 400 个小格组成。

400 个小格的总体积是 0.1 mm^3，1 mL 里面应该含有这样的小方格数目为：400×1 000÷0.1＝4×10^6 个，那么可以通过计数小方格中的平均细胞数来计算获得单位体积的微生物数量：

$$N=X\times 4\times 10^6\times \text{稀释倍数}$$

其中 X 为单个小方格内的平均细胞数。

13.6.3　实验器材与材料

显微镜、血球计数板、盖玻片、无菌吸管、酵母菌悬液、其他材料的菌液、计数器等。

13.6.4　实验步骤

①样品的稀释：为便于计数，应将样品适当稀释使每格含 5 个细胞左右，样品含菌量少时可不必稀释。

②取干净的血球计数板，用无菌吸管吸取少许充分摇匀的待测菌液于计数室，用盖玻片盖住并轻压两边，静置 5～10 min 后即可计数。

③将血球计数板置于载物台上，用低倍镜找到小方格网后换高倍镜观察计数。观察中，需不断地旋动细调节器，以便看到计数室内不同位置的菌体。计数时，如计数板的规格为 16×25，数 4 个角（左上、右上、左下、右下）的 4 中格（即 100 小格）的菌数，如计数板的规格为 25×16，应取 4 个角上的 4 中格和中央的 1 中方格（即 80 小格），共计 5 个中方格。如菌体位于中格的双线上，计数时则只记左线和上线或只记右线和下线，以减少误差。

④每个样品重复计数 3 次。

⑤计数完毕后，在水管下冲洗血球计数板，切勿用硬物洗刷，洗净后自行干燥或风机吹干，镜检小格内无残留菌体或其他沉淀物为此。

13.6.5　注意事项

①制备细菌悬液或酵母悬液时，应尽量使菌体分散，便于观察和计数。

②此方法只能得到微生物细胞的总数，并不能区分活菌和死菌，因此在计数时需注意杂质对结果的影响。

13.6.6 作业

记录每个方格中的细胞数,并计算出单位体积菌液的细胞数。

13.6.7 思考题

(1)为什么用两种不同规格的计数板检测同一样品时其结果一样?

(2)用血球计数板计数的误差主要来自哪些方面?怎样减少测定结果的误差?

13.7 培养基的制备及灭菌

13.7.1 实验目的

熟悉玻璃器皿的洗涤和灭菌前的准备工作;掌握培养基和无菌水制备的一般方法和步骤;了解高压蒸汽灭菌的基本原理及应用范围;掌握高压蒸汽灭菌的方法。

13.7.2 实验原理

培养基是人工配制的适合微生物生长的一种营养基质,通常含有水分、碳源、氮源和无机盐等营养物质。微生物培养基种类很多,按培养基成分的来源可分成天然培养基、合成培养基和半合成培养基;按培养基的物理状态可分为固体培养基、半固体培养基和液体培养基,在液体培养基中加入凝固剂即制成固体培养基,通常固体培养基加1.5%~2.0%的琼脂,半固体加0.3%~0.5%的琼脂;培养基需要根据培养目的和待培养微生物的生理生化特性来配制。

配制好的培养基因含多种微生物,需立即灭菌,如不能及时灭菌,应放在冰箱中暂时保存,以防止微生物生长繁殖消耗养分和改变培养基的酸碱度,而导致培养基的性质发生改变。

灭菌是指用物理或化学的方法来杀死或除去物品上或环境中的所有微生物(包括营养体、芽孢和孢子)的过程。消毒是用物理或化学的方法杀死物体上的绝大部分微生物(主要是病原微生物和有害微生物)。消毒实际上是部分灭菌。在微生物实验中,为防止污染,必须对所用仪器、材料、培养基和工作场所进行严格的消毒和灭菌,常用的是高温灭菌。

高温灭菌有干热灭菌和湿热灭菌两类，一般湿热灭菌比干热灭菌效果好。干热灭菌有火焰灼烧和热空气灭菌（160～170℃）两种，火焰灼烧灭菌适合于接种环、接种针和金属镊子等，干热灭菌通常用作玻璃器皿如培养皿、刮铲、吸管等的灭菌。湿热灭菌有四种：

①高压蒸汽灭菌（121℃，20～30 min），适合于培养基、工作服和橡皮物品等的灭菌。

②常压蒸汽灭菌（100℃，30 min，每天 1 次，间隔期间放置于 28℃培养，重复 3 次），明胶培养基、牛乳培养基和含糖培养基均可采用此法。

③煮沸消毒法（煮沸 10～15 min），适合于注射器、解剖器械等的消毒，若延长时间并在水中加入 1%碳酸氢钠或 2%～5%石炭酸，效果更佳。

④超高温杀菌（简称 UHTS，135～150℃，2～8 s），适于对牛乳或其他液态食品进行处理，使灭菌制品的营养成分破坏降低到最小限度。

13.7.3　实验器材与材料

①高压蒸汽灭菌锅、烘箱、酒精灯、天平、电炉、三角架。

②培养皿、试管、移液管、三角瓶、烧杯、玻璃珠、滴定台、漏斗。

③纱布、棉花、牛皮纸（或报纸）、精密 pH 试纸（pH 6.4～8.4）。

④10% HCl、10%NaOH 溶液、牛肉膏、蛋白胨、马铃薯、蔗糖、可溶性淀粉、氯化钠、硝酸钾、磷酸氢二钾、硫酸镁、硫酸亚铁、琼脂、蒸馏水。

13.7.4　实验步骤

13.7.4.1　准备工作

(1)玻璃器皿的包装

①移液管的包装：在移液管的上端用细铁丝塞入少许棉花（注意：勿用脱脂棉），构成 1～1.5 cm 长的棉塞（以防在操作过程中将细菌吸入口中或将口中细菌吹入管内）。棉塞要塞得松紧适宜，吹时以能通气又不致使棉花滑入管内为准。将塞好棉花的移液管的尖端放在 4～5 cm 宽的长纸条的一端，移液管与纸条约成 30°夹角，折叠包装纸包住移液管的尖端，用左手将移液管压紧，在桌面上向前搓转，纸条螺旋式地包在移液管外面，余下纸头折叠打结。按实验需要，可单支包装也可多支包装，待灭菌。

②培养皿的包装：用牛皮纸或报纸将几套培养皿包成一包，或者将几套培养皿直接置于铝盒内，加盖，待灭菌。

(2) 棉塞的制作、试管和锥形瓶的包扎

按试管口或锥形瓶口的大小估计用棉量，将棉花铺成中心厚、周围逐渐变薄的圆形，对折后卷成卷，一手握粗端，将细端塞入试管或锥形瓶口内，棉塞不宜过松或过紧，用手提棉塞，以管、瓶不掉下为准(图 13-6)。棉塞四周应紧贴管壁和瓶壁，不能有皱折，以防空气中的微生物沿棉塞皱折处侵入，棉塞插入 2/3，其余部分留在管口(或瓶口)外，便于拔塞。试管、锥形瓶塞好棉塞后，用牛皮纸包好并用细绳或橡皮筋捆扎好待灭菌。

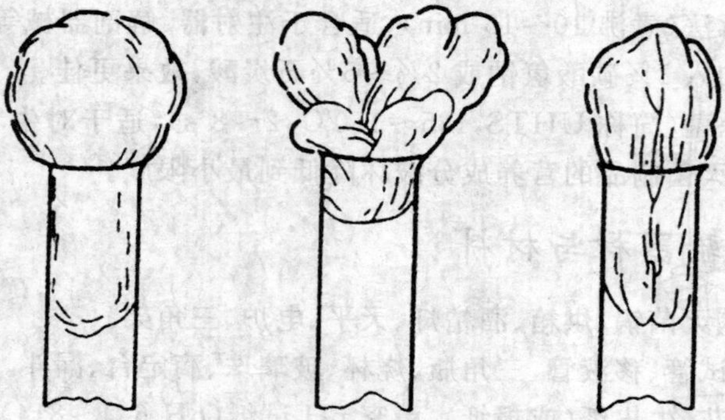

图 13-6 棉塞的制作

13.7.4.2 培养基的制备

(1)计算

按照配方计算出各组分的用量。

(2)称量、配制

取一定容量的烧杯盛入定量无菌水，按所需培养基的配方逐一称取各种成分，依次加入水中溶解。蛋白胨、牛肉膏等可加热促进溶解，待全部溶解后，加水补足因加热蒸发的水量。注意：在制备固体培养基加热融化琼脂时要不断搅拌，避免琼脂糊底烧焦。

(3)调节 pH 值

用精密 pH 试纸测定培养基的 pH 值，按所需 pH 值的要求用 10%的 NaOH 或 10%的 HCl 调整至所需值。

(4)过滤、分装

用纱布或滤纸或棉花过滤均可。如果培养基杂质很少或实验要求不高，可不过滤。

按图 13-7 所示，将培养基分装于试管中或锥形瓶中(注意防止培养基玷污管口或瓶口，避免浸湿棉塞，引起杂菌污染)，装入试管的培养基量视试管的大小及需要而定，一般制作斜面培养基时，每支试管装的量为试管高度的 1/4～1/3。

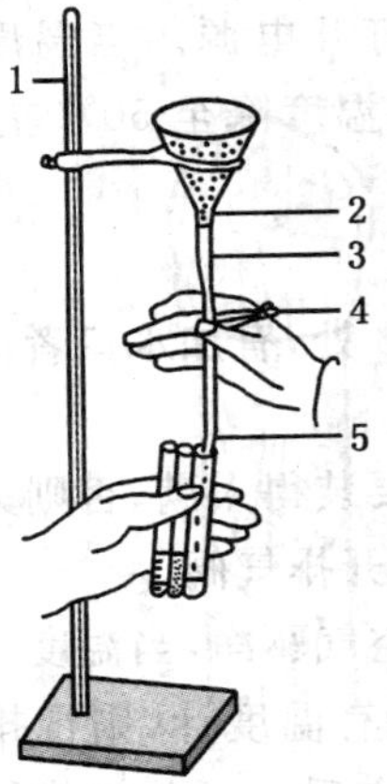

图 13-7 培养基分装装置

1. 铁架；2. 漏斗；3. 乳胶管；4. 弹簧夹；5. 玻璃管

(5)斜面培养基的制作

将已灭菌的装有琼脂培养基的试管取出，趁热斜置在木棒(或橡皮管)上，使试管内的培养基斜面长度为试管长度的 1/3～1/2 之间，待培养基凝固后即成斜面(图 13-8)。

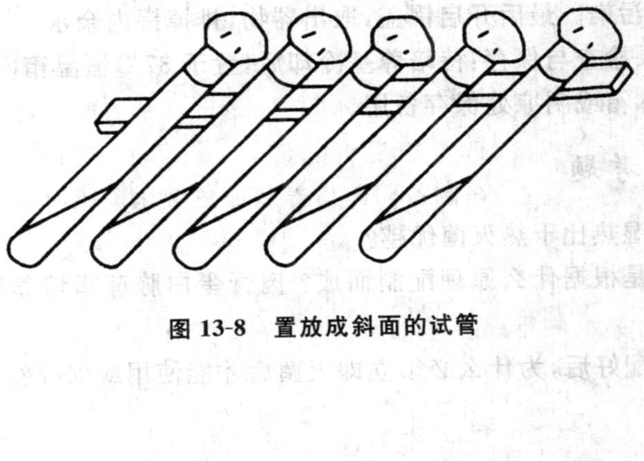

图 13-8 置放成斜面的试管

13.7.4.3 无菌水的制备

取一个 250 mL 的锥形瓶装 90 mL(或 99 mL)蒸馏水，并放入 30 颗玻璃珠，另取 5 支试管，分别装 9 mL 蒸馏水，塞棉塞、包扎好，待灭菌。

13.7.4.4 灭菌

(1) 干热灭菌

将培养皿、移液管、刮铲等玻璃器皿放入烘箱中，打开电源。当温度上升到 160～170℃时，开始计时，维持 2～3 h 后关闭电源，待其温度降至 50℃左右时，再打开烘箱门，取出灭菌物品。

(2)高压蒸汽灭菌

①加水：立式锅是直接加水至锅内底部隔板以下 1/3 处，有加水口者由加水口加入至止水线处。

②装锅：把需灭菌的器物放入锅内(请注意：器物不要装得太满，否则灭菌不彻底)，盖好锅盖，将螺旋柄拧紧(对角式均匀拧紧螺旋)，打开排气阀。

③灭菌：开启电源，待锅内水沸腾后，蒸汽将锅内冷空气驱净，当温度计指针指向 100℃时，证明锅内已充满蒸汽，则关排气阀。如果没有温度计，则视排气阀排出蒸汽相当猛烈且微带蓝色时(一般在持续排气 5 min 之后)，可关闭排气阀。关闭排气阀以后，待压力达到 0.1 MPa，温度为 121℃时，开始计时，维持 30 min 后，切断电源。

灭菌压力的选择，应视具体灭菌物品而定，如草炭、土壤等则可在压力升至 0.14～0.15 MPa 后定时保压。

达到灭菌时间后停止加热，自然冷却，当压力降至 0.025 MPa 以下后，可打开排气阀排除余汽。注意，切勿过早打开排气阀，否则培养基因压力突降而使培养基沸腾，造成棉塞污染。最后开启锅盖，取出器物，排掉锅内余水。

④灭菌效果检查与保存：待培养基冷却后，置于 37℃恒温箱内培养 24 h，若无菌生长则放入冰箱或阴凉处保存备用。

13.7.5 思考题

(1)为什么湿热比干热灭菌优越?

(2)培养基是根据什么原理配制而成?肉膏蛋白胨琼脂培养基中不同成分各起什么作用?

(3)培养基配好后，为什么必须立即灭菌后才能使用或保存?

(4)如何确定灭菌后的培养基是无菌的？

13.8 微生物的计数和分离

13.8.1 实验目的

掌握从土壤、沉积物或活性污泥中分离微生物的方法，学习从菌落及培养特征区分细菌、酵母菌、放线菌及霉菌；掌握几种常用的微生物接种技术。

13.8.2 实验原理

自然界中的微生物广泛分布于土壤、水体、空气、生物体表及人和动物的排泄物中，其数量庞大，种类繁多。分离计数微生物活菌的方法有稀释平板计数法和平板划线法。稀释平板计数法须先把分离的材料进行适当的稀释，然后接种到合适的培养基平板上，使其的一个细胞繁殖成单个菌落，通过计数菌落数就可以得到单位体积或重量样品内微生物的数量。由于细菌、放线菌和霉菌所要求的营养条件不同，利用不同的培养基制成平板进行分离，然后再从菌落形态上的差异，可以把细菌、放线菌和霉菌三大类菌群分离出来，在平板上反复进行分离纯化，可得到它们的纯培养物。

13.8.3 实验器材与材料

①移液管、培养皿、剪刀、镊子、酒精灯、接种环、记号笔、无菌水瓶、无菌水管。

②95%酒精、70%酒精。

③细菌培养基、马铃薯蔗糖培养基、土壤样品(或沉积物、活性污泥)、堆肥。

13.8.4 实验步骤

13.8.4.1 稀释平板分离测数法

(1)稀释

称取土壤(或沉积物，或活性污泥)10 g，放入盛有 90 mL 无菌水的三角瓶中(内含玻璃珠)，塞上棉塞，充分摇动 10 min(不要溅湿棉塞)，即稀释了 10 倍(即 10^{-1})。

另取装有 9 mL 无菌水的试管 7 支(数量视土壤含菌量而定),依此编号为 10^{-2}、10^{-3}、10^{-4}、10^{-5}、10^{-6}、10^{-7}、10^{-8},用无菌移液管按照无菌操作的规程吸取 10^{-1} 土壤稀释液 1 mL,加入编号 10^{-2} 的试管中,将移液管吹洗 3 次,摇匀即为 10^{-2} 菌液,照此方法稀释到 10^{-8}(图 13-9)。

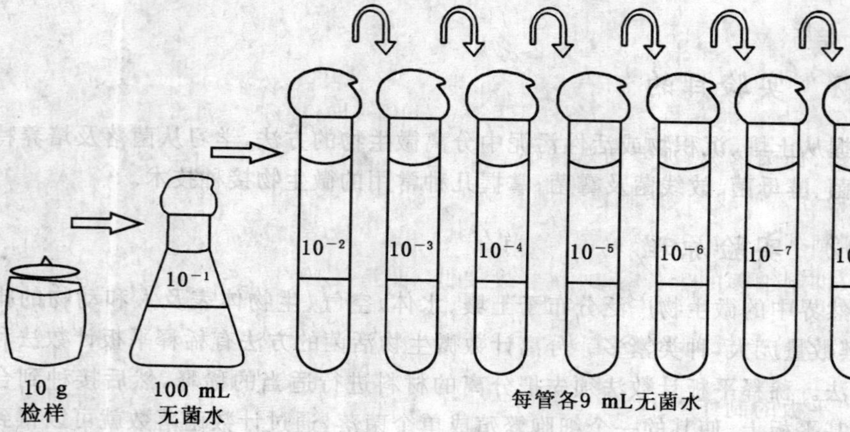

图 13-9 稀释过程示意图

(2)平板的制作

取 10 套无菌培养皿依次编号,重复 3 次,另做 1 个无菌水对照。照图 13-10 所示,右手握三角瓶,在火焰旁用左手小指或掌心拔出棉塞,左手拇指和食指夹住

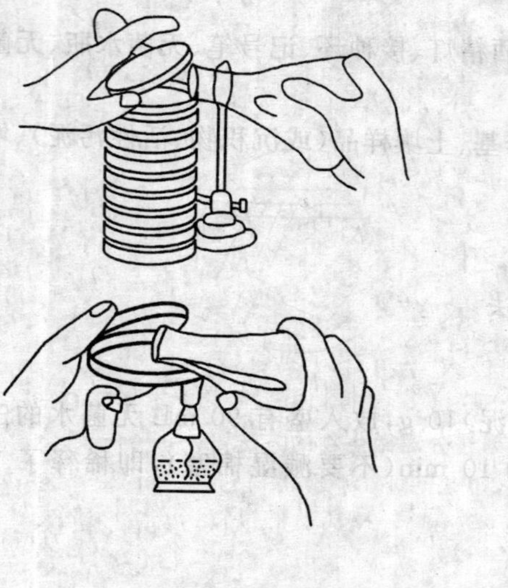

图 13-10 倒培养基的方法

(上:皿架法;下:手持法)

皿盖，中指托住皿底，用拇指和食指把皿盖掀开，刚好容瓶口探入，每皿倒入培养基12～15 mL（培养基不超过培养皿的1/3高度），加盖，静置，冷凝后即成平板。

(3)接种

取1支无菌吸管，从浓度小的10^{-8}菌液开始，以10^{-8}、10^{-7}、10^{-6}为序，按无菌操作分别将0.1 mL稀释液注入相应的培养基平板中，用刮铲涂抹均匀。

(4)培养

将培养皿倒置，细菌放在28～30℃温箱中，培养24～48 h，放线菌在28℃条件下培养7～10 d，霉菌在28℃条件下培养3～4 d，即可在所固定的位置长出肉眼可见的菌落，计菌落数，观察菌落特征。

稀释分离放线菌，在制作土壤悬液时，需在无菌水中加入10%的苯酚溶液10滴，以抑制细菌生长；分离霉菌时，培养基在倒入培养皿前需先加入0.3%的无菌乳酸，以抑制细菌的生长，此外稀释度要低，通常为10^{-1}、10^{-2}、10^{-3}。

13.8.4.2　平板划线分离法

(1)平板的制作

同稀释平板法

(2)操作

用接种环（图13-11）挑取一环活性污泥（或土壤悬液等），左手拿培养皿，中

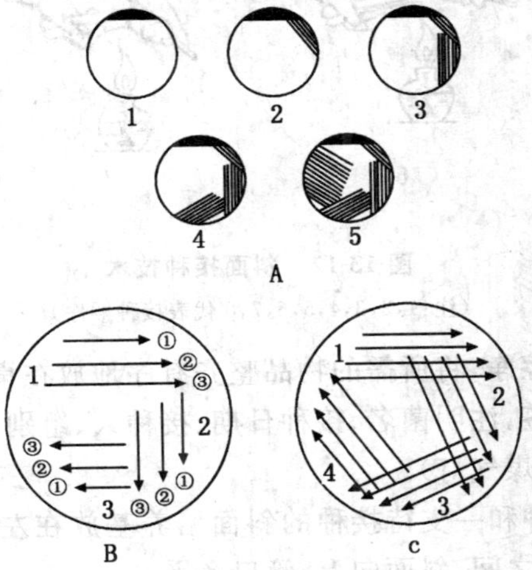

图13-11　划线分离微生物的方法

（注：A，B，C代表不同的划线方法；
1，2，3，4，5及圈码代表划线顺序）

指、无名指和小指托住皿底，拇指和食指夹住皿盖，将培养皿稍倾斜，左手拇指和食指将皿盖掀半开，右手将接种环伸入培养皿内，在平板上轻轻划线（切勿划破培养基），划线的方式参照图 13-11。

划线完毕后盖好皿盖，倒置，30℃培养 24～48 h 后，观察记录结果。

13.8.5 接种技术操作

13.8.5.1 斜面接种技术

将长在斜面培养基（或平板培养基）上的微生物接种到另一支斜面培养基上的方法（图 13-12）。

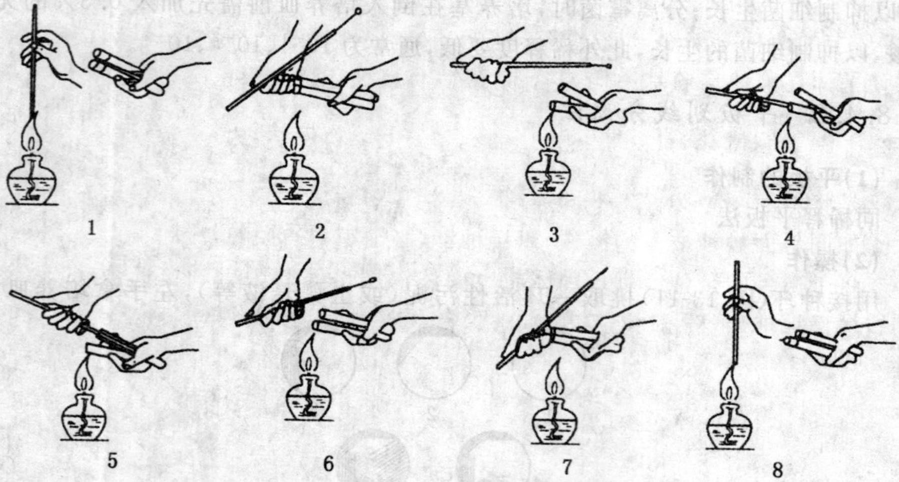

图 13-12 斜面接种技术

（注：1,2,3,4,5,6,7,8 代表接种顺序）

①接种前将桌面擦净，将所需的物品整齐有序地放在桌上。

②将试管贴上标签，注明菌名、接种日期、接种人、组别、姓名等。

③点燃酒精灯（或煤气灯）。

④将一支斜面菌种和一支待接种的斜面培养基放在左手上，拇指压住两支试管，中指位于两支试管之间，斜面向上，管口齐平。

⑤右手先将棉塞拧松动，以便接种时拔出。右手持接种环，并在火焰上将环烧红灭菌（环以上凡是可能进入试管的部分都应灼烧）。

⑥在火焰旁,用右手小指、无名指和手掌夹住棉塞将它拔出。试管口在火焰上微烧一周,将管口上可能沾染的少量菌或带菌尘埃烧掉。将烧过的接种环伸入菌种管内,待冷却后轻轻挑取少许菌种,将接种环抽出管外并迅速伸入待接种的试管中,在斜面上由底部向上划曲线。抽出接种环,将试管塞上棉塞,并插在试管架上,最后再次烧红接种环,则接种完毕。

13.8.5.2 液体接种技术

①用液体培养物接种液体培养基:用无菌移液管自菌种管中吸取一定量的菌液接到另一管液体培养基中,将试管塞好棉塞即可。

②液体接种:这是由斜面培养基接种到液体培养基中的方法。用接种环挑取斜面培养基上的菌种一环送入液体培养基中,使环在液体表面与管壁接触轻轻研磨,将环上的菌种全部洗入液体培养基中,取出接种环塞上棉塞。将试管轻轻撞击手掌使菌体在液体培养基中均匀分布,最后将接种环烧红灭菌。

13.8.5.3 穿刺接种

这是将斜面菌种接种到半固体深层培养基的方法。

①如同斜面接种技术的操作,用接种针(必须很挺直)挑取少量菌种。

②将带菌种的接种针刺入固体或半固体深层培养基中直到接近管底,然后沿穿刺线缓慢地抽出(图 13-13),塞上棉塞,烧红接种针,接种完毕。

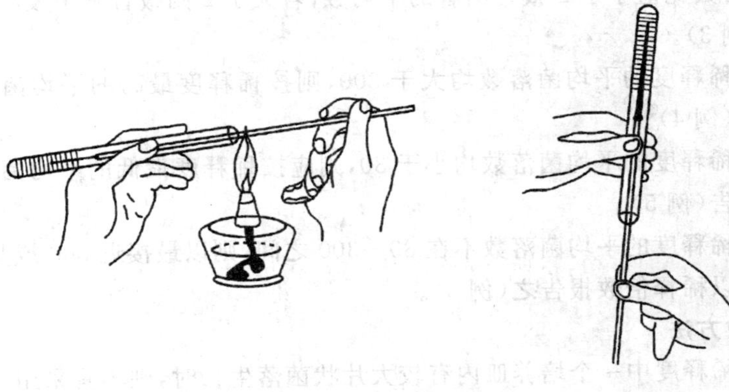

图 13-13 穿刺接种示意图

13.8.6 实验结果

(1)计数原则

计算结果时，记下同一稀释度的3个平板的菌落总数，计算平均值，再按下列原则(表13-2)从3个稀释度中选择一个合适的稀释度，然后计算每克样品中细胞数。

表13-2 稀释度选择及菌落总数报告方式

例次	不同稀释度的平均菌落数			两个稀释度菌落数之比	菌落数(CFU/mL)	报告方式(CFU/mL)
	10^{-1}	10^{-2}	10^{-3}			
1	1 365	164	20	—	16 400	16 000 或 1.6×10^4
2	2 760	295	46	1.6	37 750	38 000 或 3.8×10^4
3	2 890	271	60	2.2	27 100	27 000 或 2.7×10^4
4	无法计数	4 650	513	—	513 000	510 000 或 5.1×10^5
5	27	11	5	—	270	270 或 2.7×10^2
6	无法计数	305	12	—	30 500	31 000 或 3.1×10^4

首先选择平均菌落数在30～300之间者进行计算，当只有一个稀释度的平均菌落数符合此范围时，则以该平均菌落数乘以其稀释倍数报告(例1)。

若有两个稀释度，其平均菌落数均在30～300之间，则按两者之菌落总数之比值来决定，若其比值小于2报告两者的平均数，若大于2则报告其中较小的菌落总数(例2及例3)。

若所有稀释度的平均菌落数均大于300，则按稀释度最高的平均菌落数乘稀释倍数报告(例4)。

若所有稀释度的平均菌落数均小于30，则应按稀释度最低的平均菌落数乘以稀释倍数报告(例5)。

若所有稀释度的平均菌落数不在30～300之间，则以最接近300或是30的平均菌落数乘以稀释倍数报告之(例6)。

(2)计数方法

若同一稀释度中一个培养皿内有较大片状菌落生长时，则不宜采用，若片状菌落数只是分布在培养皿的一侧区域，而另一半区域中的菌落分布均匀，则可计算半个培养皿的菌落数乘以2来代表全皿的数值。对于相互距离很近，但又不相互接触的相似菌落只要彼此间的距离大于最小菌落的直径，应全部计数，对虽紧密接触但特征不同的菌落，也应全部计数。

(3)计数的范围

细菌、放线菌、酵母菌以每皿30～300个菌落为宜，霉菌以每皿10～100个菌落为宜。

(4)结果计算

稀释平板计数法：每克样品的菌数＝菌落平均数×20×稀释倍数。

13.8.7　思考题

(1)接种环(针)在接种前后灼烧的目的是什么？为什么在接种前一定要将其冷却？如何判断灼烧过的接种环已冷却？

(2)分离活性污泥为什么要稀释？

(3)用一根无菌移液管接种几种浓度的水样时，应从哪个浓度开始？为什么？

(4)稀释平板测数与血球板计数结果有何差别？为什么？

13.9　水中细菌总数的测定

13.9.1　实验目的

学习并掌握水样中细菌总数的测定方法。

13.9.2　实验原理

细菌作为水体中主要的微生物类群，在表征水体污染程度等方面发挥着重要作用。本实验应用平板计数技术测定水中细菌总数，通过计数在一定的培养基平板上生长的菌落数，来获得水中细菌的总数。细菌总数是指1 mL或1 g检样中所含细菌菌落的总数，其单位为CFU/mL或CFU/g，它反应了水样中活菌的数量。

13.9.3　实验器材与材料

①高压蒸汽灭菌器、恒温箱、冰箱。

②放大镜、锥形瓶、试管、移液管、培养皿、接种环、试管架。

③牛肉膏蛋白胨琼脂培养基、自来水(或受粪便污染的河湖水)400 mL。

13.9.4 实验步骤

(1)培养基的配制

按实验 13.5 中培养基的配制方法配制培养液。

(2)水样的采集与保藏

①自来水水样的采集：先将水龙头冲洗干净，用酒精灯灼烧 3 min，放水 5～10 min 后，在酒精灯旁打开已灭菌的水样瓶瓶盖，取所需的水量后盖上瓶塞，迅速送回实验室。

②池水、井水及河湖水的采集：用水样采样器采集距水面 10～15 cm 的深层水样，水样采集后，将水样瓶取出，迅速送回实验室(若是测定好氧微生物，应立即改换无菌棉塞)。

③水样的保藏：水样采集后，应立即检验。若来不及检验时，应将水样放在 4℃冰箱内保存。如果缺乏低温保存条件，应在报告中注明水样采集与检验相隔的时间。较清洁的水可在 12 h 以内检验，污水要在 6 h 以内进行检验。

(3)细菌总数的测定

①自来水：用无菌移液管吸取 1 mL 充分混匀的水样注入无菌培养皿中，共做 2 个平行，1 个对照，分别倾注约 15 mL 已融化并冷却至 45℃左右的培养基，平放于桌上迅速旋摇培养皿，使水样与培养基充分混匀，冷凝后成平板后，将上述平板倒置于 37℃恒温箱内培养 24 h。2 个平板上长的菌落总数的平均值即为 1 mL 水样中的细菌总数。

②池水、井水及河湖水：

ⓐ稀释水样：水样的稀释按 13.8 中土壤悬液稀释法操作；稀释倍数视水样污浊程度而定，以培养后平板的菌落数在 30～300 个之间的稀释度最适。

ⓑ接种：用无菌移液管自最后 3 个稀释度的试管中各取 1mL 稀释水样，按自来水细菌总数的测定方法制混菌平板，37℃培养 24 h 后对平板上形成的菌落计数，计数原则同实验 13.8。

13.9.5 作业

计算供试样品的细菌数量。

13.9.6 思考题

(1)测定水中细菌菌落总数有什么实际意义？

(2)根据国家饮用水水质标准，讨论本次实验的检验结果。

(3)国家对生活饮用水的细菌总数有统一的标准要求,那么各地能否自行设计其测定条件(如培养温度、培养时间等)来测定水样的细菌总数呢？为什么？

13.10　空气微生物的检测

13.10.1　实验目的

通过实验了解一定环境空气中微生物的数量;学习并掌握检测和计数空气中微生物的基本方法。

13.10.2　实验原理

①沉降法:将盛有培养基的培养皿放在空气中暴露一定时间,经培养后计算出其上所生长的菌落数。此法操作简单,使用普遍,由于只有一定大小的颗粒在一定时间内才能降到培养基上,该法所测的微生物数量欠准确,检验结果比实际存在数量少,并且也无法测定空气量,所以,仅能粗略计算空气污染程度和了解被测区微生物的种类。

②过滤法:抽取定量空气通过一种液体吸收剂,然后取此液体定量培养计数出菌落数。

13.10.3　实验器材与材料

①采样器:盛有 200 mL 无菌水的高脚三角瓶(500 mL)和 10 L 水的蒸馏水瓶(15 L)。

②牛肉膏蛋白胨培养基、查氏培养基、高氏一号培养基。

③无菌平皿、无菌吸管等。

13.10.4　实验步骤

(1)沉降法

将牛肉膏蛋白胨琼脂培养基、查氏琼脂培养基和高氏一号培养基分别融化后,各倒 15 个平板,冷凝。

在一定面积的房间内,按图 13-14 所示,每种培养基在每个点放 3 个平板,打开皿盖,放置 30 min 和 60 min 后盖盖。牛肉膏蛋白胨培养基培养细菌,置于 37℃

恒温培养箱培养 24 h;查氏琼脂培养基、高氏一号培养基分别培养霉菌和放线菌,置于 28℃恒温箱中培养 24～48 h。

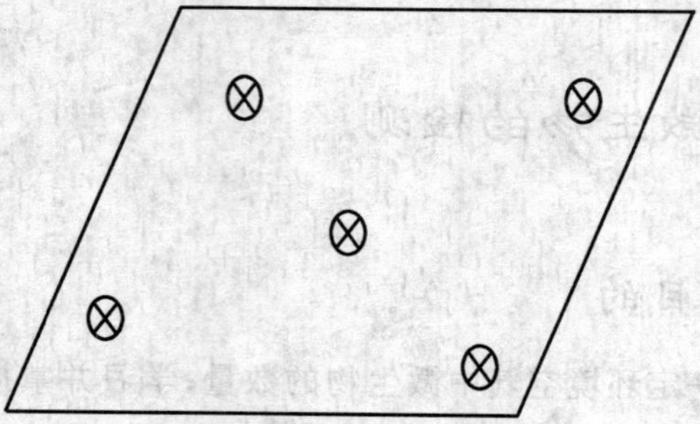

图 13-14 测定空气微生物的采样点分布示意图

(2)过滤法

将无菌的液体培养基或无菌水与真空泵相连,以每分钟 10 L 的速度取空气样并剧烈振荡,使阻留在液体中的气溶胶或微生物均匀分散。

吸取上述含菌液体 1 mL 与融化并冷却到 45℃左右的营养琼脂做混菌平板,同时做 3 个平行试验,置适温下培养后,观察计数菌落数。

13.10.5 实验结果

培养结束后,观察各种微生物的菌落形态、颜色,计数它们的菌落数,将空气中微生物种类和数量记录在表 13-3 中。

表 13-3 空气微生物的测定结果

环境		菌落数		
		细菌	霉菌	放线菌
室内	30 min			
室外	60 min			

根据结果,计算每升空气中微生物的数量:

过滤法:根据下列公式计算:

$$X=\frac{1\,000\times V_s\times N}{V_a}$$

式中:X——每立方米空气中的细菌数;

V_s—— 吸收液体量(mL)；

V_a——空气过滤量(L)；

N—— 每毫升液体培养基中的细菌数。

13.10.6 注意事项

选择采样点应避开空调、门窗等气流变化较大之处，避免在采样过程中扬起灰尘。

13.10.7 思考题

试比较沉降法和滤过法测定空气微生物的结果，并分析其优缺点。

13.11 大肠菌群总数的测定

13.11.1 实验目的

学习利用多管发酵法和滤膜法测定水中的大肠菌群数量；通过对大肠菌群的测定，了解大肠菌群的生化特性及大肠菌群的数量测定对饮用水卫生检测的重要意义。

13.11.2 实验原理

大肠菌群是一类兼性厌氧、无芽孢的革兰氏阴性杆菌，其可在37℃下发酵乳糖产酸产气。其包括四种细菌：大肠埃希氏菌属、柠檬酸细菌属、肠杆菌属及克雷伯氏菌属(包括产气杆菌)。大肠菌群数量的多少与水体被粪便污染的程度有关，也间接地表明有肠道致病菌存在的可能性。故我们可以采用发酵法从形态和生理特性两方面检测水体中大肠菌群的数量。

滤膜是一多孔硝化纤维膜或乙酸纤维微孔薄膜，孔径为0.45～0.65 μm。采用滤膜过滤器过滤水样，将水中含有的细菌截留在滤膜上，然后将滤膜放在适当的培养基上进行培养，直接计数滤膜上生长的典型大肠菌群菌落，可计算出每升水样中含有的大肠菌群数。

13.11.3 实验器材与材料

①显微镜、酒精灯、移液管、三角瓶、试管、培养皿、接种环、试管架、灭菌过滤器(漏斗、基座、带有乳胶皮塞的抽滤瓶分别灭菌,可用高压蒸汽灭菌)、镊子、夹钳、真空泵、滤膜、烧杯等。

②蛋白胨、乳糖、磷酸氢二钾、牛肉膏、氯化钠、1.6%溴甲酚紫乙醇溶液、5%碱性品红乙醇溶液、2%伊红水溶液、0.5%美蓝水溶液、革兰氏染色液一套(结晶紫、碘液、95%乙醇、蕃红染液)、10%NaOH、10%HCl、精密pH(6.4~8.4)试纸。

13.11.4 实验步骤

13.11.4.1 水样采集与保藏

方法同13.9。

13.11.4.2 培养基的配制

①乳糖蛋白胨培养基:蛋白胨10 g、牛肉膏3 g、乳糖5 g、氯化钠5 g、1.6%溴甲酚紫乙醇溶液1 mL、蒸馏水1 000 mL、pH 7.2~7.4。

②三倍浓缩乳糖蛋白胨培养液:按上述配方将乳糖蛋白胨培养液浓缩三倍配制,分装于试管中,每管5 mL,再分装大试管,每管装50 mL,然后在每管内倒放装满培养基的小导管,塞好棉塞、包扎。

③乳糖蛋白胨半固体培养基:蛋白胨10 g、酵母浸膏5 g、牛肉膏5 g、乳糖10 g、琼脂5 g、蒸馏水1 000 mL、pH 7.2~7.4。

高压灭菌的压力以0.7 kg/cm^2为宜,灭菌20 min,取出置于阴冷处备用。

④品红亚硫酸钠培养基(即远滕培养基):蛋白胨10 g、乳糖10 g、磷酸氢二钾3.5 g、琼脂20~30 g、蒸馏水1 000 mL、无水亚硫酸钠5 g左右、5%碱性品红乙醇溶液。

⑤伊红美蓝培养液:蛋白胨10 g、乳糖10 g 、磷酸氢二钾2 g、琼脂20~30 g、蒸馏水1 000 mL、2%伊红水溶液20 mL、0.5%美蓝水溶液13 mL。

高压灭菌以0.069 MPa(115℃)灭菌20 min,取出置于阴冷处备用。

13.11.4.3 水中大肠菌群的测定

(1)多管发酵法

多管发酵法是以最大可能数来表示检测结果的,适用于饮用水、水源水,特别是浑浊度高的水体中大肠菌群的测定。

(2)生活饮用水的检验

①初发酵(推测试验):在2支各装50 mL三倍浓缩乳糖蛋白胨培养液的大发酵管,以无菌操作各加入100 mL水样;在10支各装5 mL三倍浓缩乳糖蛋白胨培养液的发酵管中,以无菌操作各加入10 mL水样,混匀后置于37℃恒温箱中培养24 h,观察其产酸产气的情况。

若培养基颜色不变为黄色,其中的反应管内没有气体产生,既不产酸又不产气,为阴性反应,表明无大肠菌群存在;若培养基由红色变为黄色,其中的反应管内有气体产生,既产酸又产气,为阳性反应,说明有大肠菌群存在;若培养基由红色变为黄色,其中的反应管内没有气体产生,产酸不产气,仍为阳性反应,说明有大肠菌群存在。结果为阳性者,说明水可能被粪便污染,需进一步检验。

②形态观察(确定性试验):取经培养24 h后产酸、产气或只产酸不产气的发酵管,用接种环挑取一环发酵液在品红亚硫酸钠培养基(或伊红美蓝培养基)平板上划线分离,分别做3个平板,置于37℃恒温培养箱内培养18～24 h,观察菌落特征。选择平板上长有如下特征的菌落,进行涂片、革兰氏染色及镜检,如为革兰氏阴性的无芽孢杆菌,则表明相应水样中有大肠菌群存在。

品红亚硫酸钠培养基平板上的特征菌落:紫红色,具有金属光泽的菌落;深红色,不带或略带金属光泽的菌落;淡红色,中心色较深的菌落。

伊红、美蓝培养基平板上的特征菌落:深紫黑色,具有金属光泽的菌落;紫黑色,不带或略带金属光泽的菌落;淡紫红色,中心色较深的菌落。

③复发酵(验证试验):以无菌操作,用接种环在具有上述菌落特征、革兰氏染色阴性的无芽孢杆菌的菌落上挑取一环接种于装有10 mL普通浓度乳糖蛋白胨培养基的发酵管内,每管可接种同一平板上(即同一处发酵管)的典型菌落1～3个,盖上棉塞置于37℃恒温培养箱内培养24 h,有产酸、产气者,即证实有大肠杆菌存在。

④计算:根据证实有大肠菌群存在的阳性发酵管数,查表13-4,计算每升水样中大肠菌群数(MPN)。

表13-4　饮用水大肠菌群检验表/(个·L^{-1})

10 mL水量的阳性管数	100 mL水量的阳性管数			10 mL水量的阳性管数	100 mL水量的阳性管数		
	0	1	2		0	1	2
0	<3	4	11	6	22	36	92
1	3	8	18	7	27	43	120

续表 10-4

10 mL 水量的阳性管数	100 mL 水量的阳性管数			10 mL 水量的阳性管数	100 mL 水量的阳性管数		
	0	1	2		0	1	2
2	7	13	27	8	31	51	161
3	11	18	38	9	36	60	230
4	14	24	52	10	40	69	>230
5	18	30	70				

注：水样总量 300 mL，其中 100 mL 的 2 份，10 mL 的 10 份；此表用于生活饮用水的检测。

(3)水源水的检验

稀释水样：将水样稀释 10 倍。

在装有 50 mL 三倍浓缩乳糖蛋白胨培养液的 5 个试管中，各加 10 mL 水样；在装有 10 mL 乳糖蛋白胨培养液的 5 个试管中，各加 1 mL 水样；在装有 10 mL 乳糖蛋白胨培养液的 5 个试管中，各加 1 mL 的稀释水样，3 个稀释度，共计 15 管。将各管充分混匀，置于 37℃恒温箱中培养 24 h。

以下的检验步骤与“生活饮用水的检验步骤”相同。

根据证实有大肠菌群存在的阳性管数，查表 13-5，即可求得每 100 mL 水样中存在的大肠菌数，乘以 10 即为 1 L 水中的大肠菌群数。

表 13-5 大肠菌群的最大可能数(MPN)/(个·100 mL^{-1})

出现阳性份数			每 100 mL 水样中细菌数的最可能数	95%可信限		出现阳性份数			每 100 mL 水样中细菌数的最可能数	5%可信限	
10 mL 管	1 mL 管	0.1 mL 管		下限	上限	10 mL 管	1 mL 管	0.1 mL 管		下限	上限
0	0	0	<2			4	2	1	26	9	78
0	0	1	2	<0.5	7	4	3	0	27	9	80
0	1	0	2	<0.5	7	4	3	1	33	11	93
0	2	0	4	<0.5	11	4	4	0	34	12	93
1	0	0	2	<0.5	7	5	0	0	23	7	70
1	0	1	4	<0.5	11	5	0	1	34	11	89
1	1	0	4	<0.5	11	5	0	2	43	15	110
1	1	1	6	<0.5	15	5	1	0	33	11	93
1	2	0	6	<0.5	15	5	1	1	46	16	120
2	0	0	5	<0.5	13	5	1	2	63	21	150
2	0	1	7	1	17	5	2	0	49	17	130
2	1	0	7	1	17	5	2	1	70	23	170

续表 13-5

出现阳性份数			每 100 mL 水样中细菌数的最可能数	95%可信限		出现阳性份数			每 100 mL 水样中细菌数的最可能数	5%可信限	
10 mL 管	1 mL 管	0.1 mL 管		下限	上限	10 mL 管	1 mL 管	0.1 mL 管		下限	上限
2	1	1	9	2	21	5	2	2	94	28	220
2	2	0	9	2	21	5	3	0	79	25	170
2	3	0	12	3	28	5	3	1	110	31	250
3	0	0	8	1	19	5	3	2	140	37	310
3	0	1	11	2	25	5	3	3	180	44	500
3	1	0	11	2	25	5	4	0	130	35	300
3	1	1	14	4	34	5	4	1	170	43	190
3	2	0	14	4	34	5	4	2	220	57	700
3	2	1	17	5	46	5	4	3	280	90	850
3	3	0	17	5	46	5	4	4	350	120	1 000
4	0	0	13	3	31	5	5	0	240	68	750
4	0	1	17	5	46	5	5	1	350	120	1 000
4	1	0	17	5	46	5	5	2	540	180	1 400
4	1	1	21	7	63	5	5	3	920	300	3 200
4	1	2	26	9	78	5	5	4	1 600	640	5 800
4	2	0	22	7	67	5	5	5	≥2 400		

注：水样总量为 55.5 mL，其中 5 管 10 mL 水样，5 管 1 mL 水样，5 管 0.1 mL 水样。

(4)滤膜法

滤膜灭菌：将滤膜放入烧杯中，加入蒸馏水，置于沸水浴中煮沸灭菌 3 次，每次 15 min，前 2 次煮沸后需要更换蒸馏水洗涤 2～3 次，以除去残留溶剂。

滤器灭菌使用高压灭菌锅在 121℃下，灭菌 20 min。

过滤水样时，用无菌镊子夹住滤膜边缘部分，将粗糙面向上，贴在滤器上，稳妥地固定好滤器，将 333 mL 水样（如果水样中含菌量多，可减少过滤水样）注入滤器中，加盖，打开滤器阀门，在 50 kPa 下抽滤（图 13-15）。水样滤毕，再抽气 5 s，关上滤器阀门，取下滤器，用镊子夹住滤膜边缘将其移放在品红亚硫酸钠培养基平板上，滤膜截留细菌面向上，滤膜应与培养基完全贴紧，两者间不得留有气泡，然后将平皿倒置，放入 37℃恒温箱内培养 24 h 后观察结果。挑选具有大肠菌群菌落特征的菌落进行涂片、革兰氏染色、镜检（参阅“多管发酵法”）。将具有大肠菌群群落特征、革兰氏染色阴性的无芽孢杆菌接种到乳糖蛋白胨培养液或乳糖蛋白胨半固体培养基中，经 37℃培养，前者于 24 h 产酸产气者，或后者经 6～8 h 培养后产气者，则判定为大肠菌群阳性。

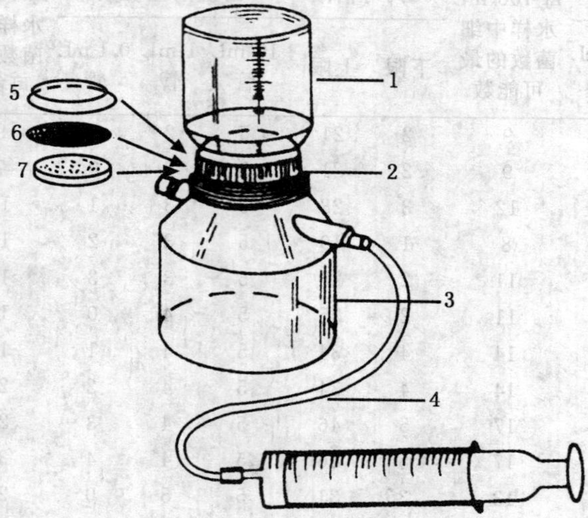

图 13-15 微孔滤膜滤器

1. 滤杯；2. 滤杯和接瓶接合处（内装有滤膜）；3. 接瓶；
4. 抽滤系统（可接针筒）；5. 硅树脂垫圈；6. 微空滤膜；7. 膜承受部分

计算每升水样中大肠菌群数，即将平板上长出的大肠菌群菌落总数乘以3。

13.11.5 作业

计算并报告水样中大肠菌群的数量。

13.11.6 思考题

(1)测定水中大肠菌群数有什么实际意义？为什么选用大肠菌群作为水的卫生指标？

(2)试比较多管发酵法与滤膜法检查大肠菌群的优缺点。

(3)根据国家饮用水水质标准，讨论这次的检验结果。

13.12 利用 Ames 法检测环境中致癌物

13.12.1 实验目的

了解 Ames 法检测环境中致癌物的原理及其意义，掌握 Ames 法检测的操作步骤及实验结果的计算分析。

13.12.2 实验原理

Ames 等人发现，90％以上的诱变剂是致癌物质，根据这种相关性，他们创建利用鼠伤寒沙门氏菌（*Salmonella typhimurium*）的组氨酸营养缺陷型（his^-）菌株的回复突变来检测被检物质是否具有致变性及致癌性。

这组检测菌株含下列突变：

①组氨酸基因突变（his^-），根据选择性培养基上出现 his^+ 的回复突变率就可测出被检物的致突变率或致癌率。

②脂多糖屏障丢失（rfa），该菌株的细胞壁上失去脂多糖屏障，待测物容易进入细胞。

③紫外线切割修复系统缺失（ΔuvrB）及生物素基因缺失，使致癌物引起的遗传损伤的修复降到最低程度。

④具抗药质粒 R 因子，使该菌抗氨苄青霉素，从而提高了灵敏性。TA98 可以检出能引起 DNA 移码型突变的诱变物质。

常用的几株鼠伤寒沙门氏菌为：TA1535、TA1537、TA1538、TA98、TAI00、TA97 及 TA102。由于有些被检物是在生物体内经代谢活化后才显示致突变性，为使试验条件更近似于哺乳动物代谢情况，Ames 等人采用了在测试时加入哺乳动物微粒体酶系统（简称 S-9 混合液），使被检物活化的方法，进一步增加了检测的灵敏度。

鼠伤寒沙门氏菌对化学致癌物来说不是决定性的实验，但是 Ames 试验阳性和致癌之间有十分明显的相关性。Ames 法的优点是方法灵敏、检出率高，90％的化学致癌物都可获得阳性结果，而且方法简便、易行，不需特殊器材，易推广，目前在致突变试验中占重要表现位置，为首选的试验方法。缺点是微生物的 DNA 修复系统比哺乳动物简单，基因不如哺乳动物多，不能完全代表哺乳动物的实际情况。

13.12.3 实验器材与材料

(1)菌种

鼠伤寒沙门氏菌 TA98 (*Salmonella typhimurium* TA98)。

(2)培养基

①底层培养基:葡萄糖 20.0 g;柠檬酸 2.0 g;$K_2HPO_4 \cdot 3H_2O$ 3.5 g;$MgSO_4 \cdot 7H_2O$ 0.2 g;琼脂 12 g;蒸馏水 1 000 mL;pH 7.0;121℃灭菌 15 min。

②上层培养基:NaCl 5.0 g;琼脂 6.0 g;蒸馏水 900 mL;组氨酸-生物素混合液 100 mL。分装小试管,每支 3 mL。121℃灭菌 15 min。组氨酸-生物素混合液为:称 31 mg *L*-盐酸组氨酸和 49 mg 生物素溶于水 40 mL 蒸馏水中。

(3)待测化合物

亚硝基胍(NTG):50 mg/L、250 mg/L、500 mg/L,用甲酰胺 0.05 mL 助溶后以 pH 6.0 的 0.1 mol/L 磷酸缓冲液配制。

家用染发剂;黄曲霉毒素 B_1 等。

(4)器皿

灭菌培养皿、灭菌移液管、试管、水浴锅、圆滤纸片(直径 10 mm 的厚滤纸),镊子。

制备肝匀浆的器皿:注射器、台秤、剪刀、烧杯、匀浆管、高速离心机、血清瓶。

13.12.4 实验步骤

①倾倒上层培养基于无 4 菌平板,共 4 个。

②接种鼠伤寒沙门氏菌 TA98 于液体培养基,37℃培养约 17 h,备用。

③融化上层培养基 4 支,置 45℃水浴锅中保温备用。

④待上层培养基温度稳定在 45℃后,向每一支试管中分别加入 0.1 mL 鼠伤寒沙门氏菌 TA98 菌液,混匀后迅速倒入底层培养基平板上。上述步骤需要各皿分别操作,每一皿的时间控制在 20 s 内。然后平置培养皿待琼脂凝固。

⑤用镊子夹一圆滤纸片放入皿中心位置,在其中的三皿中分别在滤纸片上加 50 mg/L、250 mg/L、500 mg/L 的 NTG 各 0.02 mL,即每皿分别含有 NTG 1 μg、5 μg 和 10 μg,第四皿加无菌蒸馏水作为空白对照。

⑥将平皿倒置,37℃黑暗处培养 2 d,之后观察结果。

⑦依据上述步骤与方法将染发剂或黄曲霉毒素滴加在圆滤纸片上,以检测这些物质的致癌性。上述步骤见图 13-16。

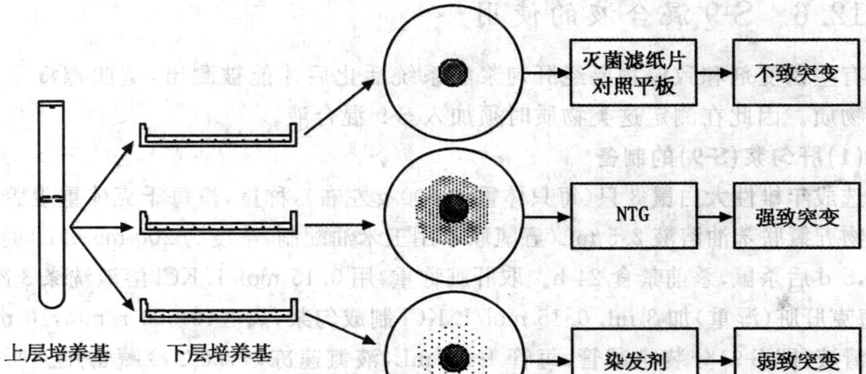

图 13-16　实验步骤

13.12.5　作业

①观察并记录每个平皿上的菌落数。

②待测化合物在不同浓度时的相对致突变性。

TA98 菌株在自然条件下会出现回复突变（his^+），即它能在不含组氨酸的底层培养基上生长，故可以对照平皿上出现的菌落（自发回复突变）为基准，比较待测物的致突变性：

阴性（—）：出现的诱发回变菌落数为自发回变数的 2 倍以下者；

弱阳性（＋）：诱发回变菌落数为自发回变数的 2～10 倍；

阳性（＋＋）：诱发回变菌落数为自发回变数的 10～50 倍；

强阳性（＋＋＋）：诱发回变菌落数为自发回变数的 50 倍以上。

Ames 认为，待测物每皿浓度高达 500 μg 亦不引起大量回变者，为阴性结果。

表 13-6

编号	每皿中 NTG 含量（μg）	菌落数	诱发回变菌落数	致突变性（—、＋、＋＋）
1	1			
2	5			
3	10			
4	0			

13.12.6 S-9 混合液的使用

有些诱变剂和致癌物要经肝匀浆酶系统活化后才能被测出，黄曲霉毒素就是这类物质。因此在测定这类物质时须加入 S-9 混合液。

(1)肝匀浆(S-9)的制备

选成年雄性大白鼠 3 只(每只体重约 300 g 左右)，称重，按每千克体重腹腔注射诱导物五氯联苯油溶液 2.5 mL(五氯联苯用玉米油配制，浓度为 200 mg/mL)提高酶活力，5 d 后杀鼠，杀前禁食 24 h。取肝脏称重，用 0.15 mol/L KCl 溶液洗涤 3 次，剪碎，每克肝脏(湿重)加 3 mL 0.15 mol/L KCl 制成匀浆，离心(9 000 r/min，10 min)，取上清液(即 S-9)分装小试管，每管 1～2 mL，液氮速冻，－20℃冷藏备用。所用器皿、刀剪、溶液都经灭菌处理，并在 0～4℃环境下无菌操作。

(2)肝匀浆混合液(S-9 混合液)制备方法

0.2 mol/L pH 7.4 磷酸缓冲液：$Na_2HPO_4 \cdot 12H_2O$ 7.16 g，KH_2PO_4 2.72 g，加水至 100 mL，灭菌后备用。

盐溶液：$MgCl_2$ 8.1 g；KCl 12.3 g；加水至 100 mL，灭菌备用。

NADP(辅酶Ⅱ)和葡萄糖-6-磷酸(G-6-P)使用液：每 100 mL 使用溶含 NADP 297 mg，G-6-P 152 mg，磷酸缓冲液 50 mL，盐溶液 2 mL，加水至 100 mL，细菌过滤器过滤除菌，分装成 10 mL 小瓶后置于－20℃贮存备用。

S-9 混合液：取 2 mL S-9 加入 10 mL NADP 和 G-6-P 使用液即成，混合液置于冰浴中，即配即用。

(3)使用方法

如图 13-16 所示，在上层培养基融化并冷却至 45℃后，立即加入 S-9 混合液和 TA98 菌液 0.1 mL，以下步骤完全相同，与此同时，需要做一不加 S-9 混合液的平行对照。

13.12.7 注意事项

①鼠伤寒沙门氏菌是条件致病菌，用过的器皿应放入石炭酸中或进行煮沸消毒灭菌，培养基也应煮沸杀菌后弃置，并严防鼠伤寒沙门氏菌传染鼠类。

②肝匀浆的提取应为无菌操作，并应做无菌测定，如无低温条件时，提取过程尽可能用冰浴保持低温，S-9 混合液要在使用时即配即用。

③倒底层培养基时，待融化后的培养基冷却到 45～50℃时倒皿，尽可能减少平皿盖上的冷凝水膜，如能置于 37℃条件下过夜则更理想。

④NTG 和黄曲霉毒素都是强烈的致癌物，操作时切勿用嘴吸取，用过的器皿

要用大量的水冲洗或放入 0.5 mol/L 硫代硫酸钠中解毒后方可清洗。

13.13 藻类和原生动物的形态观察

13.13.1 实验目的

学习并掌握藻类及原生动物的形态观察方法。

13.13.2 实验原理

藻类具有光合作用,较原始的低等藻类广泛分布于水体、岩石表面、土壤表层和土壤颗粒中,形状、大小、结构差异大,有的是原核微生物(蓝藻),有的是真核单细胞或由单细胞的个体以胶质相连所组成的群体,大小以 μm 计,是微生物学研究的重要对象,低等藻类与水体净化,土壤发育、岩石风化、土壤肥力都有密切的关系。原生动物是单细胞的微生物,广泛存在于土壤、污水、污泥中,原生动物的种类繁多,分布广泛,营养类型较复杂,有的甚至能进行光合作用,在实际应用中原生动物与环境有机物污染治理有较大的关系,蓝藻的形态观察需用油镜,其他藻类和原生动物的形态用低倍镜观察,必要时用高倍镜。

13.13.3 实验器材与材料

(1)藻类观察材料

观察土壤中的藻类需先进行培养,藻类的培养方法见《农业微生物学实验术》,水流中的藻类可直接从溪流或池塘里取样。

原生动物观察材料:土壤中的原生动物在营养、环境不适应的时候,处于休眠状态,直接取样观察较为困难,需对其进行活化,对以其他微生物为食的原生动物,需要人为供给微生物,才能使其生长、繁殖。在一些富含有机物的潮湿环境中,如流速缓慢的水流、池塘、沼泽地、水田、活性污泥中,原生动物的数量多,可直接取样进行观察,如果是水样,可直接观察,如果是污泥,需预先用无菌水或生理盐水处理,做成土壤水浸液,澄清后,取上清液来观察。

(2)其他材料

显微镜、载玻片、盖玻片、解剖针、滴管、鲁古氏碘液、吸水纸。

13.13.4 实验步骤

13.13.4.1 藻类的形态观察

①制片:用滴管取一滴水样于洁净载玻片中央,滴加一滴碘液,盖上盖玻片,注意不要产生气泡,用吸水纸吸取盖玻片周围多余的水分。

②镜检:在低倍镜、高倍镜下进行观察,石碑试样中出现的有关藻类。

13.13.4.2 原生动物的形态观察

①制片:取一滴水样或活性污泥于洁净的载玻片上,盖上盖玻片,注意不要形成气泡。

②观察:先用低倍镜观察,观察原生动物的全貌,以及它们的种类和活动情况;再用高倍镜观察它们的结构特征,注意观察它们的外形和内部结构。

13.13.5 作业

(1)描述所观察到的单细胞藻类的形态,单细胞藻类。

(2)单细胞藻类与细菌、酵母菌的形态有何区别?

(3)单细胞藻类的培养为什么需要光照?

13.13.6 注意事项

当用污泥作原生动物观察材料时,如污泥颗粒较大时,应用解剖针轻轻压片,使之成为薄片。

参 考 文 献

1. 陈坚. 环境生物技术. 北京:中国轻工业出版社,1999
2. 陈三凤,刘德虎,现代微生物遗传学,北京:化学工业出版社,2003
3. 陈文新. 土壤和环境微生物学. 北京:北京农业大学出版社,1989
4. 高延耀,顾国维. 水污染控制工程. 北京:高等教育出版社,2000
5. 耿安朝,张洪林. 废水生物处理发展与实践. 沈阳:东北大学出版社,1997
6. 贺延岭,陈爱侠. 环境微生物学. 北京:中国轻工业出版社,2001
7. 蒋辉. 环境工程技术,北京:化学工业出版社,2003
8. 李阜棣,胡正嘉. 微生物学. 北京:中国农业出版社,2000
9. 李军,杨秀山,彭永臻. 微生物与水处理工程. 北京:化学工业出版社,2002
10. 刘志恒. 现代微生物学. 北京:科学出版社,2002
11. 伦世仪. 环境生物工程. 北京:化学工业出版社,2002
12. 伦世仪. 环境工程微生物学. 北京:化学工业出版社,2002
13. 马放,冯玉杰,任南琪. 环境生物技术. 北京:化学工业出版社,2003
14. 马文漪,杨柳燕. 环境微生物工程. 南京:南京大学出版社,1998
15. 任南琪,王爱杰. 厌氧生物技术原理及应用. 北京:化学工业出版社,2004
16. 沈德中. 环境和资源微生物学. 北京:中国环境科学出版社,2003
17. 沈萍. 微生物遗传学. 武汉:武汉大学出版社,1995
18. 沈萍. 微生物学. 北京:高等教育出版社,2001
19. 王焕校. 污染生态学. 北京:高等教育出版社. 2000
20. 王家玲. 环境微生物学. 北京:高等教育出版社,2003
21. 王连生. 环境健康化学. 北京:科学出版社,1994
22. 卫扬宝. 微生物生理学. 北京:高等教育出版社,1989
23. 夏北成. 环境污染物的生物降解. 北京:化学工业出版社,2002
24. 徐亚同,黄民生. 废水生物处理的运行管理与异常对策. 北京:化学工业出版社,2003
25. 徐亚同,史家樑,张明. 污染控制微生物工程. 北京:化学工业出版社,2001
26. 许保玖,龙腾锐. 当代给水与废水处理原理. 北京:高等教育出版社,2000
27. 杨柳燕,肖琳. 环境生物技术. 北京:科学出版社,2003

28. 杨苏声，周俊初. 微生物生物学 . 北京：科学出版社，2004
29. 张从. 农业环境保护概论. 北京：中国农业大学出版社，1999
30. 张景来，王剑波，常冠清，等. 环境生物技术及应用. 北京：化学工业出版社，2002
31. 张希衡. 水污染控制工程. 北京：冶金工业出版社，1997
32. 张灼编. 污染环境微生物学. 昆明：云南大学出版社，1997
33. 郑平. 环境微生物学. 杭州：浙江大学出版社，2003
34. 周德庆. 微生物学教程. 北京：高等教育出版社，2002
35. 周启星 . 宋玉芳，等. 污染土壤修复原理与方法. 北京：科学出版社，2004
36. 周群英，高廷耀. 环境工程微生物学. 北京：高等教育出版社，2001
37. 周少奇. 环境生物技术. 北京：科学出版社，2003
38. Atlas R M, Bartha R. Microbial ecology: Fundamentals and applications. 4th ed. Menlo park, CA: Benjamin/Cummings Science Publishing, 1998
39. Baker K H, Herson D S, In: Baker K H, Herson D S, eds. Bioremediation. New York: McGraw Hill, 1994, 30～50
40. Bitton G, Gertha C P. Groundwater pollution microbiology. New York: John Wiley & Sons, 1984
41. Cookson J T. Bioremediation engineering: design and application. New York: McGraw Hill, 1995
42. Lansing M. Prescott, Donald Klein, John Harley. Microbiology, New York: McGraw-Hill Higher Education, 2000
43. Michael T, Madigan John M, Martinko Jack Parker. Brock's Biology of Microorganism 9th, Prentice Hall, 1999

图书在版编目(CIP)数据

环境微生物学/和文祥，洪坚平主编．—北京：中国农业大学出版社，2007.2
ISBN 978-7-81117-137-2

Ⅰ．环…　Ⅱ．①和…②洪…　Ⅲ．环境生物学：微生物学　Ⅳ．X-172

中国版本图书馆 CIP 数据核字(2006)第 142995 号

书　　名　环境微生物学
作　　者　和文祥　洪坚平　主编

策划编辑　张秀环　　责任编辑　孟　梅
封面设计　郑　川　　责任校对　陈　莹　王晓凤
出版发行　中国农业大学出版社
社　　址　北京市海淀区圆明园西路2号　　邮政编码　100094
电　　话　发行部 010-62731190，2620　　读者服务部 010-62732336
　　　　　编辑部 010-62732617，2618　　出　版　部 010-62733440
网　　址　http://www.cau.edu.cn/caup　　e-mail cbsszs@cau.edu.cn
经　　销　新华书店
印　　刷　北京时代华都印刷有限公司
版　　次　2007年2月第1版　　2007年2月第1次印刷
规　　格　787×980　16开本　22.5印张　413千字
印　　数　1～3 000
定　　价　26.00元